油气工程技术问答

沈 浩 编

中国石化出版社

内 容 提 要

本书以问答的形式介绍了油气工程技术的专业理论知识与实务，内容包括：工程项目管理、油气集输、陆上油气管道及储库、海底管线和海上储油设施、设备和材料、工程经济分析六部分。

本书可作为石油石化行业上、中、下游专业技术人员日常工作以及大专院校石油工程、化学工程与工艺、油气储运等专业师生专业学习的参考书，还可作为参加注册石油天然气工程师资格考试的专业人员的复习资料。

图书在版编目(CIP)数据

油气工程技术问答/沈浩 编．—北京：
中国石化出版社,2014.4
ISBN 978-7-5114-2709-0

Ⅰ.①油… Ⅱ.①沈… Ⅲ.①石油工程—问题解答
②天然气工程—问题解答 Ⅳ.①TE-44

中国版本图书馆 CIP 数据核字(2014)第 058872 号

未经本社书面授权,本书任何部分不得被复制、抄袭,或者以任何形式或任何方式传播。版权所有,侵权必究。

中国石化出版社出版发行
地址：北京市东城区安定门外大街58号
邮编：100011　电话：(010)84271850
读者服务部电话：(010)84289974
http://www.sinopec-press.com
E-mail:press@sinopec.com
北京科信印刷有限公司印刷
全国各地新华书店经销

*

787×1092 毫米 16 开本 20.5 印张 506 千字
2014 年 5 月第 1 版　2014 年 5 月第 1 次印刷
定价：58.00 元

前　言

为了满足石油石化行业上、中、下游专业技术人员日常工作需要，立足岗位，在职培养高素质人才，本人依据多年学习交流的经验，在吸取多方面研究成果的基础上，编写了《油气工程技术问答》一书，几经增删，今天终于定稿。

本书介绍了油气工程技术的专业理论知识与实务，内容包括：工程项目管理、油气集输、陆上油气管道及储库、海底管线和海上储油设施、设备和材料、工程经济分析六部分。

本书在编写的过程中得到许多业内人士的关心和帮助，恕不一一列举，借此机会深表感谢。对中国石化出版社及责任编辑张正威先生的大力支持，表示诚挚的谢意。

由于本书涉及内容广泛，编者水平和能力有限，书中难免存在疏漏和不足，恳望广大读者多提宝贵意见。

编者

2013 年 12 月 18 日

目 录

第一章 工程项目管理 …………………………………………………（1）

1. 什么叫项目？项目的基本特征是什么？……………………………（1）
2. 什么叫项目管理？项目管理的基本内容是什么？…………………（2）
3. 什么叫项目寿命周期？什么叫项目阶段？…………………………（2）
4. 系统工程在项目管理中的应用体现在哪些方面？…………………（3）
5. 控制论在项目管理中的应用体现在哪些方面？……………………（4）
6. 信息论在项目管理中的应用体现在哪些方面？……………………（4）
7. 一般管理技能包括哪些内容？………………………………………（5）
8. 项目管理的关键技能包括哪些内容？………………………………（5）
9. 发达国家工程建设基本程序是什么？………………………………（6）
10. 我国工程建设基本程序是什么？……………………………………（7）
11. 什么叫项目管理过程？什么叫项目管理过程组？…………………（9）
12. 项目管理过程组之间及过程之间有何联系？………………………（11）
13. 项目管理过程、过程组与项目阶段之间有何联系？………………（11）
14. 工程公司的功能是什么？……………………………………………（11）
15. 工程公司的组织机构如何设置？……………………………………（13）
16. 项目管理组织如何设置？……………………………………………（15）
17. 什么叫项目管理组？…………………………………………………（16）
18. 项目矩阵管理的组织关系如何？……………………………………（17）
19. 项目矩阵管理的职责关系如何？……………………………………（18）
20. 项目化管理的优越性是什么？………………………………………（18）
21. 项目招标如何分类？招标方式有哪些？……………………………（18）
22. 招标的程序是什么？…………………………………………………（20）
23. 项目报价文件由哪几部分组成？……………………………………（25）
24. 项目报价文件编制工作程序是什么？………………………………（25）
25. 项目初始阶段工作内容及程序是什么？……………………………（30）
26. 什么叫项目计划？……………………………………………………（30）
27. 什么叫项目协调程序？………………………………………………（32）
28. 什么叫项目基础资料？基础数据如何设计？………………………（34）
29. 工程公司设计组织机构如何设置？…………………………………（35）
30. 项目设计组织机构如何设置？………………………………………（36）
31. 什么叫设计工作的矩阵方式管理？…………………………………（36）
32. 设计阶段如何划分？…………………………………………………（37）
33. 什么叫项目设计计划？………………………………………………（39）

I

34. 设计部与采购、施工、开车部的接口关系如何？……………（41）
35. 项目采购组织机构如何设置？其职责是什么？……………（42）
36. 采购工作程序是什么？它与各部门的职责关系如何？………（44）
37. 采购计划如何编制？……………………………………………（44）
38. 采买的任务是什么？……………………………………………（46）
39. 催交的任务是什么？……………………………………………（50）
40. 检验的任务是什么？……………………………………………（51）
41. 运输的任务是什么？……………………………………………（51）
42. 施工管理组织机构如何设置？其职责是什么？……………（52）
43. 项目实施各阶段施工管理的主要内容是什么？……………（54）
44. 施工经理的职责是什么？………………………………………（56）
45. 施工计划如何编制？……………………………………………（57）
46. 什么叫施工分包？………………………………………………（58）
47. 什么叫工程交接（机械竣工）？………………………………（61）
48. 开车阶段如何划分？……………………………………………（62）
49. 工程公司开车服务组织机构如何设置？其职责是什么？……（63）
50. 开车计划如何编制？其主要内容是什么？……………………（64）
51. 试车方案如何编制？其主要内容是什么？……………………（66）
52. 培训服务如何实施？……………………………………………（66）
53. 什么叫预试车？…………………………………………………（67）
54. 投料试车如何实施？……………………………………………（68）
55. 考核验收如何实施？……………………………………………（69）
56. 项目控制部的组织机构如何设置？……………………………（70）
57. 项目控制部的主要任务、职责是什么？………………………（71）
58. 项目控制各岗位的职责是什么？………………………………（72）
59. 什么叫赢得值原理？……………………………………………（73）
60. 费用/进度综合控制的步骤是什么？…………………………（75）
61. 什么叫项目工作分解结构？……………………………………（75）
62. 什么叫项目代码和编码？………………………………………（78）
63. 什么叫项目组织分解结构（OBS）？…………………………（78）
64. 什么叫项目责任分工矩阵？……………………………………（79）
65. 项目进度计划如何编制？………………………………………（79）
66. 项目费用如何估算？……………………………………………（82）
67. 什么叫执行效果测量基准曲线？………………………………（82）
68. 什么叫控制基准的审查和批准？………………………………（84）
69. 什么叫测量赢得值？……………………………………………（84）
70. 什么叫已完工作的实际费用消耗？……………………………（87）
71. 费用/进度偏差分析和趋势预测如何进行？…………………（88）
72. 项目进展报告和监控如何进行？………………………………（89）

73. 什么叫工程项目质量？什么叫工程项目质量管理？……………………（89）
74. 什么叫工程项目质量管理体系？……………………………………（92）
75. 业主对工程项目质量管理的任务是什么？…………………………（95）
76. 项目材料控制程序是什么？…………………………………………（97）
77. 项目材料控制工程师的职责是什么？………………………………（98）
78. 公司 HSE 管理委员会的 HSE 职责是什么？………………………（99）
79. 项目经理的 HSE 职责是什么？………………………………………（99）
80. 项目安全经理和安全工程师的 HSE 职责是什么？………………（99）
81. 设计、采购、施工、开车经理的 HSE 职责是什么？……………（100）
82. 项目各岗位操作人员的 HSE 职责是什么？………………………（100）
83. 项目 HSE 管理的主要内容是什么？…………………………………（100）
84. 什么叫 CM 模式？……………………………………………………（101）
85. CM 模式如何分类？…………………………………………………（102）
86. CM 模式适用于哪些情况？…………………………………………（104）
87. 什么叫 EPC 模式？……………………………………………………（104）
88. EPC 模式的特征是什么？……………………………………………（105）
89. EPC 模式的适用条件是什么？………………………………………（106）

第二章　油气集输……………………………………………………………（108）
90. 什么叫油气集输？……………………………………………………（108）
91. 油气集输工作的任务是什么？………………………………………（108）
92. 油气集输工作的内容是什么？………………………………………（108）
93. 什么叫油层、油藏、油田？…………………………………………（109）
94. 什么叫油藏的驱动能量？驱动方式有哪几种？……………………（109）
95. 什么叫自喷井采油？…………………………………………………（109）
96. 什么叫机械采油？……………………………………………………（109）
97. 集输油气的方式有哪些？……………………………………………（110）
98. 集输油气工艺如何选择？……………………………………………（110）
99. 集油、集气的动力是什么？…………………………………………（110）
100. 集油、集气如何增压？其适用对象是什么？……………………（111）
101. 油气水如何分离？…………………………………………………（111）
102. 原油的脱水方法如何选择？………………………………………（111）
103. 原油、天然气及凝液产品如何储存？……………………………（111）
104. 什么叫油气集输系统工艺流程？…………………………………（112）
105. 现行油气集输工艺流程有哪几种？………………………………（112）
106. 原油与天然气的分离方式有哪几种？……………………………（115）
107. 原油火车罐车装车工艺流程有哪几种？…………………………（117）
108. 原油汽车油罐车装车工艺流程有哪几种？装车车辆如何确定？……（120）
109. 原油汽车油罐车卸油工艺流程是什么？卸油车辆如何确定？……（122）
110. 原油储罐如何分类？………………………………………………（123）

Ⅲ

111. 原油储罐总容积如何计算? …………………………………………………… (123)
112. 原油储罐如何保温? ………………………………………………………… (123)
113. 储罐管式全面加热器的加热面积如何计算? ……………………………… (123)
114. 油罐总传热系数 K 值如何计算? …………………………………………… (128)
115. 用于油罐加热器的蒸汽消耗量如何计算? ………………………………… (132)

第三章　陆上油气管道及储库 …………………………………………………… (133)

116. 输油管道运输特点是什么? ………………………………………………… (133)
117. 输油管道如何分类? 它由哪几部分组成? ………………………………… (133)
118. 输油管道建设程序是什么? ………………………………………………… (133)
119. 输油管道线路选择原则是什么? …………………………………………… (134)
120. 输油管道勘察应收集哪些资料? …………………………………………… (134)
121. 什么叫踏勘? ………………………………………………………………… (135)
122. 什么叫初步勘察? …………………………………………………………… (135)
123. 什么叫详细勘察? …………………………………………………………… (136)
124. 输油方式(工艺)如何分类? ………………………………………………… (136)
125. 输油量如何换算? …………………………………………………………… (137)
126. 油料密度如何换算? ………………………………………………………… (137)
127. 油料黏度如何换算? 黏度与温度、压力之间有何关系? 什么叫混合黏度? … (139)
128. 线路纵断面图的作用是什么? ……………………………………………… (140)
129. 泵站如何确定? ……………………………………………………………… (141)
130. 工艺方案如何比较? ………………………………………………………… (146)
131. 原油及成品油的比热容、导热系数如何计算? …………………………… (148)
132. 土壤导热系数、导温系数如何确定? ……………………………………… (149)
133. 钢管、保温层、沥青绝缘层的导热系数如何确定? ……………………… (149)
134. 热油管道的总传热系数如何计算? ………………………………………… (150)
135. 轴向温降如何计算? ………………………………………………………… (153)
136. 加热站进、出站温度如何确定? …………………………………………… (154)
137. 热油管道加热站和泵站如何布置? ………………………………………… (155)
138. 热油管道优化设计特点是什么? …………………………………………… (156)
139. 管道埋深如何确定? ………………………………………………………… (156)
140. 管道保温方式如何选择? …………………………………………………… (157)
141. 加热系统、运行参数如何选择? …………………………………………… (158)
142. 液化气管道输送有哪些特殊问题? ………………………………………… (158)
143. 含蜡原油流变特性是什么? ………………………………………………… (159)
144. 含蜡黏稠原油管输工艺如何分类? ………………………………………… (159)
145. 热处理效果与原油组成有何关系? ………………………………………… (161)
146. 热处理温度如何选择? ……………………………………………………… (162)
147. 冷却速度如何选择? ………………………………………………………… (162)
148. 含蜡原油非牛顿流动如何计算? …………………………………………… (162)

149. 热油管道工作特性是什么？……………………………………………（163）
150. 影响热油管道温降的因素有哪些？……………………………………（164）
151. 含蜡原油管道的初凝事故如何预防？…………………………………（165）
152. 清管的作用是什么？清管器如何分类？清管周期如何确定？………（166）
153. 埋地热油管道的启动有哪些方法？其特点是什么？…………………（166）
154. 什么叫热油管道的冷管直接启动？……………………………………（167）
155. 什么叫热油管道的预热启动？…………………………………………（167）
156. 架空及水中管道停输后的温降如何计算？……………………………（170）
157. 埋地管道停输温降如何计算？…………………………………………（171）
158. 停输后再启动的压力如何计算？………………………………………（173）
159. 热油管道的经济运行方案如何确定？…………………………………（174）
160. 成品油顺序输送的条件是什么？………………………………………（174）
161. 成品油顺序输送混油量如何计算？……………………………………（175）
162. 减少混油的措施有哪些？………………………………………………（179）
163. 输油站工艺流程如何分类？……………………………………………（179）
164. 输油站、液化石油气管道站站址如何选择？…………………………（181）
165. 输油站总平面如何布置？………………………………………………（182）
166. 离心泵如何选择？………………………………………………………（182）
167. 离心泵适应输送量变化的方法有哪些？………………………………（183）
168. 高凝点和高黏度原油加热方法如何分类？……………………………（184）
169. 原油管道储油罐容量、数量如何确定？储油罐类型如何选择？……（185）
170. 成品油管道储油罐容量、数量如何确定？储油罐类型如何选择？…（186）
171. 液化石油气管道储罐容量、数量如何确定？储罐类型如何选择？…（187）
172. 清管器收发系统如何构成？其工作原理是什么？……………………（187）
173. 输油管道系统油料计量方式有哪些？…………………………………（188）
174. 站内工艺管道如何分类？………………………………………………（188）
175. 站内管道及设备如何防腐与保温？……………………………………（189）
176. 管道中的水击如何分类？………………………………………………（189）
177. 水击如何计算？…………………………………………………………（189）
178. 水击保护方法有哪些？…………………………………………………（190）
179. 输油管道投产前的准备工作有哪些？…………………………………（191）
180. 输油管道试运投产程序与内容是什么？………………………………（191）
181. 输气管道工程由哪几部分组成？………………………………………（192）
182. 输气管道流量如何计算？………………………………………………（192）
183. 输气管道线路选择原则是什么？………………………………………（194）
184. 输气管道勘察分哪几个阶段？各阶段应收集哪些资料？……………（195）
185. 输气管道测量分哪几个阶段？各阶段应收集哪些资料？……………（196）
186. 输气站如何分类？………………………………………………………（196）
187. 输气站工艺流程如何分类？……………………………………………（197）

V

188. 输气站的主要功能是什么？……………………………………………（198）
189. 管道穿越位置如何选择？穿越铁路、公路有何具体要求？…………（200）
190. 管道跨越结构形式如何分类？…………………………………………（200）
191. 城镇燃气输配系统如何组成？…………………………………………（201）
192. 燃气管网系统方案如何选择？…………………………………………（202）
193. 城镇燃气管道的计算流量如何确定？…………………………………（202）
194. 城镇燃气供应系统如何调节？…………………………………………（203）
195. 油库类型如何划分？……………………………………………………（203）
196. 油库等级如何划分？……………………………………………………（205）
197. 油库总容量如何确定？…………………………………………………（205）
198. 油料储罐数量如何确定？………………………………………………（206）
199. 石油库库址如何选择？…………………………………………………（206）
200. 石油库总平面布置如何确定？…………………………………………（207）
201. 石油库如何分区？………………………………………………………（208）
202. 油库工艺流程如何分类？………………………………………………（208）
203. 油罐区、泵房采用的管道系统有哪几种？……………………………（210）
204. 储油罐如何分类？………………………………………………………（211）
205. 立式圆筒形金属油罐的组成如何？……………………………………（214）
206. 外浮顶罐、内浮顶罐的结构如何？……………………………………（216）
207. 立式圆筒形金属油罐的一般附件有哪些？……………………………（218）
208. 轻油罐、原油罐专用附件有哪些？……………………………………（220）
209. 铁路装卸油方式如何分类？……………………………………………（221）
210. 铁路装卸油设施有哪些？………………………………………………（223）
211. 油船装卸工艺流程有何要求？…………………………………………（228）
212. 油船装卸的主要设施设备有哪些？……………………………………（228）
213. 汽车油罐车装、卸工艺流程如何分类？………………………………（232）
214. 汽车油罐车装卸油设施有哪些？………………………………………（232）
215. 汽车油罐车装车自动控制系统工作原理是什么？其控制流程如何？…（234）
216. 油库泵站工艺流程有何要求？…………………………………………（234）
217. 油泵如何选择？…………………………………………………………（235）
218. 油泵站的油泵如何设置？………………………………………………（235）
219. 泵的安装高度如何计算？………………………………………………（235）
220. 防止或减弱汽蚀影响的措施有哪些？…………………………………（235）
221. 储罐加热器的结构型式如何分类？……………………………………（236）
222. 地下储气库如何分类？…………………………………………………（238）
223. 地下储气库由哪几部分组成？…………………………………………（239）
224. 地下储气库如何调峰？…………………………………………………（240）
225. 地下储气库的地面流程包括哪些内容？………………………………（240）
226. 地下储气库集输工艺包括哪些内容？…………………………………（240）

第四章 海底管线和海上储油设施 (242)

227. 海上生产设施如何分类? (242)
228. 海上新型生产设施有哪些? (246)
229. 海上油气田生产设施选择应考虑哪些因素? (246)
230. 海上油气生产设施的组合有哪几种? (247)
231. 原油处理工艺如何组成? (247)
232. 含油污水处理有哪些方法? (247)
233. 污水处理系统设备有哪些? (248)
234. 海上污水处理流程如何组成? (249)
235. 注海水的处理方法及设备有哪些? (249)
236. 什么叫污水回注? (249)
237. 什么叫注地下水? (249)
238. 什么叫混注? (249)
239. 混注的原则是什么? (250)
240. 什么叫海上石油终端?如何分类? (250)
241. 单点系泊装置的类型有哪些? (250)
242. 单点系泊系统的主要部件有哪些? (252)
243. 我国常用的海上储油设施有哪几种? (252)
244. 什么叫储油轮的压载平衡? (253)
245. 货油加热如何计算? (253)
246. 储油轮的惰性气体主要来源是什么? (254)
247. 什么叫储油轮的惰化作业? (254)
248. 储油轮的清洗方法有哪些? (255)
249. 洗舱作业的安全条件是什么? (255)
250. 洗舱作业方式有哪几种? (255)
251. 海底管道如何分类? (256)
252. 海底管道选线原则是什么? (256)
253. 海底管道铺设方法和铺管设备有哪些? (256)
254. 海底管道防腐的方法有哪几种? (256)
255. 清管器收发装置如何组成? (257)
256. 清管器发射、接收的操作步骤是什么? (257)
257. 海底管线防垢和除垢的方法有哪些? (258)
258. 海底管道泄漏检测技术有哪些? (258)
259. 海底管道泄漏故障如何排除? (259)
260. 段塞流捕集分离器的分离原理是什么? (259)

第五章 设备和材料 (261)

261. 分离器的功能是什么? (261)
262. 分离器的基本原理是什么? (261)
263. 分离器如何分类? (263)

264. 分类器的结构组成是什么? ……………………………………………………… (265)
265. 气体的允许流速如何计算? ……………………………………………………… (267)
266. 分离器的尺寸如何确定? ………………………………………………………… (268)
267. 液-液分离器的处理能力如何确定? …………………………………………… (269)
268. 塔设备的基本功能是什么? ……………………………………………………… (270)
269. 塔的工作原理是什么? …………………………………………………………… (270)
270. 塔设备如何分类? ………………………………………………………………… (271)
271. 板式塔如何分类? 其结构特点是什么? ………………………………………… (271)
272. 填料塔的结构特点是什么? ……………………………………………………… (272)
273. 板式塔和填料塔的适用范围是什么? …………………………………………… (272)
274. 板式塔的主要参数如何确定? …………………………………………………… (272)
275. 填料塔的主要参数如何确定? …………………………………………………… (275)
276. 管壳式换热器的结构特点是什么? ……………………………………………… (275)
277. 管壳式换热器的适用范围是什么? ……………………………………………… (276)
278. 冷凝传热过程如何分类? ………………………………………………………… (276)
279. 膜状冷凝的特点是什么? ………………………………………………………… (277)
280. 空气冷却器如何组成? …………………………………………………………… (278)
281. 空气冷却器如何分类? …………………………………………………………… (279)
282. 风机配置应考虑哪些问题? ……………………………………………………… (279)
283. 重沸器如何分类? ………………………………………………………………… (280)
284. 泵如何分类? ……………………………………………………………………… (283)
285. 泵的适用范围和特性是什么? …………………………………………………… (283)
286. 离心泵的结构原理是什么? ……………………………………………………… (285)
287. 轴流泵和混流泵的结构原理是什么? …………………………………………… (285)
288. 旋涡泵的结构原理是什么? ……………………………………………………… (285)
289. 往复泵的结构原理是什么? ……………………………………………………… (286)
290. 转子泵的结构原理是什么? ……………………………………………………… (286)
291. 压缩机如何分类? ………………………………………………………………… (289)
292. 活塞式压缩机的结构原理是什么? ……………………………………………… (289)
293. 离心式压缩机的结构原理是什么? ……………………………………………… (290)
294. 螺杆式压缩机的结构原理是什么? ……………………………………………… (291)
295. 管子如何分类? …………………………………………………………………… (291)
296. 钢管如何分类? …………………………………………………………………… (292)
297. 钢管有哪些尺寸系列? …………………………………………………………… (292)
298. 钢管类型如何选择? ……………………………………………………………… (294)
299. 石油天然气输送钢管如何分级? ………………………………………………… (295)
300. 管件如何分类? …………………………………………………………………… (295)
301. 管件如何连接? …………………………………………………………………… (296)
302. 常用的对焊管件有哪些? ………………………………………………………… (296)

303. 承插焊和螺纹连接管件有哪些? ……………………………………………………（296）
304. 管道附件有哪些种类? ……………………………………………………………（298）
305. 管道附件如何选择? ………………………………………………………………（298）
306. 阀门如何分类? ……………………………………………………………………（299）
307. 阀门的基本参数有哪些? …………………………………………………………（301）
308. 闸阀有哪些种类? 其结构原理是什么? …………………………………………（302）
309. 截止阀（节流阀）有哪些种类? 其结构原理是什么? ……………………………（303）
310. 止回阀有哪些种类? 其结构原理是什么? ………………………………………（303）
311. 旋塞阀有哪些种类? 其结构原理是什么? ………………………………………（304）
312. 球阀有哪些种类? 其结构原理是什么? …………………………………………（304）
313. 蝶阀有哪些种类? 其结构原理是什么? …………………………………………（305）
314. 阀门选择的要点是什么? …………………………………………………………（305）
315. 阀门的材质如何选择? ……………………………………………………………（305）

第六章 工程经济分析 ……………………………………………………………（307）
316. 什么叫资金的时间价值? 什么叫利息和利率? …………………………………（307）
317. 什么叫现金流量? …………………………………………………………………（307）
318. 什么叫现值和终值? 什么叫资金等值? …………………………………………（307）
319. 什么叫折现和折现率? ……………………………………………………………（308）
320. 什么叫财务内部收益率? …………………………………………………………（308）
321. 什么叫财务净现值? ………………………………………………………………（308）
322. 什么叫投资回收期和基准投资回收期? …………………………………………（308）
323. 什么叫总成本费用、经营成本费用、固定成本和可变成本? …………………（308）
324. 什么叫投资决策? …………………………………………………………………（309）
325. 什么叫经济评价? 经济评价包括哪些内容? ……………………………………（309）
326. 工艺方案如何比选? ………………………………………………………………（310）
327. 财务评价参数有哪些? ……………………………………………………………（311）

参考文献 ………………………………………………………………………………（314）

第一章 工程项目管理

1. 什么叫项目？项目的基本特征是什么？

（1）项目

美国项目管理学会（Project Management Institute，PMI）把项目定义为"项目（project）是一种临时性的（temporary）创造一项唯一的（unique）产品和服务的任务"。

①项目的临时性是指每一个项目都有一个明确的开始和明确的结束。项目开始，项目就存在；项目结束，项目就不再存在。

②项目的唯一性是指任何一个项目的产品和服务，总会有某些方面不同于其他项目的产品和服务。

③项目是一项任务，而不是某个目的物。比如我们不能把已经建好的一座炼油厂叫做一个项目；而只能把建设这座炼油厂叫做一个项目。建成的炼油厂是项目的产品，不是项目本身。

（2）项目的基本特征

①相对性。项目是一项任务。任务是相对于承担者而言的，不同的主体有不同的任务。比如政府、业主、承包商、分包商等的任务是各不相同的。

②临时性。一般项目都是在一段有限的时间内存在，所以具有临时性。比如一座石油大厦的建设任务构成一个项目，这个项目随着建设任务的承接而成立，也随着建设任务的完成而终结。项目的临时性并不意味着时间短，有的项目可以持续若干年；项目的临时性也不意味项目产品是临时的。

③目标性。项目是一种任务，任何任务都是有其目标的，所以项目都必须有明确的目标。项目只能有一个统一的最高目标，比如在建设活动中，我们常提到项目的工期、成本、质量三大目标，其实这三大目标都是二级目标。一般项目最终的统一的目标是效益目标，也就是说要用效益去衡量和决定项目的工期、成本、质量应达到何种水平。

④约束性。项目是一种任务，任何任务都有其限定条件，这些限定条件就构成了项目的约束性特征。没有约束性就不能称其为任务，当然也不能构成项目。项目的约束性，一般包括投入要素（人、财、物）方面的约束、时间约束和质量约束。

⑤唯一性。项目任务的唯一性具有双重含义：其一是从时间纵向看，绝无完全重复的相同的项目，每个项目都不同于其前后时期的其他项目；其二是从同一时期的横向看，也绝无完全相同的项目，在地点、功能要求及投入产出要素方面总有不同于同期其他项目的方面。比如，不同的业主、不同的设计、不同的承包商等。

⑥系统性和整体性。每一个项目，尤其是大型项目都是一个系统工程。项目的系统性表明，系统工程的分析理论和方法在许多方面都可应用于项目管理的领域，项目管理与系统工程分析在许多方面是完全一致的。

每一个项目都是一个整体。项目的整体性告诉我们，项目活动中局部（部分）的优化、阶段的优化都不是真正的最后的优化，只有全过程的整体优化才是项目管理的最高准则，在项目管理中，局部必须服从整体，阶段必须服从全过程。

⑦相对独立性。项目任务本来是大环境中若干个联系着的活动（任务）的组成部分，为了更有效地实现项目目标，我们把它从大环境中独立出来，所以项目具有相对的独立性。

⑧寿命周期性。项目任务的临时性决定了项目有一个确定的起始、实施和终结的过程，这就是项目的寿命周期。

⑨多变性。项目任务的一次性决定了项目的多变性。项目产品是经过不同阶段逐步形成的，通常前一阶段的结果是后一阶段的依据。因此，项目在其寿命周期的不同阶段，其条件、要求、任务内容和产出成果也会有所变化。

⑩相对重要性。项目总是相对于一定的管理主体而言的，而主体所以要把某一特定的一次性任务作为一个项目来管理，一般说来在于任务相对于主体的重要性。

2. 什么叫项目管理？项目管理的基本内容是什么？

（1）项目管理

美国项目管理学会把项目管理定义为："项目管理（project management）就是把项目管理的知识、技能、方法和技术应用于项目活动，以实现项目目标"。

（2）项目管理的基本内容

①从管理主体角度划分：

——政府项目管理。政府（中央政府和地方政府）作为主体的项目管理活动是宏观的管理。这种管理一般不是以某一具体的项目为对象，而是以某一类或某一地区的项目为对象，其目标也不是项目的微观效益，而是国家或地区的整体综合效益。项目宏观管理中行政、法律、经济手段并存，主要包括：项目相关产业法规政策的制定，项目相关的财、税、金融法规政策，项目资源要素市场的调控，项目程序及规范的制定，项目过程的监督检查等。

——业主项目管理。业主项目管理是指业主或其代理人对项目全过程进行的管理。业主或其代理人不仅要对项目的最终成果（效益）负责，而且还要对项目全过程所有工作进行有效的控制。

——承包商的项目管理。承包商的项目管理是指项目任务的承包人（承接人）对项目的管理，承包商对其所承担的任务（通常也构成一个项目）的完成效果负责。

——其他主体的项目管理。分包商、制造商、银行、保险公司等对项目的管理。

②从项目管理知识领域角度划分：项目综合管理、项目范围管理、项目进度管理、项目成本管理、项目质量管理、项目资源管理、项目信息管理、项目风险管理、项目采购管理、项目安全管理。

3. 什么叫项目寿命周期？什么叫项目阶段？

（1）项目寿命周期

项目寿命周期（projectlifecycle）是项目阶段的集合。而项目阶段（project stage）的数目和名称是根据项目实施组织对项目的控制需要确定的。

大多数项目的寿命周期如图1-1所示。

（2）项目阶段

项目阶段的标志是一项或多项可交付产品（或服务）的完成，比如一项可行性研究完成或一项详细设计完成等。一个项目阶段的结束，一般要对可交付的产品和该阶段实际绩效进

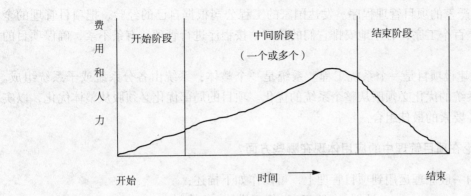

图 1-1 项目寿命周期示意图

行审查。

有代表性的建设项目阶段划分为：

①可行性研究阶段：机会研究、可行性研究、评估和批准。
②设计阶段：项目初始工作、工艺设计、基础工程设计、详细工程设计。
③采购阶段：采买、制造、交付。
④施工阶段：土建、安装、竣工试验。
⑤考核验收阶段：竣工后试验、验收、维护。

4. 系统工程在项目管理中的应用体现在哪些方面？

（1）把工程建设项目寿命周期的各个阶段（一般包括设计、采购、施工、开车四个阶段）按其内在规律有序地、合理地交叉，由项目管理者系统地组织实施。合理有序的交叉，既可以保证项目实施各阶段的合理周期，又可以缩短工程建设的总周期。图 1-2 是作为系统工程来管理的设计、采购、施工进度交叉曲线。

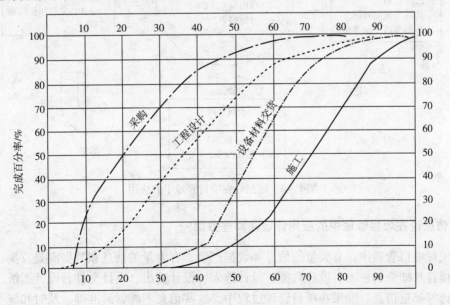

图 1-2 设计、采购、施工进度交叉曲线

(2) 建立严密的项目管理程序。发达国家的工程公司根据自己的经验,把项目管理的全过程分解为上百个工序,有序地安排它们的接口,按程序进行管理,有条不紊,确保项目的成功。

(3) 工程建设项目是一个系统工程。系统是一个整体;系统由各分系统或子系统组成。分系统或子系统的优化必须服从整个系统的优化。项目的局部优化必须服从整体优化,以实现项目管理各要素的最佳组合。

5. 控制论在项目管理中的应用体现在哪些方面?

控制论的一般原理运用到项目管理上,可以作如下描述:

$$计划 + 监督 + 纠正措施 = 控制$$

由于工程建设项目具有一次性的特性,项目产品的完成是渐进的,因此对项目实施动态的控制尤为重要。一旦项目失去控制就很难挽回,或者就会造成重大损失。

对于工程项目的控制主要是指对费用、进度和质量的控制。项目控制的运行是动态的、循环的,直至项目完成,实现项目目标。图1-3所示为控制论在项目管理中的应用示例。

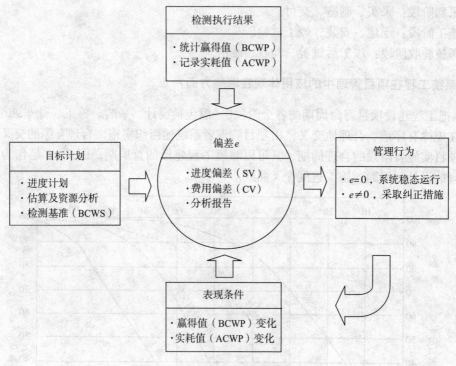

图1-3 控制论在项目管理中的应用

6. 信息论在项目管理中的应用体现在哪些方面?

在工程项目管理中,有大量的信息和数据产生,有大量的信息和数据需要收集、传输和处理。项目基础资料、项目设计数据、设计输入、设计输出、设计文件、设计图纸、各种记录、统计等都是信息。如果在项目管理过程中,这些信息不能做到准确、及时和统一,必然会给项目实施的效果带来严重障碍或损失,这在工程建设项目实践中是屡见不鲜的。因此,项目管理过程中,信息系统发挥了越来越大的作用,其主要方面有:

①建立项目管理的综合信息处理中心，建立统一的资源共享数据库。
②在项目管理过程中产生的各种信息流输入计算机处理中心，计算机系统地、高速地、准确地输出经过规定程序处理过的最新情报。
③由计算机作出各种适用于不同目的的分类报告，使管理者能及时作出正确的决策和指令。

7. 一般管理技能包括哪些内容？

一般管理技能包括：
①财务和会计、销售和市场、研究和开发。
②战略策划、战术策划、运营策划。
③组织设计、组织行为、人事管理、劳资、利润、职员培养和晋升。
④激励、委派、监督、队伍建设、竞赛。
⑤个人时间管理、重点管理等。
一般管理技能是建立项目管理技能的基础。一般管理技能往往也是项目经理必须具备的。

8. 项目管理的关键技能包括哪些内容？

对于项目管理，以下五个方面的管理技能是关键的。
（1）领导技能
①善于指导；
②管理人，做人的工作；
③鼓动和激励，促进人们增强克服各种困难的信心。
（2）信息沟通技能
①书写能力；
②表达能力；
③会议组织能力；
④函件和报告的管理能力；
⑤对内、对外沟通能力；
⑥对上、对下和平行沟通能力。
（3）谈判技能
①合同或协议条款或条件的选择；
②原则性和坚持；
③灵活性和让步；
④兼顾双方的合理利益。
（4）解决问题的技能
①确定问题的性质，包括问题的起因、内部的还是外部的、技术上的还是管理上的；
②分析和识别解决问题的方案，从中选择最好的解决办法；
③注重潜在问题的发现和防范。
（5）影响组织和个人的技能
①正确和适当地利用权力；

②利用威信和品格影响他人。

9. 发达国家工程建设基本程序是什么?

图1-4所示为发达国家工程建设的基本程序。

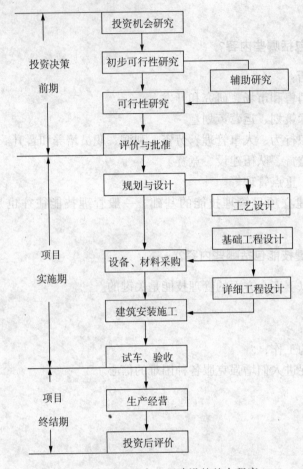

图1-4 发达国家工程建设的基本程序

(1)项目投资决策前期工作包括投资机会研究、初步可行性研究、可行性研究、评价与批准(投资决策)。

①项目投资机会研究是根据投资者的意向进行初步的调查,探讨投资某项目的必要性和可能性。研究的结果是提出一份简略的投资建议书或一份研究报告。

②初步可行性研究主要是对机会研究提出的建议进行验证和估价,初步确定该项目是否可行,决定是否有必要进行详细可行性研究。同时提出对项目可行性具有重大影响的关键因素,是否需要进行辅助研究。

辅助研究是指对项目可行性具有重大影响的关键因素进行专题调查研究,如市场研究、原材料供应研究、选址方案比较等,这些研究将作为详细可行性研究的基础资料之一。

③可行性研究是在初步可行性研究的基础上对建设项目进行全面的技术经济论证,为投资决策提供依据。可行性研究主要应进行深入的市场研究分析、技术分析和财务状况的分析。可行性研究要求调查的范围更广泛和详细,数据更为准确,同时要求进行多方案的比较。可行性研究的结果是提出一份报告,客观地提出投资项目可行或不可行的建议。可行性

研究的结果认为投资项目可行或不可行，不意味着前者是一种成功，后者是一种失败。

④评价与批准是投资者采用适当的程序和方式对可行性研究报告进行评审，作出肯定或否定的结论。多数情况下，经过评审的结论还需办理批准手续。

(2)投资项目经批准立项之后进入项目实施期。项目实施期通常划分为设计、采购、施工、考核验收四个阶段。

(3)项目终结期包括一段时间的生产经营期和投资后评价。

投资项目后评价是指项目建成投产并运行一段时间后，对项目决策、实施直到投产运营全过程的投资活动进行总结评价，对项目实际取得的经济效益、社会效益和环境效益进行综合评价。通过投资项目的后评价查明项目成功或失败的原因，总结经验和教训，以达到提高项目决策水平、项目管理水平和投资效益的目的。因此，投资项目后评价是项目周期中的一个重要工作阶段，是项目管理工作的重要组成部分。

10. 我国工程建设基本程序是什么？

我国工程建设基本程序习惯称作基本建设程序。我国工程建设基本程序分为四个大段，即决策阶段、设计阶段、施工阶段、终结阶段。再细分则可分为项目建议书阶段、可行性研究阶段、设计工作阶段、建设准备阶段、建设实施阶段、竣工验收阶段和运营后评价阶段。图1-5为我国工程建设基本程序。

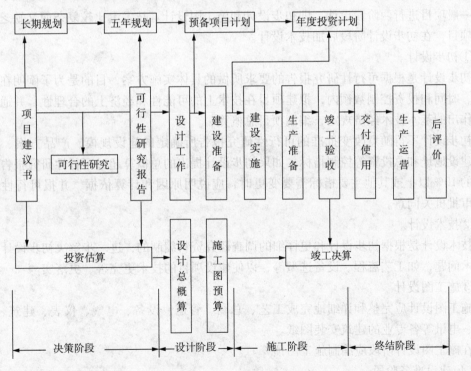

图1-5 我国工程建设基本程序

(1)项目建议书阶段

项目建议书是业主单位提出的要求建设某一建设项目的建议文件，是对建设项目的轮廓设想，是从拟建项目的必要性及可能性加以考虑的。在客观上，建设项目要符合国民经济长远规划，符合部门、行业和地区规划的要求。

(2) 可行性研究阶段

项目建议书经批准后，紧接着应进行可行性研究。可行性研究是对建设项目在技术上和经济上（包括微观效益和宏观效益）是否可行进行科学分析和论证工作，是技术经济的深入论证阶段，为项目决策提供依据。

①可行性研究的主要任务是通过多方案比较，提出评价意见，推荐最佳方案。

②可行性研究的内容可概括为市场（供需）研究、技术研究和经济研究三项。具体说来，工业项目的可行性研究的内容是：项目提出的背景、必要性、经济意义、工作依据与范围，需要预测和拟建规模，资源材料和公用设施情况，建设条件和选址方案，环境保护，企业组织定员及培训，进度建议，投资估算和资金筹措，社会效益及经济效益。在可行性研究的基础上，编制可行性研究报告。

③可行性研究报告经批准后将作为初步设计的依据，不得随意修改和变更。如果在建设规模、产品方案、建设地点、主要协作关系等方面有变动以及突破投资控制数时，应经原批准机关同意。

④按照现行规定，大中型和限额以上项目可行性研究报告经批准之后，项目可根据实际需要组成筹建机构，即组织建设单位。一般改、扩建项目不单独设筹建机构，仍由原企业负责筹建。

(3) 设计工作阶段

一般项目进行两阶段设计，即初步设计和施工图设计。技术上比较复杂而又缺乏设计经验的项目，在初步设计阶段后加技术设计。

①初步设计。

初步设计是根据可行性研究报告的要求所做的具体实施方案，目的是为了阐明在指定的地点、时间和投资控制数额内，拟建项目在技术上的可能性和经济上的合理性，并通过对项目所作出的基本技术经济规定，编制项目总概算。

初步设计不得随意改变批准的可行性研究报告所确定的建设规模、产品方案、工程标准、建设地址和总投资等控制指标。如果初步设计提出的总概算超过可行性研究报告总投资估算的10%以上或其他主要指标需要变更时，应说明原因和计算依据，并报可行性研究报告原审批机关同意。

②技术设计。

技术设计是根据初步设计和更详细的调查研究资料编制的，进一步解决初步设计中的重大技术问题，如工艺流程、设备选型等，以使建设项目的技术更完善、更落实。

③施工图设计。

施工图设计应完整和详细地完成工艺、总图、管道、设备、电气、仪表、建筑、结构、暖通、电讯等各专业的建筑安装图纸。

在施工图设计阶段应编制施工图预算。

(4) 建设准备阶段

①预备项目。

已经批准初步设计的项目可列为预备项目。国家的预备项目计划是对列入部门、地方编报的年度建设预备项目计划中的大中型和限额以上项目，经过从建设总规模、生产力总布局、资源优化配置以及外部协作条件等方面进行综合平衡后安排和下达的。预备项目在进行建设准备过程中的投资活动，不计入建设工期，统计上单独反映。

②建设准备的内容。

建设准备的主要工作内容包括：

——征地、拆迁和场地平整；

——完成施工用水、电、路等工程；

——组织设备、材料订货；

——准备必要的施工图纸提要。

③报批开工报告。

按规定进行了建设准备和具备了开工条件以后，建设单位要求批准开工，经国家计委统一审核后编制年度大中型和限额以上建设项目开工计划，报国务院批准。部门和地方政府无权自行审批大中型和限额以上建设项目的开工报告。年度大中型和限额以上开工项目经国务院批准，国家计委下达项目计划。

(5) 建设实施阶段

建设项目经批准开工建设，项目建设便进入了实施阶段。开工建设的时间是指建设项目设计文件中规定的任何一项永久性工程第一次破土开槽开始施工的日期。不需要开槽的，正式开始打桩日期就是开工日期。铁道、公路、水库等需要进行大量土、石方工程的，以开始进行土、石方工程日期作为正式开工日期。分期建设的项目，分别按各期工程开工的日期计算。施工活动应按设计要求、合同条款、预算投资、施工程序和顺序、施工组织设计，在保证质量、工期、成本计划等目标的前提下进行，达到竣工标准要求，经过验收后，移交给建设单位。

在实施阶段还要进行生产准备。生产准备是项目投产前由建设单位进行的一项重要工作。

生产准备工作的内容一般包括下列内容：

①组织管理机构，制定管理制度和有关规定；

②招收并培训生产人员，组织生产人员参加设备的安装、调试和工程验收；

③签订原料、材料、协作产品、燃料、水、电等供应及运输的协议；

④进行工具、器具、备品、备件等的制造或订货；

⑤其他必需的生产准备。

(6) 竣工验收阶段

当建设项目按设计文件的规定内容全部施工完成以后，便可组织试车、考核和验收。它是建设成果转入生产或使用的标志。竣工验收对促进建设项目及时投产、发挥投资效益及总结建设经验，都有重要作用。通过竣工验收，可以检查建设项目实际形成的生产能力或效益，也可避免项目建成后继续消耗建设费用。

(7) 运营后评价阶段

建设项目的后评价是在项目投产使用阶段，根据实际结果和数据，对项目进行综合评价。其目的是总结项目投资建设的经验教训，为以后的投资建设服务。

11. 什么叫项目管理过程？什么叫项目管理过程组？

(1) 项目管理过程

项目由一系列的过程组成。项目过程可分为两大类：

①项目管理过程是描述和组织项目活动的那些过程。比如启动过程、策划过程、实施过

程、控制过程、结束过程等。

②与产品有关的过程是规定和创造项目产品的那些过程。比如设计过程、制造过程、生产过程等。

项目管理过程和与产品有关的过程在整个项目过程中是重叠和相互影响的。比如当不了解如何去创造某项产品的情况下，就不能很好确定项目的范围。也就是说当一个管理者不了解一座炼油厂是怎样建造起来的情况下，就很难确定他对这个项目应该管理些什么和如何管理。

美国项目管理学会（PMI）以工程建设项目为例，把项目管理过程归纳为37个基本过程。对于一些项目可能不需要全部37个过程，而对于另一些项目可能还需要补充一些过程。

为了便于研究和描述这些过程，PMI把这37个过程归纳为9个知识领域，如图1-6所示。

图1-6　项目管理知识领域和项目管理过程

（2）项目管理过程组

项目管理过程组可以根据项目活动的规律被分成五个过程组：

①启动过程组——确认一个项目或一个阶段开始并委托组织去实施。
②策划过程组——谋划如何实施一个项目,并形成计划(plan),以期实现项目目标。
③实施过程组——组织、协调人力及其他资源去完成计划。
④控制过程组——通过监测项目进展和采取必要纠正措施保证达到项目目标。
⑤结束过程组——项目或阶段的正式接收和项目有序地结束。

项目管理过程和过程组的组合见图1-7。

12. 项目管理过程组之间及过程之间有何联系?

(1)项目管理过程组之间的联系

项目管理过程组之间,前一过程组产生的结果成为后一过程组的依据或输入;前一阶段产生的结果成为后一阶段的依据或输入,如图1-8所示。

(2)项目管理过程之间的联系

每个项目管理过程组包含若干个过程,这些过程之间具有一定的逻辑关系。在项目管理过程中应识别这些逻辑关系,并有序地组织管理。图1-9为项目策划过程组各过程之间的逻辑关系。

13. 项目管理过程、过程组与项目阶段之间有何联系?

项目管理过程、项目管理过程组与项目阶段具有不同的概念,尤其应区分项目管理过程组与项目阶段的区别。项目阶段的划分是根据项目性质和管理需要确定的,不同类型的项目其项目阶段可能是不相同的。比如工程建设项目,划分为项目决策、设计、采购、施工、考核验收五个阶段可能是合适的,而对于一个简单的软件开发项目,也许只需要一个阶段。而对于每一个项目阶段,一般情况下都有启动、策划、实施、控制、结束五个过程组。

项目管理的复杂性在于,每个阶段的过程组之间是重叠的,而且各个项目阶段之间也是重叠的。

由于工程建设项目是一个复杂的系统工程,在项目管理实践中不能像理论分析那样按每个阶段单独地进行管理。因此,实际上应对项目实行全过程的综合管理,把项目实施的全过程综合成项目的启动过程、策划过程、实施过程、控制过程和结束过程。项目综合过程组与各阶段的过程组之间应是协调一致的。项目综合过程组是各阶段过程组的综合,又约束各阶段的过程组。各阶段的过程组是项目综合过程组的分解和深化,又是项目综合过程组的保证和基础。项目综合过程组的管理和控制主要由项目经理负责组织实施,项目各阶段的过程组的管理主要分别由设计经理、采购经理、施工经理、开车经理负责组织实施。

14. 工程公司的功能是什么?

发达国家为项目提供服务的组织有两类:

(1)以项目为基础的组织(project-basedorganizations),这类组织主要经营项目,其收入主要来自为他人实施项目。这类组织有专门设计的项目管理系统,以提高项目管理水平,也就是通常说的以项目管理为中心。这类组织包括:建筑公司(architecturalfirms)、工程公司(engineering firms)、咨询公司(consultants)、施工公司(construction contractors)、管理公司(government contractors)等。

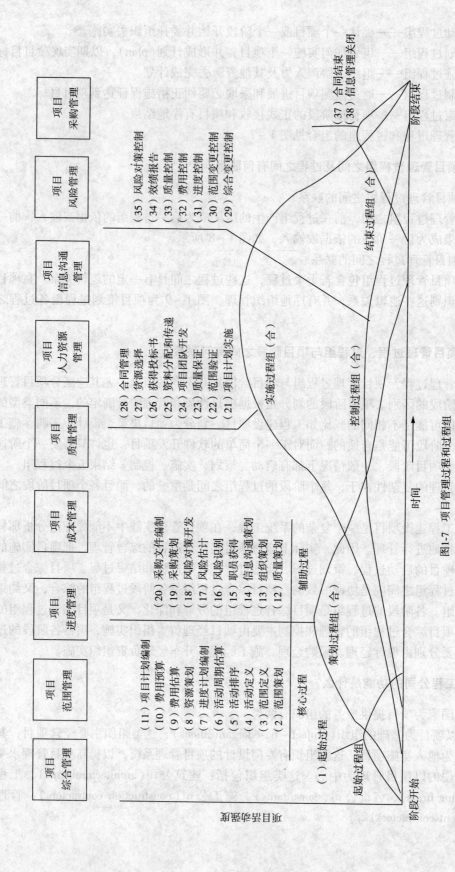

图1-7 项目管理过程和过程组

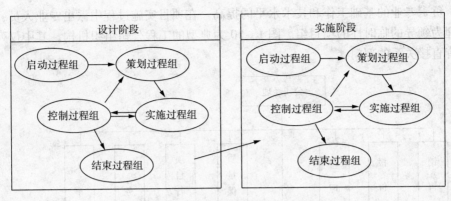

图 1-8 项目管理过程组之间的关系

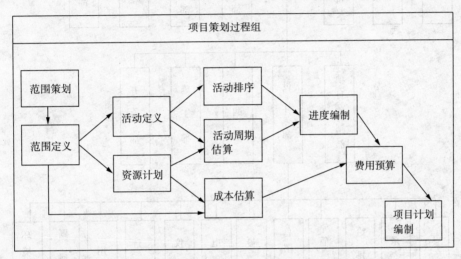

图 1-9 项目策划过程组各过程之间的逻辑关系

(2) 不是以项目为基础的组织(non - projcet - basedorganizations)，这类组织很少有专门设计的项目管理系统。这类组织有：制造公司(manufacturingcompanies)、金融公司(financial service firms)等。

工程公司是社会上专营工程建设项目的组织。通常我们说 EPC 全功能的工程公司，是指具有项目管理、设计、采购、施工、开车服务功能的公司。同时，工程公司为了经营项目，必须具备必要的流动资金，因此还应有融资能力。有时业主缺乏资金，工程公司为了获得项目，还帮助业主筹措资金，也应有融资能力。

15. 工程公司的组织机构如何设置？

(1) 组织机构设置原则

①工程公司视项目管理为中心，因此，工程公司组织机构的设置应以有利于项目管理和技术水平提高为出发点。

②组织机构的设置应具备项目管理、设计、采购、施工、开车功能，能完成工程建设总承包任务。

③能适应各类合同项目管理的需要。

④有利于工艺技术水平和工程技术水平的提高。

⑤工程公司设置的职能部门和专业部门是公司的常设性组织。它们是公司专业管理和技

术中心，负责专业的基础工作和技术水平的提高。在项目实施过程中派出专业人员，组成以项目经理为领导的临时性的项目组。图1-10为典型的工程公司组织机构，其中仅列出与项目管理有直接关系的部门。

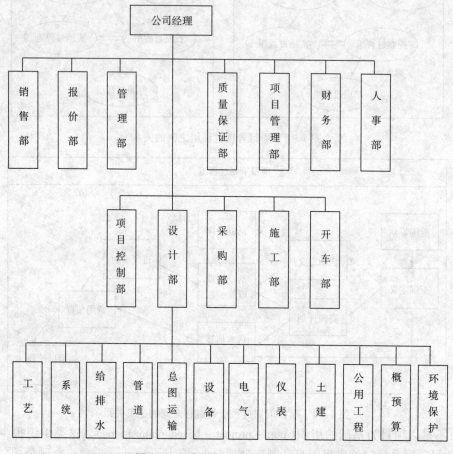

图1-10 典型的工程公司组织机构

(2)项目管理部

①项目管理部属工程公司高级管理部门。项目管理部一般由负责合同执行的公司副总经理分管。

②项目管理部由经过公司考核，符合项目经理条件，确认能胜任项目经理工作的管理人员组成。大中型规模的工程公司，项目经理人数比较多，一般根据项目的性质和类型划分为平行的几个项目经理组。每个项目经理组由一名资深的高级项目经理领导。根据公司分管副总经理的授权，高级项目经理负责处理具体项目的项目经理难以解决的重大问题。

③项目管理部负责项目管理专业的基础工作、人员培训，以及协助公司分管合同执行的副总经理处理项目管理中的重大问题。

④项目经理可以根据资历、能力、水平设立不同级别的职务，如高级项目经理、一级项目经理、二级项目经理、助理项目经理等。根据项目的规模、重要性、复杂程度、投资大小，任命不同级别的项目经理。

⑤对于大型项目，可根据需要配备助理项目经理或项目工程师，协助项目经理分管某个工程的项目管理工作(相当于单项工程负责人)。

项目管理部设若干名项目秘书。通常每个项目均配备项目秘书。

⑥项目管理部的主要任务如下：

——协助销售部参加投标活动。必要时选派项目经理担任具体项目的报价经理。

——项目中标后，负责派出项目经理，任命后的项目经理负责项目实施全过程的组织领导工作。

——项目实施过程中指导项目经理的工作，必要时由公司授权代表公司审核项目的有关文件。

——负责项目管理专业的基础工作，编制项目经理的工作手册，积累项目管理有关数据和资料。

——安排项目经理组织项目回访，总结项目管理经验，不断提高项目管理水平。

——负责对项目经理的考核、培训和素质的提高。

(3) 项目控制部

鉴于项目控制在项目管理中的重要性，国外工程公司都专门设立项目控制部，以加强对项目的控制。项目控制部一般下设四个组：进度控制组、费用估算组、费用控制组和材料控制组。一旦项目成立（合同签订），项目控制部则选派项目控制经理、进度计划工程师、费用估算师、费用控制工程师和材料控制工程师，参加项目组的工作。对于重要项目，上述人员均集中到项目组的办公地点办公，在项目经理直接领导下工作；对于一般项目，也可以在原项目控制部办公，负责指定项目的项目控制工作。与项目组的其他人员一样，项目控制部的人员被选派到项目组去工作之后，接受项目经理和项目控制部的双重领导。

工程公司项目控制部负责项目控制专业的基础工作，以及负责对全公司各个项目控制的指导工作。项目控制部的典型组织机构见图1-11。

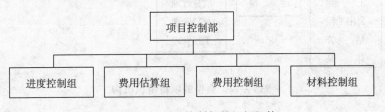

图1-11 项目控制部的组织机构

项目控制部的主要任务及职责：

①项目控制部的主要任务是负责对全公司各项目的进度、费用、材料进行综合有效的控制。

②项目成立后，向项目组派出项目控制经理、进度计划工程师、费用估算师、费用控制工程师和材料控制工程师，对指定项目进行项目控制。

③项目控制部负责指导各专业控制人员的具体项目控制工作。

④项目控制部负责编制和修订项目控制程序、方法和手册等基础工作。

⑤负责专业控制人员的培训和考核，提高项目控制水平和人员素质。

16. 项目管理组织如何设置？

工程公司承担的每一个项目，都要组建一个以项目经理为领导的项目组。项目组是为了有效地实现项目目标而组建的。项目组要保证项目的各项任务能有效地按合同规定的指标按期完成。项目组中各岗位的职责分工应是明确的。在项目实施过程中，根据项目的大小和复杂程度，相近岗位的职责可以互相兼管，但是每个岗位的功能和职责必须有明确的成员承担和负责。图1-12为典型的项目组织机构。

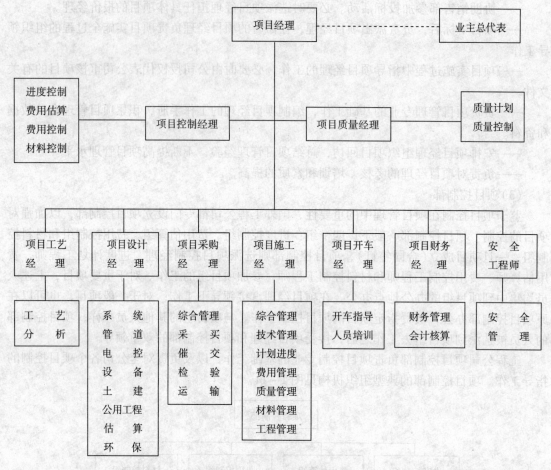

图1-12 典型的项目组织机构

17. 什么叫项目管理组？

项目管理组通常指以项目经理为领导的项目管理班子。项目管理组由项目关键管理岗位的人员组成。项目管理组的成员根据项目的范围、规模和复杂程度而定。对于大型交钥匙工程项目，通常应包括下列人员：

①项目经理。

②项目控制经理、项目质量经理、项目工艺经理、项目设计经理、项目采购经理、项目施工经理、项目开车经理、项目财务经理。

③项目进度计划工程师、项目估算师、项目费用控制工程师、项目材料控制工程师、项目安全工程师。

④项目秘书等。

项目管理组的成员通常集中办公，以便项目经理能直接领导，有利于项目组成员之间的协调，提高工作效率。

18. 项目矩阵管理的组织关系如何？

项目矩阵管理的两个方面是公司常设专业/职能部门与公司临时性项目组织。项目成立之后，公司任命项目经理。项目经理根据项目的需要设立项目组织和岗位。项目组的成员由专业/职能部门委派。在组织过程中由项目经理与常设的专业/职能部门协商，在关键人员上如有分歧，必要时向公司经理报告解决。在项目实施过程中，项目组成员接受项目经理和专业/职能部门的双重领导，同时向项目经理和专业/职能部门领导报告工作。项目组成员在项目结束后或已完成委派的工作后，回到专业/职能部门，准备接受新的委派。项目组成员回专业/职能部门时，项目经理应把该成员在项目组的绩效和表现介绍给专业/职能部门的领导。

项目组织与专业职能部门的矩阵组织关系见图1–13。

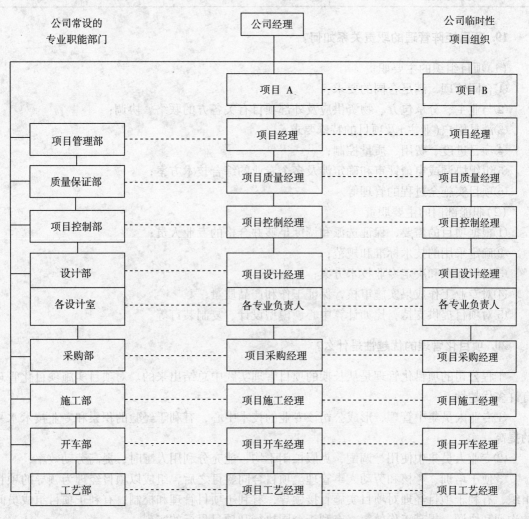

图1–13 项目与专业职能部门的矩阵组织关系

项目矩阵管理并不是指必须把项目的全体工作人员都集中办公。可以根据项目的特点和业主的要求，采用不同程度的组织结构。表1–1是常采用的几种项目组织结构。

表1-1 常采用的几种项目组织结构

项目特征	组织形式				
	职能组织	弱矩阵式	中矩阵式	强矩阵式	项目化组织
项目经理的权力	少或没有	有限	低到中等	中等到高	高到全权
派到项目上去的专职(full-time)人员的比例	实际上没有	0~25%	15%~60%	50%~95%	85%~100%
项目经理的角色	兼职(part-time)	兼职(part-time)	专职(full-time)	专职(full-time)	专职(full-time)
项目经理角色的通常称谓	项目协调员/项目领导	项目协调员/项目领导	项目经理/项目执行官	项目经理/工程经理	项目经理/工程经理
项目管理行政后勤人员	兼职	兼职	兼职	专职	专职

19. 项目矩阵管理的职责关系如何？

(1) 项目组织的主要职责
①合同管理，满足合同的要求；
②与业主、分承包方、物资供应及外部项目有关各方的联络、协调；
③满足用户(业主)及项目的特殊要求；
④项目进度、费用、质量控制；
⑤组织协调或申请评审和确定涉及多个专业的综合技术方案；
⑥项目实施全过程的管理等。
(2) 职能部门的主要职责
①根据项目的需要，保证选派和调度足够并合格的专业人员；
②确定采用的技术标准和规范；
③组织评审和决定专业技术方案；
④对专业工作成果实施审核，保证工作和产品质量；
⑤对项目提供支持，比如计算中心、模型设计、复制装订等。

20. 项目化管理的优越性是什么？

工程公司的项目化管理是从长期的项目管理实践中总结出来的。对项目实施项目化管理有许多优越性。
①专业人员集中管理，形成公司该专业的技术中心，有利于经验的积累和专业技术水平的提高；
②专业人员集中使用、调配，克服忙闲不均，能充分利用人工时，提高劳动效率；
③便于培训、考核和劳动人事管理。项目合同签订之后，组成以项目经理为领导的项目组织，有利于项目经理对项目实施直接领导，有利于项目管理和控制；有利于项目组成员间的沟通和协调，提高工作效率；有利于合同执行和项目目标的实现。

21. 项目招标如何分类？招标方式有哪些？

(1) 不同承发包关系的招标
①业主择优选择承包商的招标，包括工程总承包招标、设计招标、施工招标等。这种承

发包关系，业主是发包方，工程公司、设计公司、施工公司是承包方；业主是买方，工程公司、设计公司、施工公司是卖方。这种承发包关系签订的合同对业主来说是采买合同，对承包方来说是销售合同。

②工程总承包商选择分包商的招标，包括设计分包招标和施工分包招标。这种承发包关系，工程总承包商（工程公司）是买方，分包商是卖方。这种承发包关系签订的合同，对工程公司来说是采买合同，对分包商来说是销售合同。

③设备材料采购招标。这种承发包关系，工程公司是买方，制造供应商是卖方。这种承发包关系签订的合同，对公司来说是采买合同，对制造供应商来说是销售合同。

(2) 招标方式

①公开招标。

由招标者通过报纸或专业性刊物发布招标通告，公开邀请承包商参加投标竞争，凡符合规定条件的承包商都可自愿参加投标，这种方式的招标叫做公开招标。公开招标的主要特点是公开性、广泛性和公正性。公开招标使招标者有较大的选择范围，有助于开展竞争，能促使承包商提高工程（或服务）质量，缩短工期和降低造价。相对来说，公开招标评标的工作量较大，招标费用也较高。

②邀请招标。

邀请招标也称为"选择性招标"，即由招标者根据项目特点，预选一定数目的承包商，邀请他们参加竞争性投标。被邀请的承包商通常是经过资格预审或在以往的业务中证明是有经验的和能胜任本工程的承包商。一般情况下，邀请3~5家承包商参加投标，即可获得有竞争性的报价。

邀请招标能提高工作效率，可以节省评标工作量，节省招标费用。邀请招标毕竟在选择承包商范围上有一定的限制，有可能使一些更好的承包商失去竞争的机会。

③分阶段招标。

分阶段招标是将项目的招标过程分阶段来完成。一般是分资格预审和报价竞争两个阶段，也有分资格预审、技术标、商务标三个阶段进行的。

在资格预审阶段，采用公开招标的方式，承包商主要提交注册和资格等级证书，有关工程业绩、装备条件、主要管理人员和技术人员、管理经验、近期财务状况等，供招标者审查并确定参加下一阶段投标的名单（一般称为"短名单"，short list）。第二阶段即由列入"短名单"的承包商领取招标文件，制订自己的技术标和商务标，参加第二阶段的投标竞争。

分阶段招标比邀请招标增加了公开性，更符合竞争机会均等的原则。资格预审又限制了过多的承包商参加竞争，有利于提高投标质量，减少评标的工作量和费用。分阶段招标兼有公开招标和邀请招标的优点。

④其他方式的招标。

由于工程性质和招标内容的多样性，除上述三种基本招标方式之外，还有其他一些招标方式，常见的有：

——议标招标。由招标人直接邀请某一承包商进行协商，达成协议后即将工程委托给该承包商承担。第一家协商不成，可另外邀请一家，直到达成协议为止。

——排他性招标。某些援助或者贷款国给予贷款的建设项目，可能有限制条件，只能向提供援助或贷款国家的承包商招标。

——地区性招标。由于资金来源的地区性，或某些地区政策方面的要求，限制到只有该地区范围内的承包商才能参加投标。

——指定性招标。招标者指定某资信可靠和能力胜任的承包商参加投标。这类招标多适用于专业性特别强的项目，或其他特殊项目。

22. 招标的程序是什么？

项目招标、设计招标、施工招标及设备材料采购招标，其招标程序在一些具体内容和过程上各不相同。这里以项目招标为例介绍基本的招标过程。图 1-14 为工程项目招投标程序。

（1）编制招标文件

在正式招标之前，必须认真准备好正式的招标文件。招标文件可由业主的招标机构自行组织编制，也可以委托有经验的咨询公司编制。在国际工程招标中，招标文件已渐趋规范化。

通常，项目的招标文件至少包括以下内容：
① 投标人须知；
② 合同通用条件；
③ 合同专用条件；
④ 雇主要求（包括工程说明、技术要求、质量要求、进度要求、保险要求等）；
⑤ 投标书格式；
⑥ 投标书附录格式；
⑦ 投标书附表格式；
⑧ 合同协议书格式；
⑨ 投标保函格式；
⑩ 履约保函格式。

根据需要招标文件还可能附有预付款保函格式，现场基础资料，或其他需要的附件。

（2）发布招标通告或招标邀请书
① 招标通告的公布。

凡是公开向国际招标的项目，均应在官方的报纸上刊登招标通告，有些招标通告还可寄送给有关国家驻工程所在国的大使馆。世界银行贷款项目的招标通告除在工程所在国的报纸上刊登外，还要求在此之前 60 天向世界银行递交一份总的公告，世界银行将把它刊登在《联合国开发论坛报》商业版（Development Business）、世界银行的《国际商务机会周报》（IBOS，International Business Opportunities Services）以及《业务汇编月报》（MOS，The Monthly Operational Summary）等刊物上。亚洲开发银行贷款项目的招标通告，也同样要求提前报送该银行，它将在亚洲开发银行出版的《项目信息》上公布外，也将刊登在《联合国开发论坛报》商业版中的"亚洲开发银行采购通告专栏"内。

② 招标通告的内容。

招标通告的内容通常应当包括以下方面：
——项目名称和业主名称；
——资金来源；
——项目地点；
——工程范围简况；

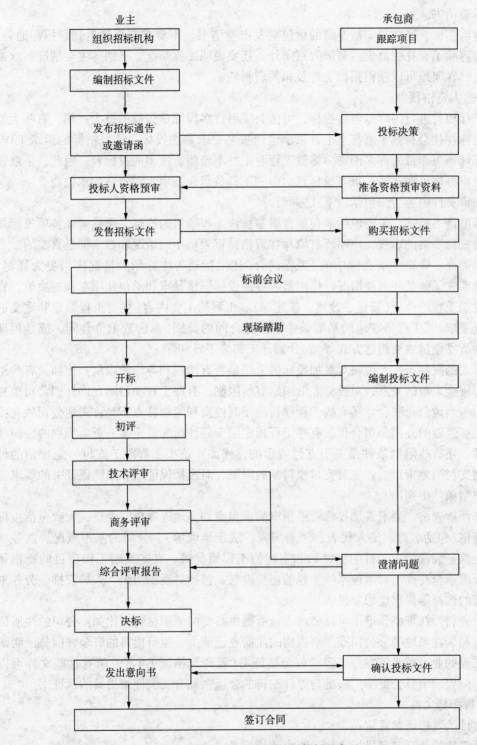

图 1-14 工程项目招投标程序

——预计工期；
——开标日期和地点；
——购买招标文件的时间、地点和费用；
——投标人资格的审查及其他事项。

③招标邀请书。

对于邀请招标,通常只向被邀请的承包商发出邀请书,不要求在报刊上刊登招标通告。邀请书的内容除了有礼貌地表达邀请的意向外,还要说明工程简况、工期等主要情况,欢迎被邀请人何时在何地可以获得招标文件及相关资料。

(3) 投标人资格预审

大型工程项目进行国际竞争性投标,可能会吸引许多国际承包商的极大兴趣。有些大型项目国际招标往往会有数十家甚至上百家承包商报名要求参加投标,这对招标的组织工作,特别是投标评审工作带来许多困难。多数工程业主并不希望有过多的投标者,因此,采取投标人资格预审办法可淘汰掉一批有投标意向但并不具备承包该项工程资格的承包商。

资格预审文件内容至少包括以下几方面:

①投标申请书格式。主要说明承包商自愿参加该工程项目的投标,愿意遵守各项投标规定,接受对投标资格的审查,声明所有填写在资格预审表格中的情况和数字都是真实的。

②工程简介。资格预审文件中的"工程简介"比招标通告中介绍的情况应当更为详尽,以便承包商事先了解某些重要情况,作出是否参加投标资格预审和承包此项工程的决策。比如,应当说明工程的性质(新建、改建、扩建等)、工程的主要内容(主要工程数量和重要的技术及质量要求)、工程所在地的基本条件、拟签合同的类别(总价或单价合同,或是延期付款、实物货品偿付或交钥匙方式等)、计划开工和竣工日期等。

③投标人的限制条件。说明对参加投标的公司是否有国别和等级的限制。比如,有些工程项目由于资金来源的关系,对投标人的国别有所限制。有些工程项目不允许外国公司单独投标,必须与当地公司联合。还有些工程项目由于其性质和规模特点不允许当地公司独立投标,必须与有经验的外国公司合作。有些工程指定限于经注册和审定某一资质级别的公司才能参加投标。还有些限制条件是关于支付货币的,比如:该项工程限于支付一定比例的外汇,其余则支付当地货币。业主对支付预付款的限制、对投标保证书和履约保证书的要求等等均可在限制条件中列出。

④资格预审表格。要求参加投标资格预审的承包商如实地逐项填写表格,大致包括投标人的法定资格(包括名称、法人代表、注册国家、法定地址等)、公司的基本概况、财务状况、工程经验、装备能力、目前已签约和实施的工程简况等。有些大型工程项目的资格预审,可能要求承包商提出对承包本项工程的初步设想,包括对现场组织、人员安排、劳务来源、分包商的选择等提出设想意见。

⑤证明资料。在资格预审中可以要求承包商提供必要的证明材料。比如:公司的注册证书或营业执照、在当地的分公司或办事机构的注册登记证书、银行出具的资金和信誉证明函件、类似工程的业主过去签发的工程验收合格证书(履约合格证书)等。所有这些文件可以用复印件,但要求出具公证部门核准与原件相符的公证书和有关大使馆出具的认证书。

(4) 发售招标文件

招标文件的发售通常规定:

①文件只售给业已获得投标资格的原申请投标者;

②招标文件通常按文件的工本费收费,购买投标文件后,不论是否投标,其费用一律不予退还;

③招标文件的正本上一般均盖有主管招投机构的印鉴,这份正本一般在投标时,作为投标文件的正本交回,通常不允许用自己的复印本投标;

④规定招标文件是保密的，不得转让他人。

(5) 标前会议和现场踏勘

①标前会议的目的。对于较大的工程项目招标，通常在报送投标报价前由招标人召开一次标前会议，以便向所有有资格的投标人澄清他们提出的各种问题。一般来说，投标人应当在规定的标前会议日期之前将问题用书面形式寄给招标人，然后招标人将其汇集起来研究，提出统一的解答。公开招标的规则通常规定，招标人不向任何投标人单独回答其提出的问题，而且要将对所有问题的解答发给每一个购买了招标文件的投标人。

②标前会议的时间和地点。标前会议通常在工程所在国境内召开，其开会日期和时间在招标文件的"投标人须知"中写明。一般在标前会议期间可能组织投标人到拟建工程现场参观和考察，投标人也可以在该会议后到现场专门考察当地建设条件，以便正确作出投标报价。标前会议和现场考察的费用通常由投标人自行负担。

③标前会议记录。招标人有责任将标前会议的记录和对各种问题的统一答复整理为书面文件，随后分别寄给所有的投标人。标前会议记录和答复问题记录应当被视为招标文件的补充，如果它们与原招标文件有矛盾，应当说明以会议记录和问题解答记录为准。标前会议上，可能对开标日期作出最后确认或者修改，如开标日期有任何变动，不仅应当及时以电传或书信方式通知所有投标人，还应当在重要的报纸上发布通告。

(6) 开标

公开招标项目一般要在招标文件中规定的时间和地点召开开标会议。

①开标会议由招标机构主持，除招标机构的委员会成员和投标人参加外，还可邀请当地有声望的工程界人士和公众代表参加。

②在开标会议上当众开启投标箱，检查其密封情况。通常是按投标书投递时间顺序拆开投标书的密封袋，并检查投标书的完整情况。

③当众宣读投标人在其投标书中的投标总报价，比如在投标书中已说明了自动降低价格者，应宣布以其降低了的价格为准。如要降价是附带条件的，则不宣布这种附带条件的降价，以便在同等条件下进行对比。同时，还要当众宣布其投标保证书(银行出具的保函)。

(7) 初评

初评的目的是筛选和淘汰那些显然不合格或基本不合格的投标。初评不合格的投标不能进入技术评审和商务评审。初评的内容主要是：

①投标书的有效性。投标人是否与资格预审批准了的投标人一致，投标保函是否符合招标文件的要求，总标价是否与开标会议上宣布的一致，投标书是否有投标人的法定代表签字或盖有印章等。

②投标书的完整性。投标书是否包括了招标文件规定的全部文件。

③投标书与招标文件的一致性。

④报价计算的正确性。分项报价的汇总是否与总报价一致。

(8) 技术评审

项目招标一般要求承包商承担设计，要求承包商的设计符合雇主要求。因此，技术评审主要应包括以下内容：

①投标人采用工艺技术的先进性和可靠性。技术来源的可行性，承包商自己拥有的技术，还是购买第三方的专利技术。

②承包商供应的机器、设备和工程材料的技术性能能否符合设计的要求。

③技术资料的完整性。
④项目实施建议书的合理性和可操作性。
⑤项目实施组织的完善性。
⑥项目进度计划的可靠性。
⑦承包商的质量体系和质量保证能力。
⑧承包商的安全、卫生及环保的保证和管理能力，能否达到规定的要求。
⑨推荐的施工分包商的技术能力和施工经验。
⑩项目的性能保证指标是否先进、可靠等。

技术评审可以采取技术评审表打分的方式进行。经过技术评审后应提出"优先推荐"、"推荐"或"不推荐"的意见。一般情况下，技术评审不合格的投标不进入商务评审。

(9)商务评审

商务评审的目的是从成本、财务和经济分析等方面评审投标报价的正确性、合理性、经济效益和风险等。商务评审主要应包括以下内容：

①报价数据计算的正确性。
②报价范围是否与招标文件要求的范围相一致。
③报价的内容是否与技术建议书的内容相一致。
④费用构成是否合理，是否有遗漏或重复。
⑤计算单价和计算费用升值的公式是否正确。
⑥承包商提供的资金流量表是否合理。
⑦承包商提供的投标保函和履约保函的有效性和符合性。
⑧投标书附录中的数据是否正确和可接受等。

商务评审也可采取商务评审表打分的方式进行。商务评审后应提出"优先推荐"、"推荐"或"不推荐"的意见。

(10)综合评审报告

这是一份由招标机构的评审委员会或评审小组对所有投标书评审后的综合性报告，它综述整个评审过程、进行对比分析和提出推荐意见。

综合评审报告对于那些拟定作为"废标"或从中标备选名单中剔除的投标者，要阐明具体理由，使招标机构了解这种处理意见是合理和恰当的。同时，说明从其余的合格投标书中挑选几名作为候选人的理由(通常是报价较低的前几名)。而后，对这几名候选人作出对比分析。对比内容基本上与上述对每份投标书的评审内容相同，因此，可以采用列表对比方式。也有某些评审小组采用评分办法进行最后对比，由于记分的标准难于统一，招标单位对中标者的优势选择的侧重面各不相同，这种综合记分评定的办法未被广泛采用。

综合评审报告应当提出对中标人的推荐意见，除了介绍被推荐的中标人的一般情况外，要明确地说明中选理由，也要提出与该中标人签订承包合同前须进一步讨论的问题。

(11)决标

决标是指最后裁定中标人。通常由招标机构和工程项目的业主共同商讨裁定中标人。如果业主是一家公司，通常由该公司的董事会根据综合评审报告讨论并作出裁定中标人的决定。如果是政府部门的项目招标，则政府授予该部门首脑的权力，由部门首脑召集一定会议讨论后作出决定。如果是国际银行组织或财团贷款建设的项目，除借贷国有关机构作出决定外，还要征询贷款的金融机构的意见，贷款组织如果认为这项决定是不合理或不公平的，可能要求借贷国的有关机构重新审议后再作决定。如果借贷国和国际贷款组织之间对中标人的选择有严重分歧而不能协调，则可能导致重新招标。

某些国际金融机构，比如：世界银行、亚洲开发银行，对其贷款项目的招标允许给予借贷国的承包商一定的优惠政策，但这种优惠有一定的计算方法和限制条件。在按优惠政策裁定借贷国承包商为中标人时，应当审查是否按照规定进行了正确的计算，否则可能引起外国承包商的不满和争议。

（12）授标

在裁定中标人后，业主或者招标机构代表业主向中标的投标人发出授标信或者中标通知书，也可能发出一份授标的意向信。授标信或中标通知书通常都简明扼要，写明该投标人的投标书已被接受，授标的价格是多少，应当在何时、何地与业主商签合同。授标意向信则有所不同，只是说明向该投标人授标的意向，但最后取决于业主和该投标人进一步议标的结论。意向信通常未写授标的价格数字，意味着业主可能认为投标人的报价有某些不合理之处，将在议标和商签合同时讨论。

在向中标的承包商授标并拟商签合同后，对未能中标的其他投标人，也应发出一份简单的未能中标的通知书，不必说明未中标的原因，但在通知书中应注明，退还投标人的投标保证书（银行保函）的办法。

23. 项目报价文件由哪几部分组成？

项目报价文件也叫投标文件。报价文件的组成、格式和内容一般应严格遵照招标文件的要求，以免造成废标。按照国际惯例，招标文件、投标文件（报价文件）和合同文件应是对应的。工程公司项目报价文件通常应包括以下组成部分：

(1) 投标书
(2) 投标书附录
(3) 合同通用条件 ┐
(4) 合同专用条件 ├ 商 务
(5) 投标保函 │ 建议书
(6) 履约保函 ┘
(7) 雇主要求
(8) 承包商建议书（包含项目实施建议书）┐ 技 术
(9) 投标书附表 ┘ 建议书
(10) 招标书规定的其他补充文件

24. 项目报价文件编制工作程序是什么？

(1) 报价工作程序

工程公司项目报价文件编制工作程序如图 1-15 所示。

(2) 报价过程几项重要工作

①询价文件审查委员会。

——对于大型项目的报价，公司需消耗可观的人力和财力，而且如果竞争失败，这笔费用无法偿还。因此，工程公司对大型项目的投标（报价）决策十分慎重。一般工程公司组成询价文件审查委员会，行使项目投标与否的决策职能。

——询价文件审查委员会由公司分管销售的副总经理主持。询价文件审查委员会的成员由分管项目实施的副总经理、总工程师、销售部主任、报价部主任、项目经理部主任、财务部主任等组成。

——询价文件审查委员会审议内容：询价文件；商务条件；业主的特殊要求；预计报价书编制和谈判费用；竞争情况；风险；公司能力及获得成功的可能性等。

——经过分析评价，作出是否参加投标的决策，报公司总经理批准。

②报价策略会议。

——报价策略会议的目的是确定报价的策略，审定初步的报价计划。

——报价策略会议由报价经理主持，邀请销售部、项目管理部、报价部、设计部、采购部、施工部的主任参加会议，必要时还邀请财务、税务方面的人员参加。

——召开报价策略会议之前，报价经理应拟定初步的项目报价计划，提出建议的报价策略初步意见，经销售部门和报价管理部门审核后，提交报价策略会议讨论。

——报价策略会议的意见，应由报价经理整理成会议纪要，并以此为依据修改并完成报价计划，指导报价工作。

③报价计划。

报价计划由报价经理负责组织，在公司报价策略会议之后修改完成。

报价计划经各部门会签并经销售部审查后，报公司分管副总经理批准。

报价计划的主要内容：

——明确报价范围（附项目表）和分工，尤其要明确与业主或第三方（比如专利商、分包商）的责任和范围界限；

——明确项目报价的策略和原则；

——确定报价工作的组织形式；

——确定估算的类型（分析估算、设备估算或设备详细估算）和对估算准确度的要求；

——列出参加项目报价主要人员的名单、职务、办公地点；

——编制报价书的进度表，画出横道图（Bar chart），标出关键进度点及完成日期。一般应标出下列内容的日期：召开报价策略会议；提出报价计划。

(3) 报价估算的组成

报价估算由以下各部分组成：

①直接材料费，包括：设备费、散装材料费、直接材料相关费用（运费、运输、保险费等）、分包合同费用（指工程公司将项目中的一部分工作分包给分包方承担，这时报价估算中应单独列出分包合同费用）。

②施工费用，包括：施工劳务费用、施工辅助费用、施工管理人员工资费用、施工管理人员非工资费用。

③公司本部费用，包括：设计人员工资费用、设计人员非工资费用、项目管理人员工资费用、项目管理人员非工资费用。

④开车服务费用，包括：开车人员工资费用、开车人员非工资费用。

⑤其他费用，包括：专利许可证费、专有技术费、保险费。

以上五项为基本费用。

⑥不可预见费。不可预见费是根据上述基本费用的风险程度确定的。风险程度取决于估算时资料来源的可靠性和取得数据的准确程度。不可预见费由费用估算师提出建议，经有关

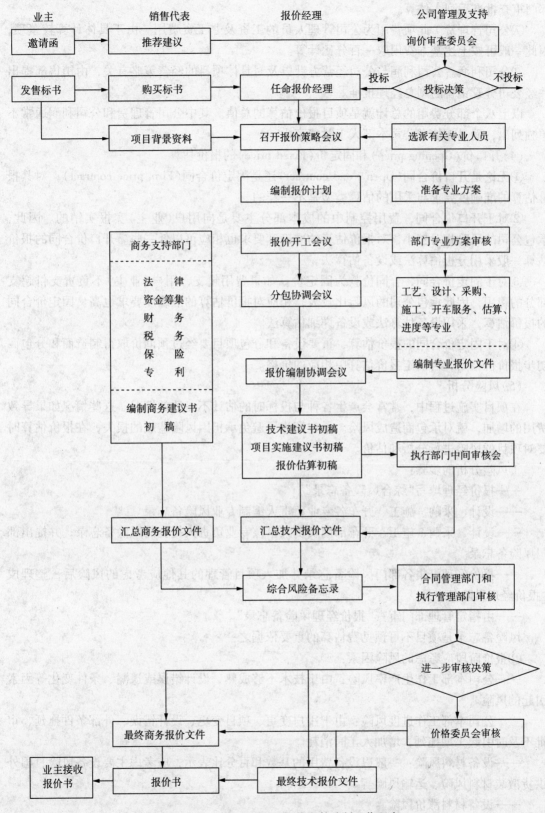

图1-15 工程公司项目报价文件编制工作程序

部门审查批准后列入估算。

⑦公司管理费。此项费用为公司管理人员的工资及非工资费用。由于具体计算较繁琐，因此一般可按上述基本费用取一百分比计算。

⑧公司利润。公司利润与公司经营方针以及对具体项目的经营策略有关，由销售部提出并经公司分管销售的副总经理批准。

以上八个部分费用的总计就是项目报价估算的总值。其中公司管理费和公司利润通常不单独列出，而是摊加在公司本部人工时费率中。

(4) 开口价(Opening price)和固定价(Fixed price)的报价估算

①无论是开口价合同(Open-end contract)还是固定价合同(Firm price contract)，对其报价估算的准确度要求与采用的估算类型是不一样的。

②对于开口价合同，费用控制中的成本部分主要是向用户(业主)实报实销的。因此，承包公司的风险相对较小，对报价估算的准确度要求也相应可以低一些。开口价合同的报价估算一般采用分析估算法或设备估算法。

③对于固定价合同，合同价款为固定价。如果费用超支，用户(业主)不负责支付超支部分的费用，因此承包公司的风险比较大，相应对报价估算的准确度要求也高。固定价合同的报价估算，采用设备估算法或设备详细估算法。

④对于固定价合同的报价估算，重要设备和分包项目要经过预询价取得制造商和分包商初步报价价格后，再确定报价估算中相应的价格。

(5) 风险分析

在项目实施过程中，常常会产生各种与投标时的估计不一致的情况。这些情况如果导致费用的增加，就对承包商造成风险。承包商为了避免承担因风险造成的损失，在报价估算时要对项目的风险进行分析和估价。

①风险分析的步骤：

——报价经理填写"综合风险备忘录"。

——设计、采购、施工、开车各专业负责人编制专业风险备忘录。

——设计、采购、施工、开车部门负责人审核专业负责人提交的风险备忘录，并提出部门风险备忘录。

——报价经理汇集各部门风险备忘录并加入项目管理的其他应考虑的风险后，整理成"报价经理风险备忘录"。

——由指定管理部门审查"报价经理风险备忘录"。

风险备忘录是项目不可预见费估算的重要依据之一。

②报价阶段应考虑的风险因素：

——公司本部工作生产率风险：由于技术不够成熟、设计错误或遗漏、条件变化等因素引起的风险。

——公司本部工作进度风险：由于用户变更、项目变更、设计错误、外部条件拖延、审批不及时引起工期拖延，增加人工时消耗。

——设备材料风险：一般以设备费用的基数和百分比表示，应考虑主要设备风险、国外供货散装材料风险、运输风险等。

——设备材料涨价风险。

——施工劳动生产率风险：由于现场条件、气候、劳动组织、劳动素质、施工机具等因素引起的风险。

——施工劳力涨价风险。

——地方材料涨价风险。

——施工进度拖延：由于设备材料不能按时交货、交通阻塞、施工错误、安全事故等引起的风险。

——分包合同风险：由于分包单位内部原因或承包合同引起的风险。

——延期罚款风险：由于承包商本身管理不善等原因引起的风险。

——性能保证罚款风险：由于工艺技术、设备性能缺陷引起的风险。

——货币兑换率波动风险。

——报价估算编制误差风险。

——政治风险：包括项目所在国社会稳定、战争可能、法律、税法变更等风险。

——其他费用风险：包括许可证费、开车服务费、制造厂服务费、施工保险费、签证费等引起的风险。

（6）不可预见费

由于在项目实施过程中存在诸多风险因素，因此工程公司在编制报价估算中，考虑了相应的不可预见费。不可预见费包括平均不可预见费（也叫基本不可预见费）和最大风险不可预见费。平均不可预见费按工作分解结构分解并列入估算。最大风险不可预见费汇总后单独列入估算。

不可预见费的确定与对各种风险的预测、分析和判断有关，是一项复杂和困难的工作，资料上介绍的方法也很多，国际上专业风险估算公司开发了风险估算程序，可以提高风险分析的科学性和不可预见费估算的准确程度。

①根据估算准确度范围确定平均不可预见费。

平均不可预见费的确定方法之一，是根据估算准确度范围来确定平均不可预见费占该项费用估算的百分比（参见表1-2）。

表1-2 估算准确度和平均不可预见费系数

项目进展阶段	项目进展深度	估算偏差幅度/±%	平均不可预见费系数/%
0	工艺设计完成以前早期规划阶段	25~50	30
1	工艺设计完成。设备已确定，但未询价；散装材料量已用系数法估算出，但无单价	15~25	20
2	基础工程设计完成。工艺物料流程图、PID、布置图已批准；设备已询价；散装材料已初步统计出，并已询价	10~15	13
3	详细工程设计完成。设备和材料最终数量已统计出，最终的订单已发出	5~10	8
4	施工安装工程完工（机械竣工）	0~5	4
5	工程结束	0	0

——对于开口价合同的报价估算，采用分析估算法，相当于表中"0"阶段的深度，估算

的准确度范围在25%~50%之间，平均不可预见费系数可在25%~50%之间选用。

——对于固定合同价的报价估算，采用设备估算法，相当于表中"1"和"2"阶段的深度，估算的准确度范围在10%~25%之间，平均不可预见费系数可在10%~25%之间选用。

——对于风险因素较小的项目，可以选用下限的平均不可预见费系数，对于风险因素较大的项目，可以选用上限的平均不可预见费系数。

——对于在报价阶段已经确定不变的费用（如许可证费、专有技术费等），可以少计或不计不可预见费。

②最大风险不可预见费。

在确定平均不可预见费之后，还需确定最大风险不可预见费（记入表1-3），其方法为：

第一步，先分析列出可能影响费用的风险项目。

第二步，估算每项风险可能产生的最大额外费用。

第三步，估计该项风险可能发生的概率。

第四步，将该项风险可能产生的最大额外费用值乘以概率，得出该项风险的额外费用净值。

第五步，将所有各项风险的额外费用净值相加，就可得出最大风险不可预见费用总值。

已经包括在平均不可预见费中的风险因素，不再列入最大风险不可预见费的风险项目中。

表1-3　最大风险不可预见费

风险项目	因风险产生的额外费用值	发生风险的概率/%	风险额外费用净值

25. 项目初始阶段工作内容及程序是什么？

项目初始阶段的工作是指从项目合同签订到正式开展设计这一阶段的工作。项目初始阶段的工作主要是创造项目开展工作的条件。项目初始阶段的工作主要由项目经理组织，项目组主要成员参加完成。

项目初始阶段工作内容及程序见图1-16。

26. 什么叫项目计划？

项目计划是合同签订之后工程公司对项目实施的总的策划。国外工程公司对项目计划十分重视。对于大型工程项目，项目计划还按项目管理计划和项目实施计划分别编制。对于一般项目，只编制项目实施计划。

（1）项目管理计划

①项目管理计划编制说明。

——项目管理计划在项目经理任命之后即着手编制，由项目经理亲自完成。

——项目管理计划是项目经理为执行项目合同，实现项目目标的总的打算，阐述项目经理的观点，提出他认为重要的问题。

——项目管理计划是公司内部文件，便于公司上层领导了解项目概况，初审项目执行的原则，了解需引起重视的关键问题。

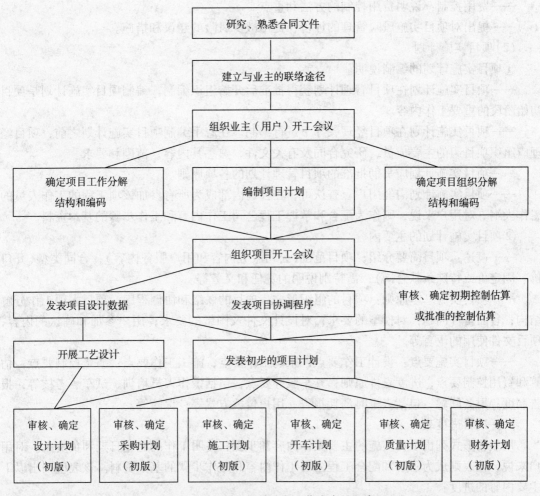

图1-16 项目初始阶段工作内容及程序

——项目管理计划中的投资估算、人工时定额、人工时费率都是内部控制数据，可与合同或提给用户的数据不同。

——项目管理计划分送各有关上层领导，比如销售部主任、项目管理部主任、分管销售的公司副总经理、分管项目的公司副总经理。

②项目管理计划的主要内容。

——概述：说明项目概况，与投标和合同生效有关的文件，合同规定的权利和义务，执行项目所必要的条件等。

——技术方面：说明项目技术路线的先进性和可靠性，包括：工艺特点、公司以往类似项目的经验，合同中提出的保证条件、技术保密范围、技术方面的潜在风险因素等。

——商务方面：说明出售价格与估算的比较，与费用有关的特殊问题。比如：专利工艺技术的保证条件、有关的潜在风险、非常规的合同条件等。

——管理：提出管理项目最好方式的建议，说明拟建立的项目组织，说明目前和今后重要的项目管理活动。

——进度：对项目进度进行分析，包括关键控制点，特别是采购和施工进度，指出项目进度中有风险的部分。

——费用控制：说明费用控制的方法和重点。
——提出对项目实施风险管理的评价，提出减少风险的建议和措施。
(2)项目实施计划
①项目实施计划的编制说明。
——项目实施计划在项目管理计划获得批准后开始组织编制，编制项目实施计划是项目初始阶段的重要工作内容。
——项目实施计划在项目经理领导下进行编制。在着手编制项目实施计划之前，项目经理应组织项目组的主要成员，研究合同及有关文件，熟悉其内容、范围和要求。
——项目实施计划应贯彻批准的项目管理计划的各项原则。
——项目实施计划需经用户审查认可，在公司内部成为所有参加该项工程的工作人员的工作大纲。对用户来说，则作为配合和掌握工程公司工作内容和工作步骤的基本资料。
②项目实施计划的主要内容。
——概述：项目简要介绍；项目范围(公司服务内容和用户服务内容)；合同类型(开口价、固定价或特殊条款合同)；需特别说明的责任和义务等。
——项目实施基本原则：项目的组织形式；项目的联络和协调程序；项目大项工作分解结构；备品备件问题；对模型的要求；对设计文件及图纸的要求；用户参加和确认的内容；项目文件使用的语言等。
——项目实施要点：设计工作要点；采购工作要点；施工工作要点；质量控制要点；估算和费用控制要点；进度安排原则；开车服务要点，包括操作人员培训、试车、考核等；报告制度；财务问题，包括人工时消耗报告、用户付款方式等；保险等。
——项目进度表

用表格形式列出项目实施的主要工作内容和步骤，注明工作的起止日期和负责人。对用户来说，该表则成为了解和配合工程公司工作内容和工作步骤的基本资料。该表应列出以下主要内容的进度：

收集设计和施工所需要的气象、交通和公用设施等基础资料；收集地质水文及地形资料，提出测量和勘探工作计划；了解建设现场地方政策、法规及劳动力情况，并提出报告；了解建设现场所在地区及其他地区分包单位的情况，并提出报告；了解有关设备和材料供应厂商的情况，并提出报告；了解建设现场的环境和居住条件，并提出报告；编制项目开工报告；编制项目规定；编制基础工程设计和详细工程设计；编制费用估算；编制工程进度计划；编制设备、材料采购计划；提出施工计划；编制财务计划；取得建设许可证；落实施工安装单位和招标工作；三通一平现场准备工作；建设施工用临时设施；开始施工；开始试车；交付使用。

27. 什么叫项目协调程序？

(1)项目协调程序的编制
①项目协调程序在项目初始阶段由项目经理组织编制。
②项目协调程序是对合同的条款中尚未具体化的内容作出具体规定，建立工程公司与用户之间的联络和协调程序。
③项目协调程序经用户审查确认之后则成为项目实施过程中工程公司与用户之间的工作联络的依据。

(2)项目协调程序的主要内容
①项目范围说明。
②联络及管理程序:
——通讯建立工程公司和用户的通信代号;
——联络工程公司和用户项目经理(必要时其他人员)的姓名和地址、电话、传真号码以及电子邮箱等;
——建立报告制度;
——确定采用的变更程序;
——确定项目工作分解结构;
——确定文档的记录和档案管理原则。
③设计部分:
——确定用户提供的资料的内容和方法;
——进一步说明工程公司与用户的工作分工;
——列出设计中采用非常规标准的内容;
——列出需经用户审查和批准的文件和内容;
——说明向用户和施工现场发送的图纸、文件的要求;
——对制作模型的要求,说明形式、用途和范围;
——推荐备品备件及其采购程序和要求;
——明确设备材料请购单的审查范围和程序。
④采购部分:
——确定制造厂商名单及提交批准日期;
——确定备品备件采购程序;
——确定催交的责任范围,用户承担的内容;
——确定用户参与检验的内容、程序和联络方式;
——确定用户负责的运输工作内容、进口许可证办理的要求、职责等;
——制造厂商图纸资料、数据的分发等。
⑤现场施工:
——现场施工组织管理,用户的职责;
——现场财务会计管理的规定;
——现场施工的安全要求;
——开工许可证的办理及责任分工等。
⑥估算。说明向用户发送估算的规定。
⑦会计。说明付款单据的管理和结算程序。
⑧试车考核。说明试车、培训、维修、考核验收的责任分工。
⑨附录。附上必要附录。
(3)设计阶段与用户的协调
设计阶段与用户的协调主要需考虑以下方面的问题。
①考虑用户参与的程度。
合同类型不同,用户参与的程度也不同。
对于开口价合同,项目费用主要凭实际发生费用的单据支付,因此,用户参与程度较深。对于固定价承包合同,则要限制用户参与的程度,除项目合同及项目协调程序规定的需由用户审查、批准的内容之外,应考虑工程公司项目实施的主动性,以利实现项目的费用和进度控制。

②向用户索取设计所必须的资料。

及时地通过项目经理向用户索取设计所必需的建厂条件资料,比如水文、气象、地质、环保要求等资料。

按时提供需由用户审查批准的设计文件,催促用户及时审查、评议、批准,并按时将用户的审查意见返回给设计人员。

③加强与用户代表的信息沟通。

在设计阶段,用户往往派遣用户代表在工程公司本部办公,以加强用户与工程公司之间的联络和沟通。一般情况下,与用户联络是项目经理的职责,但在设计阶段,有关设计问题,可由设计经理直接与驻公司的用户代表联络。对于重大问题,事先经项目经理批准,或事后向项目经理报告。

28. 什么叫项目基础资料?基础数据如何设计?

(1)项目基础资料

项目基础资料是工程项目设计和建设工作的依据。在项目初始阶段,应对项目基础资料的完整性、准确性和有效性进行审查。用户提供的项目基础资料包括:

①建厂地区基础资料。

——气象资料;

——工程地质资料;

——水文地质资料;

——地形图;

——人文资料、厂区内和周围的居民情况;

——环境影响报告书。

②主要原材料及动力供应协议。

——主要原材料供应协议及分析数据;

——动力供应协议(供电协议、供汽协议等);

——燃料供应协议;

——供水协议。

③协作条件。

——运输协议;

——消防协作条件;

——附近地区机、电、仪修协作情况;

——地方建筑材料供应协议;

——建厂地区通讯协作条件。

④当地政府批准的征地报告。

⑤当地环保卫生部门对"三废"排放标准的意见。

⑥产品和副产品的销售协议。

⑦地方适用的定额指标(劳动力价格等)。

（2）设计基础数据

①设计基础数据的编制和发表。

——设计基础数据是由项目经理组织设计经理及有关专业人员，根据合同、协议及用户提供的项目基础资料编制的。设计基础数据应在项目初始阶段编制并发表，作为各专业设计工作的依据之一。

——设计基础数据可以用设计统一规定的形式发表。设计基础数据可按专业编写由设计经理汇总整理，由项目经理审查签署后发表。

——设计基础数据在正式发表于工程项目实施之前，必须经用户确认。

——在项目实施过程中，如遇有必须修改设计基础数据时，应按用户变更程序处理。

——如果按规定程序批准了用户变更，项目经理应及时修改设计基础数据表，并注明版次，另行发表。

——设计基础数据的变更，如果涉及总费用的增加或进度的推迟，需获得用户的确认之后才能向项目发表和实施。

②设计基础数据的主要内容。

——总则：一般现场数据；气象数据；基础和结构；技术经济指标。

——公用工程：界区接管点蒸汽的水力热力条件；界区接管点蒸汽的设计条件；蒸汽冷凝液处理方式；界区（装置）内产生的蒸汽的成本；输入蒸汽要求条件；输出蒸汽要求条件；电力；电源、通讯和报警；危险区域划分；界区接管点锅炉给水的水力热力条件；界区接管点锅炉给水的设计条件；界区接管点冷却水回水的水力热力条件；界区接管点冷却水回水的设计条件；其他各种用水的水力热力条件；水质分析；空气及惰性气体；燃料油；燃料气体；燃料油分析；燃料气体分析；公用工程综合备注。

——原料：原料分析；原料（流体）界区接管点的水力热力设计条件。

——产品：产品分析；产品（流体）界区接管点的水力热力设计条件。

——化学物品：界区条件；入库数量；备注。

——排出物处理及排放：排出物质量要求；排出物处理原则。

——材料储运说明：总则；操作时间（班/天、天/周）；运输工具数据；产品装运比率；产品包装说明；散装材料数据；储运方案选择要点。

——规程、规范和标准：规程和标准；规范分类；法定和规定的工程设计准则；国家标准；行业和地方标准；企业标准；许可证。

——施工：现场施工公用工程条件；施工区域（制作及储存）；临时建筑；运输；劳动法规；施工废料处理。

29. 工程公司设计组织机构如何设置？

设计组织机构的设置采用专业室组织机构（区别于综合室组织机构），设计管理与项目管理一样均采用"矩阵方式"管理。专业室分别由一个专业或几个专业组成。是由一个还是由几个专业组合成，可根据工程公司的具体情况确定。但专业设置和分工应保持稳定，以利于设计管理、基础工作和专业技术水平的提高。

国外工程公司有的在各专业室上面设置设计管理部，工艺室单独成为工艺部。部一级的设置不必强求一致，可以根据各工程公司的实际情况确定。

图1-17所示为工程公司典型的设计组织机构。

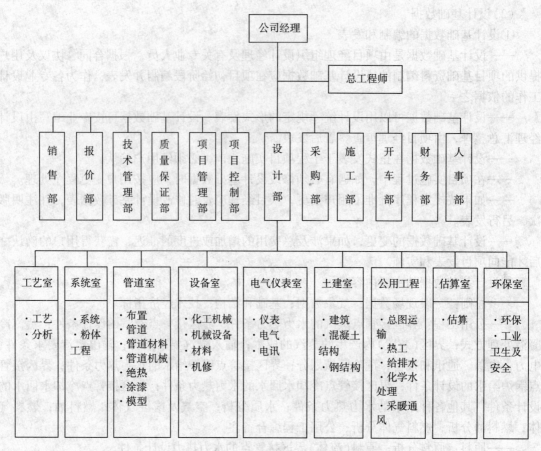

图 1-17 工程公司典型的设计组织机构

注：(1) 公用工程室可以独立设置，也可以将有关专业并入相关室；

(2) 概预算专业国外工程公司称估算专业，一般放在项目控制部作为一个专业组。

30. 项目设计组织机构如何设置？

项目设计组织机构是为完成特定项目设计任务而组织的临时性机构。项目设计经理由项目管理部派出，专业设计人员由各专业部门派出。项目设计组的成员可以集中办公，也可以不集中办公，视项目的规模、性质或其他因素决定。无论集中办公或不集中办公，矩阵管理的原则和项目设计组成员的职责分工不变。项目设计组织机构的规模根据合同规定的项目范围确定，可以酌情增加或精简。

项目设计工作需要有关部门的支持，比如档案出版、后勤部门等，这些人员不列入项目设计组织机构里，由工程公司统一组织管理和服务。

典型的项目设计组织机构见图 1-18。

31. 什么叫设计工作的矩阵方式管理？

设计工作的矩阵方式管理与项目的矩阵方式管理是一致的。设计经理从项目管理的角度保证项目目标的实现，专业部门主任从专业管理的角度保证项目目标的实现。

① 从机构上说，专业部门是工程公司的常设性组织，具有行政职能。项目设计组是为完成特定项目任务的临时性组织，项目完成之后即解散。

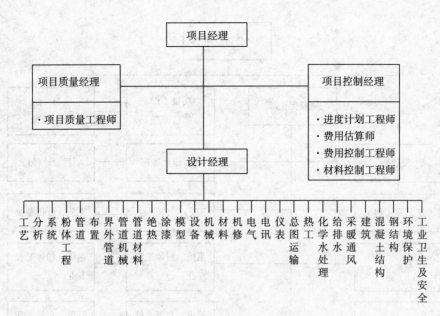

图 1-18 典型的项目设计组织机构

②从职责上说,专业部门负责基础工作的制订,比如:各专业的工作手册,工作流程图以及质量保证程序等,负责项目设计标准、规范、程序、质量的审定,负责专业人员的调度、培训和管理。项目设计经理负责进行项目设计基础数据的管理,负责项目设计计划的编制,负责协助项目经理进行设计进度和费用的控制。

③从组织关系上说,专业设计负责人是设计矩阵管理的交叉点,具体落实到专业设计负责人的工作任务,既是项目设计经理管理的目标,也是专业部门主任管理的目标。项目专业负责人要接受原所属部门和设计经理的双重领导。在设计标准、技术方案、工作程序、设计质量方面要服从专业部门的规定和指导,在项目范围、进度和费用方面要服从项目经理或设计经理的安排和领导。

④在项目实施过程中,当项目经理或设计经理与专业部门主任发生矛盾时,可提交公司领导进行裁决。先进的工程公司在项目管理和设计管理的矩阵方式管理中,职责和分工十分明确,积累了多年的运行经验,各级人员都已习惯和自觉,所以扯皮的现象比较少。

⑤在设计管理的组织机构中,专业组是基础。专业组是工程公司该专业的技术中心,负责该专业的基础工作和技术水平的提高。专业组的技术水平就代表工程公司该专业的技术水平。专业组还负责已完项目经验的总结,并将取得的经验应用到未来的项目中去。

⑥在项目实施过程中,常设性的专业部门要监督、检查其派出的项目专业设计组执行工作手册、工作程序、质量保证程序。对本专业采用的表格、设计文件内容格式等作出明确详细的规定。

⑦在项目实施过程中,项目管理系统要提出项目计划、项目设计计划、项目标准规范的采用、项目建设材料的选用以及项目设计基础数据等,使项目设计人员按照项目或合同的要求开展并完成所承担的工作任务。

典型的设计工作矩阵方式管理如图 1-19 所示。

32. 设计阶段如何划分?

①按照目前我国基本建设程序,工程项目的设计工作分为初步设计和施工图设计两个阶

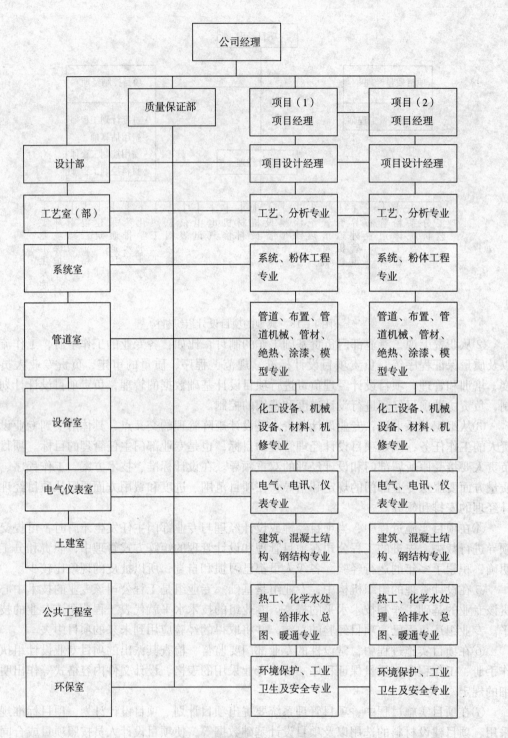

图1-19 典型的设计工作矩阵方式管理
注：公用工程室可以独立设置，也可以将有关专业并入相关室。

段。设计阶段的这种划分方法，把设计、采购、施工割裂开来，不利于把采购纳入设计程序，不利于交叉衔接以缩短建设周期。

②国外工程公司设计阶段的划分，把项目建设作为一个系统工程来处理，设计是整个系

统的组成部分。设计、采购、施工科学地组织交叉,使进度、费用、质量各方面均能达到最佳效果。

国外工程公司设计阶段划分的主要特点,一是保持连续性,二是合理交叉,三是采购纳入设计程序,但在具体划分上也有所区别。国际上比较通行的是划分为工艺设计、基础工程设计、详细工程设计三个阶段。

表1-4所示是国际上比较通行的设计阶段的划分。

表1-4 设计阶段的划分

	专利商	工程公司		
	工艺包(process package)或基础设计(basic design)	工艺设计(process design)	基础工程设计(basic engineering)或分析和平面设计(analytical and planning engineering)	详细工程设计(detailed engineering)或最终设计(final engineering)
主导专业	工艺	工艺	系统/管道	系统/管道
主要文件	(1)工艺流程图(PDF) (2)工艺控制图(PCD) (3)工艺说明书 (4)工艺设备清单 (5)设计数据 (6)概略布置图	(1)工艺流程图(PDF) (2)工艺控制图(PCD) (3)工艺说明书 (4)物料平衡表 (5)工艺设备表 (6)工艺数据表 (7)安全备忘录 (8)概略布置图 (9)主要专业设计条件	(1)管道仪表流程图(PID) (2)设备计算及分析草图 (3)设计规格说明书 (4)材料选择 (5)请购文件 (6)设备布置图(分区) (7)管道平面设计图(分区) (8)地下管网 (9)电气单线图 (10)各有关专业设计条件	(1)管道仪表流程图(PID) (2)设备安装平剖面图 (3)详细配管图 (4)管断图(空视图) (5)基础图 (6)结构图、建筑图 (7)仪表设计图 (8)电气设计图 (9)设备制造图 (10)其他专业全部施工所需图纸文件 (11)各专业施工安装说明
用途	提供工程公司作为工程设计的依据,并是技术保证的基础	把专利商文件转化为工程公司文件,发表给有关专业开展工程设计,并提供用户审查	为开展详细设计提供全部资料,为设备、材料采购提出请购文件	提供施工所需的全部详细图纸和文件,作为施工及材料补充订货依据

33. 什么叫项目设计计划?

项目设计计划是项目实施计划在设计工作方面的补充和深化。项目设计计划由项目设计经理负责或组织编制。各专业负责人参与编制或提供有关资料和数据。项目设计计划经项目经理批准,并在设计开工会议上提交各专业审议。

项目设计计划的主要内容:
(1)设计工作范围
①用户名称和地点。

②项目合同范围的类型,是 EPC 总承包,还是承担设计、采购任务,或仅承担设计任务等。

③工艺设计,是专利商提供工艺包或基础设计,还是工程公司自己直接完成工艺设计等。

④设计分工,包括工程公司与用户的分工原则及界线划分。

⑤界外设计的要求。

⑥采购分工及要求。

⑦施工委托。

⑧开车服务委托。

⑨估算服务和费用控制要求。

⑩模型要求。

⑪分包合同的确定。

⑫预留和发展的规定等。

(2) 设计原则

①费用控制原则及对设计的要求。

②设计人工时控制原则。

③用户的经济原则,包括本项目是按照劳动密集型还是资本密集型设计等。

④保证条件的要求。

⑤特殊安全问题的要求。

⑥质量保证的要求。

⑦采用复用设计的情况。

⑧进度方面要考虑:

——计划的设计工期是否比正常需要的短;

——是否有不按正常程序而要求提前交付的资料;

——外部条件(比如制造厂返回图纸等)拖延的考虑和措施。

⑨项目设计基础数据。

(3) 工艺设计

①工艺装置组成。

②设计能力。

③技术来源、专利许可证。

④原料。

⑤产品。

⑥排出物。

⑦各工艺装置与现有装置间的关系。

⑧工艺设计安全系数原则。

⑨备用设备原则。

(4) 工程设计

①需要分包出去的内容。

②环境保护要求,采用的标准。

③各专业的职责分工中与标准分工不同的部分。

④明确装置和系统公用工程之间的划分。
⑤用户的要求。
(5)标准规范
①工程设计采用的标准规范规定。
②满足用户对标准规范要求的原则。
③采用国际标准、国家标准、行业标准、地方标准、企业标准的说明。
(6)设备材料采购
①对请购单编制的要求。
②需要早期订购的设备。
③散装材料统计裕量考虑。
④用户的特别要求。

34. 设计部与采购、施工、开车部的接口关系如何？

(1)设计部与采购部的接口关系
①设计部向采购部提出设备、材料采购的请购文件，经项目控制部提交采购部，由采购部加上商务文件后，汇集成完整的询价文件，由采购部发出询价。
②设计部负责对制造厂(商)的报价提出技术评价意见，供采购部选择或确定供货厂(商)。
③设计部应派出技术人员参加采购部主持召开的厂(商)的协调会(VCM)，参与技术协商。
④由采购部负责催交制造厂(商)返回的先期确认图纸(ACF)及最终确认图纸(CF)，转交设计部组织审查，审查意见应及时返回采购部。审查确认后，该图即作为开展详细工程设计的条件图。
⑤装置主进度计划在进度计划工程师主持下编制，由设计部和采购部双方协商确认其中关键控制点(比如提交请购文件日期、厂商返回图纸日期等)。
⑥在设备制造过程中，设计部有责任派员协助采购部处理有关设计问题或技术问题。
⑦设备、材料的检验工作，由采购部负责组织，必要时可协商请设计人员参加。

(2)设计部与施工部的接口关系
①装置主进度计划在进度计划工程师主持下编制，由设计部与施工部双方确认其中关键控制点(比如分专业、分阶段的详细施工图纸交付时间等)。
②由设计部组织各专业向施工管理对口人员进行设计交底，或根据施工部的要求派设计人员到现场向施工单位进行设计交底。
③现场施工管理和图纸资料解释，由施工部驻现场的管理人员负责。必要时，由项目经理提出，由设计部派设计人员赴现场担任设计代表。
④工程设计阶段，施工部应在对现场进行调查的基础上，向设计部提出重大施工方案，使设计方案与施工方案协调一致。
⑤无论在现场派驻设计代表，或没有派驻设计代表，设计部均应负责及时处理现场提出的有关设计问题。
⑥所有设计变更，均应严格按项目变更和用户变更的程序办理。设计部和施工部应分别归档。

(3)设计部和开车部的接口关系

①工艺部(如果工艺部单独设置)或设计部负责提出装置开车的操作原则。

②工程设计阶段,工艺部和设计部向开车部提供必要的设计资料。

③由开车部提出开车程序和开车进度计划,交进度计划工程师协调编入装置主进度计划。

④开车部通过审查工艺设计和管线仪表流程图(PID)向设计部提出设计中应考虑操作和开车需要的意见。

⑤开车部负责编制操作手册,提供用户作为编制开车方案的依据。

⑥根据开车部的要求,工艺部和设计部应派员参加开车方案的讨论。

⑦现场进入预试车和投料试车阶段,现场对业主的开车服务组织工作由开车部负责。工艺部和设计部都应根据需要派员到现场负责处理开车中出现的有关设计问题。

35. 项目采购组织机构如何设置?其职责是什么?

(1)采购部的组织机构

采购部的组织机构如图 1-20 所示。

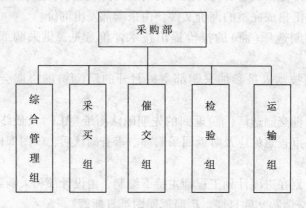

图 1-20 采购部的组织机构

(2)采购部的职责

①在报价和合同谈判阶段派员参加项目报价和参加合同有关条款的谈判。

②项目中标后,派出项目采购经理。

③根据项目需要,组织项目采购组,在项目采购经理的领导下,完成项目采购任务。

④负责制订公司采购工作手册、标准、规定、程序、统一格式及合格厂商一览表等基础工作。

⑤负责指导项目采购经理和采购工作人员的工作。

⑥负责对采购工作人员的考核、培训和业务水平的提高。

⑦收集商情,积累设备、材料的价格资料。

(3)项目采购的组织机构

①对于大中型项目,要在项目经理领导下组织项目的采购组。

②项目采购组应由采购部指派一名项目采购经理,负责该项目采购任务的全面工作。

③项目采购各专业人员,可以根据需要集中办公,也可以不集中办公。

④对于中小型项目,可以由一个采购工作人员兼管几个专业(比如同时负责综合管理、

催交及运输)的工作。

⑤项目采购的组织机构如图1-21所示。

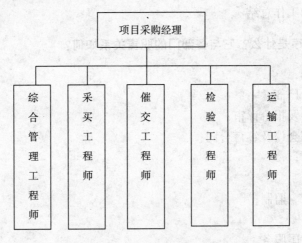

图1-21 项目采购的组织机构

(4)项目采购经理的职责和任务

①采购经理由公司任命。采购经理在项目经理领导下,负责组织、指导和协调该项目的采购管理工作。

②采购经理代表工程公司与供货厂(商)签订采购合同,项目实施过程中与采购有关的问题,通过采购经理与供货厂(商)进行联系。

③如果项目合同规定公司只承担采购任务,则项目采购经理受公司委托代表公司承担履行合同的全部责任,直接与用户进行联系。

④采购经理同时向项目经理和采购部报告工作,确保项目采购工作按合同的要求完成。

⑤编制项目采购计划。

⑥组织编制采购进度计划。

⑦审查设计部提供的设备、材料清单和请购文件。

⑧组织编制"设备(材料)采购询价文件"商务部分,并与设计部提供的技术部分组合成完整的询价文件。

⑨提出询价厂(商)名单,并取得用户认可。

⑩组织报价评审。

⑪主持召开厂(商)协调会,确定供货厂(商),经项目经理授权可代表公司与中标厂(商)签订合同。

⑫组织项目采购组成员履行采购合同,包括ACF、CF图纸催交、催货、设备(材料)检验、监制、运输、交接等。

⑬组织制定采购执行效果测量基准曲线(BCWS),督促检查采购进展赢得值(Earnedvalue)的测量和实际费用消耗、人工时消耗记录,编写采购进展月报,定期召开采购计划执行情况检查会,检查和分析采购工作中存在的主要问题,研究、解决并及时向项目经理和采购部及有关部门报告。

⑭配合做好材料控制工作,进行设备材料采购的进度跟踪和数据跟踪。

⑮配合做好设备材料采购的费用控制,将采购费用控制在采购预算内,并及时向估算部

门提供现行的价格信息。
⑯组织好采购工作的现场服务工作。
⑰组织项目采购工作总结。

36. 采购工作程序是什么？它与各部门的职责关系如何？

①编制采购计划；
②确定合格供货厂商；
③编制询价文件及报价评审；
④召开厂商协调会议及签订合同；
⑤调整采购计划；
⑥催交；
⑦设备材料检验、监制；
⑧包装、运输；
⑨现场交接及收尾服务。

设备、材料采购工作程序和与各部门的职责关系见图 1-22。

37. 采购计划如何编制？

(1) 编制采购计划是项目初始阶段的工作。

项目开始之后，项目采购经理应在项目经理和采购部主任的组织下，编制项目采购计划。项目采购计划是项目实施计划中有关采购工作的深化和补充，是一份指导项目采购工作的相当具体和详细的指导性文件。一个详细的、筹划周到的采购计划是做好项目采购工作的基础。

(2) 项目采购计划应描述项目采购任务的范围，明确工程公司与业主以及施工单位在项目采购任务方面的分工及责任关系。

(3) 项目采购计划应说明业主对项目采购工作的特殊要求，以及工程公司对业主要求的意见和拟采取的措施。

(4) 项目采购计划应对采购原则作出规定：
①经济原则；
②质量保证原则；
③安全保证原则；
④进度保证原则；
⑤进口设备材料的原则；
⑥分包原则等。

(5) 在项目采购计划中，应明确规定费用/进度控制的要求和目标。项目采购的费用/进度控制目标应服从整个项目的费用/进度控制目标。

(6) 项目采购特殊问题的说明。比如：关键设备的采购、不按正常程序采购的特殊设备、要求提前采购的设备、超限设备的采购和运输、现场组装的设备、用户指定制造厂(商)的采购等。

(7) 采购协调程序。规定采购部与业主以及制造厂、供货商的协调程序和通信联络方式，采购文件的传送和分发范围，规定业主审查确认的原则和内容等。

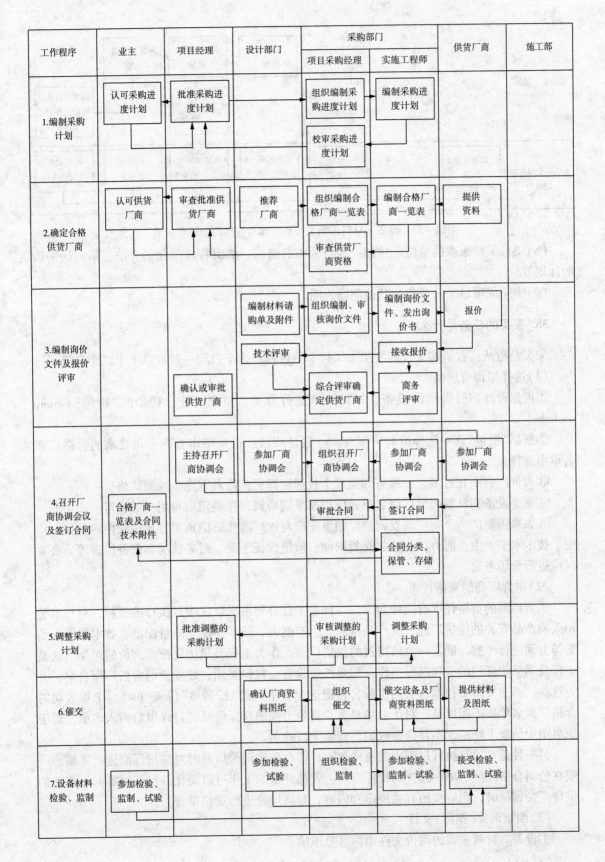

· 45 ·

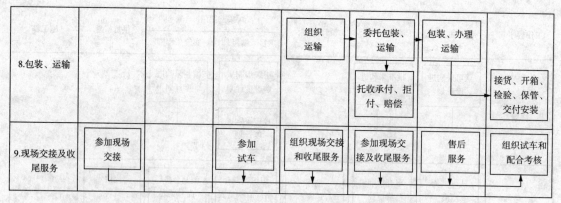

图 1-22 设备、材料采购工作程序和与各部门的职责关系

(8)项目采购采取的措施。比如：项目采购的组织，解决特殊问题的方法，第三国采购的计划等。

(9)为完成项目采购任务的其他问题说明。

38. 采买的任务是什么？

采买是指从接收请购文件到发出采买订单的过程，这个过程一般有以下十二个步骤：

(1)选择拟询价厂商

①根据设计部门提供的设备、材料清单进行分类、整理，进行初步的"组包"(group package)。

②根据"组包"逐一选择拟询价厂商。一般是从已经过资格审查、公司批准的合格厂商名单中选择。

③询价厂商不宜过多，一般有四至五个投标商即可获得具有竞争性的价格。

④重要设备和材料询价厂商名单，应根据采购协调程序规定取得用户的认可。

⑤如果需要向一个新厂商发询价，则事先应对该厂商作资格预审。预审的内容包括：厂史、技术水平、生产能力、业绩、交货周期、质量保证手册、财务状况和商务信誉等。必要时应进行现场考察。

(2)供货厂商的资格评审

供货厂商的资格评审有两种含义。一种是工程公司根据以往项目执行的经验，对与本公司采购产品有关的供货厂商，从产品范围、生产能力、技术性能、质量保证、技术和服务信誉等方面进行考察，确定一批信得过的供货厂商，作为工程公司优先推荐询价的对象。这是工程公司采购部门的一项基础工作，即要按照设备、材料类别，建立所谓合格厂商名单，并为这些厂商建立历史档案。有的工程公司把这个名单叫做"长名单"(long list)。工程公司对合格厂商名单要不断更新，对于业绩显著、竞争力强的新厂商要经过评审后列入名单，对于原名单中信誉下降的、不符合要求的厂商要予以除名。

另一种是在项目执行过程中的资格评审，即在确定询价厂商时对供货厂商进行考察。一般在公司合格厂商名单中选择询价厂商时，资格评审的工作可以简化。对于需要向一家新的供货厂商询价时，则应按照有关规定和内容，对该厂商进行资格审查。

(3)编制询价(招标)文件

①设备、材料采购的询价文件由两部分组成。

——技术询价文件；
——商务询价文件。
②询价文件要求资料齐全，说明确切，避免含糊不清、模棱两可。文件组成和图表格式应尽量符合国家惯例。询价文件的质量，一定程度上影响供货厂商报价的质量。
③技术询价文件的内容要点。
——工艺负荷的说明；
——对制造材料的要求；
——特殊设计要求；
——超载和裕度要求；
——附属设备的要求；
——控制仪表的要求；
——电气和公用工程技术数据；
——采用的设计规范和标准；
——其他有关说明。
图纸和文件的审批；底图和蓝图的份数；操作和维修手册的内容和所需份数；指定年限的备品备件清单；性能曲线，检验证书和报告。
④商务询价文件的内容要点。
——商务条款；
——交货时间和地点；
——检验要求；
——油漆、抛光和包装；
——托运和支付条款；
——联系人姓名和地址；
——保单和保证；
——报价截止日期；
——密封报价需知；
——现场服务人员及费率。
⑤典型的采购询价文件的组成。
——技术询价文件：请购单、数据表、技术规格说明书、采购说明书、附询价图纸。
——商务询价文件：询价函、合同基本条款、投标者需知、商务报价表。
——制造厂情况调查表。
(4) 接受报价（投标）文件
①发出询价之后，应与接受询价的厂商保持联系，以便了解其工作情况。临近报价截止日期时应提醒报价厂商，以免超过截止日期。
②在报价期间，所有厂商均应获得同等的信息和资料，对于某个厂商所提问题的澄清或答复，必须同时转告其他所有的投标厂商。
③应当要求投标商将商务报价与技术报价文件分开包装，并严格密封。分开包装有利于对商务报价文件进行更严格的管理。
④接受报价之后，应严格保存至正式开标日期。截止日期后收到的任何报价书均被视为废标，并应原封不动地退还给报价厂商。

⑤在发出询价和接受报价过程中,应做好询报价的登记保管工作,并输入计算机。如遇有不参加报价的情况,应及时提交采购经理研究处理意见。

(5) 初评

①初评的目的是筛出那些价格显然过高、交货期过长、报价内容不符合要求或其他方面不能接受的投标商。

②初评的方法是列出初评项目表,对各厂商报价进行逐条审查。初评项目表的最后一栏为报价的金额,然后按金额递增进行排列。

③经过初评,淘汰其中不能接受(或废标)的厂商就可得出可以深入评审的投标厂商名单,即所谓投标厂商"短名单"。

④初评后,接着就对短名单中可能中标的各投标商进行技术评审。

(6) 技术评审

①报价的技术评审工作由设计经理组织有关专业负责进行。

②一般情况下,按照预先编制好的技术报价评审表进行评审。工程公司根据以往项目的经验,预先制定好各类设备的技术报价评审表范本,供具体项目技术评审时使用,以提高评审质量。

③如果在发出询价文件时,附上"技术报价评审表"那就可使报价厂商不至遗漏技术评审所需的资料和数据,这对报价的技术评审工作十分有利。

④用技术报价评审表进行审查,认为报价设备在技术上符合询价的规格要求之后,还应进一步评审各家报价是否还有独特的优点,这些内容包括:

——效率;

——公用工程消耗指标;

——优质材料;

——超载;

——操作费用;

——售后服务;

——机械保证期;

——最终确认图纸交付日期;

——设计特点等。

⑤设计人员对报价进行技术评审后,应写出书面评审意见,供采购部进行报价比选。评审意见应提出"优先推荐"、"推荐"或"不推荐"的结论。

(7) 商务评审

①报价的商务评审由项目采购经理负责组织进行。

②首先核查商务报价书中是否已全部列入询价文件提出的所有要求,并已计算费用。核查各厂商商务报价的组成和基准是否一致。

③审查商务条款。主要内容有:是否要求定金及分期付款,提供何种保证,厂商许诺的交货日期等。

④检查报价中可能增加或扩展的服务人工时或费率。如果不是固定费率,还应检查计算费用升值的公式。

⑤检查各报价厂商由于具体情况不同而产生的差价。比如:运输费、进口费、货币兑换的差额、代理商手续费等。

⑥商务评审也采用商务报价评审表的方法。评审人员应提出"优先推荐"、"推荐"或"不推荐"的结论。

(8) 合格供货厂商预评会议

①在最终选定中标供货厂商之前，要对初评合格已列入短名单的各厂商分别召开预评审会议。会议由采购经理主持召开。

②会议的目的，是使这些厂商有机会解释、澄清或确认技术和商务评审中提出的各种问题。

③会后允许报价厂商在规定的时间内，以书面方式针对所提问题对技术报价进行必要的补充、调整或说明。作出补充调整的部分，允许相应修改价格，但不允许修改未作补充部分的价格。

④为提高会议效率，会前设计部和采购部应分别就技术和商务评审中发现的问题列出清单，提前发给厂商，并要求做好准备。

(9) 报价的比选

①报价比选工作由项目采购经理或采买负责人组织进行，目的是最终选定推荐的中标供货厂商。

②为使报价比选工作具有可比性，应将各厂商的报价统一在相同的基础上。

③在比较价格时，应将影响费用的潜在和间接因素考虑进去。比如：一份最低标价，如果需要买方在设计、检验、催货方面投入更多的费用，最后甚至买方需支出的总价高于其他标价，则说明具有最低面额标价的报价不一定就是最好报价。

④报价比选中应考虑的因素还有：

——厂商提交的设计资料和图纸会不会过迟；

——是否会增加过多的检验和催货工作量；

——是否需要进行额外的培训；

——在备品备件方面的互换性好不好；

——供货厂商距现场的距离，售后服务的优劣；

——维修工作的难易等。

⑤推荐供货厂商。只有经技术评审合格的厂商才能被推荐为中标厂商。如果有几个厂商都是经技术评审合格的，那么最终确定推荐的供货厂商由采购部负责。

⑥如果采购人员推荐的中标厂商是在技术评审中未被推荐的厂商，这时项目采购经理必须向项目经理或公司有关领导报告；未经项目经理或公司领导批准，不得单方面将其推荐为中标供货厂商。如果经项目经理或公司经理批准，则设计部门可出具"风险备忘录"。这是一个例外的情况。

(10) 定标

①定标的依据是技术评审意见、商务评审意见以及报价比选和推荐意见。

②中标厂商资料由项目采买负责人整理，送项目采购经理审查，报项目经理批准。

③重要设备和材料中标供货厂商还需请用户代表确认。

(11) 中标厂商协调会

①推荐的中标厂商批准后，应邀请其参加中标厂商协调会。会议由采购经理或采买负责人组织召开。

②会议的主要内容有：

——全面核对询报价文件及技术说明；
——核对并落实评审过程中提出的各种问题；
——中标厂商应确认完全了解并同意买方的意图和要求；
——明确供货范围；
——明确货款的支付规定等。

③如果会议顺利且无待议问题，即可口头通知厂商中标。

④在特殊情况下，如果会上发现或发生重大原则问题，也可能出现取消该厂商的中标推荐，而另外推荐其他中标厂商。

⑤特别要指出中标厂商协调会的重要性。历史上有许多项目，由于询价、报价和合同粗糙造成买卖双方的误解，结果使买卖双方均陷入困境，甚至使用户或工程公司遭受重大经济损失。

⑥中标厂商协调会会议纪要及双方书面确认的事项，应作为采购合同的附件，或纳入采购合同条款。

（12）签发采买单

①中标厂商协调会后，公司采购部即先以电传或信函方式通知中标厂商，确认中标。

②接着要尽快发出正式的采买订单。采买订单就是设备材料采购的合同文件，经双方签字盖章后合同即生效。

③采买订单文件组成一般为：
——中标通知书；
——采购合同基本条款；
——采购合同附件。

最终确认的询价文件；最终确认的报价文件；中标厂商协调会议纪要。

39. 催交的任务是什么？

①根据采购工作程序和分工，设备材料采买订单发出之后，催交人员即可接手工作。

②催交人员的主要职责是保证供货的进度。实践证明，供货厂商可能不按订货合同规定的时间交货，检验和运输过程中也可能出现各种问题，不能保证货物按期运抵工作现场。因此，虽然催交工作会使买方增加费用，但却十分重要。

③催交工作主要是联络工作。从发出采买订单之后，到货物运抵现场，其间发生的影响供货进度的有关问题，均应负责或参加联络谋求解决。

催交工作是采购工作中消耗工时最多的一道工序，约占项目采购人工时总数的30%。

④催交人员接手工作之后，首先要熟悉订货合同及其附件，制订催交计划，并尽早与供货厂商取得联系。

⑤在设备设计阶段，催交人员要弄清制造厂与工程公司的责任分工，监督设计进展情况，及时发现并联络有关问题。

⑥催交人员负责催办制造厂按时提供，返回确认的图纸（包括先期确认图 ACF 和最终确认图 CF）、文件、资料和数据。

⑦在设备制造阶段，了解原材料的采购进展情况，了解外协件和配套辅机的采购进展情况，发现有影响供货进度的问题要及时提出。

对于设备检验，要注意检验日期对供货进度的影响。

⑧为了保证按期将货物运抵现场，催办人员要监督运输的准备工作。比如：货运文件的

准备，包括报关手续、进出口许可证等。

⑨催交人员还应与材料控制部门密切配合，参与解决诸如设备损坏、质量不符合要求或数量不足等问题。

⑩必要时在采购合同签订之后，召开供货厂商开工准备会。会议讨论供货厂商采购合同实施方案，包括设计进度、制造进度、检验日程等。

40. 检验的任务是什么？

①设备材料检验的组织工作由采购部的检验组指派的人员负责。具体的设备材料检验工作，可以由采购部检验组的检验专家承担，也可以聘请设计人员或聘请外单位的专家承担。

②检验人员的职责主要是验证制造过程和制造产品的质量。随着产品质量管理和质量保证理论的发展，及其在实际应用上的成功，证明产品质量不仅仅通过检验或试验得以保证，而且要通过建立和实施质量体系得到保证。因此，检验人员应监督检查制造厂质量体系的运行情况。

③检验人员接到任务后，应首先了解订单及附件的详细情况，特别是检验要求，然后据此制订检验计划（应列出重点和非重点）。

④设备制造开始前要组织召开协调会议，与制造厂明确产品要求、检验内容、方式、时间以及各自的义务等。

⑤设备制造过程中，根据需要，检验人员应进驻制造现场进行监造。监造过程中当需要使用测试仪器时，制造厂应提供协助。

⑥设备制造完成后，检验人员参加出厂前的质量验收，并写出检验报告。为了提高编写检验报告的质量，工程公司应根据经验编制统一的格式。检验报告的结论部分，应该明确说明被检验的设备或材料可以验收、有条件地验收、保留待完事项或拒收等。

⑦设备材料检验，根据项目的具体情况，也可聘请有资格和信誉的第三方检验机构承担检验工作。

⑧检验人员的检验结果不能解除制造厂对设备质量承担的义务和责任。

41. 运输的任务是什么？

（1）计算运输费用

在采购的总费用中，运输费用占有相当的比例。一些特殊货物的运输，对于发达地区，运输费用约占货物价值的12%～15%；如果在不发达地区，则此比例可高达18%～24%。

（2）确定运输方案

运输人员的任务是消耗最低的费用，在计划的日期内，将货物安全地运抵施工现场。为此，在项目的初期就必须根据项目的具体情况，制定一个运输原则方案，在进度上要与项目的采购和施工进度计划一致。此后再进一步制定详细的运输计划。

（3）选择交货方式

国际贸易中，通常有三种交货方式：

①内陆交货，即在货物出口国家的内陆约定地点交货。这种方式卖方不经办货物的出口业务，不承担交货后的风险和费用。这种方式只有买方在卖方国家设有办事机构，而且对卖方国家申请货物出口手续及运输业务很熟悉的情况下才可采用。

②装卸港口交货，这种方式在国际贸易中采用最为普遍。其中在装货港交货，即众所周

知的"FOB"（free on board）方式交货；货物在装货码头越过船舷，则其责任和风险即从卖方转移给买方。如果货物在卸货港交货，即为成本加保险及运费交货，卖方需经办货物出口手续和交纳保险费和运费。这种方式叫"CIF"（costinsurance and freight）方式交货。

③目的地交货，即卖方负责将货物运抵买方国家指定的内陆地点交货。这种方式卖方责任大，要经办出口和进口业务。买方任务简单，但费用高。

（4）超限设备的运输

①超限设备运输俗称大件运输。对超限设备尺寸和重量的规定，每个国家和地区不完全一致。我国交通部有《公路管理条例及实施细则》，铁道部有《铁路超限货物运输规则》。超限设备运输属非正常运输，因此在设计时，应根据有关规定列出超限设备清单，为运输组提供超限设备相关资料。

②超限设备有时要影响设计和制造方案。比如一台大型压力容器，是否由于运输条件的限制必须改为两台较小的压力容器；大型设备是否必须分段解体后运到施工现场组装等。

③要调查并解决超限设备的运输工具、装卸设备，以及道路、桥梁的加固等问题。

④运输组在掌握资料和调查研究的基础上制定超限设备的运输方案。

（5）设备材料的包装防护

设备材料采购时，往往忽视提出包装防护的要求，因而在运输过程中出问题。在设备材料运输过程中，往往发生长途运输、海洋的颠簸、恶劣的气候条件、不文明的装卸作业等等。最坏的后果甚至导致设备运抵现场后就报废，被迫重新订货，不仅造成严重的直接经济损失，而且严重影响工程进度。

（6）应重视的问题

在组织设备材料运输时，还应重视以下问题：

①货运文件的准备，包括出口许可证、报关、用户所在国货物进港审批手续等。如果这些文件不齐全，往往会耽误货物的运输。

②运输时间的估计，不能仅仅估计理想状态的运输途程所需的时间，而同时要估计准备货运文件、港口装卸、商检等需要的时间。否则就不能制订出合乎实际的货运时间表，进而影响整个项目的施工进度计划。

③防止损坏、变质、丢失等情况的发生。尤其对不发达地区，批量散装材料的损失率比正常地区高得多。

42. 施工管理组织机构如何设置？其职责是什么？

（1）工程公司施工组织机构

①EPC全功能的工程公司在机构设置中都设有负责施工管理职能的施工部。

②本书介绍的施工部组织机构是比较典型的一种，各工程公司可以根据施工部的基本职能和公司的实际情况进行分组分工。

③工程公司施工部为公司常设性组织，对于具体项目，要组成在项目经理领导下的项目施工管理组织。

④工程公司典型的施工部组织机构见图1-23。

（2）施工管理组织机构和职责

①主要职责：

——施工部是工程公司施工管理的归口部门，负责施工管理的基础工作，施工经理和施工管理人员的委派和管理；

图1-23 工程公司典型的施工部组织机构

——指导和支持项目施工经理做好项目开工前的施工准备与组织工作，包括组织编制施工计划、人员配备、施工招标以及与其他工作部门配合工作；

——现场项目管理部进驻现场后，接受现场项目管理部的报告，负责对现场施工各项目标的跟踪、监督、分析、指导与支持工作。

②施工部应指导和检查项目施工经理做好下列主要工作：

——编制施工计划；

——组织现场调查，提出施工方案；

——准备施工分包的安排意见；

——根据设计文件编制施工分包招标文件；

——对拟参加施工投标的施工公司进行资质调查；

——组织招标、评标、决标和签订施工分包合同；

——编制施工程序文件包括施工协调程序、施工材料控制程序、安全事故处理程序等；

——编制各层次的施工进度计划；

——接受现场项目管理部的报告，对现场施工进展情况进行跟踪、分析、支持和指导。

（3）项目施工管理组织机构

①项目施工管理分本部施工管理和现场施工管理两部分。所谓本部施工管理是在工程公司本部办公，负责项目施工开工以前的施工组织工作、施工计划、人员配备、施工招标，以及与工程设计、采购等的协调配合工作。当工程设计完成约90%左右时，现场施工管理机构进入现场，全面负责现场的施工组织和管理工作。此后，本部施工管理人员负责接受和处理现场施工情况报告，协助项目经理对现场施工执行情况进行监督、检查和指导。

②项目施工管理机构是为某项目的施工管理而组织的临时性组织，在项目执行期间受项

目经理和施工部双重领导;
　　③典型的项目施工管理组织机构,见图1-24。

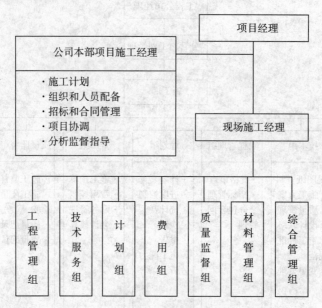

图1-24　典型的项目施工管理组织机构

　　(4)现场施工管理组织机构
　　①现场施工管理,根据项目的大小和承担施工管理的范围,可以确定不同规模的管理机构。本书介绍的是EPC总承包项目典型的现场施工管理组织机构。
　　②现场施工管理机构习惯上称现场项目经理部,由现场施工经理领导,直接向项目经理报告工作。同时,按照矩阵管理的职责分工,接受施工部及有关部门的业务指导。
　　③典型的现场施工管理组织机构,见图1-25。

43. 项目实施各阶段施工管理的主要内容是什么?

　　(1)项目初始阶段
　　①任命项目施工经理,落实项目施工管理组织及人员。
　　②编制项目初步施工计划。
　　③提出初步的施工进度计划并配合进度计划工程师编制项目或装置主进度计划。
　　④组织现场调查,提出原则施工方案(现场调查之后提出的施工方案,可能影响工程设计的方案)。
　　⑤准备工程施工分包内容。
　　⑥对拟参加施工投标的施工单位进行调查,了解其技术力量、装备水平和劳力资源等。
　　(2)工程设计阶段
　　①根据设计文件组织编制施工分包招标文件(询价书)。
　　②组织招标、评标、决标,与中标施工单位签订施工分包合同。
　　③制订项目施工程序文件,包括项目施工计划、项目施工协调程序、分包合同管理办法、施工材料控制程序、保证施工安全程序、事故处理措施等。
　　④编制各级施工进度计划。

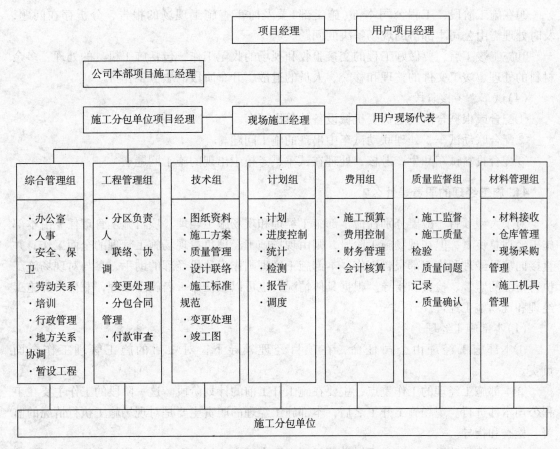

图1-25 典型的现场施工管理组织机构

⑤如果项目施工由几个施工分包单位承担，应编制总的施工组织规划，协调各施工分包单位之间的进度和施工方案。

⑥施工管理人员熟悉设计部门各专业设计文件，从施工安装的角度，审查与施工有关的图纸。

(3) 现场施工阶段

①施工经理和施工管理人员进驻现场，在施工现场，施工经理除领导现场施工管理工作外，还被授权代理一部分项目经理的职能，代表工程公司与业主和施工分包单位联系工作。

②检查开工前的准备工作，落实三通一平，以及施工单位的施工组织设计，确定开工日期。

③检查设计文件、设备材料到货及仓库准备的情况。

④编制装置施工进度计划和三个月滚动计划。检查由施工分包单位编制的三周滚动计划，控制工程进度。

⑤对施工单位的施工质量进行监督和检查，在统计赢得值时负责质量确认。

⑥定期向工程公司本部报送工程施工进度，费用控制和质量问题的书面报告。

⑦现场设备材料的库房管理。

⑧现场施工的安全和保卫管理。

⑨填写施工日记，做好工程施工总结和施工资料归档。

⑩在施工阶段，工程公司本部（施工部）要及时审查施工现场的报告，分析存在问题，及时处理需由公司本部协助现场解决的问题。

⑪施工竣工后，要做好工程的交接验收和现场的收尾工作，包括施工机具的处理、多余材料的处理、竣工文件的整理和移交、人员的遣散、开车阶段的服务工作等。

（4）试车、考核阶段

①配合或根据合同规定负责机械设备的单机试车。

②配合联动试车，处理联动试车中出现的施工问题。

③配合投料试车和生产考核，处理在试车、考核中出现的施工问题。

44. 施工经理的职责是什么？

对于大型项目一般要分别任命本部施工经理和现场施工经理。项目施工管理任务由本部施工经理总负责，但在现场施工阶段，则由现场施工经理负责现场施工管理的全面工作，并直接向项目经理和施工部报告工作。本部施工经理则作为项目经理的助手，参与对现场施工执行情况的监督、检查和指导。根据具体情况，也可以只任命一名施工经理，兼任本部施工经理和现场施工经理。

（1）本部施工经理

①本部施工经理由公司任命，在项目经理领导下，对项目的施工管理工作全面负责。

②本部施工经理的工作重点，主要在施工开工前的计划阶段。这一阶段的工作主要在工程公司本部进行。现场施工开工之后，本部施工经理的职责主要是对现场施工执行情况的监督、检查和指导。

③工程设计阶段，施工经理协助项目经理配合进度计划工程师、估算师参加编制项目计划、装置主进度计划和各阶段的估算。

④组织施工现场的调查，提出初步的施工组织规划和重大施工方案，并据此对工程设计提出与建筑安装有关的意见和要求。

⑤组织制订施工计划，包括施工能力的审核、特殊设备吊装方案、施工机具清单、需要的临时设施等，送项目经理和用户认可后执行。

⑥拟定施工分包方案，组织施工招标，经授权可代表公司与施工分包单位签订分包合同。

⑦确定现场施工管理组织机构及各岗位主要负责人。

⑧制订现场施工管理文件，包括：

——施工现场管理办法；

——项目施工协调程序；

——分包合同管理办法；

——保证施工安全程序；

——施工质量保证、质量控制和质量检验标准和方法；

——施工进度计划；

——施工预算和费用控制办法。

⑨当工程设计完成90%左右时，组织现场施工管理人员进驻现场。

⑩在现场开始施工之后，本部施工经理作为项目经理的助手参与对现场施工执行情况的

监督、检查和指导。具体任务有：
——与工程设计及采购的联络；
——分析现场施工进度、费用和质量报告；
——研究解决现场提出并需由本部施工经理协助解决的问题。

(2) 现场施工经理

①现场施工经理由公司任命，在项目施工管理机构进驻现场之后，作为工程公司在现场的代表全面负责组织现场的施工管理工作。

②现场施工经理可以在项目开始时与本部施工经理同时任命，也可以在现场施工开始之前一段时间任命。同时任命时，在施工管理机构进驻现场之前，协助本部施工经理参加施工计划及其他施工管理文件的编制。不同时任命时，应在施工开始前一段时间任命，以使现场施工经理有一段了解施工计划及其他施工管理文件的时间，或有机会提出改进意见。

③在现场施工期间，现场施工经理直接向项目经理报告工作，并且在项目经理授权下，可以在现场代理项目经理的部分职能，直接与用户或施工分包单位联络和协调。

④现场施工经理对公司各职能部门派往现场的工作人员实行统一管理；公司各职能部门驻现场工作人员应服从现场施工经理的领导和决定，遇有重大问题发生分歧，由现场施工经理提出，请项目经理组织协调。

⑤现场施工经理同时向项目经理和施工部报告工作，确保施工工作按项目合同的要求（包括进度、费用和质量）完成。

⑥组织用户、施工分包单位对现场施工开工的条件进行检查。参加施工开工报告的编制，并促进施工开工报告的批准。

⑦组织审查施工分包单位提出的重大施工方案。

⑧组织编制施工执行效果测量基准曲线（BCWS），督促检查施工进展赢得值的测量和实际人工时消耗记录，编写施工进展月报。

⑨定期召开施工计划执行情况检查会，检查和分析施工中存在的主要问题，研究解决办法，重大问题及时向项目经理、本部施工部和用户报告。

⑩组织接收设备、材料到现场后的开箱检验及交接，安排保管工作，或组织移交给施工单位。

⑪定期组织现场施工调度会议，协调与施工分包单位、设备制造厂（商）及用户之间的关系。

⑫组织施工质量的管理和施工质量的监督。

⑬管理现场财务和会计，审查和签发工程进度款报告。

⑭审查处理施工分包合同的变更及索赔。

⑮组织土建、安装竣工的交接验收，办理中间交接和工程交接手续。

⑯开车阶段组织施工分包单位配合开车。

⑰组织现场施工工程档案资料的整理和归档工作。

⑱组织工程施工总结。

45. 施工计划如何编制？

项目施工计划是说明项目施工范围、目标、方法和措施的施工指导性文件，它在项目初始阶段就要着手编制。施工计划的名称很不统一，有施工规划、施工组织设计、施工统筹控制计划和施工路径等。其内容和格式不尽相同，但其功能基本是一致的。本书参考国际上多数工程公司的习惯，称之为施工计划。

施工计划与施工进度计划的区别在于后者仅描述与进度（时间）有关的活动。

（1）施工计划的编制

①项目施工计划由本部项目施工经理组织编制。

②项目施工计划在项目合同签订后项目初始阶段即组织编制。

③项目施工计划是项目实施计划在施工管理方面的深化和补充，因此必须符合项目实施计划中规定的项目目标和原则。

④项目施工计划应经项目经理批准和经用户认可。

（2）施工计划的主要内容

①施工任务和范围的说明。

②现场和所在地区的法规和施工许可等。

③现场施工管理的组织机构。

④施工管理人员和施工人员进驻现场计划。

⑤现场生活条件和补贴等管理规定。

⑥现场办公和生活设施的规划。

⑦施工劳力组织，包括熟练工人和普通工人总共每年的需要数量、劳力的来源及劳资关系问题。

⑧提出工程施工分包计划。

⑨提出现场预制及现场加工车间的建设计划。

⑩提出现场的道路、停车场、施工用地、工地道路、施工用水、电、汽、气、通讯、土石方平整及场地排水的总体规划方案。

⑪提出总体施工方案和程序。

⑫特殊设备的吊装方案。

⑬现场加工组装的大型容器或设备。

⑭施工机具的清单及要求。

⑮设备材料接收及仓库方面的要求。

⑯现场检验和质量控制。

⑰施工进度和费用控制。

⑱消防和安全保卫措施。

46. 什么叫施工分包？

工程公司与用户签订 EPC 总承包或交钥匙承包合同之后，通常是再由工程公司将土建、安装工程分包给一个或几个施工单位来完成。

施工分包一般采取招标投标的办法来确定分包单位。施工分包的招标工作和分包合同的管理由工程公司的施工部负责。

（1）招标准备

通常在具备下列条件之后组织施工招标：

①已完成基础工程设计或部分详细设计。项目的工程量不会再有大的变化，可以保证标的有足够的准确性。

②能达到首次核定估算的深度。对于工程量尚未达到足够准确度的部分,可以采用固定单价的方法进行招标。

③建设用地的征用手续已经完备,并已有必要的地质资料。

④建设资金、主要设备和建筑材料已经落实。

⑤工程公司对施工现场已经进行调查,施工协作配套条件已经落实。

(2)确定分包方案和招标方式

①在项目初始阶段已经初步确定了施工分包方案,在施工招标之前应对分包方案进行审核,并且进一步明确以下问题:

——划分分包工作范围,进一步明确责任关系;

——确定分包单位的数目;

——确定是否需要总体分包单位等。

②确定招标方式。

——邀请招标:向具有投标资格的若干施工单位发送邀请招标通知书,进行竞争性招标;

——谈判招标:只对选定的一家认为最合适的施工单位直接进行合同谈判,谈判成功就可签订分包合同,属非竞争性招标;

——公开招标:通过报刊、广告等公开发布招标广告,由投标者购买或领取标书进行投标,进行竞争性招标。

工程公司的分包招标,一般采用邀请招标和谈判招标。

(3)编制招标文件和标的

①编制招标文件。

施工分包招标文件由本部施工经理组织编制。

施工分包招标文件的内容包括:

——投标者须知;

——综合说明书;

——工程特殊要求及对投标者的相应要求;

——必要的设计图纸、资料和设计说明书;

——分包合同的主要条款;

——工程量表。工程量应以设计文件为依据提出。

②编制标的。

——施工分包合同的标的由施工经理组织有关人员负责编制。

——施工分包合同的标的结构、科目、格式、内容,应与招标文件中的工程量清单相一致,以便在评标时能与标的一一对照、评审。

——施工分包标的价款应控制在项目批准控制估算中施工费用的指标以内。

——施工分包合同标的应经项目经理审查批准。

——施工分包合同标的属公司机密,只分发给公司规定的有关部门及人员。

(4)对投标单位资格审查

①发出投标意向征询及调查表

当项目的施工分包方案确定之后,施工经理就可着手拟定发送投标意向征询通知的分包单位名单,每项分包合同一般选定5~7家征询单位。

②征询通知附有投标者调查表，供投标者填写。招标者根据调查表（必要时进行现场调查）审查投标者是否具备参加投标的资格。

③投标者调查表的主要内容包括：

——企业注册证明和技术等级；

——主要施工经历和业绩；

——技术力量简况；

——施工机械设备简况；

——正在施工的承建项目；

——资金或财务状态。

④对投标者进行资格审查

收到施工单位的投标意向和投标者调查表之后，由施工经理组织对施工单位进行资格审查。审查结果选定3～5家施工单位作为投标单位。

(5) 发出投标邀请通知

①通过资格审查，选定的3～5家施工单位作为邀请投标单位，并向他们发出投标邀请通知书。

②投标邀请通知书的主要内容包括：

——说明邀请投标的意向；

——介绍工程概况：列出主要工程量，说明对工期的要求，同时指出投标商的承包范围；

——发售招标文件的单位、地址、通讯号码等；

——说明每套投标文件的售价；

——说明截止投标日期和时间，投标文件送交单位；

——说明开标日期、时间和地点。

③对于公开招标，不预先进行资格审查，投标者的资格在评标时作为评价条件之一参加评审。

(6) 发出招标文件

①对于邀请招标和谈判招标，由施工部直接向投标者发送招标文件。

②对于公开招标，由投标者在招标广告上指定的时间和地点购买或领取招标文件。

(7) 投标前会议和现场调查

①投标者收到招标文件后，应由工程公司召开投标前会议。施工经理主持召开。

②投标前会议的主要内容：

——向投标单位详细介绍工程内容；

——向投标单位介绍现场条件；

——解答投标单位对招标文件提出的各种疑问。

③必要时由招标单位组织投标单位进行施工现场的勘察，澄清招标文件中的有关问题。

(8) 接受投标文件（标书）

①投标文件应邮寄或派人递送到招标文件指定的地点才能被接受。招标者在收到投标文件之后，应办理签收和登记手续，记录收到的日期和时间，并通知投标者已收到其投标文件。

②在收到投标文件到开标之前，所有投标文件均不得启封，并采取措施确保投标文件的

安全。

③对于那些在截止投标日期及时间之后送到的投标文件，应原封退还，并取消其参加投标的资格。

（9）开标

①开标应按招标文件规定的时间、地点公开进行。

②开标组织工作由工程公司施工部负责。

③开标活动应有招标单位、投标单位、公证部门以及用户的代表参加，当众启封标书。

④宣布各投标单位的标价。

⑤公布标的。

（10）评标决标

①应组织评标委员会或评标小组开展评标工作。

②评标之前应预先确定评审原则和评价标准，以提高评标工作的效率和质量。

③评标工作可分为初评和终评两个阶段进行。初评工作是首先排除废标和有严重缺陷的标书，然后通过对投标价格的分析、对技术条件的评审和对合同财务方面的评审评选出2～4家投标者进入终评。

④终评工作是首先要求进入终评的投标商澄清标书中的有关问题，然后计算出可对比的评审价（而不是投标价）。最后用评审价进行对比评审。

⑤评标委员会或评标小组写出评标报告，推荐中标单位。

⑥评标报告和推荐中标单位报告报送决策部门批准。

（11）签订分包合同

①中标单位确定后，招标单位向中标单位发出授标意向书。意向书附有授标条件、合同文本、合同谈判提纲等。

②招标单位和投标单位代表就合同文本条款进行谈判。

③通过合同谈判，对招、投标条件进行必要的补充、修改，并相应将投标价修正为双方协商一致的合同价。

④合同谈判结束，形成合同草签稿。正式合同文本完成后，双方提交履约保证，并派出授权代表正式签订分包合同。

47. 什么叫工程交接（机械竣工）？

工程交接是指施工单位完成建筑安装任务后向工程公司及业主交接管理权的手续。手续可按系统或单元机械竣工的次序先后进行。当合同范围内的部分系统或单元达到机械竣工条件时，可以先按系统或单元办理中间交接手续（或叫部分交接手续）。当合同范围内的全部工程都达到机械竣工条件时，办理机械竣工验收手续，即工程交接手续。

（1）中间交接

①中间交接可以按系统或单元工程进行。当系统或单元工程达到下列标准时，可以办理中间交接手续。

——交接范围内的工程已按设计文件的内容全部建成；

——工程质量达到了有关施工和验收规范规定的标准和设计文件的要求；

——规定提交的技术资料和文件齐全，并经检查合格；

——交接范围内的管道系统及设备压力试验、压力设备冷对中、仪表单体调校和回路核查、电气设施调试全部完成并经检查合格；

——交接范围内有碍安全的杂物已清除，厂房、机械设备已整洁干净。

②交接内容经检查确认合格后，填写中间交接证书，并由有关单位代表签署确认。

③办理中间交接手续之后，交接范围内的工程设施全部交由业主负责保管、使用、维护，可以陆续投入系统或单元的试车。但尚未解除施工单位对施工质量的责任，遗留的施工问题仍由施工单位负责完成。

(2) 机械竣工

①合同范围(项目或装置)内全部系统或单元达到机械竣工条件并办理中间交接手续后，施工单位向工程公司及业主正式办理工程交接手续，即机械竣工验收手续。

②正式办理机械竣工验收证书，必须达到下列标准：

——合同范围内全部工程已按设计文件规定的内容建成；

——工程质量达到了有关施工及验收规范规定的标准和设计文件的要求；

——规定提交的技术资料和文件齐全并经检查合格；

——合同范围内全部系统或单元机械竣工并经检查合格；

——交接范围内与生产无关的杂物已被清除，厂房、机械设备已整洁干净。

③交接内容经检查确认合格后，填写机械竣工验收证书，并由有关单位代表签署确认。

④工程交接时，确因条件限制未能全部完成的工程，在不影响试车的条件下，经工程公司和业主同意，可作为遗留工程处理，但必须由施工单位限期完成。

48. 开车阶段如何划分？

①国外工程公司对开车阶段的划分其提法不完全一致，本书根据国内有关规程和国外开车管理经验分为预试车、投料试车两个阶段。

②预试车是指机械竣工之后为投料试车创造条件所做的一切准备工作。

③投料试车是自原料投入生产装置之日开始，至装置用户考核验收止。

④开车阶段及与施工阶段的衔接，见图1-26。

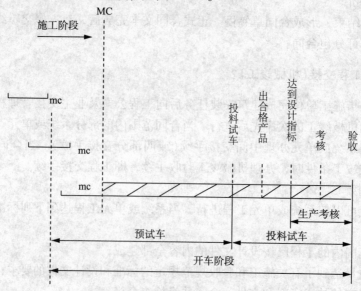

图1-26 开车阶段及与施工阶段的衔接

49. 工程公司开车服务组织机构如何设置？其职责是什么？

(1) 工程公司开车部的组织机构

工程公司开车部根据服务范围通常下设本部技术服务组、现场开车服务组、培训服务组、安全和事故预防组。本部技术服务组，负责开车程序的开发、经验总结、基础工作等，并负责编制现场开车所需的各种文件。现场开车服务组，负责派出开车工程师，在项目开车经理的领导下，负责具体项目的现场开车服务。培训服务组为用户提供生产管理和操作人员的培训服务。安全和事故预防组对设计上安全措施和现场生产安全设施进行监督和检查，不经过安全专家检查和确认的装置，不允许进入投料试车。

工程公司典型的开车部组织机构见图1-27。

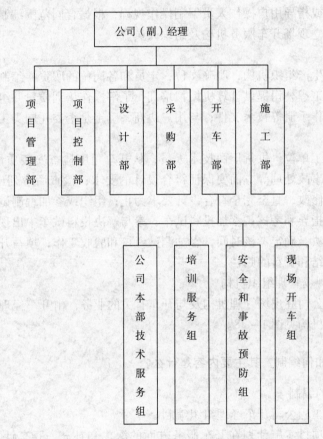

图1-27 工程公司典型的开车部组织机构

(2) 开车部的职责范围和主要任务

① 开车部的职责范围。

——开车部是工程公司对用户提供开车服务的归口和负责部门。项目中标后，向项目组派出开车经理。

——根据用户的委托，开车服务的内容可以包括开车准备、培训、安全、操作维修等。

——工程设计阶段，配合设计充分考虑生产操作维修及安全要求。

——编制向用户提供的操作手册及其他资料。

——组织现场开车服务组参加预试车、投料试车和生产考核。

——负责开车服务的基础工作，总结开车服务的经验，提高开车服务人员的业务水平。

②开车部的主要任务。

开车部负责指导项目开车经理负责组织完成下列主要工作：

——工程设计阶段

编制开车计划；参加项目或装置主进度计划的编制；熟悉工艺部或设计部有关专业提供的设计文件，从开车、操作、停车、安全和紧急事故处理等方面，对工艺流程图、管道仪表流程图、装置布置图等进行审查，使工程设计充分考虑到生产操作维修及安全要求；审查模型设计，保证装置建成后操作、事故处理、维修方便；审查"操作原则"（Principle of operation），以利于工程设计中考虑操作的要求。"操作原则"一般由工艺工程师负责编制；开始编制操作指导手册或指导用户操作人员编制操作规程；根据合同范围编制开车服务的各种手册和程序文件；建立现场开车服务机构及组织人员。

——施工阶段。

协助用户确定生产组织机构，明确岗位，定员和各岗位的职责；编制培训计划，向用户推荐培训单位或由工程公司提供计算机模拟培训，了解操作培训质量并组织必要的考核；按计划向用户提供操作手册等技术文件；与用户协商，确定是否委托同类工厂组织开车队。

——开车阶段。

组织用户、施工单位、供货厂商技术人员，从开车角度检查安装质量，在开车、操作、停车、安全、紧急事故处理等方面要保证符合设计的要求；检查后应列出存在问题的清单，提交施工单位进行修改，直至完全符合设计要求为止；组织或参加编制试车方案；参加对操作工进行开车前的指导和考核；参加投料试车，参与解决投料试车中出现的有关问题；与用户共同制定考核办法，确定考核时间，参加测试考核和验收工作；填写开车中必要的记录和日记，做好开车总结和资料的归档。

（3）开车阶段现场管理组织机构

开车阶段工程公司驻现场管理机构及与开车有关的业务，由开车经理主持。典型的开车阶段现场管理组织机构见图 1-28。

50. 开车计划如何编制？其主要内容是什么？

（1）开车计划的编制

①开车计划由工程公司开车经理组织编制。

②开车计划是项目实施计划在开车服务方面的深化和补充。开车计划在项目初始阶段编制。

③开车计划中的进度计划应符合项目或装置主进度计划的要求，并对施工进度提出要求。施工必须按试车顺序，按系统配套，按开车进度计划完成。

④开车计划应在现场施工之前，组织用户、施工单位，根据项目进展情况，进行一次讨论和调整。

⑤开车计划是编制试车方案的依据之一，在编制开车计划时，要充分考虑工艺装置的特点，合理安排试车程序；尤其对多个装置的项目，要充分考虑工艺衔接和对公用工程、辅助设施的要求。试车方案的程序，应与开车计划中的程序相衔接。

⑥开车计划应对生产准备工作提出详细要求。

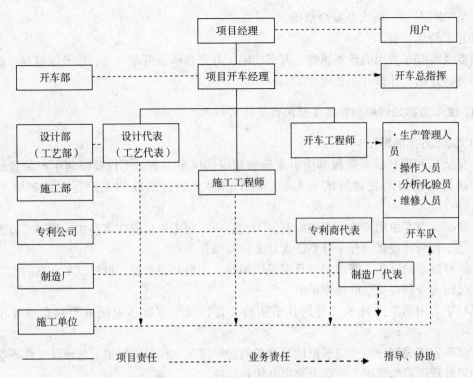

图 1-28 开车阶段现场管理组织机构

(2) 开车计划的主要内容

①总说明。

——项目概况。简要说明建设规模、生产装置名称、产品品种规格、设计能力、建设进度等。

——编制开车计划的基本原则。说明编制开车计划的依据，计划安排的原则，试车必须执行的有关文件及试车规范。

——开车的总体部署。说明试车和考核的总目标、总进度、总要求、试车步骤、公用工程及生产装置的完工和试车时间。应附一份试车综合进度表，表示出生产装置、生产辅助装置和公用工程试车的起止时间及相互配合的进度，生产考核的计划安排。

——存在的主要问题。说明可能影响按计划进行试车的重大问题，提出解决问题的途径和措施。

②开车组织及人员培训。

——提出生产管理机构的建议。

——提出是否委托开车的建议，推荐派遣开车的单位。

——提出参加试车的有关单位，明确各单位的职责分工。

③物资、技术资料及规章制度的准备。说明开车需要的原料、燃料、触媒、化学品的落实情况及存在问题。说明开车及生产中必需的技术规程、安全规程、岗位责任制等规章制度的准备情况及存在问题。

④各项具体试车方案的计划安排。列出各项具体试车方案的目录、分工、内容及完成时间。

⑤开车进度计划。简要说明开车程序和开车进度。

⑥对施工进度的要求。

⑦"三废"处理、防火及安全措施。
⑧开车费用计划。
简要说明开车费用的计划原则，开车期限，开车负荷，开车产量，以及原材料、能源及人工消耗，并据此计算开车费用。

51. 试车方案如何编制？其主要内容是什么？

(1) 试车方案的编制
①预试车和投料试车阶段都应事先编制相应的试车方案。不仅要编制生产装置的试车方案，还要编制辅助装置的试车方案。对于由多个装置组成的工厂还要编制试车总体方案。
②预试车方案由用户负责组织编制，工程公司、施工单位的代表参加。预试车方案的主要依据是工程公司提供的开车计划、设计文件和操作手册。
③投料试车的试车方案由用户负责组织编制，工程公司参加。投料试车方案的主要依据是工程公司或专利商提供的操作手册。
④对于采用第三方技术或邀请开车队的装置，试车方案还应征求专利商或开车队的意见。
⑤试车方案编制过程中应根据试车准备的实际情况，核对实际情况与设计文件不符的内容。如果发现不符的情况，应提出解决办法和措施。

(2) 试车方案的主要内容
试车方案的主要内容如下：
①工程概况。
说明工程或装置的组成、规模、范围，以及合同条件等情况。
②试车方案的编制依据和编制原则。
③试车指导思想、目标和标准。
④试车应具备的条件。
⑤试车的组织指挥系统。
⑥试车进度计划。
⑦试车物料平衡。
⑧燃料及动力平衡。
⑨环境保护设施的建设和投运安排。
⑩职业安全及工业卫生。
⑪试车存在的技术难点和采取的措施。
⑫附图或附表。

52. 培训服务如何实施？

①工程公司对用户的培训服务包括：编制培训计划，推荐培训方法和场所，指导动态工艺模拟培训，指导在同类工厂上岗培训，培训管理人员、操作人员、实验室人员、维修人员、安全保卫人员、雇员资格考核及鉴定。用户可以根据需要委托工程公司进行。
②根据项目或装置的工艺特点及要求，制定培训计划，培训计划中应列出：培训的岗位、人员、培训目标、时间安排、培训方式、培训地点、培训设备、培训费用等。

③培训目标应按各岗位、各工种的要求分别制定，同时应制定测试是否达到培训目标的标准和程序。

④同类工厂的上岗培训是目前比较普遍采用的一种方法。同类工厂一般由工程公司推荐和联系，国外工程公司多推荐到由该工程公司负责建设的工厂或装置培训。不是该公司负责建设的工厂，往往不愿意接受培训任务。在岗培训之前应对操作人员进行理论培训，包括工艺流程、操作手册、安全、事故处理等。

同类工厂上岗培训的时间一般安排在投料试车前 6~8 个月，培训时间根据工艺的复杂程度一般为 3~4 个月。培训结束后，最好就能参加装置的预试车。过早进行培训，待装置开车时技能可能已经生疏；太晚进行培训，赶不上预试车，不利于对装置的熟悉和掌握。

⑤工程公司培训中心的计算机模拟培训。在工程公司本部建立一套模拟培训系统，针对所建装置工艺技术，开发一套计算机操作控制系统、事故处理系统软件，对操作人员在模拟培训装置上进行培训。计算机模拟培训有许多优越性，操作人员可以在设定的与实际生产装置完全相同的条件下进行模拟操作，可以大胆地、反复多次地进行训练，也可以设定各种各样的条件进行训练。计算机模拟培训还可以缩短培训时间，使操作人员更快地掌握各种条件下的操作技术。

计算机模拟培训已在国际上普遍采用。计算机模拟培训的进一步发展，是将模拟培训与正常生产控制系统结合起来，在装置控制系统设计中设计和装备一套模拟系统。在开工之前，这套系统用于模拟培训。正常生产后，这套系统可作为系统优化、监控的工具。虽然装备一套模拟优化系统（Simulation and optimization of system）需要投入一笔资金，但是实践证明，这一投入的经济效益很好。通过优化和监控可能提高产量，提高产品质量，降低消耗或稳定操作，从中获得的利益，远远超过投入。因此，国际上越来越多的用户在计算机控制系统中装备了模拟优化（兼培训）系统。

53. 什么叫预试车？

预试车是指机械竣工至具备投料试车这一阶段的工作，包括具备投料试车条件以前的一切准备工作。预试车以水和空气为试车介质，先进行单机试车，再按单元或系统进行试车，最后进行联动试车。

预试车在机械竣工或中间交接之后，由业主组织进行。工程公司（必要时组织专利商和制造厂商参加）、施工公司的管理人员和技术人员参加协助。

（1）预试车的主要内容

①管道系统和设备的内部处理。

②设备安装后的首次试车。

③仪表系统的系统调校。

④耐火衬里的烘烤。

⑤催化剂的充装。

⑥热交换器的现场再检查。

⑦系统严密性试验、干燥和投料前的惰性气置换。

⑧模拟联动试车。

⑨某些单元，比如锅炉装置的试车，就其性质而言属于公用工程投料试车的范畴，但因其为汽轮机提供动力，其作用等同于电力供应，因此亦可视为预试车。

(2) 预试车必须具备的条件

①单元或系统的预试车必须在单元或系统的机械竣工完成并办理中间交接手续后进行。

②试车方案和操作规程已编制完毕并已经批准。

③参加试车的人员已经通过培训,掌握了开车、停车、安全防护、事故处理等技能,并考试合格。

④在联动试车前,除必须留待投料试车阶段进行试车的以外(比如由于工艺或介质原因),单元或系统的试车已经全部合格。

⑤试车组织管理机构已经建立,各级岗位责任制已经明确。

⑥试车所需燃料、水、电、汽和仪表空气、工厂空气等已能稳定供应。

⑦试车现场有碍安全的机器、设备、场地、通道处的杂物等业已清理干净。

⑧预试车的各项试车内容,均在设计文件或试车方案中规定有合格标准,达到合格标准才能进入投料试车。

54. 投料试车如何实施?

(1) 投料试车的组织

①投料试车由业主负责组织实施。工程公司、开车队、施工单位、专利商和设备制造厂的代表负责指导和配合。

②投料试车应按正常生产的建制建立生产指挥调度系统,由业主的生产厂长或总工程师任总指挥。即使是"交钥匙"工厂,也应由业主的指挥、管理和操作人员上岗,有利于工厂交接验收后的正常生产。

③公司的开车经理、开车工程师以及设计人员,作为开车指导和参谋,参加投料试车,负责及时了解、研究并解决投料试车出现的各种技术问题。

④如果组织开车队,则开车队成员应编入投料试车的各主要岗位,负责指导业主的操作人员实施正确的操作,并及时协助业主的操作人员排除各种故障。

⑤施工单位根据业主的委托组织精干队伍,在投料试车过程中与业主的维修人员一起,及时排除各种机械设备故障,以及对损坏的部分进行抢修。

⑥投料试车的开始日期应由业主、工程公司(对引进装置还有外商)共同确定。

⑦投料试车必须按照试车方案的规定测定数据,做好记录。

⑧投料试车第一步打通流程,生产出合格产品,同时应及时消除试车中暴露的缺陷;第二步逐步达到满负荷试生产;第三步逐渐调整达到质量指标和经济指标,为生产考核创造条件。

(2) 投料试车应具备的条件

①预试车包括的内容全部合格。

②投料试车方案已经编制完毕,并经批准。

③与投料试车相关的生产准备工作已经全部完成。

④工厂的生产经营管理机构和生产指挥调度系统已经建立,责任制度已经明确,管理人员、操作维修人员经考试合格,并持有上岗合格证。

⑤以岗位责任制为中心的各项规章制度、工艺规程、机电、仪表维修规程、分析规程以及岗位操作法和试车方案等皆已印发实施。

⑥全厂人员都已受过安全、消防教育,生产指挥、管理人员、操作人员经考试合格,已获得安全操作证。

⑦岗位操作记录、试车专用表格等已准备齐全。
⑧水、电、汽、气已能确保连续稳定供应，事故电源、不间断电源、仪表自动控制系统已能正常运行。
⑨原料、燃料、化学药品、润滑油脂、包装材料等，已按设计文件规定的规格数量配齐，并能确保连续稳定供应。
⑩储运系统已能正常运行。
⑪试车备品、备件、工具、测试仪表、维修材料皆已齐备，并建立了正常的管理制度。
⑫自动分析仪表、化验分析设备已经调试合格，分析仪表样气、常规分析标准溶液皆已备齐，现场取样点皆已编号，分析人员已经上岗就位。
⑬机器、设备及主要的阀、仪表、电器皆已标明了位号和名称，管道皆已标明了介质和流向。
⑭盲板皆已按批准的带盲板的工艺流程图安装或拆除，安装的盲板具有明显的标志，并经检查位置无误，质量合格。
⑮机、电、仪表维修、土木、防腐车间已经正常工作，维修管理系统已建立。
⑯生产指挥、调度系统及装置内部的通信设施已经畅通，可供生产指挥系统及各管理部门随时使用。
⑰全厂安全、急救、消防设施已经准备齐全，安全阀、安全罩、电器绝缘设施、避雷、防静电、防尘、防毒、事故急救等设施，可燃气体检测仪、火灾报警系统经检查、试验灵敏可靠。
⑱全厂道路畅通，照明可以满足试车需要。
⑲"三废"处理装置已经建成，试车合格，具备了投用条件。
⑳厂区生活卫生设施已能满足试车工作的需要。
㉑厂区门卫已经上岗，保卫组织和保卫制度已经建立。
㉒各计量仪器已标定合格，并处于有效期内。
㉓投料试车申请报告已经主管部门批准。

(3) 投料试车有关规定
①投料试车必须按试车方案和操作手册进行操作。
②除合同另有规定外，投料试车由业主的生产管理机构负责指挥和操作。
③参加试车的人员必须在明显部位佩戴试车证，无证人员不得进入试车区。
④投料试车必须按程序进行，当上一工序不稳定或下一工序不具备条件时，都不得进行下一工序的试车。
⑤仪表、电气、机械维修人员必须和操作人员密切配合，在修理机械、调整仪表、电气时，应事先办理工作票，防止发生事故。
⑥在投料试车期间，分析工作除按设计文件规定的分析项目和频率进行分析外，还应按试车的需要，增加分析项目和频率。
⑦投料试车通常应避开严寒季节，否则必须制订冬季试车方案，落实防冻措施。

55. 考核验收如何实施？

(1) 生产考核应具备的条件
①在满负荷试车条件下暴露出的问题已经解决，各项工艺指标调整后处于稳定运行状态。

②生产装置已经达到设计能力、产品质量指标和技术经济指标。
③生产考核的详细程序和方案已经制定,并已经有关部门审核批准。
④考核指标的测试人员的组织和任务已经落实。
⑤测试专用工具和仪表已经齐备,并经调校合格、处于有效期内。
⑥测试项目、分析项目、分析方法已经确定,并经买卖双方确认。
⑦原料、燃料、化学药品的质量规格符合设计文件的要求。
⑧水、电、汽、气、原料、燃料、化学药品可以确保连续稳定供应。
⑨自控仪表、报警和联锁装置已投入稳定运行。

(2) 考核与验收

①生产考核工作由用户(业主)组织,工程公司的开车经理及开车服务人员作技术指导。
②生产考核的开始日期,由用户和工程公司的代表协商确定。
③生产考核期间,应有专利商的技术人员参加。
④生产考核的时间周期应在合同中规定,一般为不间断地连续72h。
⑤生产考核的指标应在合同中以保证条款明确规定。主要内容有:
——产品生产能力;
——产品质量;
——原料消耗;
——公用工程消耗等。
⑥在合同中应有规定性能保证条件的条款,以明确工程公司或专利商对性能保证的责任。
⑦在合同中还应规定分析方法和保证值(Guarantee value)的计算方法,以使合同双方在确认保证指标时有共同的标准。
⑧在考核期内合同工厂达到合同规定的全部保证值时,双方代表(一般要求在5天内)签署验收证书。
⑨如果合同工厂在第一次考核期内,未能达到全部保证值,则双方共同研究、分析,按合同条款确定处理办法。
⑩如属工程公司原因,用户将根据合同规定同意延长投料试车时间(一般为3个月),工程公司自费进行改正,并再次进行未达到保证值部分的考核。如果在此3个月内工程公司仍未能使合同工厂的考核指标达到保证值,则应按合同规定罚款。
⑪如属用户(业主)原因,按合同规定也延长投料试车时间(一般为3个月),在此期间,工程公司技术人员的有关费用由用户负担。如果在此3个月内,仍属用户原因未达到合同规定的保证值,则合同工厂应视为被用户"自动验收",由双方签署交接验收证书。
⑫项目验收后,不解除工程公司对合同工厂的设备和材料在机械保证期内所负的责任。

56. 项目控制部的组织机构如何设置?

鉴于项目控制在项目管理中的重要性,国外工程公司都专门设立项目控制部,以加强对项目的控制。项目控制部一般下设四个组:进度控制组、费用估算组、费用控制组和材料控制组。一旦项目成立(合同签订),项目控制部则选派项目控制经理、进度计划工程师、费用估算师、费用控制工程师和材料控制工程师参加项目组的工作。对于重要项目,上述人员均集中到项目组的办公地点办公,在项目经理直接领导下工作。对于一般项目,也可以在原项目控制部办公，负责指定项目的项目控制工作。与项目组的其他人员一样，项目控制部的人员被选派到项目组工作之后，要接受项目经理和项目控制部的双重领导。

工程公司项目控制部负责项目控制专业的基础工作，以及负责对全公司各个项目控制的指导工作。

典型的项目控制部的组织机构见图1-29。

图1-29 项目控制部组织机构

57. 项目控制部的主要任务、职责是什么？

①项目控制部的主要任务是负责对全公司各项目的进度、费用、材料进行综合有效的控制。项目控制部各组专业控制人员，可以安排到项目组中担任项目控制经理、进度计划工程师、费用估算师、费用控制工程师和材料控制工程师，对指定项目进行项目控制。

②项目控制部各专业控制人员的具体工作是：负责项目费用、进度、材料的估算、计划、数据收集、整理、分析、监控、报告等工作。

③项目控制部负责编制和修订项目控制程序、方法和手册等。在项目实施过程中，负责指导全公司各个项目的项目控制工作。

项目控制部各组的职责分工见表1-5。

表1-5 项目控制部各组的职责分工

职责内容	进度控制组	费用控制组	估算组	材料控制组	备注
确定工作内容及范围 确定项目工作分解结构（WBS）	S	M	S	S	项目经理负责
确定组织机构、人员安排和分工					项目经理负责
确定工作进度、编制项目的网络图和进度表	M				
编制并发表各阶段估算		S	M		
向计算机输入并保存控制预算		M			
建立执行效果测量基准	M	S	S	S	
按期统计并保存实物工作量进展数据（赢得值）	M	S			
按期检查进度	M				
按期统计并保存材料完成情况数据				M	
核实每周工时数据并委托过账	M	S			
核实每月公司本部费用数据并委托过账		M			
核实每月财务收支数据并委托过账		M			
办理一切实际收支的过账手续					财务会计负责
联系处理预算费用的变更		M			

续表

职责内容	进度控制组	费用控制组	估算组	材料控制组	备注
提出进度和进展报告	M			S	
提出材料平衡情况和材料状况报告				M	
提出费用报告		M			
落实所有变更通知	S	M			进度控制人员参与确定变更的影响
审核并保存所有预测数据	S	M		S	进度控制人员提供公司本部人工时执行数据

注：M——主要责任；S——配合责任。

58. 项目控制各岗位的职责是什么？

(1) 项目控制经理及其职责

①项目控制经理由项目控制部派出，在项目经理领导下工作。

②项目控制经理领导项目费用估算师、进度计划工程师、费用控制工程师、材料控制工程师工作。对于较小的项目，也可以不派项目控制经理，项目控制专业人员直接向项目经理报告工作。

③负责组织编制项目的费用估算，组织实施费用控制、进度控制、材料控制和人工时控制。

④负责审查项目变更和用户变更的估算，并且审查项目变更和用户变更对项目控制的影响。

⑤负责审查费用/进度综合控制的偏差分析，并提出补救措施建议。

⑥负责协调设计、采购、施工之间与项目控制有关的问题。

(2) 项目进度计划工程师及其职责

①项目进度计划工程师是项目管理组的主要成员之一，由公司项目控制部派出，在项目控制经理领导下工作。

②如果项目组不设项目控制经理，则项目进度计划工程师直接在项目经理领导下工作。

③负责协助项目经理或项目控制经理，编制项目进度计划。

④负责项目进展的综合控制和进度控制，协调和解决工程进度计划上存在的问题。

(3) 项目费用估算师及其职责

①项目费用估算师在项目控制经理领导下工作。如果项目组不设项目控制经理，则项目费用估算师直接在项目经理领导下工作。如果费用估算专业不设在项目控制部，而是公司独立设置的费用估算室，则项目费用估算师接受项目经理和公司估算室的双重领导。

②根据项目合同的规定或项目经理提供的工作范围，分阶段编制项目费用估算，即初期控制估算、批准的控制估算，首次核定估算、二次核定估算。

③当需要做多个设计方案比较时，配合进行相应的费用估算。

④当出现重大项目变更或重大用户变更时，配合进行相应的变更费用估算。

⑤为费用控制工程师提供所需原始资料。

(4)项目费用控制工程师及其职责

①项目费用控制工程师由项目控制部派出,在项目控制经理领导下工作。如果项目组不设项目控制经理,则项目费用控制工程师直接在项目经理领导下工作。在这种情况下,项目费用控制工程师受项目经理和项目控制部双重领导。

②负责制订和执行项目费用控制计划,并按费用控制的程序和方法进行费用控制。

③协助项目控制经理或项目经理确定项目工作分解结构 WBS 及其编码。

④对项目费用进行分解,经项目经理审查批准,下达给设计经理、采购经理、施工经理及开车经理,作为各阶段费用控制的依据。

⑤根据费用分解指标、项目进度计划、人力投入计划,编制月费用支付计划。

⑥运用费用/进度跟踪检测系统,分析监控费用偏离情况和劳动生产率状况,预测费用发展趋势,提出建议意见和措施。

⑦从费用控制角度,审查项目变更和用户变更;根据项目变更或用户变更通知,编制变更估算。

⑧编制项目费用情况报告(月报)。不定期向项目经理或项目控制经理报告费用控制执行情况。

⑨当施工任务对外分包时,参与对分包单位投标文件中提出的工程进度和工程费用的审查和评价。

⑩审查分包单位提出的费用计划,对照原费用分解指标和预测的月支付计划,找出偏差,提出措施。

⑪管理不可预见费的使用,每月以书面形式向项目经理报告一次不可预见费的使用情况。

59. 什么叫赢得值原理?

到目前为止,国际上先进的工程公司已普遍采用赢得值原理(Earned value principle)进行工程项目的费用/进度综合控制。能否采用赢得值原理进行项目管理和控制,已经成为衡量工程公司项目管理水平和项目控制能力的标志之一。

用赢得值原理对项目执行效果进行定量评估,其基本参数有三项,即"计划工作的预算费用"(Budgeted Cost for Work Scheduled,简称 BCWS)、"已完工作的预算费用"(Budgeted Cost for Work Performed,简称 BCWP)、"已完工作的实际消耗费用"(Actual Cost for Work Performed,简称 ACWP)。其中的 BCWP 就是所谓的赢得值。在项目的费用、进度控制中引入赢得值概念,可以科学定量地评估项目实施的执行效果。在项目实施过程中,根据这三项参数,可以形成三条可供定量分析的曲线,如图 1-30 所示。

图中的横坐标是项目实施的日历时间。图中的纵坐标是项目实施过程中消耗的资源。在 WBS 的底层统计时,计量单位可以是人工时、工程量或金额,但在集合到整个项目时,必须转换为费用(金额)。纵坐标也可以用百分比来表示。

第一条曲线叫做 BCWS 曲线,即计划工作的预算值曲线,简称计划值曲线。BCWS 曲线是综合进度计划和预算费用后得出的。它的含义是按照项目的进度计划,把每项工作或费用的预算值比如人工时、设备材料费和其他费用等,在该项工作或费用的计划进度周期内分配展开,然后,按月统计当月计划完成的预算费用,即可得出当月计划工作量预算费用值 BCWS。把逐月计划工作量预算费用累加,即可生成整个项目的 BCWS 曲线。这条曲线是项目控制的基准曲线。这条曲线是在项目开始后，用批准的控制估算值建立的。

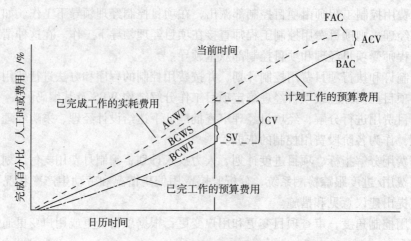

图 1-30　赢得值原理图

CV = BCWP - ACWP　　　　　　　　　　CPI = BCWP/ACWP
"0"符合预算；"+"低于预算；"-"超预算；　　1 符合预算；>1 低于预算；<1 超预算；
SV = BCWP - BCWS　　　　　　　　　　SPI = BCWP/BCWS
"0"符合进度；"+"进度提前；"-"进度拖后；　1 符合进度；>1 进度提前；<1 进度拖后。

第二条曲线叫做 BCWP 曲线，即已完工作的预算值曲线，也就是赢得值曲线。BCWP 曲线的含义是：按月统计已完工作量，并将此已完工作量的值乘以预算单价，逐月累加生成赢得值曲线。赢得值与实际消耗的人工时或实际消耗的费用无关，它是用预算值或单价来计算已完工作量所取得的实物进展的值。它是测量项目实际进展所取得的绩效的尺度。

第三条曲线叫做 ACWP 曲线，即已完工作的实际费用消耗曲线，简称实耗值曲线。ACWP 的含义是：对应已完工作量实际上消耗的费用。逐项记录实际消耗的费用并逐月累加，即可生成实耗值曲线。

费用/进度综合控制的 BCWP 和 ACWP 值，每月检测和报告一次。图中当前时间，是指检测当月的时间。当前时间的 BCWP 和 ACWP 值，是检测当月统计并累计得出的值。

通过图中 BCWS、BCWP、ACWP 三条曲线的对比，可以直观地综合反映出项目费用和进度的进展情况。

（1）BCWP 与 BCWS 对比，由于两者均以预算值作为计算基准，因此两者的偏差即可反映出项目进展的进度偏差。

SV = BCWP - BCWS

SV = 0，表示项目进展进度与计划进度相符；

SV > 0，表示进度提前；

SV < 0，表示进度拖后。

（2）ACWP 与 BCWP 对比，由于两者均以已完工作量为计算基准，因此两者的偏差即可反映出项目进展的费用偏差。

CV = BCWP - ACWP

CV = 0，表示实际消耗费用与预算费用相符；

CV > 0，表示实际消耗费用低于预算；

CV < 0，表示实际消耗费用超预算。

用赢得值原理进行项目的费用/进度综合控制，可以克服目前我们采用的进度和费用分开进行控制的缺点。当我们从统计数字或S曲线（按照对应时间点给出有累计成本、工时或其他数值的图形。该名称来自曲线的形状如英文S，起点和终点处平缓，中间陡峭，即项目开始时缓慢，中期加快，收尾平缓的情况造成这种情况下曲线）中发现费用超支时，很难立即知道是由于费用消耗超出预算，还是由于进度提前的原因。因为有时由于进度提前，完成的工作量增大，也会出现当前的费用超支现象。相反，当我们从统计的数字或S曲线发现费用消耗低于预算时，也很难立即知道是由于费用节省还是进度拖延的缘故。因为有时进度拖延，也会出现当前费用消耗低于预算的情况。运用赢得值原理进行执行效果的评估，则可以直接判断检测当月进度是提前还是拖后，同时费用是节省还是超支。

60. 费用/进度综合控制的步骤是什么？

对工程项目进行费用/进度综合控制，按以下十二个步骤进行操作：
(1) 明确项目任务，进行项目工作分解(WBS)；
(2) 确定项目的代码和编码系统；
(3) 确定项目组织分解结构(OBS)；
(4) 落实责任分工；
(5) 编制进度计划；
(6) 进行费用估算；
(7) 建立执行效果测量基准曲线；
(8) 对第一步至第七步的工作进行审查和批准；
(9) 测量赢得值；
(10) 记录已完工作的实际费用消耗；
(11) 进行费用/进度偏差分析和趋势预测；
(12) 报告和监控。

61. 什么叫项目工作分解结构？

为了用赢得值原理进行项目的费用/进度综合控制，必须对项目的工作任务和费用要素进行分解。项目的工作分解采用一种叫做工作分解结构(work breakdown structure，简称WBS)的方法进行。典型的项目工作分解结构见图1-31。

工作分解结构自上而下逐级分解，一直分解到便于进行进度安排和资源分配，便于管理和统计。

(1) 工作分解结构分两部分。上层的叫项目大项工作分解结构(project summary work breakdown structure，简称PSWBS)。大项工作分解结构是把整个项目划分为若干大项和单项，以便于进行管理和控制，比如一个大型石油化工项目，项目下面的第一级，可以分为工艺装置、公用及辅助工程、厂外工程等几大部分。第二级，再把工艺装置部分分解为各个独立的工艺装置，把公用及辅助工程部分分解为电站、供水系统、空压站等独立的单项，把厂外工程分解为铁路、码头、水厂等独立的单项。第三级，再把各个独立的装置或单项分解为工区或工号。项目大项工作分解结构，可根据业主的要求进行分解。下层的部分叫做工程公司(承包商)标准工作分解结构(contractors standard work breakdown structure，简称CSWBS)。公司标准工作分解结构是工程公司为实现项目费用/进度综合控制而建立的标准工作分解模

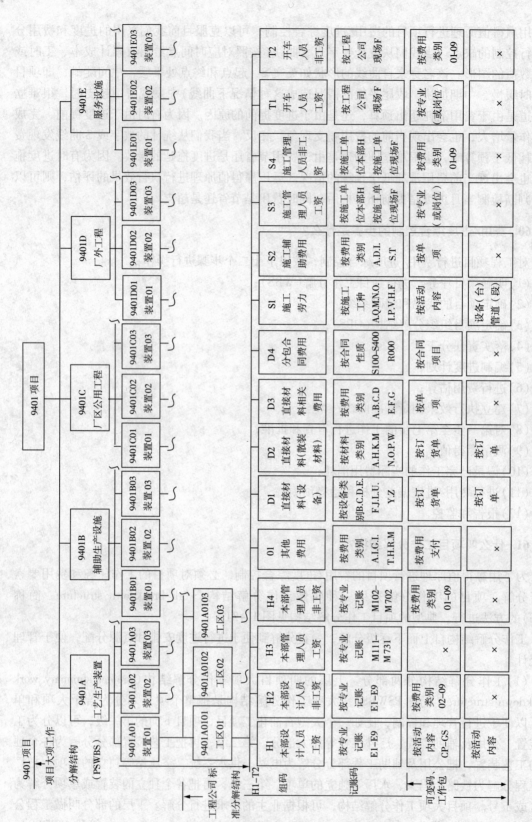

图1-31 工作分解结构（WBS）系统图

式，共分为七级。第一级是工区，这一级与大项工作分解结构的最低一级交叉。第二级是组码(group code)，接在工区下面。为了便于管理，公司标准工作分解结构把组码分为五组共十五个组码：

H——本部工作

H1——公司本部设计人员工资；

H2——公司本部设计人员非工资；

H3——公司本部管理人员工资；

H4——公司本部管理人员非工资。

D——设备材料

D1——设备直接费；

D2——材料直接费；

D3——其他相关费用；

D4——分包合同费用。

S——施工

S1——施工劳力工资；

S2——施工其他费用（辅材、机具、间接费、税金等）；

S3——施工管理人员工资；

S4——施工管理人员非工资。

T——开车服务

T1——开车人员工资；

T2——开车非工资。

01——其他费用，包括代理费、专利使用费、银行保证金、公司管理费等。

这样分组的好处是与通常的合同内容相一致。通常的合同内容一般为：设计，设计和采购，设计、采购和施工，只承包施工这四类。每类合同可以选择相应的组码，进行项目编号和控制。这样的分组也便于计划、统计和管理，有助于一旦在项目实施过程中出现费用和进度的偏差，能及时地发现究竟在哪里出了问题，便于找出原因，采取补救措施。

(2) 第三至第六级是标准分类记账码(standard code of account numbers，简称 SCAN)。标准分类记账码用来对组码的工作范围作进一步的分解，以便能明确划分相应各级记账单元的工作任务。SCAN 是编制项目估算、费用报告以及逐步向上汇总费用和测定执行效果的基本记账单元，也是应用 WBS 进行项目管理和综合控制系统中最重要的账目编码。WBS 系统中全部记账码费用值的总和构成项目的总费用，即在项目的 WBS 记账码之外不能有该项目的其他费用发生。记账码是资源的载体，每个记账码具有一项费用值或人工时数或设备材料数量。标准分类记账码分四级，由四位符号组成，第一位为大写英文字母，代表一个大类，以下三位为阿拉伯数字，分别代表逐级分解的分类。比如 H1 组码中：

E——设计；

E5——设备设计；

E51——换热器设计；

E511——换热器设计人工时费用；

E512——换热器设计非人工时费用。

E511 为换热器设计人员工资费用的记账码，换热器设计人员工资（人工时乘费率）的计划值，赢得值和实耗值均记入 E511 记账码。

E512 为换热器设计人员非工资费用的记账码，换热器设计人员非工资的计划值、赢得值和实耗值均记入 E512 记账码。本部标准分类记账码与本部的组织分解结构（organizational breakdown structure，简称 OBS）相对应，基本上一个专业对应于一个标准分类记账码（SCAN）。设备材料标准分类记账码，则按标准的设备类型和材料类别来分类。

（3）第七级是可变码（variable code）。可变码与记账码（SCAN）相连接，代表各种不同意义，根据需要可以选用或不用。比如，在设计 SCAN 之后连接工作包可变码代表某种活动内容；在散装材料 SCAN 之后连接可变码代表某种规格的材料等等。

上述工作分解结构和编码的举例如表 1-6。

表 1-6 工作分解结构和编码

项目号 （四位）	装置号 （二位）	工区号 （二位）	组码 （二位）	记账码 （四位）	可变码（选择使用） （不多于八位）
9301	01	01	H1	E311	EA04-01 （工作包）-（工作项）

工程公司标准工作分解结构是预先设计好并存储在计算机系统中的。只有把项目的全部工作任务和费用要素按公司的标准工作分解结构进行分解，项目的费用/进度综合控制才能进行。因此 WBS 是用赢得值原理进行项目费用/进度控制的基础。一旦项目中标，项目经理就着手根据合同规定的范围和公司的标准工作分解结构，用计算机手段剪裁编制具体项目的工作分解结构。由于这个时候项目才开始，还不可能分解到工作包和工作项的深度，因此，项目经理先将项目分解到 SCAN 的深度，工作包和工作项的分解工作是由专业负责人以后完成的。

提出具体项目的工作分解结构清单，是项目综合控制第一步工作的成果。

62. 什么叫项目代码和编码？

为了对项目实行有效的控制，需要制定一套相互协调而又符合逻辑的代码和编码系统。每个单项代码代表一个标识符，可供计算机数据库作存储、取出、修改和检索之用。这种单项代码在项目控制系统中，可分别用来表示工作分解结构（WBS）中的级别、工作任务的类型、工作包、费用的信息数据，以及各类文件和报表等。各种代码的适当组合，就成为一组编码，可以代表特定含义的综合信息，比如项目中的所有图纸、采购请购单、采买订单等等，都有各自的按一定规则组合的编码。

项目代码和编码的规则是由公司制定的。所有具体项目的代码和编码都必须遵守公司的代码和编码规则。项目费用/进度综合控制的第二个步骤就是要根据公司制定的代码和编码规则，确定当前项目的代码和编码，使项目实施过程中的全部信息都具有确定的、唯一性的代码和编码，以确保利用计算机手段对项目的费用/进度实行综合控制。

63. 什么叫项目组织分解结构（OBS）？

工程公司常设的组织机构是为完成项目目标而设置的。公司组织机构的设置应与项目管理功能相适应，也可以自上而下进行分解，形成组织分解结构（organizational breakdown structure，简称 OBS）。工程公司按公司、部（室）、专业三级进行分解。对公司的各部（室）和各专业都规定有固定唯一的编码。因此，整个工程公司形成一个完整的树状的组织分解结构系统。这样的组织分解结构，有利于公司的管理和项目的管理。

具体项目的工作分解结构(WBS)确定之后，项目经理应立即着手确定项目的组织分解结构(OBS)。项目的组织分解结构是与项目的工作分解结构相对应的。合同中规定的每一项工作任务，都应有相应的常设性组织来负责完成。项目组织分解结构通常应分解到专业组一级，以便与WBS中的标准分类记账码(SCAN)相对应。

工程公司的组织分解结构是完整的，而项目组织分解结构是根据合同范围确定的。比如，如果合同规定只承担设计任务，则项目组织分解结构只包含设计部门的有关专业。

64. 什么叫项目责任分工矩阵？

项目经理提出了具体项目的WBS和OBS之后，应将WBS中各项工作任务落实到各专业部门的各专业组。委派专业人员，落实责任分工，然后，或者集中办公，或者不集中办公。图1-32所示为综合WBS与OBS形成的责任分工矩阵关系。

图中纵向是WBS系列，横向是OBS系列。WBS中的每项工作都一一对应落实到每个专业组，使每项工作的安排既不遗漏也不重复。

矩阵图中的交叉点，就是项目管理和部门管理相统一的管理控制点。也就是说，在这一点上所包含的工作任务，既是项目管理要完成的目标，也是专业部门管理要完成的目标。具体的进度安排和资源分配是由该点的责任者——专业负责人进行的。所以，专业部门的管理者，也成了完成该项任务和控制人工时的管理者。这种矩阵式的责任关系，避免了我们常遇见的专业部门把人派到项目组去之后就撒手不管的现象，也避免了不集中办公时项目经理控制不住项目进展的现象。

为了实现上述矩阵管理，组织分解结构应分解到WBS中的每一个记账码的工作任务，都由一个独立的组织单元来完成并进行进度和资源(人工时、工作量或费用)的管理。这种矩阵式的管理，是工程项目基本特性所决定的，是国外工程公司从长期实践中总结出来的经验，是行之有效的。目前国际上先进的工程公司普遍采用这种管理模式。

65. 项目进度计划如何编制？

项目计划有两类：一类是项目工作计划，规定了工作的目标、范围、方式、程序等内容。比如，项目实施计划、项目协调程序、设计计划、采购计划、施工计划等。另一类是项目进度计划，是规定工作进度和资源分配的，比如，项目总进度计划、各级设计网络计划等。在项目费用/进度综合控制中，主要指项目进度计划。

一个典型的项目一般要编制四至五层进度计划，见图1-33。

第一层进度计划是为整个项目编制的，叫做项目总进度计划。典型的项目总进度计划内容是将整个项目的主要装置和单项，按设计、采购施工和开车，用横道图表示其进度关系。它的功能是根据合同的要求，协调各装置和单项的进度关系，并约束以下各层的进度计划。

第二层进度计划是分装置(或单项)编制的，叫做装置主进度计划。典型的主进度计划内容包括设计、采购、施工、开车中的主要活动。每项活动都标注有主要的里程碑(milestone)，又称关键控制点(critical control points)。这些里程碑的进度，对上要符合项目总进度计划的要求，对下要约束以下各层次的进度计划。

编制装置主进度计划，一般先分别编制初步设计、采购、施工三项分进度计划，通常是先编制初步的采购进度计划，从提出请购单开始到设备材料运抵施工现场为止。其次编制初步的施工进度计划,最后编制初步的设计进度计划。要将这三项初步的进度计划综合起来,如果出现不能符合项目总进度计划或合同进度要求的,则要进行调整。相对来说,由于采购进度受到制造周期和第三方(比如运输)的约束,施工进度受到客观存在的建筑安装施工逻辑程序关系的制约,所以工程设计进度计划往往受到采购、施工进度的限制而加以调整。

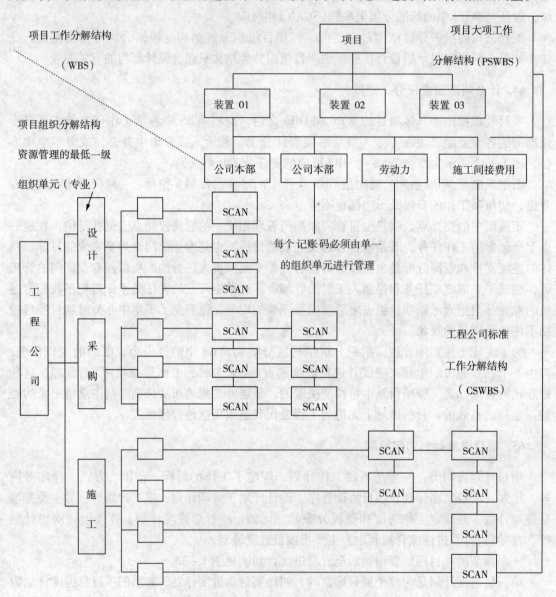

图1-32 综合WBS和OBS责任矩阵

第三层进度计划是以装置为单位,分别按设计、采购、施工和开车单独编制的,分别叫做装置设计进度计划、装置采购进度计划、装置施工进度计划和装置开车进度计划。为了实现用赢得值原理进行项目的费用/进度控制,第三层进度计划必须与项目的工作分解结构相一致。也就是说,必须按WBS中标准分类记账码(SCAN)来安排进度计划。设计、采购、施工和开车进度计划中都应列出每个记账码,用横道图标出每个记账码的起止时间。为了掌握和控制各专业之间的衔接进度,应同时列出各专业关键工作包的进度计划。

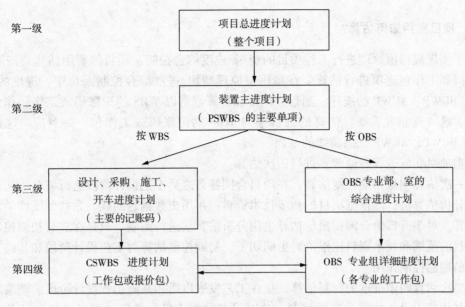

图 1-33 WBS 和 OBS 分层次的进度计划

由于设计记账码按专业划分，所以装置设计进度计划规定了各专业的设计进度。

由于采购记账码按设备、材料的种类划分，所以装置采购进度计划规定了设备、材料的采购进度。

由于施工记账码按工种划分，所以装置施工进度计划规定了各工种的施工进度。

第三层进度计划还应纳入与之相对应的 OBS 组织单元（部、室）的综合进度计划，以平衡和管理各个项目的进度执行情况和报告。

第四层进度计划叫详细进度计划，这是最基本的一层进度计划。这一层进度计划已经落实到专业，由专业负责人进行编制。

每个专业（每个记账码）编制一份进度计划。列出记账码所包含的各个工作包，并标出每个工作包的起止日期。这一计划以"工作任务清单"的形式由项目组提出，由部门向专业组下达。这一层计划是项目管理和专业部门管理矩阵的交叉点，专业组既对项目经理负责也对部门主任负责。专业组是进行进度管理、资源分配和执行效果测量的最基层的组织，因此这一层计划应达到能进行资源分配的深度。专业组如果同时承担几个项目的任务，则应负责进行资源分配和调度，以保证各个项目的任务都能按项目进度的要求完成。如果人力资源不足，则应提请公司人事部门招聘临时雇员来解决。

第四层进度计划也应纳入与之相对应的 OBS 组织单元（专业组）的综合详细进度计划，以平衡和管理各个项目的进度执行情况和报告。

第五层进度计划称作作业进度计划。对 WBS 中的每个工作包或工作项安排进度计划，列出该工作项的起止时间和里程碑进度，达到能进行资源分配的深度。

按照赢得值原理进行项目的费用/进度综合控制的要求，以上各层次的进度计划互相之间有制约和跟踪的关系。在项目实施过程中，如果产生影响进度的因素，一般应调整资源或采取其他措施来解决。只有在特殊情况下经过批准调整进度计划。

以上五个层次的进度计划，是从费用/进度综合控制的需要提出的。在实际项目实施过程中，还需要编制另外一些类型的进度计划，比如项目的年度进度计划、三月滚动计划、三周滚动计划等，但是这些滚动计划不应与上述五个层次的进度计划相矛盾。

66. 项目费用如何估算？

为了实现赢得值原理进行工程项目的费用/进度综合控制，项目的费用估算要按照 WBS 的记账码和工作包逐项进行估算。在赢得值原理费用/进度综合控制系统中，进度的安排、BCWS、BCWP、ACWP 的统计、测量、记录和计算都是以 WBS 的记账码或工作包作为基本单元的，这一点非常重要。估算的细目要与 WBS 的记账码或工作包一一对应，这是形成 BCWS、BCWP、ACWP 三条曲线的基础。

根据项目实施进程，通常要进行四次估算：

第一次估算叫做初期控制估算，在项目合同签订之后工艺设计阶段进行编制。初期控制估算用分析估算法，即根据项目的初步技术资料，用历史数据、曲线、系数的统计学的方法进行估算。对于开口价合同，报价估算也用分析估算法进行编制。只是在进行初期控制估算时，项目的范围和技术资料比报价时更确切了。初期控制估算对工艺设计阶段和基础工程设计阶段前期起控制作用。

第二次估算叫做批准的控制估算，是在工艺发表以后和基础工程设计阶段前期编制。批准的控制估算用设备估算法进行编制。这时设备数据表已经确定，可以对每台设备进行估算，对材料及其他费用则按相对于设备费的系数或历史数据进行估算。对于固定价合同，报价估算也用设备估算法进行估算。对开口价合同，批准控制估算对基础工程设计阶段起控制作用。对固定价合同批准的控制估算是唯一控制估算。

第三次估算叫做首次核定估算，是在基础工程设计完成、管道平面设计发表之后编制。首次核定估算用设备详细估算法进行编制，其中设备费用是根据设备报价的价格，散装材料的数量是从图纸上统计得来的，本部人工时、施工劳力和其他费用均用定额详细地进行估算。对固定价合同，首次核定估算是对批准的控制估算的一次核对。编制首次核定估算时，重要的设计数据和设计图纸均已确定。对开口价合同，首次核定估算的发表就成了项目的决定性控制估算。

第四次估算叫做二次核定估算，是在详细设计完成后进行编制。二次核定估算用详细估算法进行编制。这是一次十分详细的估算，设备和材料的价格都是采买订单上的价格。散装材料的数量是从最终设计完成的图纸上统计得来的。二次核定估算的目的为了更准确地预计项目的最终投资，同时为施工阶段的费用控制提供基础。

67. 什么叫执行效果测量基准曲线？

所谓执行效果测量基准曲线就是前面已经介绍的赢得值原理图中的 BCWS 曲线。这条曲线是在批准的进度计划和批准的预算基础上建立起来的。建立执行效果测量基准曲线是项目控制中最重要的一个步骤。

经过第五步和第六步，已经分别完成了每个记账码和工作包的进度计划和预算，为建立执行效果测量基准曲线提供了基础。建立执行效果测量基准曲线的程序如图 1-34 所示。

先把一个记账码所含的工作包列表，填入每个工作包的人工时预算值。然后将工作包预算值在该工作包的设计周期中逐月进行负荷分配。把每月各个工作包的人工时负荷值相加得出整个记账码的人工时负荷分配。人工时负荷分配值用直方图（histogram）表示就成为如图 1-34 所示的资源负荷曲线。把资源负荷分配值逐月累加绘制成曲线，就成为该记账码的执行效果测量基准曲线。

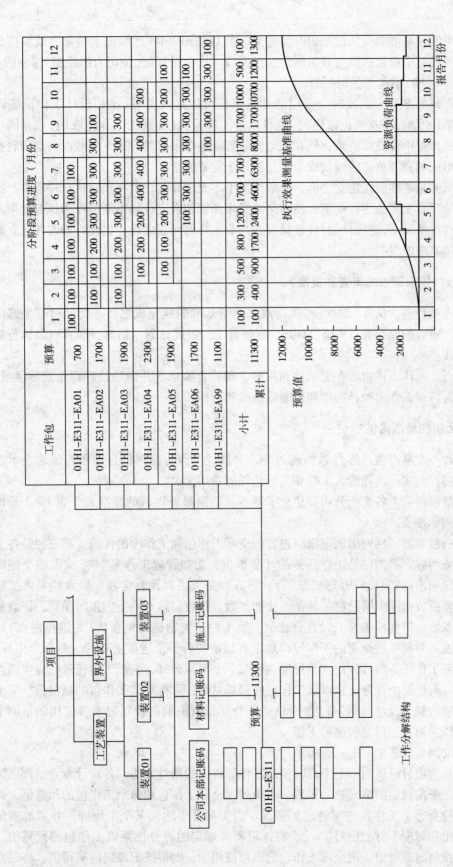

图1-34 综合费用和进度建立执行效果测量基准曲线

执行效果测量基准曲线从记账码开始建立，然后按照 WBS 逐级向上叠加，就可得到组码的、装置的或整个项目的执行效果测量基准曲线。按公司基数（公司内部控制）编制的 BCWS 曲线（控制基准）不包括公司利润。

建立记账码的 BCWS 曲线时，采用的计量单位可以是人工时（比如设计工作记账码），也可以是金额（比如设备材料记账码），也可以是工程量（比如施工工作记账码）。在同一记账码中采用的计量单位必须一致，但在汇总为装置或整个项目的 BCWS 曲线时，必须转换为金额。这样形成的资源负荷曲线就成为项目的现金需要流量。

执行效果测量基准曲线建立之后，一般情况下不允许修改，但在项目执行过程中，也可能出现重大的项目变更或用户变更，使原来的费用预算和进度计划不能再作为执行效果测量的基准。在这种情况下，经过项目经理批准并与业主协商同意之后，也允许修改并建立新的执行效果测量基准曲线。

68. 什么叫控制基准的审查和批准？

项目的进度计划、估算（预算）和执行效果测量基准曲线完成之后，要经过有关部门的审查和批准。审查的内容有：WBS、OBS、责任分工、进度计划、估算、预算以及执行效果测量基准曲线。

经过审查，确认上述内容在完整性和质量上都符合要求，并由项目经理正式签字批准。项目组以此为依据，作为项目实施和控制的基准和目标。

69. 什么叫测量赢得值？

每月统计一次赢得值，逐月累加成为 BCWP 曲线。因为赢得值是用预算值来表示实际完成工作量的，与实际消耗的人工时和实际消耗的费用无关。

为了测量赢得值，各工程公司都建立了各专业的测量赢得值的标准表。表 1-7 是设计实物进度检测标准表。

图中第一栏和第二栏列出该记账码包含的全部工作包和工作项的代码。第三栏是各工作包的工作任务内容。第四栏是工作任务的计量单位，比如管理工作是"项"或占整个记账码的百分比，说明书是"页"，图纸是"张"等，第五栏是人工时预算定额。第六栏是人工时预算定额的调整系数范围。第七栏是数量，比如页数、张数。第八栏是人工时预算，即数量乘定额乘调整系数。第九栏是人工时百分比值。第十栏是实物进度里程碑（关键控制点）加权值。具体地说，对每一种类型的工作包都规定有预定的若干个进度里程碑，对每个里程碑，规定其占全部工作任务的百分比。当进度达到某一个里程碑时，表示工作任务已完成该点规定的百分比，再把这个百分比乘以该工作包的预算总数，可得到该工作包的赢得值。第十一栏是各工作包占整个设计周期（日历时间）的百分比，是供编制计划时参考使用的。第十二栏是收尾工作，第十三栏是收尾后工作。

赢得值的测量方法如图 1-35 所示。

图中所示为项目进展到第七个月时设计工作赢得值的测量方法。各设计专业组都要为其承担的工作任务按规定的格式列一张表，表中列出全部工作包和每个工作包的预算值，每月按规定时间检查每个工作包的实物进展情况。当实物进展达到某个里程碑，并通过质量确认，则在该里程碑项下打上记号"√"。将该里程碑规定的百分比乘以工作包的预算值，则可得出该工作包的赢得值。把全部工作包的赢得值相加，则得该记账码的赢得值。将每月统

表1-7 设计实物进度检测标准表

专业：布置　　记账码：E311

工作包代码	工作项代码	活动内容	单位	人工时定额	定额调整系数范围	数量	人工时预算	人工时比值/%	实物进展里程碑加权百分比/%	工序关系占总设计周期的比例/%	收尾后工作
EA01		专业管理	%	6				5	A 平均分配		
EA02		工艺设计规定	页	20	0.8~1.2				A 编制		
EA03		概略布置图	1#张	50	0.8~1.2				A 编制		
EA04		设备布置图									
	01	内审版（审查版）	1#张	30	0.8~1.2				A 设计　B 中间审查　C 修改　D 校　E 审　F 完		入
	02	用户版（审批版）	1#张	50	0.8~1.2				A 设计　B 校　C 审　D 完		周
	03	确认版（平面版）	1#张	40	0.8~1.2				A 设计　B 校　C 审　D 完		内
	04	详细版（成品版）	1#张	20	0.8~1.2				A 设计　B 校　C 审　D 完		完
EA05		设备布置图施工版	1#张		0.8~1.2				A 设计　B 校　C 审　D 完		成
EA06		设计说明	页	6					A 编制		
EA99		收尾工作	%					2	A 平均分配		
		总计									

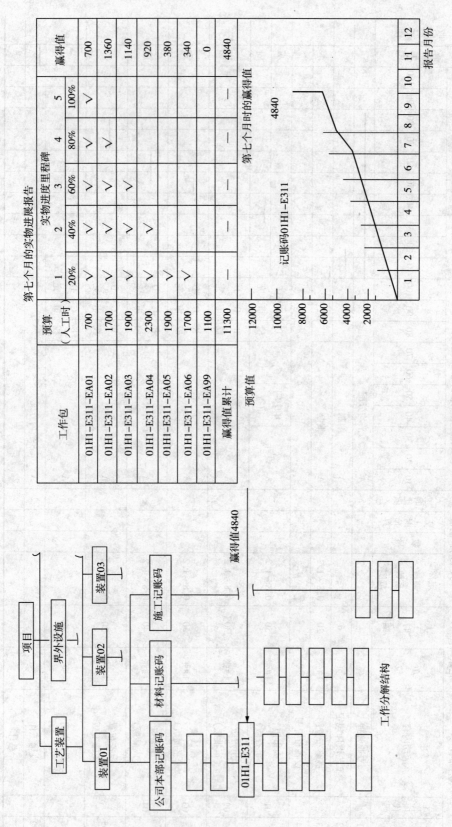

图1-35 赢得值测量法

计的累加赢得值用曲线表示,则可生成设计工作的赢得值曲线,也就是设计工作的 BCWP 曲线。

设备、材料采购赢得值的测量方法与上述相似,但设备材料计量单位要用工程量或费用值表示,而采购工作则用人工时表示。里程碑按采买(签订设备材料订货合同)、催交(制造完毕)、检验(出厂)、运输(运抵现场)四个里程碑来设定。预先也为各里程碑规定实物进展完成百分比。实物完成百分比乘以预算费用就可求得赢得值。

施工赢得值的测量方法也相似,即按工作包及加权值统计实际施工完成的工作量。实际完成的工作量除以预算工作量可得出实物完成百分比。人工时赢得值是用实际完成的工作量乘以预算劳动定额计算的。各工种人工时赢得值的汇总除以各工种人工时总预算就可求得施工完成百分比。

将设计、采购、施工记账码的赢得值转换为金额,然后叠加就可求出装置或整个项目的赢得值。该赢得值用曲线表示,就可生成装置或整个项目的赢得值曲线,也就是 BCWP 曲线。

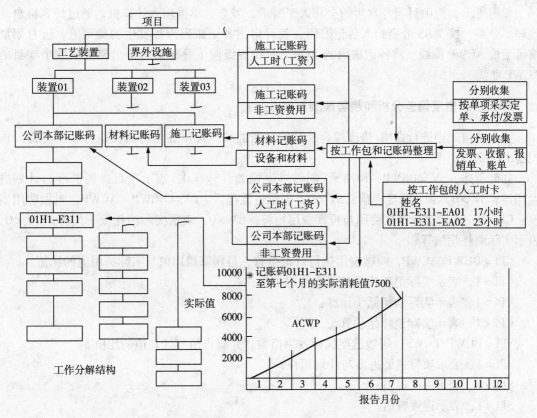

图 1-36 记录已完工作的实际消耗

70. 什么叫已完工作的实际费用消耗?

记录已完工作的实际费用消耗是为了生成 ACWP 曲线。图 1-36 所示为记录、收集、整理、分类和生成 ACWP 的过程。

每月要分别按 WBS 中的记账码和工作包,对照其达到某里程碑完成的工作量,分别记录其实际消耗的人工时数和实际消耗的费用值。每一笔费用都只能记入到一个 WBS 费用记账码的账内,不允许在两个或两个以上的 WBS 记账码中重复记账。费用记账的科目和分类必须与估算或预算的科目和分类保持一致,也就是与 WBS 相一致。

本部已完成工作实际消耗人工时用个人作业卡记录,按工作包记录达到某里程碑的实际消耗人工时按周输入计算机。在转换为实际消耗费用时,用合同规定的或预算时采用的人工时费率。

本部非工资费用消耗,比如差旅费、生活费、通讯费、计算机使用费、复制费等,用记有 WBS 编码的报销单据记入各自的记账码,然后输入计算机。

设备、材料和分包合同的实际费用消耗记录,在项目开始阶段是按估算的价格乘以里程碑加权值,在采买订单发出后是按承诺支付价格(即合同价)乘以里程碑加权值,最终是按财务发票。一个采买订单是一个工作包,按达到里程碑的加权值计算实际费用消耗,并输入计算机。

现场施工已完工作的实际消耗人工时及工资费率用个人作业卡记录,按工作包记录达到某里程碑的实际消耗人工时,按周输入计算机。

如图所示,把项目当月发生的全部人工时卡、发票、单据输入计算机,通过计算机自动整理、分类,按 WBS 分别归入各记账码,就可得出各记账码当月发生的费用值,逐月累加就可生成 ACWP 曲线。将各记账码的 ACWP 曲线逐级向上叠加就可得出装置或整个项目的 ACWP 曲线。

71. 费用/进度偏差分析和趋势预测如何进行?

用赢得值原理进行费用/进度综合控制的三条曲线,可以逐月对项目执行效果进行分析(见图 1-30)。

如前所述,$SV = BCWP - BCWS$,叫做进度偏差。$SV = 0$,表示项目进展进度与计划进度相符;$SV > 0$,表示进度提前;$SV < 0$,表示进度拖后。$CV = BCWP - ACWP$,叫做费用偏差。$CV = 0$,表示实际消耗费用与预算费用相符;$CV > 0$,表示实际消耗低于预算;$CV < 0$,表示实际消耗超预算。

$CPI = BCWP/ACWP$,叫做费用执行效果指数,是预算费用值与实际费用值的比值。

$CPI = 1$,表示实际消耗费用与预算费用相符;

$CPI > 1$,表示实际消耗低于预算;

$CPI < 1$,表示实际消耗超预算。

$SPI = BCWP/BCWS$,叫做进度执行效果指数,是赢得值与计划值的比值。

$SPI = 1$,表示项目进展进度与计划相符;

$SPI > 1$,表示进度提前;

$SPI < 1$,表示进度拖后。

在每月对项目执行效果进行分析时,还要根据当前执行情况和趋势,对项目竣工时所需费用作出预测。图中所示 EAC(estimated cost at completion)即为预测的在项目竣工时的估算费用。BAC(budgeted cost at completion)为原来预算在竣工时的费用,即计划值。ACV(at completion variance) = $EAC - BAC$ 为预测的竣工时的费用偏差。

这样的分析图对 WBS 中各个主要记账码都可以绘制,而且可以按 WBS 汇总得到所需要的任何级别乃至整个项目的分析图。

72. 项目进展报告和监控如何进行？

通过对上述三条曲线的分析对比，可以很直观地发现项目实施过程中费用和进度的偏差，而且可以通过不同级别的三条曲线很快发现项目在哪些具体部位出了问题，接着就可以查明产生这些偏差的原因，进一步确定需要采取的补救措施。这里要注意的是，只有对那些重大的、可能反复出现的偏差因素才需采取补救措施，而对暂时性的、影响较小的偏差则不要求采取补救措施。如果偏差值超过了容许的临界曲线范围，那就要检查产生偏差的原因，制定纠正偏差的措施和计划，使偏差回到容许的偏差范围以内。

73. 什么叫工程项目质量？什么叫工程项目质量管理？

（1）工程项目质量

质量指的是产品、体系或过程的一组固有特性满足顾客和其他相关方要求的能力。

工程项目质量是指满足一个国家现行的有关法律、法规、技术标准、设计文件及工程合同中对工程项目质量特性综合要求的能力，包括工程建设各个阶段的质量及其相应的工作质量。工程项目质量范围如下：

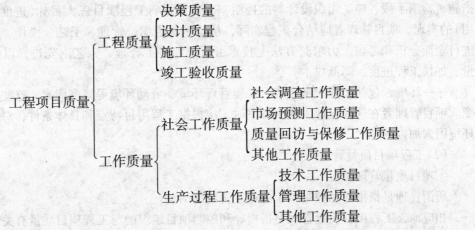

① 工程项目质量特点。

——影响因素多。工程项目质量不仅受项目决策、设计、材料、机械、施工工艺、施工方案、操作方法、技术措施、管理制度、施工人员素质等人为因素的直接和间接影响，还受到气候、地理、地区资源等环境因素的影响。

——质量波动大。工程项目无法根据固定流水线进行批量建设，无稳定的建设环境，所以质量波动大。

——质量变异大。工程项目的建设强调协调性、连续性以及总体性，任何一个环节、一个因素出现问题，均会使整个工程项目系统受到影响，产生质量变异，使工程项目的质量受到损害，甚至出现质量事故。

——质量隐蔽性。工程项目建设的协调性同样造成建设过程中上一工序的建设结果为下一工序所掩盖，产生隐蔽工程，导致工程项目竣工后的终检验收带有一定的困难。应该及时检查发现质量问题并加强工序的质量管理，不能在事后仅凭经验直觉判断。

——意义重大。工程项目质量的优劣不仅有显著的经济意义，而且还有重大的社会意义。

②工程项目质量的影响因素。

影响工程项目质量的因素主要有五大方面：人、机械、材料、方法和环境。

——人，是指直接参与工程建设的决策者、组织者和操作者，其素质的高低，理论、技术水平的高低，以及是否有责任感，是否积极主动，都会影响到工程项目的质量水平。项目管理者进行质量管理时，应从实施者的素质、理论及技术水平、生理状况、心理行为、错误行为和违纪违章等方面对人的因素加以考虑并控制。

——机械，是工程实施机械化的重要物质基础，对工程质量和进度都有影响。在项目施工阶段，项目管理者应综合考虑施工现场、建筑结构形式、机械设备性能、施工工艺和方法、施工组织与管理等各因素，制定机械化施工方案，使之合理装备、配套使用、有机联系，充分发挥建筑机械的效能，获得较好的经济效益。

——材料，包括原材料、成品、半成品、构配件等，是工程项目施工的物质条件，材料质量是工程质量的基础。项目管理者对材料质量的控制应着重于以下要点：掌握信息，择优选择供应商；合理组织材料供应，确保工程正常进行；正确使用定额，减少材料的损失和浪费；加强质量检查验收；使用质量有认证的材料，以确保材料质量。

——方法，包含了工程项目实施过程中所采用的设计方案、技术方案、工艺流程、组织措施、检测手段、施工组织设计等的控制，会直接影响工程项目三大目标(进度、质量、费用)的实现。项目管理者应结合工程实际，从技术、组织、管理、工艺、操作、经济等方面进行全面分析和考虑，力求其方法上技术可行、经济上合理、工艺上先进，以提高工程质量、加快工程进度、降低成本。

——环境，包括工程技术环境、工程管理环境、劳动环境等诸多因素，这些因素复杂多变。项目管理者在选择设计、施工方案时，应根据工程项目特点和具体条件，对影响质量的环境因素加以考虑。

(2)工程项目质量管理

①项目质量管理。

所谓管理是指指导和控制组织的相互协调的活动。

相应地，工程项目质量管理是指指导和控制项目组织的与工程项目质量有关的相互协调的活动。它是一个组织全部管理的重要组成部分，是有计划、有系统的活动。

有效的工程项目质量管理应该根据工程项目的诸多特点，依靠系统的质量管理原则、方法及过程而开展。

②项目质量管理原则。工程项目组织为实现质量目标，应遵循以下八项质量管理原则：

——以顾客为中心。组织依存于其顾客，因此，组织应理解顾客当前的和未来的需求，满足顾客要求并争取超出顾客期望。项目组织是通过完成项目的建设来满足业主(顾客)需求的，因此项目组织应保证工程项目能满足业主的要求。

——领导作用。领导者将本组织的宗旨、方向和内部环境统一起来，并创造使员工能够充分参与实现组织目标的环境。项目组织能否通过质量管理体系的建立和实施来贯彻质量方针，实现质量目标，关键在于领导。成功的项目质量管理需要领导者高度的质量意识和持续改进的精神。

——全员参与。各级人员是组织之本，只有他们的充分参与，才能使他们的才干为组织带来最大的收益。项目组织最重要的资源之一就是全体员工，成功的项目离不开项目组织全体员工对本职工作的敬业和对其他项目工作、质量活动的积极参与。

——过程方法。将相关的资源和活动作为过程进行管理，可更有效地得到期望的结果。

——管理的系统方法。针对既定目标，识别、理解并管理一个由相互关联的过程所组成的体系，有助于提高组织的有效性和效率。项目组织应建立并实施工程项目质量管理体系，即制定质量方针和质量目标，然后通过建立、实施和控制由过程网络构成的质量管理体系来实现这些方针和目标。

——持续改进。持续改进是组织的一个永恒课题。

——基于事实的决策方法。对数据和信息的逻辑分析、判断是有效决策的基础。项目组织应收集各种以事实为根据的信息和数据，采用科学的分析方法，判断工程项目质量活动发展的趋势，及时地发现问题、解决问题并预防问题的发生。项目管理者必须掌握可靠的信息和数据，对质量方针和质量目标、质量管理体系进行科学系统地分析，从而保证项目质量管理体系的正常运行和项目各方的利益。

——互利的供方关系。通过互利的关系，可以增强组织及其供方创造价值的能力。

③项目质量管理过程模式。过程是一个范围广泛的概念，包括任何接受输入和将其输出的活动和操作，比如产品和/或服务活动和操作。一个工程项目包括诸多的活动和操作，而且通常是从一个过程的输出直接到下一个过程的输入。因此项目组织必须正确地管理繁多的网络过程，尤其应该注意项目组织内各过程系统之间的相互影响。

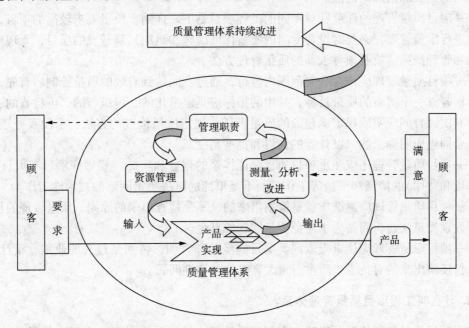

图1-37 质量管理过程模式

图1-37是一个完整的典型质量管理体系过程模式，表明了以下过程之间的相互关系：

——工程项目管理者应在管理职责中明确要求；

——在资源管理中确定并应用必要的资源；

——在实现产品和/或服务中建立并实施过程；

——对结果进行测量、分析和改进；

——通过管理评审反馈到管理部门以更改职责权限并实施改善。

图1-37同样是一个实现产品和/或服务的例子。项目组织在明确输入要求的过程中不

可忽视顾客以及其他相关团体的重要性,从而为所有所需的过程实施过程管理,以实现所需的产品和/或服务并验证过程输出,最后通过测量顾客以及其他相关团体的满意度来评估和确认工程项目是否满足顾客的需求。

④项目质量管理注意事项。

——项目质量管理的前提是解决生产什么以及如何生产两大方面,任何一个方面未达到规定的质量要求,都会给工程项目带来严重的后果。

——项目质量管理的目标应是力求获得符合业主预定目标的、符合合同要求的工程,而不是单纯地追求质量最好的工程。合格的工程项目应具有良好的项目整体效益,应具有符合要求的使用功能,应具有合理的工期、费用。因此,工程项目质量管理应在符合项目功能、工期和费用要求的前提下,尽可能地提高质量。

——项目质量管理应该遵循项目所预定的质量标准和等级,必须注意质量不等同于等级。比如某一个生产装置可能是一个由旧的仪表显示的、手动的普通装置(档次不高),但安全、可靠、耐用(质量高);也有可能是一个全自动控制的高级装置(档次很高),但存在操作很难、设计不合理等现象(质量低)。

——项目质量管理过程中应减少重复工作,因为重复工作将导致管理人员和费用的浪费、时间的延长和信息的泛滥。

——项目质量管理的深度针对不同的工程项目是不一样的。质量要求较高的项目,应更严格地进行质量管理,必要时设置专门的质量保证措施和组织;新开发的项目,无现成的质量标准和管理措施,就必须寻求新的质量管理方法。

——项目质量管理应该在合同范围内进行,通过合同达到有效的质量控制。首先,合同应给合同各方一个清晰的质量目标,其中的指标应是定量化的、可执行的、可检查的、可监控的;其次,合同应明确规定承包商的质量责任,规定质量检查的方法、手段及处理方式;第三,合同还应明确采购、设计等的认可和批准制度。

——项目质量管理还应注重项目质量保证体系的建立和实施,要做好项目三大目标(质量、进度和费用)的协调和平衡等工作,而不是单纯的解决质量问题的技术性工作。

——项目质量管理应遵循质量是策划出来的,不是检查出来的原则。质量管理的目标不是为了发现质量问题,而是为了避免质量问题的发生。

——项目质量管理应注重吸取同类项目的经验和教训,特别是过去的业主、设计单位、施工单位反映出来的对技术、质量有重大影响的关键性问题。

74. 什么叫工程项目质量管理体系?

工程项目质量管理体系是指建立工程项目质量方针和质量目标并实现这些目标的体系,主要内容有工程项目质量策划、质量控制和质量保证。通过实施一个适宜的质量管理体系,项目组织可以提高其项目实施过程的能力和可靠性,并持续改进,达到使业主满意的程度。

(1)项目质量策划

项目质量策划是工程项目质量管理的一部分,它将致力于设定质量目标并规定必要的作业过程和相关资源,以实现其质量目标。其中,质量目标是指与质量有关的、所追求的或作为目的的事物,应建立在组织的质量方针基础上。质量计划指规定用于某一具体情况的质量管理体系要素和资源的文件,通常引用质量手册的部分内容或程序文件。编制质量计划可以是质量策划的一部分。

①项目质量策划的依据。

——质量方针,指由最高管理者正式发布的与质量有关的组织总的意图和方向。它是一个工程项目组织内部的行为准则,是该组织成员的质量意识和质量追求,也体现了顾客的期望和对顾客做出的承诺。它是根据工程项目的具体需要而确定的,一般采用实施组织(即承包商)的质量方针。若实施组织无正式的质量方针,或该项目有多个实施组织,则需要提出一个统一的项目质量方针。

——范围说明,以文件的形式规定了主要项目成果和工程项目的目标(即业主对项目的需求)。它是工程项目质量策划所需要的一个关键依据。

——产品描述,一般包括技术问题及可能影响工程项目质量策划的其他问题的细节。无论其形式和内容如何,其详细程度应能保证以后工程项目计划的进行。一般初步的产品描述由业主提供。

——标准和规则,指可能对该工程项目产生影响的任何应用领域的专用标准和规则。许多工程项目在项目策划中常考虑通用标准和规则的影响。当这些标准和规则的影响不确定时,有必要在工程项目风险管理中加以考虑。

——其他过程的结果,指其他领域所产生的可视为质量策划组成部分的结果,比如采购计划可能对承包商的质量要求做出规定。

②项目质量策划的方法。

——成本/效益分析,工程项目满足质量要求的基本效益就是少返工、提高生产率、降低成本、使业主满意。工程项目满足质量要求的基本成本则是开展项目质量管理活动的开支。成本效益分析就是在成本和效益之间进行权衡,使效益大于成本。

——基准比较,就是将该工程项目做法同其他工程项目的实际做法进行比较,希望在比较中获得改进。

——流程图,能表明系统各组成部分间的相互关系,有助于项目班子事先估计会发生哪些质量问题,并提出解决问题的措施。

——实验设计,能帮助找出哪些因素对总结果影响最大,常应用于项目问题的综合分析上。

③项目质量策划的结果。

——质量管理计划,应当说明项目管理班子将如何实施其质量方针,确定实施质量管理的组织结构、责任、程序、过程和资源。

——实施说明,具体地说明各类问题的实际内容以及应该如何在质量控制过程中加以衡量。比如,项目管理班子在说明符合计划的进度日期要求的基础上,必须详细地指出各道工序是否必须准时开始,还是可以仅仅按时结束;是否每项活动都要被检查,还是仅仅检查某些可交付成果以及检查哪些。

——核对清单,是用于检验所要求实施的一系列步骤是否已落实的工具,常用命令和询问之类的词语,如"做这一步"、"你做完这一步了吗?"。一般采用标准化的核对清单,以保证频繁进行的活动的一致性。

(2)项目质量控制

工程项目质量控制是工程项目质量管理的一部分,致力于达到质量要求所采取的作业技术和活动。其目的在于监视质量形成过程并排除质量环中所有偏离质量规范的现象,确保质量目标的实现。

工程项目质量控制通过检测特定的工程项目成果来确定其是否符合相应的标准和规范，同时消除引起不利后果的原因。工程项目成果包括活动或过程的结果（交付产品）以及活动或过程本身（比如费用和进度实施情况等）。

①项目质量控制的依据。
——工作成果，包括产品和过程本身；
——质量管理计划；
——实施说明；
——核对清单。

②项目质量控制的方法。
——检查，又称评审、产品评审或审计，指为了确定结果是否符合要求所进行的一系列活动，包括测试、考察和保证的实验等。它可以在各个水平上进行，比如对单一活动成果的检查或对项目最终产品的检查。
——控制图，为某过程的成果、时间的展示图，用于确定过程中成果的差异是由随机因素造成的还是由可纠正原因造成的，如果过程在控制中则不必对其进行调整。它可以用来监测任何类型的结果变量，以帮助确认项目管理过程是否在控制之中。它也可以动态地反映质量特性的变化，可以根据数据随时间的变化动态地掌握质量状态，判断其生产过程的稳定性，从而实现对工序质量的动态控制。如图1-38所示。

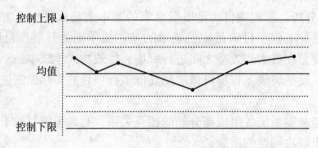

图1-38 控制图

利用控制图监控项目过程的步骤：首先，收集数据建立分析用控制图，分析生产是否处于稳定状态。若分析判断结果生产过程不处于统计控制状态，在消除了降低质量的异常原因后，即可去掉这些异常数据点；异常数据点比例过大时应改进生产过程，重新收集数据、计算中心线和控制界限。其次，生产过程达到控制状态后，应检查生产过程是否满足质量要求，看其工序能力是否适宜，若生产过程满足质量要求，则把分析用控制图转为控制用控制图，即用于工序的质量控制。前者是静态的，后者随着生产过程的进展通过观察点子是否超出控制界限、点子的走向是否异常来判断生产过程是否异常，所以它是动态的。若生产过程不满足质量要求，应调整生产过程的有关因素，直至满足要求为止。

最后必须注意：控制用控制图使用一段时间之后，应根据实际质量水平，对中心线和控制界限进行修正。

※分析用控制图的判断准则：

准则一，连续25点没有一点在界限外，或连续35点最多一点在界限外，或连续100点最多2点在界限外。

准则二，控制界限内的点子的排列无下述异常现象：连续7点或更多点在中心线同一侧；连续7点或更多点有上升或下降趋势；连续11点中至少有10点在中心线同一侧；连续

14点中至少有12点在中心线同一侧；连续17点中至少有14点在中心线同一侧；连续20点中至少有16点在中心线同一侧；连续3点中至少有2点和连续7点中至少有3点落在二倍标准偏差与三倍标准偏差控制界限之间；点子呈周期性变化。

当点子分布符合准则一或准则二时，认为生产过程处于统计控制状态。

※控制用控制图的准则：

准则一，无点子落在控制界限外或界限上。

准则二：与分析用控制图的准则二相同。

当点子符合上述准则时可判断生产正常。

——主次因素图，又称帕累托图（Pareto diagram）、排列图，是一种按次序排列引起缺陷的各种原因的条形图。项目班子应首先采取行动纠正引起缺陷数目最多的问题。主次因素图的原理与帕累托法则相关，即绝大多数缺陷一般是由相对少数的几个原因引起的。

③项目质量控制的结果。——质量改进，指采取措施提高项目的效率，增加项目利害关系者的收益。

——验收合格的决定，验收不合格的工程会被要求返工。

——返工这是对不合格的工程所采取的纠正措施，以使其满足规定的要求。

——填好的核对清单，应当保存下来作为项目记录的一部分。

——过程调整，作为质量控制检测的一个结果，包括及时纠正和预防措施，有时可能要按确定的变更控制程序来进行过程调整。

（3）项目质量保证

工程项目质量保证是工程项目质量管理的一部分，致力于对达到质量要求提供信任，可以分为内部质量保证（在组织内部向管理者提供承诺）和外部质量保证（在合同或其他情况下向顾客或其他方提供承诺）两种，一般由质量保证部门执行。项目组织想要证实其具有满足顾客要求的能力，最根本的是达到质量管理体系提出的要求。

①项目质量保证的依据。

——质量管理计划；

——质量控制管理的测量结果，是指用表格对质量控制所做的记录，用于比较和分析；

——实施说明。

②项目质量保证的方法。

——质量策划。在质量管理计划中要确定一旦出现问题可能采取的纠正措施。质量控制中一旦出现问题，要立即采取措施纠正。

——检验。包括对质量控制结果的测量和测试，从而确定其是否符合要求。

③项目质量保证的结果。工程项目质量持续改进是工程项目质量保证的结果，即不断提高项目组织的有效性和/或效率，从而实现质量方针和质量目标。

75. 业主对工程项目质量管理的任务是什么？

工程项目的建设过程就是工程项目质量的形成过程，可以分为四个阶段：

（1）项目可行性研究和决策阶段：主要论证项目在技术和经济上的可行性与合理性，决定是否立项，确定项目质量目标和水平；

（2）工程设计阶段：将工程项目质量目标与水平具体化，确定了项目建成后的功能和使用价值；

(3)工程施工阶段：是具体形成项目实体质量的阶段，是实现合同要求和设计方案的阶段；

(4)工程验收阶段：对工程项目质量的最终评价与确认。

工程项目质量管理也按此四个阶段进行。业主对工程项目质量管理包括以下任务：

(1)明确工程项目的质量目标(业主的首要任务)。质量目标确定的准确程度直接影响到工程项目的质量。需求定义错误而产生的质量问题所造成的损失通常由业主承担。

(2)对工程项目建设实行全过程的监督控制。由于工程项目所具有的特性，业主需要根据项目建设过程中的工程进度支付工程款。工程的价值往往很大，一旦质量出现问题，即使索赔，也无法完全补偿时间和费用的损失。因此，业主对项目质量的控制应是全过程的，把工程质量和工程款的支付联系起来，形成严格的支付机制以确保工程质量。

①可行性研究阶段的质量管理。

项目可行性研究是运用技术经济原理对与投资建设有关的技术、经济、社会、环境等方面进行调查和研究，对各种可能的拟建方案和建成投产后的经济效益、社会效益和环境效益等进行技术经济分析、预测和论证，确定项目建设的可行性，同时确定工程项目的质量目标和水平，提出最佳建设方案。这是工程项目质量形成的前提。

工程项目可行性研究应注意的问题：

——工程项目可行性研究所提出的质量要求应多方面论证、科学决策，使工程项目三大目标(质量、进度和费用)协调统一，不能脱离三大目标互相制约的关系而单独地提出满足功能、使用价值和质量水平的要求。

——注意项目选址的合理性，在经济上与项目费用目标相协调，能保证项目质量要求和水平；在环境上使项目与所在地区环境相协调，为项目在长期使用过程中创造良好的运行条件和环境。

——工程项目的选择应符合国民经济的发展。根据国民经济发展的长期计划和资源条件有效地控制投资规模，确定工程项目最佳投资方案、质量目标和建设周期，使工程项目预定的质量目标在费用、进度目标下顺利实现。

②设计阶段的质量管理。

工程项目设计阶段是将项目决策阶段所确定的质量目标和水平具体化的过程，是工程项目质量的决定性环节。设计方案是施工的依据，其技术是否可行、工艺是否先进、经济是否合理、设备是否配套、结构是否安全可靠等因素不仅决定着工程项目的使用价值和功能，决定着项目投资的经济效益，还事关人民生命财产安全。因此，工程项目设计质量意义重大。

——项目设计质量

工程项目设计质量就是在严格遵守技术标准、规程的基础上，正确处理和协调费用、资源、技术和环境等条件的制约要素，使设计项目满足业主所需要的功能和使用价值。

——设计单位和人员的选择

设计工作具有高智力性、技术性与艺术性等特性，其过程和设计方案是否合理、经济和新颖，常常无法从设计文件的表面反映出来，所以其成果评价比较困难，质量很难控制。以下是选择设计公司和人员的一般原则，但业主仍应根据工程项目实际情况做出决定。

首先，项目的设计应在所选的设计公司、设计师的业务范围内，且具有相应的资质等级证书。其次，该设计公司、设计师应拥有丰富的同类工程的经验和良好的信誉，而且与以往业主合作融洽，所以一般可以选择规模较大的、著名的设计单位。如果项目有一定的经济实力，还可以选择著名的设计师。

——设计阶段的质量管理

国外统计资料表明，在设计阶段影响工程费用的程度为88%，我国由设计而引起的工程事故约占总数的40.1%。设计进度、设计事故和设计不合理还会影响工程的进度和费用。因此，必须加强工程项目设计阶段的质量管理。

③施工阶段的质量管理。

工程项目施工阶段是根据设计文件和图纸的要求，通过施工形成工程实体。该阶段直接影响工程的最终质量，是工程项目质量的关键环节。

——工程项目质量监督管理人员的选择

为业主提供工程项目质量监督管理工作的人员，在中国被称为监理工程师，在英国等国则被称为咨询工程师。在有些国家建筑师也可以从事工程项目质量监督管理工作。

——施工质量管理

施工阶段的质量管理可以理解成对所投入的资源和条件、生产过程各环节、所完成的工程产品进行全过程质量检查与控制的一个系统过程。

④验收阶段的质量管理。

工程质量竣工验收阶段就是对项目施工阶段的质量进行试车运转和检查评定，以考核质量目标是否符合设计阶段的质量要求。此阶段是工程项目建设向生产转移的必要环节，影响工程项目能否最终形成生产能力，体现了工程项目质量水平的最终结果。

——竣工验收的前提

竣工验收的前提是承包商完成了工程承包合同中规定的各个项目，并已依照设计图纸、文件和建筑工程施工及验收规范进行了自查且合格。业主必须明确工程项目的竣工标准会因工程项目本身性能和情况不同而不同，在中国主要有以下三种情况：一是生产性或科研性工程项目，一旦工艺设备安装完毕，经试运转乃至投产使用，就可以进行竣工验收；二是民用建筑和居住建筑工程，一旦房屋建筑能够交付使用，住宅能够住人，就可以组织竣工验收；三是当工程项目并未完全完成，但承包商已完成了大部分工作，且其中的未完成的因素非承包商所造成，也是承包商无法完全解决的，可视为达到竣工标准，可组织竣工验收。

——竣工验收主要任务

首先，业主、设计公司和承包商（以及主要分包商）要分别对工程项目的决策和论证、勘察和设计以及施工的全过程进行最后评价，对工程项目管理全过程进行系统的检验。

其次，业主应与承包商办理工程的验收和交接手续，办理竣工结算，办理工程档案资料的移交，办理工程保修手续等，主要是处理工程项目的结束、移交和善后清理工作。

——竣工维修阶段的质量保证

为了保证工程建设质量，许多西方国家在竣工维修阶段采用保险制度，即将工程质量责任的承担扩展到保险公司，进一步降低业主的风险。因此，竣工维修阶段的质量保证除了确定承包商的质量责任外，还需要对工程进行保险。

76. 项目材料控制程序是什么？

（1）编制材料控制文件

材料控制文件包括材料控制计划、采购计划和散装材料详细执行计划。

①材料控制计划由项目控制经理组织，材料控制工程师会同设计部和采购部有关人员具

体编制完成。材料控制计划要根据装置主进度计划中对设备、材料到达现场的要求,提出第一批请购设备清单,确定第一批请购材料比例,以及确定各类材料工厂制造和现场制造的比例。要注明关键设备和关键材料,要求设计和采购部门重点保证。

②采购计划由采购部负责编制。采购计划主要确定:关键设备和散装材料的采购安排,经批准的制造厂商名单,国际采购的询价、评审、采买程序,工厂制造或现场制造原则,优先催交要求,大件运输等特殊措施,现场采购的职责分工等。

③散装材料详细执行计划由材料控制工程师负责编制。其内容包括:从设计部门得到的材料清单和数量,列出关键材料内容,确定早期材料订购计划,盈余材料控制计划。确定早期材料订购要认真进行分析,以减少多余材料造成的风险。

(2)材料用量的跟踪控制

材料用量的计算和规格由设计相关专业分别完成和提出,由材料控制工程师负责汇总整理,交采购部负责采买。

随着设计工作的深入,材料用量会有变更,材料控制工程师要定期将最新得到的材料用量与原预算进行对比,进行汇总分析,并提出补充订货或修改订货的建议。

(3)材料的采买、催交、检验和运输

材料采购的实施工作由采购部负责。采购应及时将采购进展情况和存在问题的信息提供给材料控制人员,以便材料控制人员掌握材料采购进展情况。

(4)材料的交接和现场管理

设备材料到达现场之后,应及时向施工单位或公司施工部办理交接手续。材料控制人员应与施工单位的设备材料管理人员保持密切的联络。材料控制人员应及时掌握设备材料的入库、出库、库存、缺、损、漏、延误等方面的资料,并及时分析,对存在的问题提出预警报告。

(5)材料代用

工程公司制订了材料代用标准和代用程序。来自制造厂商和施工单位的材料代用要求,要经过设计和项目经理审查和批准,影响较大的还要经过用户的批准。

(6)多余材料的管理

在设计、采购和施工中,有时出现多余材料的现象。材料控制中要考虑这种情况的出现,可以根据具体情况考虑几种处理办法。一种是在订货时就与供货厂商议定,材料多余时退回,同时酌收或不收手续费。一种是工程完工时,用户愿意购买,用于投产后的维修。

77. 项目材料控制工程师的职责是什么?

①项目材料控制工程师是项目组的成员之一。材料控制工程师由项目控制部派出,在项目控制经理领导下工作。

②负责项目设备材料的全面计划、综合和日常的监督跟踪工作。

③负责编制项目材料控制计划。

④负责汇总请购文件。

⑤负责编报材料综合情况报告。

⑥负责设备材料的趋向分析,发现问题则向有关部门发出预警报告,并监督跟踪处理措施。

⑦负责从施工单位获得库房管理信息,及时协调解决缺、损、漏、错、延误等问题。

78. 公司 HSE 管理委员会的 HSE 职责是什么？

公司 HSE（health safety and environment）管理委员会在公司经理领导下，履行项目安全、健康（卫生）和环境保护方面的管理职能。其主要职责如下：
①建立公司项目安全、健康和环境保护管理系统，并使之保持持续有效。
②组织编制和审核公司项目安全、健康和环境保护管理程序。
③评审公司项目安全、健康和环境保护管理程序执行情况，并采取纠正措施。

79. 项目经理的 HSE 职责是什么？

①项目经理是项目安全、健康和环境保护管理的责任人，他可以委托项目安全经理、安全工程师协助他工作，但不能把责任委托给他人。
②组织并落实项目安全、健康和环境保护管理系统，包括专职和兼职的岗位，并明确他们的管理职责。
③兼任项目安全管理总监。
④协调项目安全、健康和环境保护管理与项目其他方面管理之间的关系。
⑤受理项目安全、健康和环境保护管理的各种报告，并采取纠正措施。

80. 项目安全经理和安全工程师的 HSE 职责是什么？

项目安全经理和安全工程师属于项目安全、健康和环境保护的监督系统。项目安全经理和安全工程师通常由公司的职能部门（比如公司的质量安全部、公司的安全、卫生和环境部，或具有类似职能的部门）派往项目，在项目经理领导下工作。项目安全经理和安全工程师的主要职责如下：
①协助项目经理编制项目安全计划（一般包括卫生和环境保护）。
②监督检查设计过程中设计安全、卫生和环境保护程序的执行情况，如果发现问题，及时把有关信息传达给设计经理。
③监督检查采购过程中采购安全、卫生和环境保护程序的执行情况，如果发现问题，及时把有关信息传达给采购经理。
④监督检查施工过程中施工安全、卫生和环境保护程序的执行情况，如果发现问题，及时把有关信息传达给施工经理。
⑤监督检查开车过程中开车安全、卫生和环境保护程序的执行情况，如果发现问题，及时把有关信息传达给开车经理。
⑥按规定在施工现场派遣安全工程师，监督检查施工过程的安全、卫生和环境保护程序和操作规程，如果发现问题，及时把有关信息传达给工长或施工经理。
⑦负责定期或不定期向项目经理或公司 HSE 委员会报告工作，记录存在问题，提出建议。
⑧协助项目经理与政府有关安全、卫生和环境保护部门或执行官员联系工作。
⑨在紧急情况下行使与安全、卫生和环境保护有关的特殊权力，比如：通知不符合安全法律、法规的设计返工；通知禁止使用不符合安全法律、法规的设备、材料；通知违反安全的作业停工等。
⑩总结项目安全、卫生和环境保护管理的经验教训，以改进项目安全管理系统，或用于

以后的项目。

81. 设计、采购、施工、开车经理的 HSE 职责是什么？

①协助项目经理分别负责工作范围内的安全、卫生和环境保护的管理工作。
②兼任本职工作范围内的安全监督员。
③监督检查本职工作范围内各岗位项目安全计划和安全程序的执行情况，如果发现问题及时采取纠正措施，并向项目经理报告。
④接受项目安全经理或安全工程师的监督检查，对存在问题采取纠正措施。
⑤总结本职工作范围内安全、卫生和环境保护管理的经验教训，以改进安全、卫生和环境保护管理，或用于以后的项目。

82. 项目各岗位操作人员的 HSE 职责是什么？

①执行项目安全、卫生和环境保护的法规、法令、程序和操作规程。安全生产是操作人员的责任，而不是安全监督人员的责任。
②按规定做好安全、卫生和环境保护的记录，并按规定填写报表。
③接受项目安全经理、安全工程师和有关安全管理人员的监督和检查，并采取纠正措施。

83. 项目 HSE 管理的主要内容是什么？

（1）项目初始阶段
①建立项目安全、卫生和环境保护组织管理系统，明确岗位和职责分工。
②编制并批准项目安全管理计划。
③编制并批准设计安全审核程序。
④编制并批准施工安全程序。
⑤编制并批准预试车安全程序。
⑥编制并批准试车安全程序。
⑦编制并批准环境保护程序。
⑧确定项目采用的安全、卫生和环境保护标准、规范、法令、法规。

（2）设计阶段
①安全设计项目表。包括水消防系统、化学消防系统、危险化学品罐区、危险化学品仓库、"三废"处理设施等。
②实施设计安全审核程序。每一个设计专业都规定了设计安全审核程序（或包含在设计专业《工作手册》中），或建立审核表(checklist)，按规定完成安全审核。
③抗震设防设计文件及图纸审查程序。我国建设部和国家计委规定，经过抗震设计审查专家组填写"工程抗震设计审查表"并加盖专用章的图纸才许可用于施工。
④开停车、紧急事故停车及《操作手册》中规定的安全措施应包含在设计文件和图纸中。

（3）采购阶段
①采购产品安全审核。采购产品应符合设计的安全要求。
②采购产品运输安全。防止采购产品变质、损坏和丢失；考虑防雨、防潮、防腐蚀、防机械损坏等措施。

(4)施工阶段

①施工安全手册(根据现场情况修改)。

②现场安全计划。

③批准开工系统及其管理。

④核对和汇总承包商(或分包商)提供的安全统计。

⑤审查承包商(或分包商)的安全手册、安全程序和安全操作方法,以保证符合公司的施工安全手册。

⑥建立安全委员会系统。

⑦建立安全会议制度。比如由项目经理召开的每月一次的安全会议,由工长召开的每周一次安全会议,每班班前会议,以及处理特殊安全问题的专门会议等。

⑧审查和批准特殊施工作业规程(比如热作业、带电作业、爆炸危险区域作业、有毒危险区域作业等)。

⑨安全技术措施。包括安全(比如防止火灾、水灾、爆炸、人身伤害、设备损坏事故等);工业卫生(比如改善施工环境卫生条件、防止职业病、传染病、防毒、防尘、防暑、减轻噪音等);安全监测仪器、急救设施等。

⑩安全教育。包括安全思想教育、安全方针政策教育、安全技术知识教育、工业卫生知识教育等。

⑪安全检查。包括经常性检查(比如定期规定科目的安全检查);专业性检查(比如防火、防爆、防毒、起重机械、交通车辆等专业性检查);突击性检查等。

⑫安全处罚。包括安全整改通知书(比如对现场的不安全因素提出改进要求);安全警告通知书(比如对现场重复性或严重不安全因素提出纠正要求);停工令(比如对现场违反安全法规、安全程序的作业下达停工令);驱逐令(比如对于严重违反安全法规,且在得到安全处罚通知之后不及时采取措施进行纠正的个人或组织,发出停止作业并离开作业现场的通知)等。

⑬安全奖励。在施工现场开展安全竞赛,评审安全记录,对优胜者进行奖励。比如有的国家实施"可报告安全事故"标准,规定造成工人连续三天不能上班的安全事故就必须报告。工业事故基准数是每1000人工时低于三次可报告事故。优胜者可以获得奖励。

(5)开车阶段

①建立开车安全规程。包括开车安全管理组织、职责、管理规定,批准制度、报告制度等。

②检查装置设计安全措施完成情况。包括易燃易爆有毒气体检测、报警系统、开停车及紧急事故停车安全措施,紧急淋浴器、洗眼器等。

③安全设计完成情况。包括水消防系统、化学消防系统、危险化学品罐区、危险化学品仓库、"三废"处理设施等。

④安全急救设施和措施。包括消防站、急救站等。

⑤开车指挥人员及生产操作人员上岗培训和资格考核。

⑥开车安全教育。

84. 什么叫 CM 模式?

所谓 CM(construction management)模式,就是在采用快速路径法(fast track method,国内

也有学者译为快速轨道法),又称为阶段施工法(phased construction method)时,从建设工程的开始阶段就雇用具有施工经验的CM单位(或CM经理)参与到建设工程实施过程中来,以便为设计人员提供施工方面的建议且随后负责管理施工过程。这种安排的目的是将建设工程的实施作为一个完整的过程来对待,并同时考虑设计和施工的因素,力求使建设工程在尽可能短的时间内、以尽可能经济的费用和满足要求的质量建成并投入使用。

快速路径法的基本特征是将设计工作分为若干阶段(比如基础工程、上部结构工程、装修工程、安装工程)完成,每一阶段设计工作完成后,就组织相应工程内容的施工招标,确定施工单位后就开始相应工程内容的施工。与此同时,下一阶段设计工作继续进行,完成后再组织相应的施工招标,确定相应的施工单位,其建设实施过程如图1-39所示。

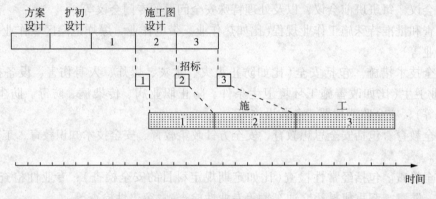

图1-39 快速路径法

由图1-39可以看出,采用快速路径法可以将设计工作和施工招标工作、施工搭接起来,整个建设周期是第一阶段设计工作和第一次施工招标工作所需要的时间与整个工程施工所需要的时间之和。与传统模式相比,快速路径法可以缩短建设周期。从理论上讲,其缩短的时间应为传统模式条件下设计工作和施工招标工作所需时间与快速路径法条件下第一阶段设计工作和第一次施工招标工作所需时间之差。对于大型、复杂的建设工程来说,这一时间差额很长,甚至可能超过1年。但实际上,与传统模式相比,快速路径法大大增加了施工阶段组织协调和目标控制的难度,比如,设计变更增多,施工现场多个施工单位同时分别施工导致工效降低等等。这表明,在采用快速路径法时,如果管理不当,就可能欲速则不达。因此,迫切需要采用一种与快速路径法相适应的新的组织管理模式。CM模式就是在这样的背景下应运而生的。

85. CM模式如何分类?

CM模式分为代理型CM模式和非代理型CM模式两种类型。

(1)代理型CM模式(CM/Agency)

这种模式又称为纯粹的CM模式。采用代理型CM模式时,CM单位是业主的咨询单位,业主与CM单位签订咨询服务合同,CM合同价就是CM费,其表现形式可以是百分率(以今后陆续确定的工程费用总额为基数)或固定数额的费用,业主分别与多个施工单位签订所有的工程施工合同。其合同关系和协调管理关系如图1-40所示。图中C表示施工单位,S表示材料设备供应单位。需要说明的是,CM单位对设计单位没有指令权,只能向设计单位提出一些合理化建议,因而CM单位与设计单位之间是协调关系。这一点同样适用于非代理型CM模式,这也是CM模式与全过程建设项目管理的重要区别。

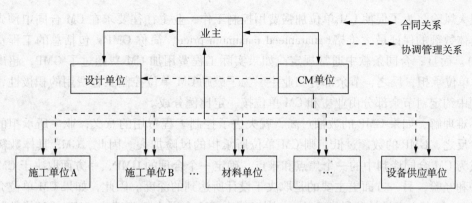

图1-40 代理型CM模式的合同关系和协调管理关系

代理型CM标准合同条件被美国建筑师学会(AIA)定为"B801/Cma",同时被美国总承包商联合会(AGC)定为"AGC510"。

代理型CM模式中的CM单位通常是由具有较丰富的施工经验的专业CM单位或咨询单位担任。

(2)非代理型CM模式(CM/Non-Agency)

这种模式又称为风险型CM模式(At-Risk CM),在英国则称为管理承包(management contracting)。据英国有关文献介绍,这种模式在英国早在20世纪50年代就已出现。采用非代理型CM模式时,业主一般不与施工单位签订工程施工合同,但也可能在某些情况下,对某些专业性很强的工程内容和工程专用材料、设备,业主与少数施工单位和材料、设备供应单位签订合同。业主与CM单位所签订的合同既包括CM服务的内容,也包括工程施工承包的内容,而CM单位则与施工单位和材料、设备供应单位签订合同,其合同关系和协调管理关系如图1-41所示。

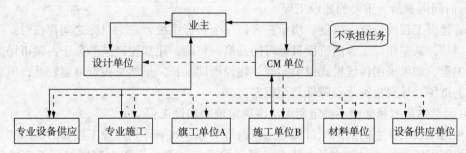

图1-41 非代理型CM模式的合同关系和协调管理关系

在图1-41中,CM单位与施工单位之间似乎是总分包关系,但实际上却与总分包模式有本质的不同。其根本区别主要表现在:一是虽然CM单位与各个分包商直接签订合同,但CM单位对各分包商的资格预审、招标、议标和签约都对业主公开并必须经过业主的确认才有效。二是由于CM单位介入工程时间较早(一般在设计阶段介入),且不承担设计任务,所以CM单位并不向业主直接报出具体数额的价格,而是报CM费,至于工程本身的费用则是今后CM单位与各分包商、供应商的合同价之和。也就是说,CM合同价由以上两部分组成,但在签订CM合同时,该合同价尚不是一个确定的具体数据,而主要是确定计价原则和方式,本质上属于成本加酬金合同的一种特殊形式。

由此可见,在采用非代理型CM模式时,业主对工程费用不能直接控制,因而在这方面存在很大风险。为了促使 CM 单位加强费用控制工作，业主往往要求在 CM 合同中预先确定一个具体数额的保证最大价格（guaranteed maximum price，简称 GMP，包括总的工程费用和 CM 费）。而且，合同条款中通常规定，如果实际工程费用加 CM 费超过了 GMP，超出部分由 CM 单位承担，反之，节余部分归业主。为了鼓励 CM 单位控制工程费用的积极性，也可在合同中约定对节余部分由业主和 CM 单位按一定比例分成。

不难理解，如果 GMP 的数额过高，就失去了控制工程费用的意义，业主所承担的风险增大；反之，GMP 的数额过低，则 CM 单位所承担的风险加大。因此，GMP 具体数额的确定就成为 CM 合同谈判中的一个焦点和难点。确定一个合理的 GMP，一方面取决于 CM 单位的水平和经验，另一方面更主要的是取决于设计所达到的深度。因此，如果 CM 单位介入时间较早（比如在方案设计阶段即介入），则可能在 CM 合同中暂不确定 GMP 的具体数额，而是规定确定 GMP 的时间（不是从日历时间而是从设计进度和深度考虑）。但是，这样会大大增加 GMP 谈判的难度和复杂性。

非代理型 CM 标准合同条件被 AIA 定为"A121/CMc"，同时被 AGC 定为"AGC565"。非代理型 CM 模式中的 CM 单位通常是由从过去的总承包商演化而来的专业 CM 单位或总承包商担任。

86. CM 模式适用于哪些情况？

（1）设计变更可能性较大的建设工程

某些建设工程，即使采用传统模式，即等到全部设计图纸完成后再进行施工招标，在施工过程中仍然会有较多的设计变更（不包括因设计本身缺陷引起的变更）。在这种情况下，传统模式利于投资控制的优点体现不出来，而 CM 模式则能充分发挥其缩短建设周期的优点。

（2）时间因素最为重要的建设工程

尽管建设工程的投资、进度、质量三者是一个目标系统，三大目标之间存在对立统一的关系。但是，某些建设工程的进度目标可能是第一位的，比如生产某些急于占领市场的产品的建设工程。如果采用传统模式组织实施，建设周期太长，虽然总投资可能较低，但可能因此而失去市场，导致投资效益降低乃至很差。

（3）因总的范围和规模不确定而无法准确定价的建设工程

这种情况表明业主的前期项目策划工作做得不好，如果等到建设工程总的范围和规模确定后再组织实施，持续时间太长。因此，可采取确定一部分工程内容即进行相应的施工招标，从而选定施工单位开始施工。但是，由于建设工程总体策划存在缺陷，因而 CM 模式应用的局部效果可能较好，而总体效果可能不理想。

以上都是从建设工程本身的情况说明 CM 模式的适用情况。而不论哪一种情况，应用 CM 模式都需要有具备丰富施工经验的高水平的 CM 单位，这可以说是应用 CM 模式的关键和前提条件。

87. 什么叫 EPC 模式？

EPC 是英文 engineering－procurement－construction 的缩写，我国有些学者将其翻译为设计—采购—建造。对此，有必要做特别说明。如果将 Engineering 一词简单地译为"工程"肯定不恰当，但译为"设计"也未必合适，因为这容易使人们从中文的角度理解为 Design，从而将 EPC 模式与项目总承包模式相混淆。

为了弄清 EPC 模式与项目总承包模式的区别，有必要从两者英文表述词的分析入手。项目总承包模式的英文表示为 design - build 或 design + build（也可简单地表示为 D + B）。在这两种模式中，engineering 与 design 相对应，build 与 construction 相对应。

engineering 一词的含义极其丰富，在 EPC 模式中，它不仅包括具体的设计工作（design），而且可能包括整个建设工程内容的总体策划以及整个建设工程实施组织管理的策划和具体工作。因此，很难用一个简单的中文词来准确表达这里的 engineering 的含义。由此可见，与 D + B 模式相比，EPC 模式将承包（或服务）范围进一步向建设工程的前期延伸，业主只要大致说明一下投资意图和要求，其余工作均由 EPC 承包单位来完成。

build 与 construction 两个英文词的中文含义有很多相同之处，作为英文使用时有时并没有严格区别。但是，这两个英文词还是有一些细微的区别。build 与 building（建筑物，通常指房屋建筑）密切相关，而 construction 没有直接相关的工程对象词汇。D + B 模式一般不特别说明其适用的工程范围，而 EPC 模式则特别强调适用于工厂、发电厂、石油开发和基础设施（infrastructure）等建设工程。

procurement 译为采购是恰当的。按世界银行的定义，采购包括工程采购（通常主要是指施工招标）、服务采购和货物采购。但在 EPC 模式中，采购主要是指货物采购即材料和工程设备的采购。虽然 D + B 模式在名称上未出现 procurement 一词，但并不意味着在这种模式中材料和工程设备的采购完全由业主掌握。实际上，在 D + B 模式中，大多数材料和工程设备通常是由项目总承包单位采购（合同中对此亦有相应的条款），但业主可能保留对部分重要工程设备和特殊材料的采购权。EPC 模式在名称上突出了 procurement，表明在这种模式中，材料和工程设备的采购完全由 EPC 承包单位负责。

EPC 模式于 20 世纪 80 年代首先在美国出现，得到了那些希望尽早确定投资总额和建设周期（尽管合同价格可能较高）的业主的青睐，在国际工程承包市场中的应用逐渐扩大。FIDIC 于 1999 年编制了标准的 EPC 合同条件，这有利于 EPC 模式的推广应用。

88. EPC 模式的特征是什么？

与建设工程组织管理的其他模式相比，EPC 模式有以下几方面基本特征：

（1）承包商承担大部分风险

一般认为，在传统模式条件下，业主与承包商的风险分担大致是对等的。而在 EPC 模式条件下，由于承包商的承包范围包括设计，因而很自然地要承担设计风险。此外，在其他模式中均由业主承担的"一个有经验的承包商不可预见且无法合理防范的自然力的作用"的风险，在 EPC 模式中，也由承包商承担。这是一类较为常见的风险，一旦发生，一般都会引起费用增加和工期延误。在其他模式中承包商对此所享有的索赔权在 EPC 模式中不复存在，这无疑大大增加了承包商在工程实施过程中的风险。

另外，在 EPC 标准合同条件中还有一些条款也加大了承包商的风险。比如，EPC 合同条件第 4.10 款［现场数据］规定："承包商应负责核查和解释（业主提供的）此类数据。业主对此类数据的准确性、充分性和完整性不承担任何责任……"。而在其他模式中，通常是强调承包商自己对此类资料的解释负责，并不完全排除业主的责任。又比如，EPC 合同条件第 4.12 款［不可预见的困难］规定：

①承包商被认为已取得了可能对投标文件或工程产生影响或作用的有关风险、意外事故

和其他情况的全部必要的资料；

②在签订合同时，承包商应已经预见到了为圆满完成工程今后发生的一切困难和费用；

③不能因任何没有预见的困难和费用而进行合同价格的调整。而在其他模式中，通常没有上述②、③的规定，意味着如果发生此类情况，承包商可以得到费用和工期方面的补偿。

(2) 业主或业主代表管理工程实施

在 EPC 模式条件下，业主不聘请"工程师"（即我国的监理工程师）来管理工程，而是自己或委派业主代表来管理工程。EPC 合同条件第 3 条规定，如果委派业主代表来管理，业主代表应是业主的全权代表。如果业主想更换业主代表，只需提前 14 天通知承包商，不需征得承包商的同意。而在其他模式中，如果业主想更换工程师，不仅提前通知承包商的时间大大增加（比如 FIDIC 施工合同条件规定为 42 天），且需得到承包商的同意。

由于承包商已承担了工程建设的大部分风险，所以，与其他模式条件下工程师管理工程的情况相比，EPC 模式条件下业主或业主代表管理工程显得较为宽松，不太具体和深入。比如，对承包商所应提交的文件仅仅是"审阅"，而在其他模式则是"审阅和批准"；对工程材料、工程设备的质量管理，虽然也有施工期间检验的规定，但重点是在竣工检验，必要时还可能作竣工后检验（排除了承包商不在场作竣工后检验的可能性）。

需要说明的是，虽然 FIDIC 在编制 EPC 合同条件时，其基本出发点是业主参与工程管理工作很少，对大部分施工图纸不需要经过业主审批，但在实践中，业主或业主代表参与工程管理的深度并不统一。通常，如果业主自己管理工程，其参与程度不可能太深。但是，如果委派业主代表则不同，在有的实际工程中，业主委派某个建设项目管理公司作为其代表，从而对建设工程的实施从设计、采购到施工进行全面的严格管理。

(3) 总价合同

总价合同并不是 EPC 模式独有的，但是，与其他模式条件下的总价合同相比，EPC 合同更接近于固定总价合同（若法规变化仍允许调整合同价格）。通常，在国际工程承包中，固定总价合同仅用于规模小、工期短的工程。而 EPC 模式所适用的工程一般规模均较大，工期较长，且具有相当的技术复杂性。因此，在这类工程上采用接近固定总价合同，也就称得上是特征了。另外，在 EPC 通用合同条件第 13.8 款[费用变化引起的调整]中，没有其他模式合同条件中规定的调价公式，而只是在专用条件中提到。这表明，在 EPC 模式条件下，业主允许承包商因费用变化而调价的情况是不多见的。而如果考虑到前述第 4.12 款[不可预见的困难]的有关规定，业主根本不可能接受在专用条件中规定调价公式。这一点也是 EPC 模式与同样是采用总价合同的 D+B 模式的重要区别。

89. EPC 模式的适用条件是什么？

由于 EPC 模式具有上述特征，因而应用这种模式需具备以下条件：

①由于承包商承担了工程建设的大部分风险，因此，在招标阶段，业主应给予投标人充分的资料和时间，以使投标人能够仔细审核"业主的要求"（这是 EPC 模式条件下业主招标文件的重要内容），从而详细地了解该文件规定的工程目的、范围、设计标准和其他技术要求，在此基础上进行工程前期的规划设计、风险分析和评价以及估价等工作，向业主提交一份技术先进可靠、价格和工期合理的投标书。

另一方面，从工程本身的情况来看，所包含的地下隐蔽工作不能太多，承包商在投标前无法进行勘察的工作区域也不能太大。否则，承包商就无法判定具体的工程量，增加了承包商的风险,只能在报价中以估计的方法增加适当的风险费,难以保证报价的准确性和合理性,最终要么损害业主的利益,要么损害承包商的利益。

②虽然业主或业主代表有权监督承包商的工作,但不能过分地干预承包商的工作,也不要审批大多数的施工图纸。既然合同规定由承包商负责全部设计,并承担全部责任,只要其设计和所完成的工程符合"合同中预期的工程目的"(EPC 合同条件第 4.1 款[承包商的一般义务]),就应认为承包商履行了合同中的义务。这样做有利于简化管理工作程序,保证工程按预定的时间建成。而从质量控制的角度考虑,应突出对承包商过去业绩的审查,尤其是在其他采用 EPC 模式的工程上的业绩(如果有的话),并注重对承包商投标书中技术文件的审查以及质量保证体系的审查。

③由于采用总价合同,因而工程的期中支付款(interim payment)应由业主直接按照合同规定支付,而不是像其他模式那样先由工程师审查工程量和承包商的结算报告,再决定和签发支付证书。在 EPC 模式中,期中支付可以按月度支付,也可以按阶段(我国所称的形象进度或里程碑事件)支付。在合同中可以规定每次支付款的具体数额,也可以规定每次支付款占合同价的百分比。

如果业主在招标时不满足上述条件或不愿接受其中某一条件,则该建设工程就不能采用 EPC 模式和 EPC 标准合同文件。在这种情况下,FDIC 建议采用工程设备和设计——建造合同条件,即:新黄皮书。

第二章　油气集输

90. 什么叫油气集输？

油气集输是指将分散的原料集中、处理使之成为油田产品的过程。这个过程从油井井口开始，将油井生产出来的原油、伴生天然气和其他产品，在油田上进行集中、输送和必要的处理、初加工，将合格的原油送往长距离输油管线首站外输，或者送往矿场油库经其他运输方式送到炼油厂或转运码头；合格的天然气则集中到输气管线首站，再送往石油化工厂、液化气厂或其他用户。

91. 油气集输工作的任务是什么？

将分散的油井产物，分别测得各单井的原油、天然气和采出水的产量值后，汇集、处理成出矿原油、天然气、液化石油气及稳定轻烃，经储存、计量后输送给用户。

92. 油气集输工作的内容是什么？

（1）分井计量

测出单井产物中的原油、天然气、采出水的产量值，通过计量仪器，测出其产量值，作为监测油藏开发动态的依据之一。

（2）集油、集气

将分井计量后的油气水混合物汇集送到油气水分离站场；或将含水原油、天然气汇集分别送到原油脱水及天然气集气站场。

（3）油气水分离

将油气水混合物在一定压力条件下，经几次分离成液体和不同压力等级、不同组分的天然气；将液体分离成含水原油及游离水；必要时分离出固体杂质，以便进一步处理。

（4）原油脱水

将乳化原油破乳、沉降、分离，使原油含水率符合出矿原油标准。

（5）原油稳定

将原油中的易挥发组分脱出，使原油饱和蒸气压符合出矿原油标准。

（6）原油储存

将出矿原油盛装在常压油罐中，保持原油生产与销售的平衡。

（7）天然气脱水

脱除天然气中的饱和水，使其在管线输送或冷却处理时，不生成水合物。对含 CO_2 及 H_2S 天然气可减缓对管线及容器的腐蚀。

（8）天然气轻烃回收

脱除天然气中烃液，使其在管线输送时烃液不被析出；或专门回收天然气中烃液后再进一步分离成单一或混合组分作为产品。

(9)烃液储存

将液化石油气、稳定轻烃分别盛装在压力油罐中，保持烃液生产与销售平衡。

(10)输油、输气

将出矿原油、天然气、液化石油气、稳定轻烃经计量后，用管线配送给用户。

93. 什么叫油层、油藏、油田？

油层是储油的孔隙性地层，也称储油层；油层内独立的含油区域称为油藏；所有油层、油藏的总和称为油田。

94. 什么叫油藏的驱动能量？驱动方式有哪几种？

(1)驱动能量

油井钻成后，当井底压力足以克服石油沿井筒流至地面所需的能量时，油层中的石油就能自喷到地面。驱使石油流出地层的能量称为驱动能量。

(2)驱动方式

①水压驱动。

水压驱动的过程实际上是水驱替油的过程，是油水接触面向井底移动的过程。水压驱动又分为两种情况：刚性水压驱动和弹性水压驱动。

——刚性水压驱动：水的供应十分充足，油层压力基本不变，没有弹性能量出现。

——弹性水压驱动：油藏的水量供应不足以偿还油井的产量时，油层压力和油井产量下降，油、水的体积膨胀，弹性能量参加了驱油。

②气压驱动。

带有气顶的油藏，依靠气顶的膨胀能量来开采石油称为气压驱动。在气驱过程中，油气界面不断向下推移，含油部分逐渐缩小，在油藏内部是单相的石油流向井底，其生产特点和水驱油藏相似。

③溶解气驱。

溶解气驱是指仅依靠原油中气体的能量开采石油的方式。开采初期，弹性能量驱使石油流向井底；随着开采时间的延续，油藏压力进一步下降，从原油中析出的气体增多，使油、气混合物流向井底。

④动力驱动。

靠动力驱动开采油藏，需借助外部的能源(如抽油机)使油流至地面。

95. 什么叫自喷井采油？

油田开采初期，油往往具有较大的能量，石油依靠油藏能量可由地下流至地面，这类油井称自喷井。石油沿井筒流向地面的过程中，从原油中析出的气体对举升石油起着积极的作用。

96. 什么叫机械采油？

在开采过程中随着油藏能量的不断消耗，不足以使石油流至地面时，必须人为补充一部分能量才能使油流至地面。通常称这种方式为机械采油，最常见的是深井泵采油或气举采油。

(1)深井泵采油

深井泵按其动力传递方式的不同分为：

①有杆泵：地面动力设备通过动力传递给井下的深井泵，带动其工作。目前用的最为广泛的是游梁式抽油机－深井泵抽油装置。

②无杆泵：主要有水力活塞泵、电动潜油离心泵、电动潜油单螺杆泵和涡轮透平泵等。

(2)气举采油

当地层供给的能量不足以把原油从井底举升到地面时，油井就停止自喷。为了使油井继续出油，人为地把气体(天然气或空气)压入井底，使原油喷出地面，这种采油方法称为气举采油法。

97. 集输油气的方式有哪些？

在油田试油、试采和开发初期，油气产量不高，可用车船拉运含水原油；天然气除就地作燃料外，剩余天然气可用汽车高压钢瓶拉运或排入大气。当油田正式开发后，建立了油田油气集输系统时，则用管线收集和输送原油、天然气。在有条件和经济合理时，亦可用车、船运送原油。

98. 集输油气工艺如何选择？

(1)不加热输送

在出油、集油、输油管线中输送油气水混合物、含水原油和出矿原油，以及在集气、输气管线中输送未经处理和出矿天然气时，采用不需加热的连续输送工艺。

(2)加热输送

在出油、集油、输油管线中输送油气水混合物、含水原油、出矿原油，或集气管线中输送未经处理的天然气时，需要用外加热源提高介质输送温度，以降低黏度、熔蜡、防止生成水合物、降低动力消耗。

(3)掺液输送

在出油、集油管线中掺入冷水、热水、活性水、轻质油、热油或低黏原油，以降低介质黏度；润湿管壁、防止结蜡，以减少摩阻的输送工艺。在输油管线中可加入降凝、降黏、防蜡、减阻等化学助剂，达到同样的目的。

(4)伴热输送

出油、集油、集气管线有外部热源伴随，以保持管线内流体的温度。其热源有蒸汽、热水、热油、集肤电热和电热带。

99. 集油、集气的动力是什么？

(1)自喷剩余压力

在储油层与井底之间的压力差，足以保证达到配产的前提下，并能将井筒中的油气水混合液柱举升到地面后所剩余的压力，即油管压力。当自喷井油嘴处的流速超过声速时，则取其油管压力的40%~50%作为输送油井产物的动力，油嘴处的流速为亚声速时，则油管压力可全部作为输送油井产物的动力，该压力通常称井口回压。

(2)机械采油的剩余压力

抽油泵、潜油泵、水力活塞泵等的扬程将油气水混合液柱举升到地面后所剩余的压力，全部可用做输送油井产物的动力。

（3）地形自然位差

地形自然高差所形成的管线中的液柱压力差，推动井产物流动。

100. 集油、集气如何增压？其适用对象是什么？

（1）油气混输增压

油气混合物在一定压力条件下分离后，再度均匀成比例地混合，进入油气混输泵增压；适用于油气混输。

（2）密闭增压

油气混合物在一定压力条件下进入分离缓冲罐，由其液位控制离心泵的排量，使之连续地与进入分离缓冲罐的液相瞬间流率相同，增压后进入集油管线；适用于油气分输。

101. 油气水如何分离？

①将井产物，利用离心力、重力等机械方法，分离成气、液两相；在出砂的井中，还要除掉固体混合物。在溶解气和重力驱动的油井开采时，宜用气、液两相分离器；在水驱和注水开采时，还需将液相再进一步分离成游离水和含水原油，宜用油、气、水三相分离器，低含水期可气、液两相运行。

②在油井有较高剩余压力时，采用多次压力分离，获得不同压力等级、不同组分的天然气。首级分离器压力要低于饱和压力。

③高黏度原油在较低分离温度条件下易起泡，需加入消泡剂减小原油表面张力。

④需控制分离器压力、液位和界面。

102. 原油的脱水方法如何选择？

①轻质、中质含水原油，宜采用热沉降、化学沉降法脱水，使油、水一次达到合格标准。

②中质或重质的高含水原油，先采用热化学沉降法脱水，使原油含水率达到20%～30%，为原油电脱水奠定良好基础。

③中质、重质的高黏度、高含水原油，乳化程度较高，宜采用固体聚结床破乳、沉降，使油水一次达到合格指标或再进行脱水。

④含水率低于30%的含水原油，可直接采用电-热-化学方法破乳沉降，使油水一次达到合格指标。

⑤乳化程度高的含水原油，宜采用交直流复合电场脱水。

103. 原油、天然气及凝液产品如何储存？

①盛装含水原油、脱水原油和收发作业频繁的油罐，宜采用钢制拱顶立式油罐。

②出矿原油作为储存用的，宜采用钢制浮顶立式油罐。

③高架、临时工程宜采用常压钢制卧式油罐盛装原油。

④大量储存液化石油气宜采用中压钢制球形储罐；小量储存时，可采用中压钢制卧式油罐。

⑤储存大量饱和蒸气压小于74kPa的稳定轻烃宜采用压力略高于常压的钢制拱顶立式油

罐;小量储存时可采用低压钢制卧式油罐。
⑥储存高压天然气宜采用钢制球形罐或钢制卧式储罐;储存低压天然气时宜用湿式气柜。

104. 什么叫油气集输系统工艺流程?

将油气集输各单元工艺合理组合,即成为油气集输系统工艺流程。组合的原则是:
①油气密闭输送、处理,各接点处的压力、温度、流量相一致。
②井产物是自然流入油气集输系统,流量、压力、温度瞬间都有变化,流程中必须设有缓冲、调控设施,以保证操作平稳,产品质量稳定。
③油气集输各单项工程所用化学助剂,要互相配伍,与水处理过程中的杀菌、缓蚀等药剂也要配伍。
④自然能量与外加能量的利用要平衡。

105. 现行油气集输工艺流程有哪几种?

①单井计量、集中分离流程,如图2-1所示。

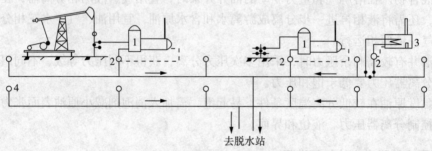

图2-1 单井计量、集中分离流程示意图
1—计量分离器和水套加热炉联合装置;2—分气包;3—干线加热炉;4—油井

②单井进站、集中计量、油气混输、集中分离流程(又称小站流程),如图2-2所示。

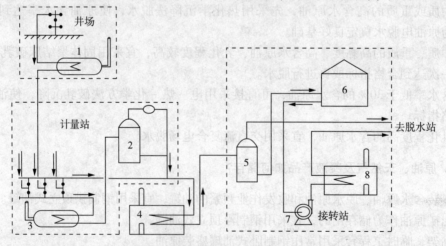

图2-2 单井进站、集中计量、油气混输、集中分离流程示意图
1—井场水套加热炉;2—计量分离器;3—计量前水套加热炉;4—干线加热炉;
5—油气分离器;6—缓冲油罐;7—外输油泵;8—外输加热炉

③单井进站、伴热保温、集中计量、油气混输、集中分离流程(又可分为蒸汽伴随流程/双管流程、热水伴随流程/三管流程),如图2-3、图2-4所示。

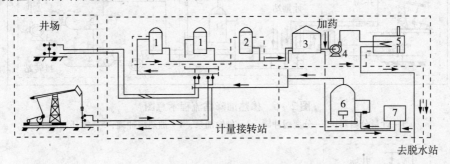

图2-3 蒸汽伴随流程示意图
1—生产、计量分离器;2—除油分离器;3—缓冲油罐;4—外输油泵;
5—外输加热炉;6—锅炉;7—水池

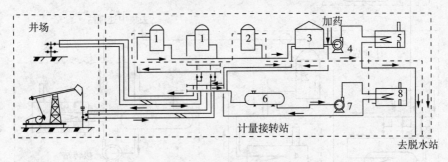

图2-4 热水伴随流程示意图
1—生产、计量分离器;2—除油分离器;3—缓冲油罐;4—外输油泵;5—外输加热炉;
6—缓冲水罐;7—循环水泵;8—循环水加热炉

④掺水降黏流程(一般表现为双管流程),如图2-5所示。

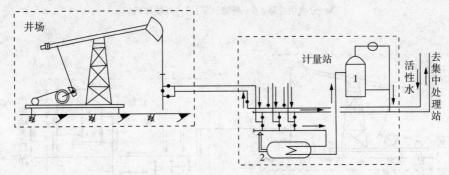

图2-5 掺水降黏流程示意图
1—计量分离器;2—计量前水套加热炉

⑤掺热油降黏流程,如图2-6所示。

⑥密闭集输流程(又可分为加热密闭流程、不加热密闭流程),如图2-7、图2-8所示。

⑦集气井场工艺流程(又可分为注抑制剂防冻流程、加热防冻流程),如图2-9~图2-12所示。

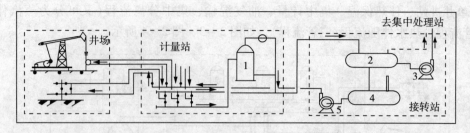

图 2-6 掺热油降黏流程示意图
1—计量分离器；2—分离缓冲罐；3—外输油泵；4—加热缓冲罐；5—循环油泵

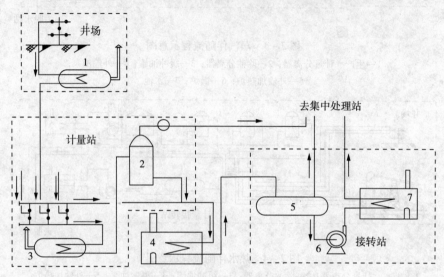

图 2-7 加热密闭流程示意图
1—井场水套加热炉；2—计量分离器；3—计量前水套加热炉；4—干线加热炉；
5—分离缓冲罐；6—外输油泵；7—外输加热炉

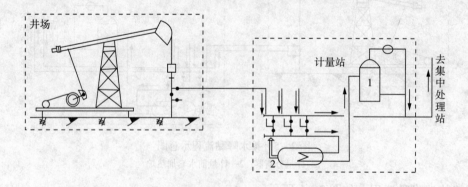

图 2-8 不加热密闭流程示意图
1—计量分离器；2—计量前水套加热炉

⑧集气工艺流程(又可分为单井集气流程、多井集气常温分离流程、多井集气低温分离流程)，如图 2-13～图 2-15 所示。

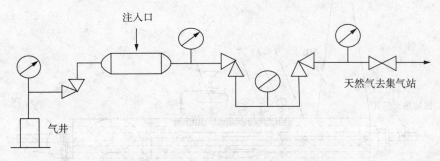

图 2-9 注抑制剂防冻原则流程

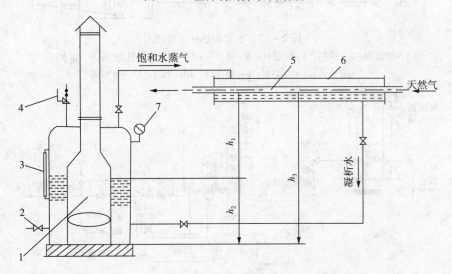

图 2-10 饱和水蒸气加热装置示意图

1—锅炉；2—排污阀；3—水位计；4—安全阀；5—输气管；6—换热器套管；7—压力表

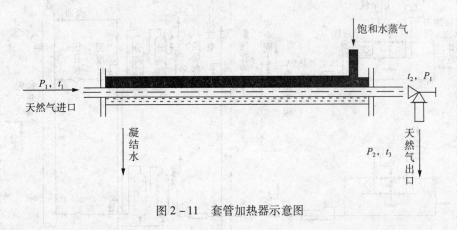

图 2-11 套管加热器示意图

106. 原油与天然气的分离方式有哪几种？

（1）一次分离

一次分离是指油气混合物的气液两相一直在保持接触的条件下逐渐降低压力，最后流入常压储罐，在罐中把气液分开。

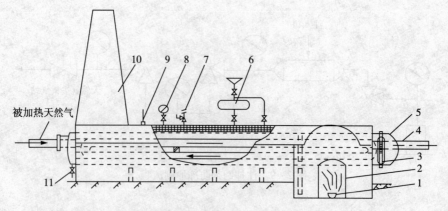

图 2-12 水套加热炉示意图

1—燃烧器；2—炉门；3—水位计；4—输气管；5—水套加热器壳体；6—加水器；
7—安全阀；8—压力表；9—温度计；10—烟囱；11—排污阀

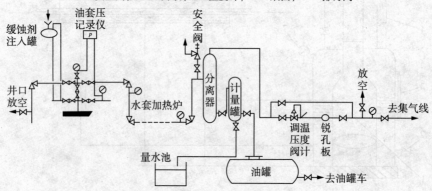

图 2-13 单井集气流程示意图

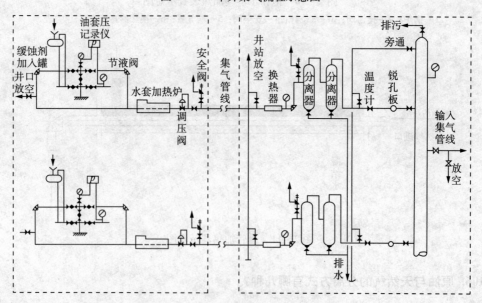

图 2-14 多井集气常温分离流程示意图

（2）连续分离

连续分离是指随着油气混合物在管路中压力的降低，不断地将逸出的平衡气排出，直至压力表降为常压,平衡气亦最终排除干净,剩下的液相进入储罐。

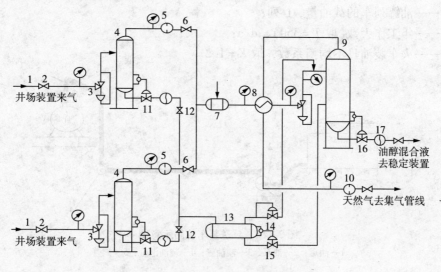

图 2-15 多井集气低温分离流程示意图

1—采气管线；2—井站截断阀；3—节流阀；4—分离器；5,10—孔板流量计装置；
6—装置截断阀；7—抑制剂注入器；8—换热器；9—低温分离器；11,14—调节阀；
12—装置截断阀；13—闪蒸罐；15—控制阀；16—液位控制阀；17—流量计

(3) 多级分离

多级分离是指在油气两相保持接触的条件下,压力降至某一数值时,把降压过程中析出的气体排出,脱除气体的原油继续沿管路流动,降压到另一较低压力时,把该段降压过程中从原油中析出的气体再排出,如此反复,直至系统的压力降为常压,产品进入储罐为止。每排一次气,作为一级；排几次气,叫做几级分离。由于储罐的压力总是低于其进油管线的压力,在储罐中总有平衡气排出,因而通常把储罐作为多级分离的最后一级来对待,而其他各级则通过油气分离器来排出平衡气。所以,一个油气分离器和一个油罐是二级分离,两个分离器和油罐串联是三级分离,以此类推。

107. 原油火车罐车装车工艺流程有哪几种？

装车工艺流程按能量供应方式不同,可分为泵送装车和自流装车二种,原油从油罐沿输油管路泵送或自流到装油汇管,经装油汇管上连接的若干个带有 4~6m 长的橡胶软管的鹤管装入火车油罐车。装油汇管是一条平行于铁路专用线的各鹤管的汇集总管,汇管的中部与输油管线相接,其管径可根据装车量的大小变化采用同径或变径管。鹤管的数量及间距根据每列油罐车整体对位的需要而定。装车采用栈桥,一般装车栈桥附近均设有零位油罐,每装完一列车后,为防止原油凝结于鹤管中,各鹤管均应将存油排至零位油罐中。

(1) 泵送装车

当罐区和装车场区地形高差不大,不具备自流装车条件时,采用泵送装车,如图 2-16 所示。

①装车场日装车列数。

装车场日装车列数可按下式计算:

$$N = \frac{m \cdot K}{T \cdot m_1}$$

式中 N——装车场的日装车列数,列/d；

m——经火车外运的油量，t/a；
m_1——油罐列车的载油量，t/列；
T——年工作天数（取 $T=350$），d/a；
K——火车装油日不均衡系数，取 $K=1.2$。

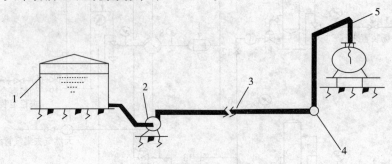

图2－16　泵送装车管路示意图
1—油罐；2—油泵；3—输油管；4—装油汇管；5—鹤管

②装车流量。

装车流量可按下式计算：

$$q_V = \frac{m_1}{\rho \cdot t}$$

式中　q_V——装车流量，m³/h；

　　　m_1——列油罐车载油量，t/列；

　　　ρ——装油温度时的原油密度，t/m³；

　　　t——列油罐车的净装油时间，h/列。一般为1～2h/列。

③装油管径。装油管径的选择一般是根据不同的原油黏度，定出经济流速而确定管径。表2－1为不同黏度的油品在管路中的经济流速。

表2－1　经济流速表

黏度		平均流速/(m/s)	
运动黏度/(mm²/s)	恩氏黏度/°E	吸入管路	排出管路
1～11	1～2	≤1.5	≤2.5
11～28	2～4	≤1.3	≤2.0
28～72	4～10	≤1.2	≤1.5
72～146	10～20	≤1.1	≤1.2
146～438	20～60	≤1.0	≤1.1
438～977	60～120	≤0.8	≤1.0

④装车泵机组及泵房。

——装车泵的总排量取正常装车流量的1.1～1.2倍，装车泵的扬程取泵房至装车鹤管系统总摩阻的1.05～1.2倍。

——装车泵的台数宜选用2～3台，因其间歇操作，一般不设单独的备用泵。

——根据装车泵排量大、扬程低的特点，油田常选用Sh型离心水泵。

——装车泵要求配套防爆电动机，电动机功率取泵轴功率的1.25～1.1倍，一般小于22kW取1.25，大于7.5kW取1.1。

——装车泵进口管段上应设过滤器，过滤面积可为入口管面积的3～4倍，出口宜装止回阀。

——装车泵的吸入和排出汇油管之间宜设回流阀,以调节装油流量及装油汇管压力。

——装车泵中心应低于罐底标高,在泵出口管段上应装压力表及放气阀,在泵进口管段上应装真空压力表及放气阀。

——泵进口连接管直径应比泵体进口管大1~2级,泵出口连接管应比泵出口管大1级。

——每台装车泵附近应装防爆启停按钮及电流表。

——装车泵房宜建地上式,一般采用自然通风,其通风量按每分钟每平方米的地面面积不小于$0.3m^3$的通风速率计算,也可按换气次数不小于10次/h的要求。

——装车泵房应考虑采暖;其室内计算温度一般采用16℃,对无人值班的泵房,如仅考虑设备保温要求,计算温度可取5℃。

——装车泵房应选用耐火等级不低于二级的砖砼结构,宜设两个外开门,其中一个可供最大设备(泵)出入的门,当建筑面积小于$60m^2$时,可设一个外开门。

——泵房平面布置要符合GB 50183《原油及天然气工程建设防火规范》的要求,电器设备的选用要符合规范要求,泵安装要便于操作和维修,室内管线安装要保证工艺流向合理、管线往返少,泵吸入管段短。

——泵房的人工照明应采用防爆式电灯。

——装车泵一般需安装污油回收系统。

(2)自流装车

当罐区和装车场区地形高差较大、具备自流装车条件时,应尽量采用自流装车,如图2-17。在自流装车的情况下,装车主管管径和流速取决于油罐液面和油罐车内液面的高差,最小高差时应能满足装油速度,最大高差时主管和鹤管流速不得超过4.5m/s。

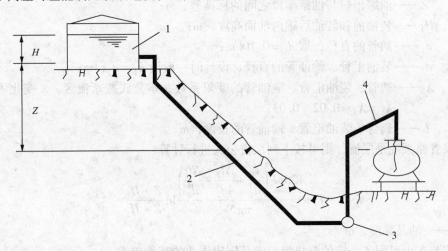

图2-17 自流装车管路示意图
1—油罐;2—输油管;3—装油汇管;4—鹤管

自流装车的判断公式,当满足下式时可采用自流装车。

$$Z \geqslant \sum h_r + \sum h_i$$

式中 Z——油罐出口与油罐车口标高之差,m;
$\sum h_r$——管路(输油管、装油汇管、鹤管)的沿程摩擦阻力,m;
$\sum h_i$——各种阀件、弯头等局部摩擦阻力,一般取5~10m。

对自流管路系统,在紊流状态下,可用下式进行计算:

$$Z \geqslant \sum_{i=1}^{3} 0.0827 \frac{\lambda Q_i^2}{D_i^5} L_i + (5 \sim 10)$$

式中　Z——油罐出口与油罐车口标高之差，m；
　　　D_i——输油管、装油汇管、鹤管各段管径，m；
　　　Q_i——输油管、装油汇管、鹤管各段管量，m³/s；
　　　L_i——输油管、装油汇管、鹤管各段管长，m；
　　　λ——紊流摩阻系数，取 $\lambda = 0.02 \sim 0.03$。

一般自流装车管路设计时，还要考虑满足装油时间的要求，即在一定的位差($H+Z$)下，所选管径必须满足设计的装油流量要求，当装车时间 T 和油罐位差 H 已知时，采用下列公式校核自流装车所需高差 Z（见图2－17）。

$$T = \frac{2F}{\mu N f \sqrt{2g}} (\sqrt{H_1 + Z} - \sqrt{Z + H_2})$$

式中　F——油罐横截面积，m²；
　　　μ——流量系数，$\mu = \dfrac{1}{\sqrt{1 + \lambda_1 \dfrac{l_1}{d_1} + \dfrac{1}{3} \lambda_2 \dfrac{l_2}{d_2} \left(\dfrac{d_1}{d_2}\right)^4 \dfrac{N^4}{4} + \lambda_3 \dfrac{l_3}{d_3} \left(\dfrac{d_1}{d_3}\right)^4 N^2}}$；
　　　N——鹤管总数；
　　　f——鹤管的截面积，m²；
　　　g——重力加速度，$g = 9.81 \text{m/s}^2$；
　　　Z——油罐出口与油罐车口之间的标高差，m；
　　　H_1，H_2——装油前和装油后罐内油面高度，m；
　　　d_1——鹤管的直径，取 $d_1 = 0.106 \text{m}$；
　　　d_2，d_3——装油汇管、输油管的直径，设计时一般设 $d_2 = d_3$，m；
　　　λ_1，λ_2，λ_3——鹤管、装油汇管、输油管的摩阻系数，本公式按紊流区，λ 变化不大，取 $\lambda_1 = \lambda_2 \approx 0.02 \sim 0.03$；
　　　l_1，l_2，l_3——鹤管、装油汇管、输油管的长度，m。

如果管路系统是层流，则可按下列层流公式进行计算：

$$T = \frac{128 \nu F \left(\dfrac{l_1}{d_1^4} + \dfrac{N l_2}{4 d_2^4} + \dfrac{N l_3}{d_3^4}\right)}{\pi g N} \ln \frac{Z + H_1}{Z + H_2}$$

式中　ν——油品黏度，m²/s。

自流装车也可配备一定的泵机组，满足倒罐作业的其他要求。

108. 原油汽车油罐车装车工艺流程有哪几种？装车车辆如何确定？

（1）装车工艺流程

目前，油田采用汽车油罐车装油的流程有泵装及高架罐自流灌装两种，如图2－18、图2－19。对运量较大的集中拉油站，一般采用正规的装油台，油台上数组鹤管——汽车油罐车的泵装流程；对运量较小的单井拉油站，基本上是选用单井——原油高架罐——汽车油罐车的自流装车流程。

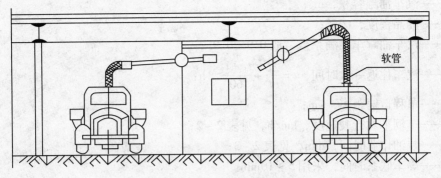

图 2-18 汽车油罐车泵装示意图

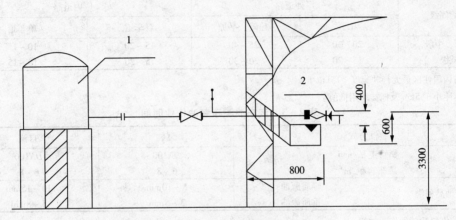

图 2-19 汽车油罐车自流装车示意图(mm)
1—高架罐；2—丝扣弯头或活接头

(2) 装车车辆的确定

影响车辆计算的因素很多，有气候条件、道路等级、车辆维修保养制度等，其公式如下：

$$N = \frac{GKX}{TQ}$$

式中　N——汽车油罐车需要量，辆；

　　　G——油品年运输量，t；

　　　K——汽车运输不均衡系数，取 1.1~1.3；

　　　T——汽车年工作日数，$T = 365 - B - Z - P$，d；

　　　Q——一辆汽车昼夜运输量，t；

　　　B——汽车油罐车年平均检修日期，一般可采用 29d/a；

　　　P——例行假日，规定假日为 7d/a；

　　　Z——由于气候条件或其他因素停驶天数（按各地区气候及道路条件而定），d。

① 一辆汽车油罐车的昼夜运输量 Q 可按下式计算：

$$Q = \frac{nDK_1 V\rho K_2}{t}$$

式中　n——昼夜工作班制，取 1~2 班；

　　　D——台班工作时间，规定 8h/班；

　　　K_1——台班工作时间利用系数，取 0.9；

V——汽车油罐容积，m^3；

ρ——油品密度，t/m^3；

K_2——汽车油罐车装满系数，取 0.9～0.95；

t——汽车往返一次时间，$t = \dfrac{2L}{v} + \dfrac{t_1 + t_2}{60}$，h；

L——单程运输距离，km；

v——车辆平均行驶速度，km/h，见表 2-2；

t_1——装油作业时间，min，见表 2-3；

t_2——等车联系时间，采用 5～10min。

表 2-2　车辆平均行驶速度　　　　　　　　　　　　　　　km/h

路面等级	厂外道路		厂内道路	
	山区	丘陵、平原	双车道	单车道
高级、中级	20～30	25～40	15～20	10～15
低级	15～20	20～30	15～20	10～15

注：(1) 市内居住区最大行驶速度＜15km/h；
　　(2) 运距小于 5km 及拖挂车用低值。

表 2-3　汽车油罐车装油作业时间

装油方式		泵装	自流
鹤管走私/mm		DN100	DN100
罐车容积/m³		6～8	6～8
油品种类	轻质原油	5～10min	10～15min
	重质原油	3～5min	5～8min

注：表中数值包括辅助作业时间。

② 每昼夜实际装车车辆数按下式计算：

$$N = \dfrac{GK}{T\gamma VA}$$

式中　N——汽车油罐车装车每昼夜车辆数，辆；

　　　G——原油年运输量，t；

　　　K——汽车运输不均衡系数，取 1.1～1.3；

　　　T——汽车年工作日数，d；

　　　γ——原油密度，t/m^3；

　　　V——每个汽车油罐车的容积，m^3；

　　　A——油罐车装满系数，取 0.9～0.95。

汽车油罐车昼夜往返次数可参考表 2-4。

表 2-4　汽车油罐车昼夜往返次数

单程运距/km	10	20	50	100
往返次数/(次/台班)	6	3	1.5	1

109. 原油汽车油罐车卸油工艺流程是什么？卸油车辆如何确定？

（1）卸油工艺流程

目前，油田汽车油罐车的卸油流程均采用自流下卸，其卸油口直径一般为 DN80mm、

DN100mm。对零星的卸油作业，可利用汽车油罐车尾部的卸油管直接将油卸至卸油罐。对油田正式的卸油站，一般因卸油量较大，因此需设置正规的卸油台，通过卸油汇管而将油卸至卸油罐，常用的流程如下：

油罐车──→卸油汇管──→卸油罐──→卸油泵──→储罐。

（2）卸油车辆的确定

卸油车辆数的确定方法参见前面装车部分。

110. 原油储罐如何分类？

目前我国采用的储油罐按其材质可分为金属油罐和非金属油罐。金属油罐按其结构型式有立式圆柱形油罐和卧式圆柱形油罐。立式圆柱形油罐根据顶的结构又分为无力矩油罐、拱顶油罐、浮顶油罐和内浮顶油罐等。详见本书第204题。

111. 原油储罐总容积如何计算？

原油储罐总容积按以下公式计算：

$$V = \frac{G}{\rho n} K$$

式中　V──站库设计容量，m³；
　　　G──油田计划全年输往该库的油量，t/a；
　　　ρ──原油密度，t/m³；
　　　n──油罐利用系数；
　　　K──储备天数，d。

112. 原油储罐如何保温？

当温度降低时，为了防止原油和易凝油品在油罐内凝结，以便于进泵和转输，油罐内设有加热器，油罐外壁设有保温层。目前大多数采用石棉瓦块、蛭石瓦块、泡沫瓦块等保温。无论采用哪一种保温材料，都要在油罐壁上焊有保温挂钉，挂完毕保温瓦块后，用镀锌铁丝缠绕固定外用镀锌铁皮或铝泊板作保护层。也有用石棉水泥作保护壳的。

保温层施工完毕后，罐底脚处应作防潮处理，罐壁外表面从底往上300mm宽的一圈应刷沥青，铁皮底部外周应用沥青封口。

113. 储罐管式全面加热器的加热面积如何计算？

管式全面加热器的加热面积按以下公式计算：

$$F = \frac{Q}{K_0 \left(\frac{t_1 + t_2}{2} - t_y \right)}$$

式中　F──加热器面积，m²；
　　　Q──单位时间内加热油品所需的总热量，W；
　　　K_0──热源通过加热器对油品的总传热系数，W/(m²·℃)；
　　　t_1──热源进入加热器时的温度，℃；
　　　t_2──热源在加热器出口处的温度，℃；
　　　t_y──罐内油品在加热过程中的平均温度，℃；

当冷凝水和蒸汽温度相等时，即 $t_1 = t_2$，则

$$F = \frac{Q}{K_0(t_1 - t_y)}$$

如果使冷凝水的温度冷却到低于饱和温度，可以充分利用热源和减少蒸汽消耗，需要增加加热面积，此时的加热面积按下式计算：

$$F = \frac{Q\Phi}{K_0(t_1 - t_y)}$$

式中 Φ——过冷系数，见表 2-5。

表 2-5 蒸汽冷凝水过冷系数（Φ）

油口加热终温/℃	蒸汽压力（表压）/MPa					
	0.1	0.2	0.3	0.4	0.5	0.6
10	1.01	1.02	1.04	1.06	1.07	1.08
20	1.01	1.02	1.04	1.06	1.07	1.08
30	1.01	1.02	1.04	1.06	1.08	1.09
40	1.02	1.02	1.05	1.06	1.08	1.09
50	1.02	1.03	1.05	1.07	1.09	1.10
60	1.02	1.03	1.06	1.08	1.10	1.11
70	1.02	1.04	1.06	1.08	1.10	1.12
80	1.03	1.05	1.07	1.09	1.11	1.13
90	1.04	1.06	1.08	1.10	1.12	1.13

（1）油品平均温度 t_y 的计算

当 $\dfrac{t_{yz} - t_i}{t_{ys} - t_i} \leq 2$ 时，t_y 用算术平均法求得，即 $t_y = \dfrac{t_{yz} + t_{ys}}{2}$；

当 $\dfrac{t_{yz} - t_i}{t_{ys} - t_i} > 2$ 时，t_y 用对数平均法求得，即 $t_y = t_i + \dfrac{t_{yz} - t_{ys}}{\ln \dfrac{t_{yz} - t_i}{t_{ys} - t_i}}$

式中 t_{ys}——油品加热起始温度，℃；
  t_{yz}——油品加热终了温度，℃；
  t_i——油罐周围介质温度，℃。

（2）蒸汽经加热器至油品的总传热系数 K_0 的计算

$$K_0 d = \frac{1}{\dfrac{1}{\alpha_1 d_1} + \sum_{i=1}^{n} \dfrac{1}{2\lambda_i} \ln \dfrac{d_i + 1}{d_i} + \dfrac{1}{\alpha_2 d_{n+1}}}$$

式中 α_1——蒸汽向加热器内壁的内部放热系数，W/(m²·℃)；
  d_i——管子的内外径及计入水垢和油污等在管子内外壁上的沉积物后各层的直径，m；
  λ_i——水垢、管子、油品沉积物的导热系数，根据经验，钢管：45~60，水垢：1.3，油污：0.45，W/(m²·℃)；

d——加热器管子的外径，m；

α_2——从加热器管子的最外层至油品的外部放热系数，W/(m²·℃)。

蒸汽向加热器内壁的内部放热系数 α_1，可按下式计算：

$$\alpha_1 = 1.163(3400 + 100\nu)\sqrt[3]{\frac{1.21}{l}}$$

式中 ν——加热器进口处的蒸汽速度，一般等于 10～30m/s；

l——蒸汽从加热器进口至出口所经过的管子的长度，m。

求得 α_1 值常在 3500～11600 W/(m²·℃)范围内，数值比较大，因此 $\frac{1}{\alpha_1 d_1}$ 数值很小，可忽略不计，再考到 d 与 d_{n+1} 之差别并不大，可简化为

$$K_0 = \frac{1}{\frac{1}{\alpha_2} + R}$$

式中 R——附加热阻，它综合考虑了水垢、油污等对传热的影响，m²·℃/W，见表 2-6。

表 2-6 附加热阻(R)

应用条件	R/(m²·℃/W)
(1)油品洁净，不易在加热管上结垢； (2)加热管较新，无铁锈； (3)使用表压超过 0.5MPa 的蒸汽	0.00086
(1)油品不很洁净，油温较高，易结垢； (2)加热管旧； (3)使用表压为 0.2～0.5MPa 的蒸汽	0.0017
(1)油品不洁净，易结垢； (2)加热管铁锈较多； (3)使用表压为 0.2MPa 以下的蒸汽	0.0026

放热系数 α_2 由下式计算：

$$\alpha_2 = \varepsilon \frac{\lambda_y}{d}(Gr \cdot Pr)^n$$

式中 ε, n——系数，决定于 $Gr \cdot Pr$ 值的大小，见表 2-7；

d——加热器管子直径，m；

λ_y——油品在定性温度下的导热系数，W/(m·℃)；

Gr——格拉晓夫数，反映流体在自然对流时的黏滞力与浮升力的关系，即流体自然对流强度；

Pr——普朗特数，反映流体的物理性质。

导热系数 λ_y 由下式计算：

$$\lambda_y = \frac{117.5}{\rho_y^{15}}(1 - 0.00054t)$$

式中 ρ_y^{15}——15℃时的油品密度，kg/m³；

t——油品的定性温度，℃。

定性温度取油品平均温度 t_y 和加热器管子外壁温度的算术平均值。加热器管子外壁温度可先假设，求出 α_2 值后再复核原假设是否正确；加热器管子外壁温度也可近似取蒸汽

温度。

表 2-7 系数 ε 和 n 值

$Gr \cdot Pr$	ε	n
$10^{-5} \sim 500$	1.18	1/8
$500 \sim 2 \times 10^7$	0.54	1/4
$> 2 \times 10^7$	0.135	1/3

普朗特数：

$$Pr = \frac{\nu c \rho}{\lambda}$$

式中　ρ——定性温度下流体的密度，kg/m^3；
　　　ν——定性温度下流体的运动黏度，m^2/s；
　　　c——定性温度下流体的比热容，$J/(kg \cdot \text{℃})$，见表 2-8；
　　　λ——定性温度下流体的导热系数，$W/(m \cdot \text{℃})$。

表 2-8 油品比热容（c）值

油品定性温度（t）/℃	油品比热容（c）/[$J/(kg \cdot \text{℃})$]	油品定性温度（t）/℃	油品比热容（c）/[$J/(kg \cdot \text{℃})$]
0	1696	60	1888
10	1729	70	1921
20	1758	80	1955
30	1792	90	1985
40	1825	100	2018
50	1859	110	2047

格拉晓夫数：

$$Gr = \frac{g \beta \Delta t d^3}{\nu^3}$$

式中　g——重力加速度，$g = 9.81 m/s^2$；
　　　ν——定性温度下流体的运动黏度，m^2/s；
　　　β——定性温度下流体的膨胀系数，℃^{-1}，见表 2-9；
　　　Δt——流体的平均温度与放热壁面温度差值；
　　　d——决定性尺寸，m。

决定性尺寸是指对换热过程或流动有决定性意义的尺寸，要根据具体情况来确定。Gr 的决定性尺寸，在考虑管线内部放热时为内径，外部放热为外径。定性温度取流体和换热壁面的平均值。

表 2-9 原油和油品的体膨胀系数（β）

相对密度（d_4^t）	$\beta \times 10^3$/℃$^{-1}$	相对密度（d_4^t）	$\beta \times 10^3$/℃$^{-1}$	相对密度（d_4^t）	$\beta \times 10^3$/℃$^{-1}$
0.73	1.151	0.83	0.845	0.93	0.632
0.74	1.130	0.84	0.824	0.94	0.612
0.75	1.108	0.85	0.803	0.95	0.592

续表

相对密度(d_4^t)	$\beta \times 10^3/℃^{-1}$	相对密度(d_4^t)	$\beta \times 10^3/℃^{-1}$	相对密度(d_4^t)	$\beta \times 10^3/℃^{-1}$
0.76	0.997	0.86	0.782	0.96	0.572
0.77	0.974	0.87	0.700	0.97	0.553
0.78	0.953	0.88	0.739	0.98	0.534
0.79	0.931	0.89	0.718	0.99	0.510
0.80	0.910	0.90	0.690	1.00	0.497
0.81	0.888	0.91	0.674	1.01	0.462
0.82	0.866	0.92	0.653	1.02	

（3）单位时间内加热油品所需的总热量 Q 的计算

$$Q = \frac{1}{\tau}(Q_1 + Q_2) + Q_3$$

式中　Q——单位时间内加热油品所需的总热量，W；

　　　Q_1——用于油品升温的热量，$Q_1 = Gc(t_{yz} - t_{ys})$，J；

　　　Q_2——融化已凝固的那部分油品所需要的热量，$Q_2 = \frac{NX}{100}G$，J；

　　　Q_3——在加热过程中单位时间内散失到周围媒介中的热量，$Q_3 = FK(t_y - t_i)$，W；

　　　τ——加热总时间，s，见表2-10；

　　　G——被加热油品的总质量，kg；

　　　c——油品的比热容，J/(kg·℃)；

　　　N——凝结的石蜡在油品中的含量，%；

　　　K——油罐总传热系数，W/(m²·℃)；

　　　X——石蜡的熔解潜热，kJ/kg，见表2-11；

　　　F——油罐的总表面积，即罐顶、罐壁和罐底的面积之和，$F = F_a + F_b + F_c$，m²；

　　　t_{yz}——油品加热终了温度，℃；

　　　t_{ys}——油品加热起始温度，℃；

　　　t_y——加热过程中油品的平均温度，℃；

　　　t_i——油罐周围介质的温度，℃。

表2-10　油品升温所需的加热时间 τ

应用条件	τ/h
（1）$t_{yz} - t_{ys} < 25℃$； （2）油罐容积不超过1000m³； （3）操作时间 >60h	>24
（1）$t_{yz} - t_{ys} = 25 \sim 30℃$； （2）油罐容积为2000m³或3000m³； （3）操作周期 >100h	>36
（1）$t_{yz} - t_{ys} > 25℃$； （2）油罐容积等于或大于5000m³； （3）操作周期 >150h	>48

表2–11 石蜡的熔解潜热 X

油品凝点/℃	X/(kJ/kg)	油品凝点/℃	X/(kJ/kg)
−15	196.8	20	217.7
−10	198.9	25	219.0
−5	203.1	30	219.8
0	205.2	35	221.9
5	209.3	40	224.0
10	211.4	45	226.1
15	213.5	50	228.2

综合前三式，单位时间内加热油品所需的总热量可表达为

$$Q = \frac{1}{\tau}\left[Gc(t_{yz} - t_{ys}) + \frac{NX}{100}G\right] + FK(t_y - t_i)$$

如果油品未冷却到凝点，$Q_2 = 0$，上式又可表示为

$$Q = \frac{1}{\tau}Gc(t_{yz} - t_{ys}) + FK(t_y - t_i)$$

如果油品加热只是为了保温，即维持温度不变，则所需的热量为

$$Q = FK(t_y - t_i)$$

为了求出单位时间内加热油品所需的总热量 Q，从上述各式可知，必须先求得油罐的总传热系数 K 值。

114. 油罐总传热系数 K 值如何计算？

（1）地上不保温立式油罐的总传热系数 K 值的计算

$$K = \frac{K_a F_a + K_b F_b + K_c F_c}{F_a + F_b + F_c}$$

按油罐装满系数为 0.9 计算，F_b 应取罐壁面积的 90%，F_a 应取罐顶面积和 10% 的罐壁面积之和。

① 罐壁传热系数 F_b 的计算

$$K_b = \frac{1}{\dfrac{1}{\alpha_1} + \dfrac{\delta_b}{\lambda_b} + \dfrac{1}{\alpha_2 + \alpha_3}}$$

式中　α_1——油品至油罐内壁的内部放热系数，$W/(m^2 \cdot ℃)$；
　　　δ_b——罐壁厚度，m；
　　　λ_b——罐壁的导热系数，$W/(m \cdot ℃)$；
　　　α_2——罐壁至周围介质的外部放热系数，$W/(m^2 \cdot ℃)$；
　　　α_3——罐壁至周围介质的辐射放热系数，$W/(m^2 \cdot ℃)$。

将定性尺寸 d 改成 h，h 表示油罐内油层高度，单位取 m，此时的公式为

$$\alpha_1 = \varepsilon \frac{\lambda_y}{h}(Gr \cdot Pr)^n$$

式中　ε，n——系数，由表 2–7 选取。

自罐壁至周围大气的外部放热系数 α_2，按空气横向掠过圆管的强制对流换热公式计算，

整理后可表示为

$$\alpha_2 = C \frac{\lambda_{yi}}{D} Re^n$$

式中 λ_{yi}——空气的导热系数，W/(m·℃)；

　　D——油罐直径，m；

　　Re——雷诺数，$Re = \frac{v_{qi} D}{v_{gi}}$；

　　v_{qi}——风速，按最冷月平均风速计算（其数据可从气象资料中查得），m/s；

　　v_{gi}——空气黏度，m²/s，见表2-12；

　　C，n——系数，按 Re 值查得，见表2-13。

表2-12　大气压力为101.3kPa的干空气物理常数

温度(t)/℃	-40	-30	-20	-10	0	10	20	30	40
导热系数(λ_{yi})/[10⁻²W/(m·℃)]	2.117	2.198	2.279	2.301	2.442	2.512	2.593	2.075	2.756
黏度(v_{gi})/(mm²/s)	10.04	10.80	11.79	12.43	13.28	14.16	15.06	10.00	16.96

表2-13　系数 C 和 n

Re	5~80	80~5×10³	5×10³~5×10⁴	>5×10⁴
C	0.81	0.625	0.197	0.023
n	0.40	0.46	0.60	0.80

罐壁至周围介质的辐射放热系数 α_3 的计算

$$\alpha_3 = \varepsilon C_0 \frac{\left(\frac{t_b + 273}{100}\right)^4 - \left(\frac{t_{qi} + 273}{100}\right)^4}{t_b - t_{qi}}$$

式中 C_0——黑体的辐射系数，$C_0 = 5.67\text{W}/(\text{m}^2 \cdot \text{K}^4)$；

　　ε——罐壁黑度，随罐壁涂料不同而不同，见表2-14；

　　t_b——罐壁的平均温度，℃；

　　t_{qi}——最冷月空气的平均温度，℃。

罐壁的平均温度 t_b 的计算可根据热平衡方程式 $\alpha_1(t_y - t_b) = K_b(t_y - t_{qi})$ 用试算法求得。先假设一个 t_b 值，进行运算，求出 α_1 和 K_b，再将 t_b、α_1、K_b 值代入 $\alpha_1(t_y - t_b) = K_b(t_y - t_{qi})$ 进行计算，如两边相等，或满足 $\left| t_b + \frac{K_b}{\alpha_1}(t_y - t_{qi}) t_y \right| \leq 1℃$ 则可认为假定的 t_b 值是合适的；如果不能满足上式就要重新假设 t_b，重新验算，直到满足上式为止。

表2-14　不同涂料的黑度(ε)

涂料名称	ε	涂料名称	ε
黑颜色	1	银灰漆	0.45
白色珐琅质	0.91	氧化的钢材，无涂料	0.82
白色涂料(白、奶白)	0.77~0.84	有光泽镀锌钢材，无涂料	0.23
颜色涂料	0.91~0.96	氧化的镀银钢材，无涂料	0.28
铝色涂料	0.27~0.67		

②罐顶传热系数 K_a 的计算

$$K_a = \frac{1}{\frac{1}{\alpha_{1a}} + \frac{\delta_c}{\lambda_c} - \sum\frac{\delta_i}{\lambda_i} + \frac{1}{\alpha_{2a} + \alpha_{3a}}}$$

式中 α_{1a}——从油面至气体空间的内部放热系数，W/(m²·℃)，见表2-15、表2-16；

δ_c——罐内油面上气体空间层的厚度，m；

λ_c——罐内气体空间上的油气与空气混合物的相当导热系数，W/(m·℃)；

$\sum\frac{\delta_i}{\lambda_i}$——顶板、污垢等热阻总和，$\delta_i$ 表示各层厚度，m；λ_i 表示各层的导热系数，W/(m²·℃)；

α_{2a}——从罐顶至周围介质的外部放热系数，W/(m²·℃)；

α_{3a}——从罐顶至周围介质的辐射放热系数，W/(m²·℃)。

表2-15 α_{1a}值

罐内油温与气体空间温度的差值/℃	2	5	10	15	20	25	30	35	40	45	50
α_{1a}/[W/(m²·℃)]	1.396	1.977	2.326	2.791	3.140	3.250	3.400	3.722	3.954	4.071	4.187

表2-16 罐内油温与气体空间温度的关系

加热时的温度/℃		冷却时的温度/℃	
油品	油面上的气体空间	油品	油面上的气体空间
50	32	100	74
60	36	90	67
70	39	80	60
80	43	70	54
90	48	60	47
100	52	50	40

当把罐内油面上的气体空间这一有限空间的放热过程当作传热导来处理时，它的相当热传导系数 λ_c 按下式计算：

$$\lambda_c = \lambda \varepsilon_k$$

式中 λ——油品蒸气与空气混合气体的导热系数，W/(m·℃)；

ε_k——对流系数，$\varepsilon_k = C(Gr \cdot Pr)^n$。

计算式中的准则 Gr 和 Pr 时，取气体空间层的高度为定性尺寸，取油面温度和罐顶温度的平均值为定性温度，式中的 C、n 查表2-17得到。

罐顶的外部放热系数 α_{2a} 和辐射放热系数 α_{3a} 均可按罐壁的放热系数 α_2 和 α_3 的公式计算，但应将式中的罐壁温度 t_b 改罐顶温度 t_a。罐顶温度可近似地取罐内气体空间温度和罐外大气温度的平均值。

表2-17 计算 ε_k 所用的系数 C 和 n 值

$Gr \cdot Pr$	C	n
<10³	1	0

续表

$Gr \cdot Pr$	C	n
$10^3 \sim 10^6$	1.105	0.3
$10^6 \sim 10^{10}$	0.40	0.2

③罐底传热系数 K_c 的计算

$$K_c = \frac{1}{\frac{1}{\alpha_{1c}} + \sum \frac{\delta_{di}}{\lambda_{di}} + \frac{\pi D}{8\lambda_{tn}}}$$

式中　α_{1c}——从油品至罐底的放热系数，W/(m²·℃)；

　　$\sum \frac{\delta_{di}}{\lambda_{di}}$——罐底热阻之和，$\delta_{di}$ 表示油泥沉积物、底板等各层的厚度，m；λ_{di} 表示相应各层的导热系数，W/(m·℃)；

　　λ_{tn}——土壤导热系数，W/(m·℃)，见表 2-18；

　　D——罐底直径，m。

α_{1c} 的计算方法与 α_1 的计算方法相同，但应将式中的油层高度 h 改为油罐底直径 D。

根据经验，无保温层的地上立式金属油罐，罐壁的传热系数 $K_b = 4.5 \sim 8.2$ W/(m²·℃)；罐顶的传热系数 $K_a = 1.2 \sim 2.4$ W/(m²·℃)；罐底的传热系数 $K_c = 0.35$ W/(m²·℃)。由此可知对总传热系数的影响最大是罐壁部分，其次是罐顶，而罐底影响最小，因此在实际计算中，为了方便起见，可只对罐壁的传热系数进行详细的计算，而罐顶和罐底可取经验数值。

表 2-18　土壤导热系数（λ_{tn}）

土壤	状态	λ_{tn}/[W/(m·℃)]
砾石	干燥	0.3
砂	干燥	0.3
亚黏土	干燥	0.9
黏土	干燥	1.0
砂	中等湿度	1.5
亚黏土	中等湿度	1.2
黏土	中等湿度	1.2
砂	潮湿	2.0
亚黏土	潮湿	1.6
黏土	潮湿	1.6

(2) 地上保温立式油罐的总传热系数 K 值的计算

地上保温立式油罐的总传热系数求法与上述不保温油罐相同，只是在计算罐壁传热系数 K_b 时，考虑到保温层的热阻比其他热阻大得多，K_b 可近似地由下式求得：

$$K_b \approx \frac{\lambda_{bao}}{\delta_{bao}}$$

式中　λ_{bao}——保温材料的导热系数，W/(m·℃)，见表 2-19；

　　δ_{bao}——保温层厚，m。

罐顶一般不作保温层，罐顶和罐底的传热系数的求法均与不保温罐的求法相同。

表 2-19 常用保温材料的密度和导热系数

材料名称	密度(ρ)/(kg/m³)	导热系数/[W/(m·℃)]
玻璃棉毡	100~160	0.0407~0.0582
矿渣棉毡	130~250	0.0407~0.0698
石棉硅藻土	<660	0.0582~0.1511
泡沫混凝土	400~600	0.0900~0.1454

115. 用于油罐加热器的蒸汽消耗量如何计算？

当采用饱和蒸汽作热源，不考虑冷凝水过冷时，认为进入加热器的是干饱和蒸汽，从加热器排除的是饱和冷凝水，则加热器所用的蒸汽量 G_z 为

$$G_z = \frac{Q}{i_z - i_n}$$

式中　G_z——加热器所用的蒸汽量，kg/s；
　　　Q——单位时间内加热油品所需的总热量，kW；
　　　i_z——干饱和蒸汽的热焓，kJ/kg，见表 2-20；
　　　i_n——饱和冷凝水的热焓，kJ/kg。

表 2-20 罐内油温与气体空间温度的关系

绝对压力/MPa	温度/℃	饱和冷凝水热焓/(kJ/kg)	干饱和蒸汽热焓/(kJ/kg)
0.1	99.09	415.25	2674.1
0.15	110.79	404.09	2092.5
0.20	119.62	502.16	2705.9
0.30	132.88	558.94	2724.8
0.40	142.92	601.64	2738.3
0.50	151.11	636.81	2747.8
0.60	158.08	667.38	2756.2
0.70	164.17	693.75	2762.9
0.80	169.61	717.62	2768.3
0.90	174.53	738.97	2772.9
1.00	179.04	758.65	2777.1

第三章　陆上油气管道及储库

116. 输油管道运输特点是什么？

（1）运输量大，运输成本低，可实现连续稳定运行。
（2）可实现密闭输送，油气损耗小，能耗低，对环境污染小。
（3）管道大部分埋设于地下，占地少，受地形地物限制少，受气候条件影响小，可以缩短运输距离。
（4）便于管理，易于实现远程集中控制，减少劳动强度，提高劳动生产效率。
（5）适于大量、单向、定点运输石油等流体货物。

117. 输油管道如何分类？它由哪几部分组成？

（1）输油管道分类
①按输送距离和经营方式可分为两类：一类属于企业内部管道，其长度一般较短，不是独立的经营系统。另一类是长距离输油管道，一般管径大、运输距离长，有各种辅助配套工程。这种输油管道是独立经营的企业，有自己完善的组织机构，进行独立的经营管理。
②按所输油料的种类可分为原油管道、成品油管道和液化石油气管道。
（2）输油管道组成
长距离输油管道由线路、输油站和行政管理设施三部分组成。
①管道线路
管道线路包括管道本身、线路阀室、阴极保护、通信设施、穿跨越构筑物以及与管道伴行的维修和抢修道路等。
②输油站
按其所处地理位置和功能的不同，输油站可分为首站、中间站（泵站、热泵站和加热站）、末站、输入站和分输站等。
③行政管理设施
高度自动化管道的行政管理设施，主要包括管理机构、调度控制中心及维修和抢修中心等。

118. 输油管道建设程序是什么？

（1）根据资源条件和市场需求，结合国家经济发展长期规划、地区规划和行业规划等要求，对拟建的输油管道进行可行性研究报告的编制，并在可行性研究的基础上编制和审定设计任务书。如果工程规模特别大时，在可行性研究之前尚需编制项目建议书，作为开展可行性研究编制的依据。与可行性研究配套的还应有一些专题研究报告。
（2）根据批准的设计任务书，按初步设计和施工图设计两个阶段进行设计。初步设计必须有概算，施工图设计必须有预算。

(3)工程完毕，必须进行竣工验收，作出竣工报告(包括竣工图)和竣工决算。

119. 输油管道线路选择原则是什么？

(1)根据线路的起点、控制点和终点的位置，应力求使线路顺直、平缓，尽可能缩短线路长度。

(2)中间站和大、中型穿跨越位置应符合线路总走向，但根据其具体条件必须偏离总走向时，局部线路的走向可做调整(或在这个前提下，线路的局部走向应服从中间站和穿跨越位置的确定)。

(3)线路选择应综合考虑通过地区的城镇、工矿企业、农田基本建设、水利、交通设施等的现状和近远期规划，考虑与相关工程和后续工程的关系。

(4)线路选择应尽量减少同天然和人工障碍的交叉，比如铁路、公路、河流、湖泊、水库、冲沟、山谷、沼泽和地下管道、电缆等。

(5)线路选择应尽可能避开不良地质条件地段、强地震区和影响其他矿藏开采的地区。

(6)线路选择应避开军事禁区、国家重点文物保护区、城市水源地及飞机场、火车站、海港码头等区域。

(7)为便于施工、物资供应、动力供应和投产后管道的维护与巡线，线路选择应尽量靠近和利用现有的公路和电网，以少建专用公路和电力线。

(8)线路选择应注意环境保护、生态平衡、"三废"治理和节约用地。

120. 输油管道勘察应收集哪些资料？

(1)管道所经地区的行政区划图、水系图、交通图和重点地段大比例尺地形图。

(2)管道沿线气温、地温、气压、风向、风速、降雨量、蒸发量、冻土层厚度等气象资料。

(3)管道所经地区的区域地质图、沿线地形地貌的主要类型、地质构造、地层岩性等概况，对沿线不良地质和物理地质现象，应了解其形态、规模、发育和对修建管道的危害程度。

(4)区域水文地质图，了解地下水埋深、供水量和地下水流动规律，土壤腐蚀性能，测取土壤电阻率。

(5)管道沿线地震的等级、烈度、震源及震中等地震资料。

(6)管道沿线耕地及植被覆盖等概况。

(7)可能穿跨越的大中型河流、湖泊、冲刷地段的地层、岩性、河床和岸坡的稳定性情况、水位变化幅度、历史最高洪水水位和流量等，并测算穿跨越长度。

(8)管道沿线水利工程及大中型水库的分布和规划，并了解水库水位、回水、浸没和坍岸范围。

(9)管道沿线铁路、公路、航道和桥梁的现状和发展规划。

(10)管道沿线城市的现状和规划。

(11)管道沿线矿藏的分布、开发现状和规划。

(12)管道沿线大型地下建(构)筑物和大型工厂的分布。

(13)管道沿线主要军事设施的位置和范围。

(14)管道沿线自然保护区、文物保护区的范围。

(15)管道沿线电力和通信供应的现状和规划。
(16)管道沿线建筑材料和生活资料的供应能力。
(17)管道沿线劳动力概况。
(18)管道沿线政府对土地占用和赔偿的有关规定。

121. 什么叫踏勘？

踏勘是通过在图上选线和野外踏勘、搜集必要的资料，提出可能的线路走向方案，为编制可行性研究报告或方案设计提供可靠的依据。踏勘之前应深入了解委托单位对拟建管道的意图、重大原则问题的处理方式和主要控制点。

踏勘工作一般分为室内作业和野外踏勘两部分。

(1)室内作业

室内作业是利用遥感照片或航测照片在小比例地形图(1:100000～1:500000)上，初步预选几条线路走向方案，图解线路长度和通过沙漠、沼泽等不良地质地段的长度，按图上等高线绘制出纵断面图，拟定可能穿越大、中型河流的位置，标出沿线大型水利工程和其他大型工程设施、工矿企业的位置，确定需要现场重点勘察的位置，编写现场踏勘提纲。

(2)野外踏勘

在完成室内工作后，应对图上预选的线路走向方案进行实地踏勘和调查。首先应初步核实图上拟定的各线路走向方案，对有出入的情况进行查清补正，或提出新的线路方案。其次是对线路方案的重点地段进行重点调查。重点地段通常是指特殊地质和不良地质地段、大型和中型河流穿(跨)越点，以及靠近城镇、工矿企业地区及其他特殊情况的地段。应概略了解特殊与不良地质地段的性质，调查分析其发展趋势及对修建管道的危害程度。大、中型河流的穿(跨)越点往往会控制线路的走向，为了给线路方案对比提供条件，必须在踏勘阶段进行调查，初步推选出供选择确定的穿(跨)越河段。必须在图上标出重要军事设施、重点文物、自然保护区的大概范围。对图上比选的地段要进行重点调查。

122. 什么叫初步勘察？

初步勘察一般在设计任务书下达后、初步设计开始前进行，对踏勘报告提出的几个线路走向方案进一步勘察和调查，为编制初步设计进行技术经济比较、推荐最佳线路方案提供依据。

在初步勘察之前，应认真领会设计任务书中的有关规定，熟悉前阶段搜集到的资料，研究踏勘报告和可行性研究报告中提出的线路方案、存在的问题和对本阶段工作的建议。初步勘察应对拟选的线路方案从地形地貌、工程地质、水文地质、穿(跨)越工程等方面做出初步的评价，并应初步选择首、末站和中间站站址，确定穿(跨)越点。

初步勘察应包括以下内容：

(1)线路方案的起点、终点、控制点、走向、长度，以及沿线地形地貌概况；
(2)沿线水文地质和工程地质条件，与工程有关的不良地质现象发育情况，并判断其影响程度；
(3)大、中型河流穿(跨)越点河段河床地质概况，河床及岸坡稳定性评价；
(4)泵站站址勘选报告；
(5)推荐最佳线路方案；

(6)提出下一步勘察中应注意的问题。

此外,对较大的工程还应做一些专题评价报告,比如:地震灾害评价报告、工程地质灾害评价报告、水土保持评价报告和环境影响评价报告等。

123. 什么叫详细勘察?

详细勘察又称定测,它是在初步设计批准后、施工图设计前进行。主要是根据批准的初步设计和上级的审批意见,对全线进行复查、修改、定线和地形测量,并做工程地质和水文地质勘察,尤其要进行输油站和穿(跨)越点的地形测量和地质勘察,取得有关资料,作为施工设计的依据。

定线和测量是在管道沿线打下里程桩、平面转角桩、纵向变坡桩,测量线路的高程、坐标和转角,最后得出沿线带状地形图和纵断面图。同时,在沿线每隔一定距离(一般为1000m)挖探坑(深2~3m)取样,穿越点根据工程大小和地质条件钻孔1~3个或3个以上,进行取样,以便在穿越中心线连成地质剖面图,取得工程地质和水文地质资料。沿线每隔一定距离测取土壤电阻率和导热系数。

详细勘察之后应交付综合勘察报告,主要内容如下:

(1)带状地形图,比例尺视管道的长度和地形复杂情况而定,一般为1:(2000~10000)或更小。宽度为线路中心线左右各50~100m,其中中线左右各50m为正规的地形图,而外侧之50~100m仅测地物。图内标明线路的走向、转角、测量桩和变坡桩的坐标、里程、自然标高、自然和人工障碍(河流、湖泊、山谷、冲沟、公路和铁路等)、沿线的地物、建筑物和电力、通信线,并注明河流流向,距线路最近的公路、铁路的里程和起讫点。

(2)纵断面图,比例尺横向为1:(2000~10000)或更小,纵向为1:(200~1000)。图上应标明土壤名称、工程分类和腐蚀等级,地面自然标高、里程、线路转角桩号和测量桩号,包括中心线左右25m内地面的平面示意图。纵断面图上还应预留管沟沟底标高、绝缘等级、管材和土石方工程量等栏,为设计线路施工图提供方便。

(3)穿(跨)越地点的地形图和纵断面图,比例尺根据穿(跨)越的障碍大小决定。穿(跨)越点的工程地质报告和工程地质剖面图。

(4)大型油罐罐区工程地质勘察报告。

(5)输油站地形图[比例尺为1:(500~2000)]和地质报告。

124. 输油方式(工艺)如何分类?

输油方式(工艺)一般分为不加热输送、加热输送、密闭输送、旁接输送、顺序输送、加剂输送和间歇输送等。

(1)不加热输送

油料在管道输送过程中,如果不是人为地向油料增加热量,提高油料的温度,而是使油料在输送过程中基本保持接近管道周围土壤的温度,这种输送方式叫做不加热输送。不加热输送用于输送低凝点和低黏度油料。

(2)加热输送

在油料输送过程中,人为地提高油料的输送温度,油料向管道周围土壤散失热量,温度逐步下降,这种输送方式称为加热输送。加热输送应使管道内所输油料的温度始终高于凝点,以保证安全输送。加热输送适用于易凝、高黏油料。

（3）密闭输送

密闭输送是当前管道设计最普遍采用的输送方式，各中间泵站不设旁接罐，油料从首站进入管道后经泵到泵直接输到管道末站，一直在不接触大气的密闭状态下输送。原油、成品油和液化石油气的输送均宜采用密闭输送。

（4）旁接输送

旁接输送是早期采用的输送方式。各中间泵站均设有与输油泵进口管线相连的旁接罐，旁接罐起缓冲调节作用。各个中间泵站的进站压头均近似等于旁接罐液位高度，不会发生全线压力波动。各个泵站间的输量可能不一致，其输差由旁接罐调节。由于旁接输送动能消耗和油料损耗较大，目前一般不采用。

（5）顺序输送

在同一条管道内，按照一定批量和次序，连续输送不同种类油料的输送方式称为顺序输送。顺序输送一般适用于输送多种油料。

（6）加剂输送

加剂输送主要包括添加降凝剂、减阻剂、稀释剂等，通过改变油料的流变性，解决油品的外输问题。加剂输送主要适用于黏度和凝点较高的油料。

（7）间歇输送

对低输量的管道，为节约能源，通常采用不连续的输送方式，即间歇输送。

125. 输油量如何换算？

长距离管道的设计输油量是以设计任务书规定的最大任务输量作为水力计算的额定流量。设计任务书给定的输油量是年输油量 $G(10^4 \text{t/a})$，计算时必须换算成计算密度下的体积流量 $Q(\text{m}^3/\text{h}、\text{m}^3/\text{s})$。质量流量与体积流量按下式换算。

$$Q = \frac{G}{\rho \times 8400}(\text{m}^3/\text{h}) \text{ 或 } \frac{G}{\rho \times 8400 \times 3600}(\text{m}^3/\text{s})$$

式中　G——设计任务书中规定的年输送量，t/a；

　　　ρ——原油在计算温度时的密度，t/m³。

在上式中，每年工作天数按设计规范的规定取为350天。每年工作天数的规定是考虑管道因停输检修和输送量过度不均衡，使总输送量减少而作的必要预留裕量。

126. 油料密度如何换算？

油料的密度为单位体积内油料的质量。密度的单位是 g/cm³ 或 kg/m³，在输油管道设计中习惯使用 t/m³（吨/米³）或 kg/m³（千克/米³）。由于油料的体积是随温度而变的，在不同温度下同一油料的密度是不相同的，因此，应该标明油料密度的限定温度。油料在 $t℃$ 时的密度用 ρ_t 表示。

油料在 $t℃$ 时的质量与同体积纯水在 $4℃$ 时质量之比称为油料的相对密度。油料的相对密度实际上是油料 $t℃$ 时密度与 $4℃$ 纯水的密度比。由于水在 $3.98℃$ 时密度近似地看作等于 1g/cm³，则在此情况下，油料的相对密度与密度在数值上相等，只是油料相对密度没有单位，而密度有单位。

我国常用的标准温度为 $20℃$，故 $20℃$ 时油料的相对密度符号为 d_4^{20}，英、美等国家采用的相对密度符号为 $d_{15.6}^{15.6}$，即测定油料和纯水的密度时的温度都是 $15.6℃$（即 $60°F$）。

在美国还采用相对密度指数作为油料的相对密度单位。

$$\text{API 度} = \frac{141.5}{d_{15.6}^{15.6}} - 131.5$$

式中　API 度——油料的相对密度指数（API 为美国石油学会）；

$d_{15.6}^{15.6}$——原油的相对密度。

d_4^{20} 与 $d_{15.6}^{15.6}$ 按下式换算数值：

$$d_4^{20} = d_{15.6}^{15.6} - \Delta d$$

式中　Δd——换算系数，由表 3-1 查得。

温度升高，油料受热膨胀，体积增大，相对密度减小；反之，则增大。不同温度下的油料相对密度可按下式换算：

$$d_4^t = d_4^{20} - \gamma(t - 20)$$

式中　d_4^t——油料在 t℃时的相对密度；

d_4^{20}——油料在 20℃时的相对密度；

γ——油料相对密度的平均温度校正系数，即温度改变1℃时油料相对密度的变化值；

t——油料的温度，℃。

油料相对密度的平均温度校正系数见表 3-2。

表 3-1　d_4^{20} 和 $d_{15.6}^{15.6}$ 换算表

相对密度 d_4^{20} 或 $d_{15.6}^{15.6}$	Δd	相对密度 d_4^{20} 或 $d_{15.6}^{15.6}$	Δd
0.700 ~ 0.710	0.0051	0.830 ~ 0.840	0.0044
0.710 ~ 0.720	0.0050	0.840 ~ 0.850	0.0043
0.720 ~ 0.730	0.0050	0.850 ~ 0.860	0.0042
0.730 ~ 0.740	0.0049	0.860 ~ 0.870	0.0042
0.740 ~ 0.750	0.0049	0.870 ~ 0.880	0.0041
0.750 ~ 0.760	0.0048	0.880 ~ 0.890	0.0041
0.760 ~ 0.770	0.0048	0.890 ~ 0.900	0.0040
0.770 ~ 0.780	0.0047	0.900 ~ 0.910	0.0040
0.780 ~ 0.790	0.0046	0.910 ~ 0.920	0.0039
0.790 ~ 0.800	0.0046	0.920 ~ 0.930	0.0038
0.800 ~ 0.810	0.0045	0.930 ~ 0.940	0.0038
0.810 ~ 0.820	0.0045	0.940 ~ 0.950	0.0037
0.820 ~ 0.830	0.0044		

表 3-2　油料相对密度的平均温度校正系数

相对密度	γ	相对密度	γ
0.6900 ~ 0.6999	0.000910	0.8300 ~ 0.8399	0.000725
0.7000 ~ 0.7099	0.000897	0.8400 ~ 0.8499	0.000712
0.7100 ~ 0.7199	0.000884	0.8500 ~ 0.8599	0.000699
0.7200 ~ 0.7299	0.000870	0.8600 ~ 0.8699	0.000686
0.7300 ~ 0.7399	0.000857	0.8700 ~ 0.8799	0.000673

续表

相对密度	γ	相对密度	γ
0.7400~0.7499	0.000844	0.8800~0.8899	0.000660
0.7500~0.7599	0.000831	0.8900~0.8999	0.000647
0.7600~0.7699	0.000818	0.9000~0.9099	0.000633
0.7700~0.7799	0.000805	0.9100~0.9199	0.000620
0.7800~0.7899	0.000792	0.9200~0.9299	0.000607
0.7900~0.7999	0.000778	0.9300~0.9399	0.000594
0.8000~0.8099	0.000765	0.9400~0.9499	0.000581
0.8100~0.9199	0.000752	0.9500~0.9599	0.000567
0.8200~0.8299	0.000738	0.9600~0.9699	0.000554
0.9700~0.9799	0.000541	0.9900~1.0000	0.000515
0.9800~0.9899	0.000528		

一般说来，液体是不可压缩的，在输油管道压力范围内，压力对油料相对密度的影响可以忽略不计。

两种或两种以上的油料混合时，相对密度可近似地按比例取其平均值。混合油料的相对密度按下式计算：

$$d_m = V_1 d_1 + V_2 d_2 + V_3 d_3 \cdots + V_n d_n$$

式中　　d_m——混合油料的相对密度；

　　　　V——混合油料中各种油的体积分数；

　　　　d——混合油料中各种油的相对密度；

1，2，3…n——混合油料中各种油的序号。

127. 油料黏度如何换算？黏度与温度、压力之间有何关系？什么叫混合黏度？

油料的黏度是评价油料流动性的指标，在油料输送过程中，黏度对压力降有重要影响。

（1）油料黏度

油料的黏度分别以动力黏度、运动黏度、恩氏黏度等表示。

①动力黏度

动力黏度又称绝对黏度。系指当面积为 $1cm^2$ 的两液体层相距 1cm 时，使用 1 达因（dyn）(10^{-5}N)的力，将其以 1cm/s 的速度移动所产生的阻力。单位为 g/(cm·s)。

②运动黏度

运动黏度是应用于工程计算的度量流体黏滞性质的指标。它的定义是动力黏度 μ 与同温度下该液体的密度 ρ 之比，即

$$\nu = \frac{\mu}{\rho}$$

单位为 m^2/s。

除上述两种常用的黏度指标外，外国还习惯使用一些条件黏度，如恩氏黏度、雷氏黏度和赛氏黏度等。

③恩氏黏度是在某温度下，于恩氏黏度计的孔中流出 200mL 液体所需时间与在 20℃时流出同体积蒸馏水所需时间之比，以°E 表示。

④雷氏黏度和赛氏黏度分别表示50mL(雷氏)和60mL(赛氏)的液体在测定温度下流经标准小孔(雷氏黏度计和赛氏黏度计)所需的时间(秒数)。

油料运动黏度、恩氏黏度、雷氏黏度和赛氏黏度间可以互相换算。

(2)黏度与温度、压力的关系

温度对油料黏度的影响很大。温度升高,黏度减小;相反则黏度增大。温度高到一定程度,原油的黏度就趋向一定值。说明黏度与温度关系的最可靠数据,是通过实验室实测取得的。在计算所需黏度数据超出实测数据范围或者由于有其他需要时,希望得到黏度与温度的数值关系,曾经进行了大量的研究,但迄今没有取得比较理想的反映黏度温度关系的数学公式。

现在常用的关系式为美国材料试验协会(ASTM)推荐的公式和黏温指数关系式。

①美国材料试验协会公式为:

$$\lg\lg(\nu + 0.8 \times 10^{-6}) = a + b\lg(t + 273)$$

式中 ν——油料运动黏度,m^2/s;

t——油料温度,℃;

a,b——随油料而异的系数。

②黏度指数关系式为:

$$\frac{\nu_1}{\nu_2} = e^{-u(t_1 - t_2)}$$

式中 ν_1,ν_2——分别为温度 t_1 与 t_2 时原油运动黏度,m^2/s;

t_1,t_2——油料温度,℃;

u——指数,1/℃。

以上两式中的系数都随油料性质而异,使用公式时,应先将实测数据代入公式求出系数值。一般说,黏温关系式都只有一定适用温度范围,不同温度范围,其系数值也将改变。

油料的黏度随压力的升高而增大。原油在6865kPa(70kgf/cm²)压力下的黏度比在常压下提高约17%。

③油料黏度与压力的关系可用下式表示:

$$\lg\frac{\nu_p}{\nu_a} = \frac{p}{1000}(0.003466 + 0.002376\nu_a^{0.278})$$

式中 ν_p——高压下的油料运动黏度,m^2/s;

ν_a——常压(大气压)下油料运动黏度,m^2/s;

p——作用于油料的压力,kPa。

(3)混合油黏度

两种或更多种油料混合后的黏度,应实测取得。当无法取得实测黏度数据时,可利用图查得(参见有关的输油管道设计资料)。用这种方法得出的黏度比实际值大,可供粗略计算用。

128. 线路纵断面图的作用是什么?

线路纵断面图是工艺设计与线路设计所必需的原始资料。线路纵断面图是由线路勘察人员绘制的。线路设计人员可以直接将线路设计参数标注在图上,作为施工图纸。工艺设计并不直接使用线路纵断面图,而是利用线路长度、起讫点或翻越点高程等数据,以及缩小比例的纵断面图进行水力计算和布置泵站。

在纵断面图上，线路里程，也即纵断面图的横坐标，应是线路上相应各点间地面实际距离，也即管道长度。这样的纵断面图便于工艺设计使用。目前有的勘察设计单位绘制纵断面图时，以测量所得的地面各点间的水平投影距离作为纵断面图的里程，即横坐标，这样就必须通过换算才能取得地面实际长度。换算的方法有两种：根据地形起伏大小将纵断面图上的里程数乘以 1.01~1.03 系数，作为地面实际长度；或是分段利用高程与水平投影长度计算地面线（斜边）长度，累加求出全线地面实际长度。

129. 泵站如何确定？

输油管道的首、末站位置按管道的起、终点位置决定，中间站则要根据水力计算确定座数，借作图法并结合线路当地条件具体确定泵站站址。旁接（开式）和密闭两种输送方式输油管道在泵站布置上是不同的。计算泵站数的化整对泵站布置也有影响。

（1）水力坡降

管道单位长度上的水力摩阻损失叫做水力坡降，它是表示管道中压头随长度而变的比值。在新建管道中，为了满足水力条件，有时会与主管平行敷设一段管道，与主管道相接，共同输油；也可以把主管中一段管子更换管径（一般是换大）。前者被称做副管区，后者叫做变径管区。无副管或变径管的干线管道、副管区及变径管区管道三者的水力坡降都不相同。

①干线管道（无副管或变径管）

水力坡降与管道长度无关，只随流量、黏度、管径和流态而变。它是标志管道水力特征的重要参数。管道的全部压头损失可以水力坡降 i 表示为

$$i = \frac{h_f}{L} = \beta \frac{Q^{2-m} \nu^m}{d^{5-m}}$$

式中 h_f——管道内沿程水力摩阻损失，m；
　　　L——干线管道的计算长度，m；
　　　d——输油管道的内直径，m；
　　　m, β——流态指数与系数。

显然，水力坡降与管道长度无关，只随流量、黏度、管径和流态而变。它是标志管道水力特征的重要参数。管道的全部压头损失（即输油过程中泵站必须发挥的总扬程）可以水力坡降表示为

$$H = iL + \Delta z$$

式中 Δz——管线起点与终点（或翻越点）高程差，m。

②副管区管道

设副管区内主管直径为 d，副管直径为 d_1，总流量为 Q，主管流量为 Q_1，副管流量为 Q_2。副管区内主管与副管的水力坡降应相等且为 i_1，主管与副管流量之和为总流量，则有

$$Q = Q_1 + Q_2$$

$$i_1 = \beta \frac{Q_2^{2-m} \nu^m}{d_1^{5-m}} = \beta \frac{Q_1^{2-m} \nu^m}{d^{5-m}}$$

从以上两式可以得出副管区与非副管区的水力坡降有如下关系：

$$i_1 = \frac{i}{\left[1+\left(\frac{d_1}{d}\right)^{\frac{5-m}{2-m}}\right]^{2-m}} = i\omega$$

式中 $\omega = \dfrac{1}{\left[1+\left(\dfrac{d_1}{d}\right)^{\frac{5-m}{2-m}}\right]^{2-m}}$。

如果主管与副管直径相同，则

$$i_1 = i\frac{1}{2^{2-m}}$$

层流区：$m=1$，$i_1 = 0.5i$
紊流光滑区：$m=0.25$，$i_1 = 0.298i$

可以看出，紊流光滑区使用副管减少压头损失的效果显著。

③变径管区管道

设变径管的管径为 d_c，水力坡降为 i_c，则有

$$i_c = \beta \frac{Q^{2-m}\nu^m}{d_c^{5-m}}$$

$$i = \beta \frac{Q^{2-m}\nu^m}{d^{5-m}}$$

解上两式可得变径管区水力坡降与非变径管区水力坡降的关系为

$$i_c = i\left(\frac{d}{d_c}\right)^{5-m} = i\omega$$

式中 $\omega = \left(\dfrac{d}{d_c}\right)^{5-m}$

当 $d_c > d$，则 $i_c < i$；当 $d_c < d$，则 $i_c > i$。

(2) 水力坡降线

水力坡降线就是斜率为水力坡降数值的直线。它是用作图法表示管道压头沿管道降低的图线。用作图法确定泵站位置时必须使用它。

不加热输送管道的水力坡降线是沿管道长度（如果无副管或变径管）斜率不变的直线。如果影响水力坡降的因素（流量、黏度、管径、流态）之一发生变化，水力坡降的斜率就将改变，但仍为直线。

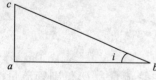

图 3-1 水力坡降线

水力坡降线的绘制方法是在线路纵断面图上平行于横坐标截取一段线段 ab（见图 3-1），在点 a 作垂直线 ac，令 ac 表示 ab 线段所代表管道长度上的沿程摩阻损失值。ac 与 ab 线段的比例必须分别相同于线路纵断面图的纵向与横向比例。连接 cb 即为管道水力坡降线。需要提出，此时所利用的线路纵断面图，其横坐标必须代表线路的地面实际长度。

在纵断面的泵站位置上，从相当于泵站出口压头的纵坐标上开始绘制水力坡降线，水力坡降线与地面线之间的垂线长度就表示该点管道中的动水压头（见图 3-2）。

(3) 翻越点与计算长度

在地形起伏变化较大的管道线路上，从线路上某一凸起高点，管道中的油料如果能按设计流量自流到达管道终点，这个凸起高点就是管道的翻越点。从管道起点到翻越点的线路长

度叫做管道的计算长度。线路比较平坦时,可能不存在翻越点。此时,计算长度等于管道全长。

计算长度是水力计算所必需的数据。因此,水力计算必须确定翻越点。翻越点在线路纵断面图上用作图法确定。

确定翻越点的方法是在纵断面图上以相同于纵断面图的纵、横比例画出水力坡降线,分别与纵断面图上各个凸起的高点(c、d)相切。如果其中某一水力坡降线与地面线的交点能超越线路终点 b(如图 3-3 中水力坡降线 1)相切的线路高点 d 即是翻越点,L_p 为计算长度。

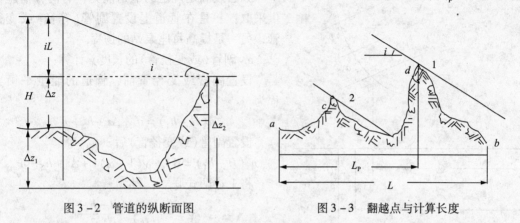

图 3-2 管道的纵断面图　　　图 3-3 翻越点与计算长度

线路上有无翻越点,除了与地形起伏有关,还取决于水力坡降的大小。水力坡降愈小,愈易出现翻越点。

(4) 泵站数的确定

管道输油泵站的数目根据输送规定油量所需的全部压头及每座泵站所发挥的扬程确定。泵站数 n 按下式计算:

$$h_0 + nH = iL + \Delta z + nh_1 + h_2$$

或

$$n = \frac{iL + \Delta z + h_2 - h_0}{H - h_1}$$

式中　n——理论计算的泵站数目;

　　　H——每座泵站发出的扬程,m;

　　　Δz——管道终点(或翻越点)与起点的高程差,m;

　　　h_2——管道终点需要的余压,m;

　　　h_1——泵站的局部阻力,m;

　　　iL——管道沿程摩阻,m;

　　　h_0——首站给油泵扬程,m。

上式中各种摩阻损失都是按照计算温度下油料性质计算所得。

可根据初步确定的泵站扬程进行计算,所得泵站数目 n 一般都不是整数,还应把计算所得 n 值化整。把 n 值化整确定泵站数目的情况有以下两种。

① n 化整为较大整数

如图 3-4 所示,对应于计算 n 值的工作点 o 的流量为 Q_o,当 n 化整为较大 n_b 时,对应的工作点为 b,流量为 Q_b,$Q_b > Q_o$。这时,管道具有大于规定的输送能力,泵站投资增加。

如想按规定输送能力工作,可以采取改换小尺寸泵叶轮、开小泵或大小输量交替进行等措施。一般说，计算的 n 值接近于较大整数，或希望管道具有一定输送能力裕量时，将 n 值化整为较大整数。

② n 化整为较小整数

n 化整为较小整数 n_a 时，对应的流量为 Q_a，$Q_a < Q_o$。如不采取其他措施，管道的输送能力将低于规定值。当计算的 n 值接近于较小整数，输送能力降低不大，也可以考虑不采取其他措施。

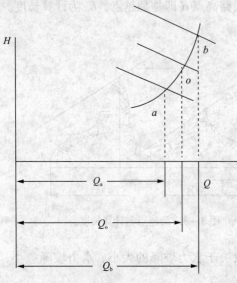

图 3-4 泵站数化整时管道工作点

如必须满足规定的输送能力，有两种措施可供采取：一是在管道上设置副管（等径）或变径管；另一是提高每座泵站的扬程。

a. 副管（或变径管）的长度 χ 计算：

设置副管或变径管前，管道的能量平衡方程为

$$n(H - h_1) = iL + \Delta z + h_2 - h_o$$

设置副管（或变径管）后

$$n_a(H - h_1) = i[L - \chi(1 - \omega)] + \Delta z + h_2 - h_o$$

将上述两式联立，得

$$\chi = \frac{(n - n_o)(H - h_1)}{i(1 - \omega)}$$

b. 确定所需改变的泵站扬程 H_a：

已知泵站扬程未改变前

$$n(H - h_1) = iL + \Delta z + h_2 - h_0$$

泵站扬程提高为 H_a 后

$$n_a(H_a - h_1) = n(H - h_1)$$

将上述两式联立，得

$$H_a = \frac{n}{n_a}(H - h_1) + h_1$$

副管或变径管的建设费用较大，生产管理不方便，对于热输管道还有热能消耗大等缺点，很少被用做补偿输送能力的措施。如果管道强度条件允许，提高泵站扬程是个较好的方法。这样做时，要求设计时对所订购的输油泵的性能提出修改。

(5) 泵站的布置

泵站数确定以后，就要选择泵站位置。在设计时，一般是根据工艺计算，从满足水利条件出发，先在室内借作图法在图上初定站址或可能的布置区，然后到现场进行实地勘察，与当地有关方面协商，根据实际情况确定站址，最后进行水力核算，做适当的调整。

① 布站作图法

a. 无副管（或变径管）的管道泵站布置

在缩小比例的线路纵断面图上作图，缩小比例的作用是使作图便于进行。作图的方法是在纵断面图上首站位置 a 站垂直向上作线段 aa'（见图 3-5），令线段 aa' 按纵断面图纵向比例所取长度等于泵站扬程与站内摩阻之差 $H - h_1$，自 a' 向右作水力坡降线交地面线于 b 点。如果输油管道为旁接输送，b 点即为初定的第二泵站位置。同法可以求出第三泵站的位置。

如果管道为密闭输送，由于密闭输送所使用的串联工作输油泵要求有一定的压入头，因

此第二泵站的位置应以 b 点向左移，以保留必要的剩余压头。剩余压头的数值应大于离心泵必需的最小汽蚀余量 Δh_r（根据离心泵的性能而定）。即第二泵站的位置可以定在 b' 点。设在 b' 点的泵站的实际扬程将是 $\Delta h_r + H - h_1$。

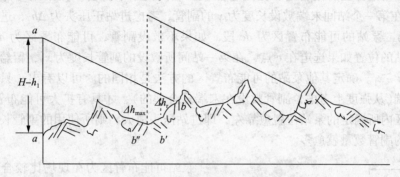

图 3-5　作图法布置泵站

密闭输送管道的离心泵还具有能承受一定压入头的性能。在不超出离心泵及管道耐压强度条件下，离心泵的压入头可以加大到 Δh_{max}。也即第二泵站可以向左移动，最远可移到 b'' 点。第二泵站设在 b'' 时，泵站的实际扬程为 $\Delta h_{max} + H - h_1$。因此，b' 点至 b'' 点是第二泵站的可能布置区。决定第二泵站位置后，同样能得出第三泵站的位置。从图 3-5 可看出，不论第二泵站站址确定在可能布置区内的何处，都不影响第三泵站的位置。泵站位置在可能布置区内的最后确定，正如前面所说，一般要在现场调查和水力条件复核之后。

旁接输送的管道在不借助于副管或变径管的情况下，一般说，是不存在泵站可能布置区的。

b. 有副管（或变径管）的管道泵站布置

在计算的泵站数化成较小整数而又设置副管（或变径管）的情况下，旁接输送管道的泵站也会有可能布置区，密闭输送管道的可能布置区则更为扩大。

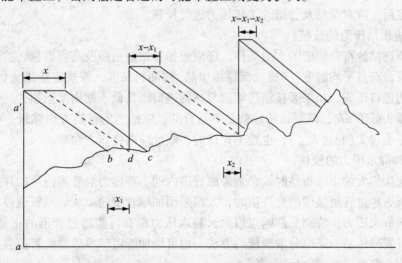

图 3-6　有副管（变径管）时旁接输送管道泵站布置

旁接输送管道的泵站布置如图 3-6 所示。如果第一站间不设副管，第二泵站的位置就在 b 点。如把全部副管长度 x 都敷设在第一站间，则第二泵站的位置在 c 点。bc 段即为第二泵站的可能布置区。如果第二泵站设于 d 点，则第一站间必须敷设 x_1 长度的副管。从 d 点开始同理可以找出第三泵站的可能布置区,但是第三泵站可能布置区的范围取决于剩余长度为 $x-x_1$ 的副管。依此类推,直到副管使用完毕,则其后的泵站位置将局限为一个点。

密闭输送管道并且有副管时,把副管敷设在站间的末端,会扩大泵站可能布置区。如图3-7,如在第一个站间末端敷设长度为 x 的副管,考虑进站正压头为 Δh_r,进站最高压头为 h_{max},则第二泵站的可能布置区为 dc 段。如果不敷设副管,可能布置区为 dc',小于 dc 段。第二泵站的位置如果选定在 c 点,在第一站间所敷设的副管长度为 x_1,留给其他站间的副管长度为 $x-x_1$。确定其他泵站的可能布置区的方法是相同的。可以看出,只有副管敷设于站间的末端(从强度上考虑,副管敷设在末端是合理的),才具有扩大可能布置区的作用。在可能布置区内所确定的泵站位置愈靠左,即进站压头愈大,则所使用的副管长度愈短,留给其他站间的副管数量就愈多。

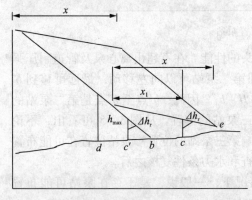

图3-7 有副管时密闭输送管道泵站布置

泵站可能布置区为在现场比较合理的选择站址提供十分有利的条件。一般说,应该尽量把较大的可能布置区预留给现场情况复杂、站址不易选择的泵站。

② 站址的确定与复核

用作图法找出各个泵站的可能布置区并参照地形图初步确定各个泵站站址,然后到线路现场进行实地勘察,征求地方有关部门的意见后做最后决定。在现场,在可能布置区内从地形、工程地质、水文地质、交通与动力、周围环境等多方面进行勘察选择。搜集有关资料,向当地政府部门、居民和附近厂矿企业了解所勘察地区的自然及人文状况;向政府或规划部门了解规划发展情况。当认为所勘察地点在技术上具备建站条件,就要正式征求各级地方政府部门的同意。

泵站确定后,应对泵站及管道的工作压力进行校核。

a. 泵站进出站压力的校核

为了使所选站址符合输送的水力条件,还应根据各站的站距及高程数据,按对应于最低月平均温度及最高月平均温度(考虑油流摩擦生热)的油料黏度,按规定输送量做水力计算,验算各泵站的进口压头。如果旁接输送管道泵站的进口压头低于站内摩阻损失,密闭输送管道泵站进口压头低于 Δh_r,该泵站站址就是不适合的,应适当向首站方向靠近。密闭输送管道泵站进口压头过大(超过 h_{max}),也是不允许的,站址应向终点方向移。

b. 动水和静水压力的校核

在地形起伏很大的山区布站时,必须考虑管道内动、静压力对管道强度的作用。当局部管道的动水压力超过管道强度的允许值时,大都采用加厚管壁的方法。当管道停输时,由于位差而产生的静水压力,特别是翻越点以后,静水压力都有可能超过管道的正常工作压力,此时,通常设置减压站,采取分散泄压的方法,也可增加管道壁厚以增大管道强度。但无论采用哪种措施,都要进行对比后再选择。

130. 工艺方案如何比较?

(1)经济评价指标和方法

由于受供需市场的约束,输油管道工程往往分期建设,因此,在对设计方案进行经济比较时，必须考虑资金的时间价值。

①经济评价指标：净现值或内部收益率。

②经济评价方法：净现值、差额净现值、差额内部收益率。

(2) 经济流速与经济流量

最佳方案中的管径即在设计条件下，设计输量所对应的最佳管径。

最佳管径对应的经济输量即设计输量。

不同直径输油管道的经济输量及工作压力范围见表3-3。

表3-3 不同直径输油管道的经济输量及工作压力范围

成品油管道			原油管道		
管径/mm	压力/(10^5Pa)	输量/(10^6t/a)	管径/mm	压力/(10^5Pa)	输量/(10^6t/a)
219	88~98	0.7~0.9	529	53~64	6~8
273	73~83	1.3~1.6	630	51~61	10~12
325	65~73	1.8~2.3	720	49~59	14~18
377	54~64	2.5~3.2	820	47~57	22~26
426	54~64	3.5~4.8	920	45~55	32~36
529	54~64	6.5~8.5	1020	45~55	42~50
			1220	43~53	70~78

(3) 设计计算的基本步骤

①根据经济流速或经济输量，初选3~4种管径作为比选方案。

②选择泵机组型号及组合方式。

③由泵站工作压力确定管材及管壁壁厚、管内径。

④计算任务输量下的水力坡降，判断翻越点，确定管道计算长度。

⑤计算全线所需压头，确定泵站数。

⑥根据技术经济指标，估算投资及输油成本等费用。

⑦综合比较差额净现值和差额内部收益率等指标，并考虑管道的可能发展，选出最佳方案。

⑧按所选方案的管径、泵机组型号及组合、泵站数等，计算工作点参数：流量、泵站扬程、水力坡降。

⑨在纵断面图上布置泵站。

⑩泵站及管道系统各种工况的校核和调整。

(4) 经济比选

①静态比较

在初期阶段的方案比较中，可以采用静态的差额投资回收期法及总费用法两种方法进行对比。

a. 差额投资回收期法

差额投资回收期法是在算出各个管径方案的投资回收期之后，针对投资大但回收期较短的方案所做的。其计算公式为

静态差额投资回收期：$T = \dfrac{I_1 - I_2}{C_1 - C_2}$

式中 I_1，I_2——两个方案的总投资；

C_1，C_2——两个方案的输油成本(不含折旧及流动资金借款利息)。

一般认为 T 小于 5 年，则投资较大的方案是可取的。

b. 总费用法

总费用法是分别计算各个方案的总费用。总费用值较低的方案较优越。总费用的计算公式为

$$E = FI + C$$

式中 E——总费用；

I，C——分别为方案的总投资及年输油成本；

F——投资效果系数，目前一般取 0.14；

经过初期阶段方案比较所选择的较优方案，在其后的工作中尚应进行方案的动态经济分析。

② 动态比较

对于正式的方案比选，特别是当管道的输油量为分阶段逐步达到满输量时，静态比较方法不能满足需要，必须应用动态比较方法。常用的动态方法是费用现值比较法。计算各个方案的费用现值(PW)，现值较低的方案是可取的方案。费用现值的计算公式如下：

$$PW = \sum_{t=1}^{n}(I + C - S_v - W)_t \left(\frac{P}{F}, i, t\right)$$

式中 I——投资(包括固定资产投资和流动资金)；

C——年经营总成本；

S_v——计算期末回收固定资产余值；

W——计算期末回收流动资金；

$\left(\dfrac{P}{F}, i, t\right)$——折现系数；

i——基准收益率(财务评价时)或社会折现率(国民经济评价时)；

n——计算期。

131. 原油及成品油的比热容、导热系数如何计算？

(1) 比热容

液态原油和成品油的比热容 C_y 在输送温度范围内的变化趋势相同。比热容随温度的升高而缓慢上升，可按下式确定。

$$C_y = \frac{1}{\sqrt{d_4^{15}}}(1.687 + 3.39 \times 10^{-3} T)$$

式中 C_y——油料比热容，kJ/(kg·℃)；

d_4^{15}——油料在15℃时的相对密度；

T——油料温度，℃。

含蜡原油当油温低于析蜡温度时，由于蜡晶析出放出结晶潜热，比热容中包含了液相的 C_y 及蜡晶潜热。不同的原油或同种原油在不同的温度范围，变化情况不同。

(2) 导热系数

液态石油产品的导热系数随温度而变化，可按下式计算：

$$\lambda_y = 0.137(1 - 0.54 \times 10^{-3} T)/d_4^{15}$$

式中 λ_y——油料在 T℃的导热系数，W/(m·℃)；

T——油料温度,℃;

d_4^{15}——油料在15℃时的相对密度。

原油和成品油导热系数约在 0.1~0.16W/(m·℃)之间,大致计算可取 0.14W/(m·℃)。石蜡的平均导热系数可取 2.5W/(m·℃)。

132. 土壤导热系数、导温系数如何确定?

(1)导热系数

土壤的导热系数取决于土壤的种类及土壤的孔隙度、温度、含水量等,其中含水量的影响最大。此外,降雨、下雪及土壤温度的昼夜及季节的波动等气象因素也会影响土壤的导热系数,因此很难通过计算得出较准确的土壤导热系数。实际上,土壤的导热系数是一种统计特性,因此,综合实验资料进行统计处理是有效的和合理的。

在管道设计时,应根据线路具体条件确定土壤导热系数。缺乏线路实测资料或估算时,可查阅有关资料或按表3-4中的平均值选取。

表3-4 土壤导热系数

土壤	温度/%	$\lambda_s/[W/(m·℃)]$	
		融化状态	冻结状态
粗砂(1~2mm)			
密实的	10	1.74~1.35	1.98~1.35
密实的	18	2.78	3.11
松散的	10	1.28	1.4
松散的	18	1.97	2.68
细砂和中砂(0.25~1mm)			
密实的	10	2.44	2.5
密实的	18	3.60	3.8
松散的	10	1.74	2.00
松散的	18	3.36	3.5
不同粒度的干砂	1	0.37~0.48	0.27~0.38
亚砂土、亚黏土、粉状土、融化土	15~26	1.39~1.62	1.74~2.32
黏土	5~20	0.93~1.39	1.39~1.74
水饱和的压实泥炭		—	0.8
非压实泥炭	270~235	0.36~0.53	0.37~0.66

(2)导温系数

土壤的密度、比热容与土壤种类及含水量有关,故导温系数也是土壤种类、含水量的函数。可在现场和实验室中测得。

133. 钢管、保温层、沥青绝缘层的导热系数如何确定?

钢材的导热系数在46~50W/(m·℃),预应力混凝土管的导热系数在0.6~1.2W/(m·℃)之间。

沥青的导热系数随温度及密度而不同。关于沥青绝缘层的导热系数,目前还缺少详细的数据，对一般热油管道，可取 0.15W/(m·℃)。

埋地管道保温材料常用聚氨酯硬质泡沫塑料，其导热系数可取 0.035~0.047W/(m·℃)。

134. 热油管道的总传热系数如何计算？

管道总传热系数 K 是指油流与周围介质温差为 1℃ 时，单位时间内通过管道单位传热表面所传递的热量。它表示油流至周围介质散热的强弱，在计算热油管道沿程温降时，K 值是关键参数。

埋地热油管道散热的传递过程由三部分组成，即油流至管壁的放热，钢管壁、沥青绝缘层或保温层的热传导和管外壁至周围土壤的传热。在稳定传热条件下，可有如下关系：

$$\frac{1}{K\pi D} = \frac{1}{\alpha_1 \pi D_1} + \sum \frac{\ln(D_{(i+1)}/D_i)}{2\pi\lambda_i} + \frac{1}{\alpha_2 \pi D_w}$$

或

$$\frac{1}{KD} = \frac{1}{\alpha_1 D_1} + \sum \frac{1}{2\lambda_i} \ln \frac{D_{(i+1)}}{D_i} + \frac{1}{\alpha_2 D_w}$$

式中　D_w——管道最外围的直径，m；

D_1——管道内直径，m；

D_i，D_{i+1}——钢管、沥青绝缘层及保温层的内径和外径，m；

λ_i——第 i 层的导热系数，W/(m·℃)；

α_1——油流至管内壁的放热系数，W/(m²·℃)；

α_2——管外壁至土壤的放热系数，W/(m²·℃)；

D——管径，m，对于无保温管道，取钢管外直径；对于保温管道，可取保温层内外直径的平均值。

对于无保温的大直径管道，如忽略内外径的差值，则总传热系数 K 可近似按下式计算：

$$K = \frac{1}{\frac{1}{\alpha_1} + \sum \frac{\delta_i}{\lambda_i} + \frac{1}{\alpha_2}}$$

式中　δ_i——第 i 层的厚度，m。

（1）油流至管内壁的放热系数 α_1 的计算

放热强度决定于油的物理性质及流动状态。可用 α_1 与放热准数 Nu、自然对流准数 Gr 和流体物理性质准数 Pr 间的数学关系式来表示。

①层流时，$Re < 2000$，且 $Gr \cdot Pr > 5 \times 10^2$ 时，

$$Nu_y = 0.17 Re_y^{0.33} Pr_y^{0.43} Gr_y^{0.1} \left(\frac{Pr}{Pr_{bi}}\right)^{0.25}$$

式中　y——各参数取自油流的平均温度，℃；

bi——各参数取自管壁的平均温度，℃。

$$Nu_y = \frac{\alpha_1 D_1}{\lambda_y}; \quad Pr_y = \frac{\nu_y c_y \rho_y}{\lambda_y}; \quad Gr_y = \frac{d_1^3 g \beta_y (T_y - T_{bi})}{\nu_y^2}$$

式中　λ_y——油的导热系数，W/(m·℃)；

ν_y——油的运动黏度，m²/s；

ρ_y——油的密度，kg/m^3；

c_y——油的比热容，$kJ/(kg\cdot℃)$；

β_y——油的体积膨胀系数，$1/℃$；

g——重力加速度，为$9.81m/s^2$。

②紊流时，$Re>10^4$，$Pr<2500$时，

$$\alpha_1 = 0.021\frac{\lambda_y}{D_1}Re_y^{0.8}Pr_y^{0.44}\left(\frac{Pr_y}{Pr_{bi}}\right)^{0.25}$$

③当$2000<Re<10^4$，流态处于过渡状态时，放热现象往往突然增强，目前还没有较可靠的计算式，下式可供参考。

$$Nu_y = K_0 Pr_y^{0.43}\left(\frac{Pr_y}{Pr_{bi}}\right)^{0.25}$$

式中，系数K_0是Re的函数，可由表3-5查得。

表3-5 系数K_0与Re关系

$Re\times10^{-3}$	2.2	2.3	2.5	3.0	3.5	4.0	5.0	6.0	7.0	8.0	9.0	10
K_0	1.9	3.2	4.0	6.8	9.5	11	16	19	24	27	30	33

紊流状态下α_1比层流时大得多，通常情况下大于$100W/(m^2\cdot℃)$。因此，紊流时α_1对总传热系数的影响很小，可以忽略，而层流时α_1则必须计入。

④关于非牛顿流体圆管传热中对流放热系数α_1的计算，目前还不成熟。

(2) 管壁的导热

管壁的导热包括钢管(或非金属管)、沥青绝缘层、保温层等的导热。核算热油管道运行工况时，应计入管壁结蜡层等的影响。

钢管壁导热热阻很小，可以忽略。非金属管材的导热系数小，加以管壁较厚，热阻相当大。据国外资料介绍，6~9mm厚的沥青绝缘层，其热阻约占埋地管道总热阻的10%~15%。

保温管道上，保温层的热阻是起决定影响的。特别是架空或水下敷设的管道，保温层热阻是最主要的。

管内壁的凝油和结蜡层的厚度随管道的运行条件(温度、流速等)而有显著不同，计算时难以确定。由于凝油和石蜡的导热系数都很小，前者约为$0.11~0.14W/(m\cdot℃)$，后者随重度而不同，约在$0.15~0.23W/(m\cdot℃)$之间。随着凝油层厚度的增加，其热阻的影响可能相当大。设计时不考虑凝油层热阻对K值的影响，但核算运行管道K值时要计入壁上凝油层的影响。

(3) 管外壁至大气的放热系数α_{2a}

地上架空管道的管外壁至大气的放热为对流与辐射换热同时存在的复合换热，故

$$\alpha_{2a} = \alpha_{ac} + \alpha_{aR}$$

式中 α_{ac}，α_{aR}——分别为管外壁与大气之间的对流与辐射放热系数，$W/(m^2\cdot℃)$。

α_{aR}可以按辐射放热公式计算，由于架空的热油管道均有保温层，其外表温度与大气温差较小，α_{aR}较小，可取$2~5W/(m^2\cdot℃)$。

α_{ac}可按空气中的受迫对流计算，$2\times10^5>Re_a>10^3$时，

$$Nu_a = 0.25Re_a^{0.6}Pr_a^{0.38}\left(\frac{Pr_a}{Pr_{aG}}\right)^{0.25}$$

$$Re_a = \frac{V_a D_w}{\nu_a}; \quad Pr_a = \frac{\nu_a c_a \rho_a}{\lambda_a}$$

式中 V_a——最大风速，m/s。

$\nu_a, c_a, \rho_a, \lambda_a$——空气的黏度、比热容、密度和导热系数，参见表3-6；

Pr_{aG}——定性温度时的值，取管表面温度时的值。

表3-6 大气压下空气的某些物理性质

温度/℃	-50	20	0	10	20	30	40
密度/(kg/m³)	1.534	1.396	1.293	1.248	1.205	1.165	1.128
导热系数/[10⁻²W/(m·℃)]	2.04	2.28	2.44	2.51	2.59	2.67	2.76
运动黏度/(mm²/s)	9.54	11.61	13.28	14.16	15.06	16.00	16.96

在一般气温条件下，空气的 Pr 数值变化很小，$Pr_a \approx 0.72$，$Nu_a = 0.25 Re_a^{0.6} Pr_a^{0.38} \cdot \left(\frac{Pr_a}{Pr_{aG}}\right)^{0.25}$ 可简化为

$$Nu_a = 0.221 Re_a^{0.6}$$

对于室内或沟内的管道，可按自然对流计算 α_{ac}，$Gr_a \cdot Pr_a > 10^5$，

$$Nu_a = 0.53(Gr_a \cdot Pr_a)^{0.25}$$

(4) 管外壁至土壤的放热系数 α_2

埋地管道的管外壁至土壤的传热是管道散热的主要环节。当管道埋深较浅时，土壤表面对大气的放热也有较大的影响。管外壁的放热系数 α_2 是管道散热强度的主要指标。对于不保温的埋地管道，当管内油流为紊流状态时，总传热系数 K 近似等于 α_2。

传热学中将埋地热管道的稳定传热过程简化为半无限大均匀介质中连续作用的线热源的热传导问题，并假设起始为均匀分布的土壤温度，且后来任一时刻土壤的表面温度都是 T_0，并假设土壤至空气的放热系数 $\alpha_{ta} \to \infty$。在上述假设的基础上，由源汇法(source-sink method)得出，管壁至土壤的放热系数为

$$\alpha_2 = \frac{2\lambda_t}{D_w \ln\left[\frac{2h_t}{D_w} + \sqrt{\left(\frac{2h_t}{D_w}\right)^2 - 1}\right]}$$

式中 λ_t——土壤导热系数，W/(m·℃)；

h_t——管中心埋深，m；

D_w——与土壤接触的管外径，m。

上式推导中未考虑土壤自然温度场及土壤表面与大气热交换对管道散热的影响，计算大口径浅埋的热油管道时误差较大。

当 $h_t/D_w > 2$ 时，上式可近似为

$$\alpha_2 = \frac{2\lambda_t}{D_w \ln \frac{4h_t}{D_w}}$$

若考虑土壤-空气的热阻影响，取

$$\frac{1}{\alpha_2} = \frac{D_w H_{Dt}}{2\lambda_t} + \frac{D_w}{2\lambda_t Bi_2}$$

上式右端第二项即为土壤–空气间界面热阻，经整理后可得

$$\alpha_2 = \frac{2\lambda_t Bi_2}{D_w(1+H_{Dt}Bi_2)}$$

$$Bi_2 = \frac{\alpha_{ta}y_0}{\lambda_t}; \quad y_0 = \sqrt{h_t^2-(D_w/2)^2}; \quad H_{Dt} = \ln\left[\frac{2h_t}{D_w}+\sqrt{\left(\frac{2h_t}{D_w}\right)^2-1}\right]$$

式中　α_{ta}——土壤至地表面空气的放热系数，$\alpha_{ta} = \alpha_{tac} + \alpha_{taR}$，W/(m²·℃)；

α_{tac}——土壤表面至空气的对流放热系数，$\alpha_{tac} = 11.6 + 7.0\sqrt{V_a}$，W/(m²·℃)；

V_a——地表风速，m/s；

α_{taR}——土壤表面至大气的辐射放热系数，由于两者温差不大，计算时可近似取定值，约 2~5W/(m²·℃)。

α_2 的计算公式是在一定假设条件下得出的，在理论上或实践上都有若干不足之处。

（5）埋地管道总传热系数的选用

埋地不保温管道的 K 值主要取决于管道至土壤的放热系数 α_2，而 α_2 受土壤含水量、温度场、大气温度变化等因素的影响，难以得到准确的计算结果，设计时，我国均采用经验方法确定 K 值。已投产的非保温热输管道，在一般土壤条件下，管道公称直径为 700mm 者，其稳定 K 值为 0.86~1.2W/(m²·℃)，设计 K 值可取 1.47W/(m²·℃)；管道公称直径为 500mm 者，稳定 K 值为 1.1~1.40W/(m²·℃)，设计 K 值可取 1.72W/(m²·℃)。根据敷设地区土壤及地下水情况，可对所取用 K 值作适当调整。

135. 轴向温降如何计算？

油流在加热站加热到一定温度后进入管道。沿管道流动中不断向周围介质散热，使油流温度降低。散热量及沿线油温分布受输油量、加热温度、环境条件、管道散热条件等因素的影响。这些因素是随时间变化的，故热油管道通常处于热力不稳定状态。工程上将正常运行工况近似为热力、水力稳定状态，在此前提下进行轴向温降计算。

设管道周围介质温度为 T_0，dl 微元段上油温为 T，管道输油量 G，水力坡降为 i，流经 dl 段后散热油流产生温降 dT。在稳定工况下，dl 微元管段上的能量平衡式如下：

$$K\pi D(T-T_0)\mathrm{d}l = -Gc\mathrm{d}T + gGi\mathrm{d}l$$

上式左端为 dl 管段单位时间向周围介质的散热量，右端第一项为管内油流温降 dT 的放热量；第二项为 dl 段上油流摩擦损失转化的热量。

设管长 L 的段内总传热系数 K 为常数，忽略水力坡降 i 沿管长的变化，对上式分离变量并积分，可得沿程温降计算的列宾宗公式（Lebizon formula）：

$$\ln\frac{T_R-T_0-b}{T_L-T_0-b} = aL$$

式中　G——油料的质量流量，kg/s；

c——输油平均温度下油料的比热容，J/(kg·℃)；

D——管道外径，m；

L——管道加热输送的长度，m；

K——管道总传热系数，W/(m²·℃)；

T_R——管道起点油温，℃；

T_L——距起点管道起点 L 处油温，℃；

T_0——周围介质温度，埋地管道取管心埋深处自然地温，℃；

i——油流水力坡降，m/m；

a，b——参数，$a = \dfrac{K\pi D}{Gc}$，$b = \dfrac{giG}{K\pi D}$；

g——重力加速度，为 9.81m/s²。

若加热站出站油温 T_R 为定值，则管道沿线温度分布如下式：

$$T_L = (T_0 + b) - [T_R - (T_0 + b)]e^{-aL}$$

热油管道的水力坡降 i 沿程是变化的，计算中可近似取加热站间管道的平均水力坡降值。

$$i = \frac{1}{2}(i_R + i_L)$$

式中　i_R、i_L——计算管段的起点、终点的水力坡降。

热力计算时，沿程温度分布待求，水力坡降也未知，只能近似取值计算或迭代求解。

两个加热站之间的管道沿线，各处的温度梯度是不同的；站的出口处油温高，油流与周围介质的温差大，温降快。而在进站前的管段上，油温低，温降慢。加热温度愈高，散热愈多，温降愈快。因此，过多的提高加热站出口油温，试图提高管道末端的油温，往往收效不大。

对于距离不长、管径小、流速较低、温降较大的管道，在摩擦热对沿程温降影响不大的情况下，或概略计算温降时，可忽略摩擦热的作用。令 $b = 0$ 代入 $\ln\dfrac{T_R - T_0 - b}{T_L - T_0 - b} = aL$，得到苏霍夫公式（Sukhoi formula）：

$$\ln\frac{T_R - T_0}{T_L - T_0} = aL$$

或

$$T_L = T_0 + (T_R - T_0)e^{-aL}$$

136. 加热站进、出站温度如何确定？

确定加热站的进、出站温度时，需考虑三方面的因素。首先是油的黏温特性和其他物理性质；其次是管道的停输时间、热胀和温度应力等安全因素；第三是经济比较，使总的能耗费用最低。

（1）加热站出站油温的选择

考虑到原油和重油都含水，故其加热温度一般不超过100℃。如原油加热后进泵，则其加热温度不应高于初馏点，以免影响泵的吸入。

鉴于大多数重油在100℃以下的温度范围内，黏温曲线均较陡，提高油温以降低黏度的效果显著。另外，重油管道大都在层流流态下输送，其摩阻与黏度成正比，提高油温以减少摩阻的效果更显著，故重油管道的加热温度常较高。为了减少热损失，管外常敷设保温层。

含蜡原油往往在凝点附近黏温曲线很陡，而当温度高于凝点 30~40℃ 以上时，黏度随温度的变化较小。而且热含蜡原油管道常在紊流光滑区，摩阻与黏度的 0.25 次方成正比，提高油温对摩阻的影响较小，而热损失却显著增大，故加热温度不宜过高。

此外，在确定加热温度时，还必须考虑由于运行和安装温度的温差而使管道遭受的温度应力是否在强度允许范围内，以及防腐层和保温层的耐热能力是否适应等。

(2)加热站进站油温的选择

加热站进站油温主要取决于经济比较,对凝点较高的含蜡原油,由于在凝点附近时黏温曲线很陡,故其经济进站温度常略高于凝点。当进站油温接近凝点时,必须考虑管道可能停输后的温降情况及其再启动措施,要规定适当的安全停输时间。

同一管道的进出站油温的确定是相互制约的。同时,含蜡原油的黏温特性及凝点都会随热处理条件而不同,故应在热处理试验的基础上,根据最优热处理条件及经济比较来选择加热站的进出站温度。

(3)周围介质温度 T_0 的确定

对于架空管道,T_0 就是周围大气的温度。对于埋地管道,T_0 取管道埋深处的土壤自然温度。T_0 是随地区、季节变化的,各加热站间可能不同。设计热油管道时,至少应分别按最低及最高的月平均温度计算温降及热负荷。T_0 值应从气象资料上取多年实测值的平均值;没有实测值时可由大气温度按理论公式计算 T_0;运行时则按实测值核算。

137. 热油管道加热站和泵站如何布置?

(1)确定加热站数及其热负荷

确定了加热站的出、进口温度,即加热站间的起、终点温度 T_R 和 T_Z 后,可按冬季月平均最低地温及全线的近似 K 值估算加热站间距 l_R。由 $\ln\dfrac{T_R - T_0 - b}{T_Z - T_0 - b} = aL$ 可得:

$$l_R = \frac{Gc}{K\pi D}\ln\frac{T_R - T_0 - b}{T_Z - T_0 - b}$$

加热站数 n_R 按下式计算并化整

$$n_R = L/l_R$$

式中　L——管路总长,m;

　　　l_R——初步计算的加热站间距,m。

显然,这只是初步,实际上各站间的 K 值不完全相同。更重要的是为了便于生产管理,应尽可能使加热站与泵站合并。因此在布置泵站时,加热站的位置要互相调整。在加热站的位置最终确定以后,可按站间实长及具体的 K 值,重新计算各站的进出站温度。

加热站的有效热负荷 q 可根据所要求的进、出站温度 T_Z 及 T_R 计算如下:

$$q = Gc(T_R - T_Z)$$

式中　q——加热炉有效负荷,kW;

　　　G——油流质量流量,kg/s;

　　　c——平均油温下的油料比热容,kJ/(kg·℃)。

加热站的燃料油耗量为:

$$g = \frac{q}{E\eta_R} \times 3600$$

式中　g——加热用燃料油耗量,kg/h;

　　　η_R——加热系统效率;

　　　E——燃料油热值,kJ/kg。

(2)确定泵站数和布站

在初步确定加热站的基础上进行站间水力计算。计算加热站间管道摩阻及全线所需压头,根据每个泵站所提供的压头,确定全线所需泵站数。若按平均油温法计算摩阻,水力坡降视为定值，则布置泵站的方法与等温管相同。对沿线高差起伏大的管道，同样要判断翻越点，确定管道的计算长度，据此计算所需压头，再确定泵站数。

若沿线油流黏度变化大，按分小段计算或理论公式计算摩阻，站间水力坡降线是曲线，其泵站布置不同于等温管道。其特点是：

①加热站间管道的水力坡降线是一条斜率不断增大曲线。可根据各段油温对应的摩阻值在纵断面图上按比例画出，连成曲线。

②在加热站处，由于进、出站油温突变，水力坡降线的斜率也会突变，而在加热站之间，水力坡降线斜率逐渐变化。

初步布站后，应调整加热站、泵站位置，尽可能合并设置，以节省投资和方便管理。若管道初期的输量较低时，所需加热站数多，泵站数少；待后期任务输量增大时，所需加热站数减少，泵站数增多。设计时应考虑到不同时期不同输量的特点，按低输量作热力计算、布置加热站，待输量增大后改为热泵站。

并非所有情况下泵站、加热站均能合并。在地形起伏大的山区，上坡段泵站间距可能小于加热站间距，需设单独泵站；在下坡段，泵站间距可能大于加热站间距，需设单独的加热站。

在纵断面图上初定站址后，经过现场勘察，最后确定站址。站址调整后，应进行热力、水力核算，计算不同季节的进出站油温、进出站压力、允许的最小输量、加热站热负荷等。

138. 热油管道优化设计特点是什么？

热油管道的优化设计内容与不加热输油管道有许多共同之处，都涉及到最优线路选择；管径、管材、设备选择；工艺方案及运行参数优选等方面，以达到投资及经营费用少、系统可靠性好等目标。热油管道上，加热系统的技术经济比较是方案比选中的重要方面。

热油管道加热费用占管道总能耗费的比例较大，据统计，热输原油管道上加热炉烧油占管输原油的1%~3%左右。在设计及运行中，降低热能损失以降低总能耗对降低输油成本、提高经济效益影响重大。在优选设计方案及设计参数时需要考虑这一特点。

确定热油管道最优设计方案，涉及管径、管材、壁厚、各站的工作压力、加热温度、加热站数、泵站数及各站泵组合等，在一系列相应的约束条件下的最优组合。目前一般用最优化计算与方案比选法相结合来确定，如先选定几种管径、不同管材，每组为一种方案，用优化方法(如非线性规划、动态规划、整数规划等)计算确定每一种方案中的最优参数，再将它们进行进一步比选，以确定最终采用的优化设计方案。

139. 管道埋深如何确定？

(1)确定管道埋深时，应在满足以下前提条件后进行经济比较，选择适宜方案。尽量不占或少占耕地，管顶覆土厚度应能保证农作物的耕作和生长。为保证管道的安全运行，防止管道受地面上各种车辆负载的机械损害及保持在热应力作用下的稳定性，管道埋深应不小于0.8m。在某些特殊情况下，比如穿越河流、铁路、公路等自然或人工障碍时，为保证管道的安全工作，埋深还要大些。

(2)在地下水位不高的段落，埋置愈深，热损失愈少。但是当埋深超过3~4倍管径时，继续增加埋深，管道热损失减少不显著，这从埋地管道α_2的计算式中可以看出。在东北地区，对于管径300~400mm的管道，埋深1~1.2m时和埋深2m的热损失约相差10%~15%。同时，超过一定深度后，继续增加埋深对施工和维修都会增加困难。若地下水位较高,增加埋深使管道长期浸在地下水中,不但热损失增大,而且管道腐蚀增强。故应根据具体条件作技术经济比较后确定埋深。目前热油管道的埋深大都取 2~3 倍管径或按管顶覆土 1.2~1.5m 考虑。

(3)一般情况下,管道应埋在略低于冰冻线处,这可以减少热损失。对于不加热输送的管道也应如此,以避免土壤解冻时的不均匀沉陷和油料中可能含有的水分的冻结。

(4)对高寒地区,在地下水位不高、且施工方便的情况下,可取较大的埋深。对地下水位高、土壤腐蚀性强的地段,应考虑将管道敷设在地下水位以上。在可能的情况下,也可用浅挖深埋的土堤敷设方式。根据华东地区的实际测定,地面覆土1.5m、边坡1:1的土堤的散热情况,相当于地下埋深1m。

140. 管道保温方式如何选择？

(1)热油管道保温后,由于热阻增大,管道热损失减小,使油流沿程温降减小,平均油温增高。这使所需加热站、泵站数减少,运行能耗费降低。与不保温管道相比,增加了保温材料及保温层施工等费用的一次投资。架空敷设的热油管道均有保温层,埋地管道应根据输油工艺要求、线路情况,经过技术经济比较后决定是否保温及进行保温层的材料、厚度选择。

(2)根据国内外经验,保温管道比较适用于高温输送的重油管道、管径较小的原油管道、通过总传热系数大的地区或高寒地区的管道、由于特殊原因加热站间距较长的管道。

(3)地下敷设的管道保温层除了应有较小的导热系数以减小管道散热、满足节能要求外,还应有足够的机械强度、较小的吸水性等,以保证保温层经久耐用。常用的保温材料中,聚氨酯硬质泡沫塑料是目前最适于埋地管道使用的。它具有容重小、导热系数低、吸水率低、抗压强度高、与钢铁表面的黏结性好及施工方便等优点,近年来在热油管道上应用较多。但由于其价格较高,不利于大量推广。

聚氨酯硬质泡沫塑料保温层的施工方法有模具浇注与机械喷涂成型两种,不同施工方法及施工条件下,保温层的性能有所不同。我国使用的聚氨酯硬质泡沫塑料的性能参数可取为:容重 $45 \sim 50 \text{kg/m}^3$,导热系数 $0.031 \sim 0.035 \text{W}/(\text{m} \cdot ℃)$,吸水率(40℃以下浸泡48h) $2.0 \times 10^{-2} \text{g/cm}^3$,抗压强度(厚度压缩10%)324kPa,耐热(烘箱,恒温8h)130℃不变形。

聚氨酯硬质泡沫虽然是闭孔率很高、吸水率很低的材料,但其原料质量、配方、施工方法等均影响到保温层的吸水率。当外保护层质量不良或管段接口的密封性不佳时,实测的保温层吸水率可能比出厂测试指标高20多倍。在地下水位高的地区,保温层吸水严重,可使其导热系数增大数倍,管道热损失增大,同时使钢管长期浸水,腐蚀严重,故必须严格保证保温层、外保护层及其接口的施工质量。

(4)保温层材料确定后,保温层厚度是影响技术经济指标的重要参数。保温层厚度增大,管道传热系数减小,可以减少加热站或泵站投资,降低能耗,节约运行费用,但保温层的材料费、施工费增加。且保温层厚度增加至一定程度后,保温效果的提高就不大明显了,应通过技术经济比较确定保温层厚度。可选定几种不同的保温层厚度,计算相应的管道传热系数,对它们进行管道的热力、水力工艺计算,确定泵站、加热站数及运行参数,计算其投资、经营费用,再对各方案进行技术经济比较,以确定最佳保温层厚度。

(5)在某些特殊情况下,加热站间距及运行油温已定,求所需的保温层厚度时,可由管道沿程温降公式计算所要求的管道传热系数之值,再根据管道的热阻计算公式可求得所需的保温层厚度。

141. 加热系统、运行参数如何选择？

（1）加热系统

由于加热的能耗是热油管道总能耗中的重要部分，加热方式、加热装置的选择至关重要，应通过技术经济比较来确定最佳加热系统。输油管道上可采用直接加热或间接加热两种方式，加热系统流程与管道输送方式（密闭输送或旁接油罐输送）有关。

（2）运行参数

热油管道的运行参数包括流量、加热站进出站油温及运行泵组合、泵站进出站压力等。在设计任务输量下，线路条件（如地温、管道总传热系数、站间管道长度等）已定时，随着加热温度提高，燃料费用增加，动力费用下降，其变化情况与线路条件、设备特性、油料流变性、油料热物性等多种因素有关。在一定条件下存在总能耗费用最小的经济运行参数组合。

设计计算中初选管径时，常根据经济流速来计算。经济流速的范围与经济评价中各项费用的比值有关，我国目前对这些经济参数还缺乏总结。对热油管道而言，管径增大使散热量增大，热能费用增加，故热油管道的经济流速常比不加热的管道更高些。目前热油管道的经济流速范围约为 $1.5 \sim 2 m/s$，此范围只供方案初选时参考应用。

142. 液化气管道输送有哪些特殊问题？

（1）管道的启动及预冷却过程

液化气管道在投产时，除了要用压缩空气推动清管球，以驱除管内的试压存水外，还要用低露点的天然气或氮气从管道中置换空气，然后才可逐步注入液化气。当输送温度较低时，为了使管道、保温层及周围土壤从起始的周围环境温度冷却到接近稳定的运行温度，需要有个预冷却过程。

低温的液化气进入温度较高的空管道后，将迅速蒸发成气体，其温度沿线逐渐升高至接近周围环境温度。当管道较长时，为了使管道不断冷却并充满液化气，需要在沿线隔一定距离设放气口，不断地放出气体，以保证进入管道的液化气流量。经过一定时间，放出某一数量的气体后，才可能使管道充满液相，达到要求的输量，并冷却到接近运行温度。

当保温情况一定时，显然预冷却时间的长短决定于液化气进口压力、放气压力和排放量、放气口间距、土壤导热率和埋深等一系列因素。对于输送温度略高于 0℃ 的液化石油气管道，预冷却过程则较快。

（2）管道的停输汽化过程

液化气管道在停输期间，由于周围热量的渗入，将使温度升高而达到饱和状态，甚至进一步汽化而使管内压力急剧升高，故需要在进出站处设安全阀，并与放空罐相连，以保持管道压力在安全极限内。

当管道发生泄露时，从破裂处逸出的液体迅速蒸发，从周围介质中大量吸热，会使管道附近的土壤冻结，增加抢修的困难。当管道因泄露而停输时，在两截断阀之间的管道中，破裂处的泄压和热渗入引起的升温都会加剧液相的汽化和逸出，增大失火、爆炸的危险。故液化石油气管道的抢修，常需有中间引流和封堵的专用设备，以保持管内压力，并敷设绕过泄露处的临时管道。

143. 含蜡原油流变特性是什么？

就含蜡原油的组成而论，它是一个复杂的体系。在不同的温度下，原油中的蜡所处的形态不同，也就表现出不同的流变行为。如图 3-8 所示，在析蜡点（$T_{析}$）以上，蜡溶解于原油中，含蜡原油呈单相体系，其黏度只随油温而变化，它具有牛顿流体的特性。油温降至析蜡点后，由于蜡在原油中的溶解度降低，含蜡原油成为过饱和溶液，蜡晶开始析出，逐渐形成双相体系，原油为连续相，蜡晶为分散相，黏温曲线在析蜡点发生转折就反映这种情况；但因析出的蜡晶不多而且高度分散，所以在一定的温度范围内，原油基本上还是牛顿流体。油温降至反常点（$T_{反}$）之后，由于析出的蜡晶增多、聚集，原油中开始形成海绵状的凝胶体，此时其黏度不再是温度的单一函数，它在同一温度下还随剪切速率而变化，此后，原油过渡为非牛顿流体，具有剪切稀释性，称为假塑性体，并且逐渐表现出触变性。油温进一步降低，到达失流点（$T_{失}$）后发生转相，蜡晶相互连接形成空间网络结构，原油被包封在其中失去流动性。由于空间网络具有一定的机械强度，欲使原油流动，所施外力必须克服这一强度，因此原油具有屈服假塑性体的特性，并且明显地表现出触变性。

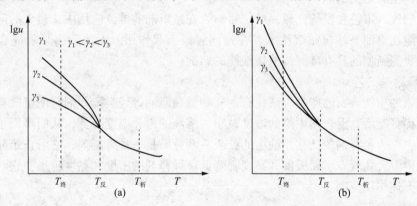

图 3-8 含蜡原油全黏温曲线

144. 含蜡黏稠原油管输工艺如何分类？

（1）添加降凝剂输送工艺

降凝剂又叫流动改进剂或蜡晶抑制剂，它是一种高分子有机化合物或聚合物。多数降凝剂的密度为 900~940kg/m³，50℃ 的黏度为 30~750mm²/s，凝点为 27~42℃。

在含蜡原油中注入 200~1500mg/L 降凝剂时，就可改变蜡晶习性、大小及其相互附着力。降凝剂延缓了蜡晶在 $x-y$ 平面的增长，由此产生了（体积/表面积）比率更高的细小晶体。晶体形态的这种变化，大大地减少了蜡晶的相互增长和聚集，从而降低了原油凝点等流变参数。但是，降凝剂是单纯起晶核作用，还是与蜡晶共晶，或是被吸附在蜡晶表面阻止其长大，目前还弄不清楚。

含蜡原油对降凝剂的选择性很强，降凝剂的选择取决于一系列因素。因此，针对某种原油使用降凝剂，应当进行专门的实验研究。

（2）添加减阻剂输送工艺

减阻剂是一种长链结构的高分子烃类聚合物。美国 Conoco 公司和 Arco 公司先后合成了 CDR-101、CDR-102 及 Arcoflo 等油相减阻剂，并得到了广泛应用。减阻剂是一种糖浆状的黏稠液体。以 CDR-101 为例，它是一种相对分子质量为 $10^6 \sim 10^7$ 的聚合物，由 α 烯烃聚合而成。其溶液由 10% 的 CDR-101 和 90% 的煤油（质量比）组成，呈乳白色，具有冷蜂蜜样的黏度，可以拉出很长的丝。这种溶液能全部溶于原油和成品油中，但不溶于水。该溶液呈非牛顿流体特性，可用幂律方程（power-law equation）描绘。高分子聚合物减阻是一物理过程，它在紊流情况下才有效。与层流状态相比，在紊流状态下，流体的阻力损失不单由黏滞力所致，而且还由惯性力所引起，雷诺数越大，由惯性力所引起的阻力损失也越大。注入减阻剂之后，这些长链高分子聚合物就吸收或抑制了流体中的涡流或旋涡，从而节省了能量。因此，雷诺数越大，减阻效果也越显著。

添加减阻剂，是提高管道输量的有效应急措施，它可以使运行管道富有输送弹性，具有应变能力。使用减阻剂，可以解决管道"卡脖子"段问题，从而提高整个管道的输送量，可以解决管道高峰负荷期的问题，以便排除临时或周期性的管流涌塞现象。减阻剂可以使用于任何自然地理环境以及油港、炼厂和产品销售终点等管线。还应着重指出，随着我国石油工业的发展，将会建设西北地区和海洋管道，使用减阻剂可以有效地加大站距，减少泵站，增加输量，这是很有意义的。

减阻剂的注入工艺和设备比较简单。目前，在减阻剂的推广应用中，最大的问题是它不耐剪切，只能在输油泵站出站端注入，在站间管段上起作用。因此，在减阻剂合成研究方面，尤其要研制新型的具有良好抗剪切性能的药剂。

(3) 稀释输送工艺

在含蜡原油中加入石油产品、液化石油气和低黏原油等烃类稀释剂，便可改善其流变特性。当加入稀释剂后，混合物中蜡的浓度减小，溶液的饱和温度降低，从而降低了混合物的凝点。此外，作为稀释剂的低黏原油中的胶质-沥青质是一种降凝剂，它阻止蜡晶网络结构的形成，使得混合物凝点、屈服值和黏度都降低。稀释剂的密度和黏度越小，它对蜡的溶解能力越强，上述作用越明显。

(4) 水力输送工艺

水力输送工艺系指水悬浮、水包油乳化和水环输送。

水悬浮输送或形成水包油乳化液输送，可以减少含蜡黏性原油管输压降。由于水环或其他低黏液环将原油与管壁隔开，并占据管壁附近的高速剪切区，从而使流动阻力大幅度地降低。实现贴壁低黏液环输送的技术关键是成膜和稳定液环。为了稳定液环，需加入高聚物黏弹体。对于液环流动的偏心问题，如果采用高聚物稀溶液那样的黏弹液体作为低黏相，那么由于弹性效应，核心流偏移到一定程度后便可减缓或终止，低黏相出现应力的弹性分量（垂直于流动方向的法向力），使液环趋于稳定。

(5) 天然气饱和输送工艺

这种输送工艺要求油气在较高压力下分离，使一部分天然气溶解于原油中，从而降低原油的黏度，改善其流动性能。实践表明，当管道通过多年冻土带或沼泽地时，由于不能对原油进行加热，采用这种方法输送含蜡黏性原油是比较适宜的。

(6) 伴热保温输送工艺

这种工艺适于较短距离的输送。一种是电伴热再加保温层，另一种则是热载体内或外伴热再加保温层，陆地和海底输油管道都有应用。

(7) 振动筛剪切输送工艺

借助于振动筛的机械剪切作用改善原油的低温流动性能。振动筛除对原油施加机械剪切作用外，还能对原油充气和加热，达到"综合治理"的效果。这种方法对蜡含量20%以上的原油是有效的，在夏季可实现原油冷输。

(8)热裂解和脱蜡处理输送工艺

热裂解适于处理高黏原油，脱蜡处理则针对含蜡原油。热裂解处理原油时，温度达到470～490℃，压力为2～3MPa。经过这样的处理，原油中汽油和柴油馏分增加，重渣油减少（它们可用别的方法输送）。将含蜡原油先行脱蜡（脱出9%～10%），再把脱蜡原油与原始原油混合输送。根据计算，冬季原始原油掺入量为10%，夏季为30%，输送这种混合原油中途不再加热，建议的混合温度为35～40℃。

(9)含蜡原油热处理输送工艺

①简易热处理输送工艺

简易热处理输送工艺系指原油在首站加热至最佳热处理温度后，经过冷热油热交换，热油在一定的温度（该温度低于管道沥青防腐层的软化点，高于原油的析蜡点）下输入干线，经受管输冷却速度和剪切速率的作用，根据管道耐压强度尽可能延长输送距离，降低输油温度。这种热处理输送工艺比较简单易行，尤其便于已建管道的技术改造。但是，就整个热处理过程来说，它是不完备的，因为在析蜡重结晶过程中，其冷却速度和剪切速率受埋地管道这一特殊热处理器的制约，不能人为地改变，因而无法选择最适宜的冷却速度和剪切速率，也就难以获得最好的热处理效果。由于上述缘故，致使这种热处理输送工艺只是在应用于不满负荷运行管道时才具有显著的经济效益，并且往往不能解决热处理输送的过冬问题。

②完备热处理输送工艺

完备热处理输送工艺系指原油在首站热处理场集中处理降温至地温后进入管道，实现地温条件下的等温输送。原油的加热、冷却和析蜡重结晶过程均在处理场完成，重结晶过程中冷却速度、剪切速率等处理条件可以人为地选择，以求获得最好的热处理效果。当然，这种热处理输送工艺比较复杂，在首站要建设庞大的处理场，投资多，工程量大。

145. 热处理效果与原油组成有何关系？

含蜡原油热处理的内在因素是蜡和胶质，其外部条件则是处理温度、冷却速度和方式以及剪切等。实践表明，不同的含蜡原油其热处理效果不同。就工业生产应用来说，不是所有的含蜡原油采用热处理输送工艺都能取得显著效果的，这就必须首先从原油组成去分析。经过初步研究，得出如下结论：

(1)只有当原油中含有石蜡和适量的胶质－沥青质时，才具有用热处理方法改善其低温流动性能的可能。

(2)胶质－沥青质在含蜡原油中具有非常显著的分散作用。在含蜡原油热处理过程中，适量的胶质－沥青质通过吸附、共晶等作用，改变原油中石蜡的结晶习性、形态及结构强度，从而取得降凝降黏效果。

(3)石蜡晶体习性的改变是原油热处理作用的核心，C_{16}～C_{38}正构烷烃则是石蜡的主要组分。所以，用胶质与C_{16}～C_{38}正构烷烃比替代笼统的胶蜡比，作为判断原油热处理效果的指标更为合适。用胶质－正构烷烃比预测原油热处理效果，在理论上有一定的依据，从实验中也已得到了验证，它对蜡组成很不相同的原油同样有普遍意义。实验表明，原油中胶质－正构烷烃之比在0.43～5.2之间，经过最佳条件热处理就可显示出热处理效果。胶质－正构烷烃比在0.6～3.0之间热处理效果最为突出

(4)微晶蜡在含蜡原油热处理过程中,本身不能显示热处理效果;但随加热温度的不同,可对原油热处理效果表现出不同程度的干扰作用。当加热温度高达微晶蜡能在原油中大量溶解的温度时,在降温重结晶过程中,微晶蜡的析出将恶化热处理效果。

146. 热处理温度如何选择?

(1)原油中的蜡晶表面吸附着胶质-沥青质。当加热温度不高时,部分蜡晶溶解于原油中,由此而游离出来的胶质-沥青质就被吸附在未溶解的蜡晶表面上,在随后的冷却过程中,使析出的蜡晶裸露,没有胶质-沥青质去吸附包围,其表面能增大,从而形成细小致密坚固的蜡晶结构,导致原油黏度、凝点和屈服值等流变参数的恶化,此即恶化处理温度时的情形。

(2)当提高加热温度时,溶解于原油中的蜡增多,而剩下的难以溶解的蜡晶只吸附了少量的胶质-沥青质,在随后的冷却过程中,由于大量的未被吸附的胶质-沥青质是一种表面活性物质,它们能促成树枝状晶型,结果形成松散的大颗粒蜡晶,其结构强度较弱。当加热温度达到某一数值,使大部分蜡溶解时,就具备了生成强度最小的树枝状结晶的有利条件,这便是最佳热处理温度时的情况。

(3)如果再提高加热温度,像前面分析指出的,微晶蜡的溶解对热处理效果将起干扰作用,同时,也可能破坏原油中的某些表面活性物质,从而降低热处理效果。这一点也为实验所证实。

从上面的分析可以看出,含蜡原油最佳热处理温度与原油中蜡的构成特点(诸如蜡的分子量分布、溶解度变化等)有关。这就是各种原油最佳热处理温度不可能一致的内在原因。

147. 冷却速度如何选择?

原油加热后,在降温析蜡重结晶过程中,冷却速度有着明显的影响。在重结晶过程中,蜡晶构成受两种速度的影响,一是晶核的生成速度,另一是已有蜡晶的生长速度。当冷却速度很慢时,析蜡强度甚弱,晶核生成速度和蜡晶生长速度均慢;当冷却速度很快时,析蜡强度甚强,此时的成晶过程既包括自晶过程,也包括异晶过程,晶核生成速度远比蜡晶生长速度快。在这两种情况下构成的蜡晶,将是大量细小的结晶体系,其表面能和结构强度较大。当冷却速度控制在某一中等范围时,使蜡晶生长速度大于晶核生成速度,此时构成表面能和结构强度较小的大而松散的结晶体系。因此,在析蜡温度区间,尤其在析蜡高峰区,应当避免特慢或特快冷却。各种原油热处理的最宜冷却速度,应通过实验加以确定。

148. 含蜡原油非牛顿流动如何计算?

如图3-9所示,管道中一个圆柱单元流体。流变方程的一般表达式为

$$-\mathrm{d}u(r)/\mathrm{d}r = f(\tau)$$

图3-9 流体单元

在圆柱单元流体上，由力的平衡关系得出
$$\tau = r\Delta p/2L$$
在管壁处
$$\tau_W = R\Delta p/2L$$
故有
$$r = R\tau/\tau_W ; \quad dr = (R/\tau_W)d\tau$$
在半径增加 dr 的环行空间内，其流量为
$$dQ = 2\pi r dr u(r)$$
通过管路截面的总流量为
$$Q = \int_0^Q dQ = \pi \int_0^R u(r)d(r^2)$$
利用边界条件 $u(R) = 0$ 及 $u(0) = u_{max}$，用分部积分法得出
$$Q = -\pi \int_0^R r^2 du(r)$$
将前面的关系代入上式，并置换积分上下限，最后得出
$$\frac{Q}{\pi R^3} = \frac{1}{\tau_W^3} \int_0^{\tau_W} \tau^2 f(\tau) d\tau$$
此即管路流动基本方程，它适用于所有流体。

含蜡原油在不同的温度区间表现出不同的流型，将不同流型的 $f(\tau)$ 代入 $-du(r)/dr = f(\tau)$ 和 $\frac{Q}{\pi R^3} = \frac{1}{\tau_W^3} \int_0^{\tau_W} \tau^2 f(\tau) d\tau$，便可得出其流速分布规律及压降和流量的关系。

149. 热油管道工作特性是什么？

(1) 工作特性与热力条件的关系

对于管径、长度、高差、地温及所输油料物性等条件固定的运行中的热油管道，其摩阻与输量间的变化关系随管道的热力工况而不同。计算不同流量下的摩阻时，必须规定其热力条件，一般有三种工况：①起点的出站温度一定；②终点的进站温度一定；③不同流量下均按相应的经济进出站温度运行。

设在某一流量 Q_0 下，加热站间管道的起点油温为 T_{RO}，终点油温为 T_{ZO}，相应的站间摩阻损失为 H_0，如图 3 – 10 的 O 点所示。如规定起点油温为 T_{RO} 不变，计算各不同流量下的站间摩阻，可得管道特性曲线 H_{TR}。反之，若规定终点油温为 T_{ZO} 不变，则可得管道特性曲线 H_{TZ}。

当 $Q_0 > Q$ 时，若起点油温 T_{RO} 不变，则温降减小，终点油温将大于 T_{ZO}；反之，若终点油温 T_{ZO} 不变，则起点油温将小于 T_{RO}，故 H_{TZ} 曲线比 H_{TR} 曲线高而陡；但当 $Q_0 < Q$ 时，若终点油温 T_{ZO} 不变，则温降增大，终点油温将小于 T_{ZO}；反之，若起点油温 T_{RO} 不变，则起点油温将大于 T_{RO}，故 H_{TZ} 曲线比 H_{TR} 曲线低而陡。当按经济温度运行时，管道工作特性的变化趋

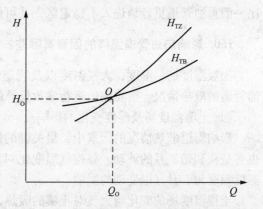

图 3 – 10 不同热力工况下的管道特性曲线

势介于二者之间。

在实际生产中为便于运行管理,常采取规定出站油温 T_R 的运行方式。当流态为层流时,以这种方式运行的热油管道可能出现不稳定的工况,必须特别注意。

(2) 出站油温 T_R 一定的管道特性曲线

热油管道的摩阻决定于两方面的因素:一方面决定于流速,流速愈大,摩阻也愈大。另一方面取决于油料的黏度,黏度又取决于油温,如近似按站间的平均油温考虑,起点温度一定时,油料的平均黏度主要取决于终点油温。而终点油温随流量的变化关系,则有三个不同的区域,当流量很小时,沿线的油温降落很快,终点油温 T_Z 接近埋深处的自然地温 T_0,随着流量的略微增大,T_Z 的变化不大;当流量很大时,沿线的温降很小,T_Z 接近 T_R,随着流量的增大,T_Z 变化也不大;只有在中等流量区内,随着流量的减小,T_Z 明显地降低。

热油管道的流量 Q 与摩阻损失 h_R 的关系有三个不同的区域。

① 在小流量区,一方面随着 Q 的增大,流速增大,使摩阻增大;另一方面 T_Z 接近 T_0,且随 Q 的变化不大,故油流的黏度较大,随着 Q 的略微增大,黏度下降不多,因而表现为 h_R 随 Q 的增大而显著增大。

② 在大流量区,一方面随着 Q 的增大,流速增大,使摩阻增大;另一方面 T_Z 接近 T_R,且随 Q 的变化不大,故油流的黏度较小,随着 Q 的增大,黏度下降不多,因而表现为 h_R 随 Q 的增大而增大。

③ 在中等流量区,一方面随着流速的增大而使摩阻增加;另一方面随着流量的增加,终点油温 T_Z 显著上升,对于黏温指数 u 或 B 值较大的含蜡原油和重油,当油温较低时,黏度随温度的变化是较剧烈的。因此 T_Z 的上升会使油流的黏度显著下降,而使摩阻减小。加之层流时黏度对摩阻的影响较大,故可能出现随着流量的增大,摩阻反而下降的现象。

(3) 热油管道的不稳定区

中等流量区通常称为不稳定区。因为当热油管道在该区内运行时,常可能由于某些外界因素的影响,使工作点进入小流量区。热油管道在小流量区或中等流量区运行,既不经济又不安全。应使热油管道的工作点始终保持在大流量区内。

若考虑管壁上凝油层加厚使管道流通截面减小,含蜡原油呈非牛顿流特性后黏温关系曲线比牛顿流体更陡峭,其表观黏度还随剪切速率降低而增大。这些因素使热输含蜡原油管道比一般重油管道更容易进入不稳定区,并可能导致管道的停流、初凝事故。

150. 影响热油管道温降的因素有哪些?

土壤温度场、湿度,大气温度以及管道运行参数(如流量、油温)的变化,均影响到热油管道的散热情况。按实测的运行参数反算的总传热系数 K 值常随时间而变化。

(1) 土壤温度场及湿度变化的影响

影响管道散热情况的因素中,最关键的是地温的变化。随着大气温度的变化,土壤温度也有昼夜和旬、月的波动。昼夜气温变化对地温的影响范围一般小于 0.5m,更深处的土壤温度只受旬、月气温变动的影响。

土壤温度场的变化与大气对土壤的吸热、放热有关。若正值雨季或地下水位较高时,土壤湿度变大,使土壤导热系数增大,加之水分的热迁移作用,使 K 值增大。虽然气温的昼夜变化不直接影响管道的散热,但发生连续数天的急剧降温时,由于表层土壤的蓄热急剧改变,也会使管道的热损失增大。

(2)地表温度变化的影响

在土壤热物性和覆土厚度相同的情况下,地面温度年变化对各种不同管径的油管具有同等的热作用。

地温年变化对油流作用的延迟时间随管径的增大而减小。

油温与埋置处地温相差较大的热含蜡油管道,地面温度年变化对油流的影响较小。

(3)土壤温度场计算

热油管道周围的稳定温度场,计算式如下:

$$T_{(x,y)} - T_0 = \frac{q}{4\pi\lambda_t}\ln\frac{(y_0+y)^2+x^2}{(y_0-y)^2+x^2}$$

式中 T_0——自然地温,℃;

q——管道的散热量,W/m;

λ_t——土壤的导热系数,W/(m·℃);

y_0——源汇法中热源中心的位置,$y_0 = \sqrt{h_t^2 - \left(\frac{D_w}{2}\right)^2}$,m;

h_t——管中心距地面的深度,m;

D_w——管外径,m。

计入土壤内的自然温度场及地表对大气放热的热油管道周围稳定温度场的计算式如下:

$$T_{(x,y)} - T_0 = \frac{T_{HC}+Bi'_a T_{ta}}{1+Bi'} + \frac{Bi'_a(T_{HC}-T_{ta})}{1+Bi'_a}\cdot\frac{y}{H_0} + \frac{T_{bi}-T_0}{1+Bi_2 H_{Dt}}\left[1+\frac{Bi_2}{2}\ln\frac{(y+y_0)^2+x^2}{(y-y_0)^2+x^2}\right]$$

式中 T_0——点(x,y)处的自然地温,℃;

T_{bi}——管壁处的土壤温度,℃;

T_{ta}——地表处的空气温度,℃;

T_{HC}——不随深度变化的年平均地温,℃;

H_0——地温年变化趋于0的深度,m。

根据上述两式可以计算稳定运行情况下土壤周围温度场。

(4)运行参数变化的影响

运行参数的变化,同样要引起土壤温度场的调整,这个调整过程通常是比较缓慢的。若提高加热站出口油温后,管道散热增加,在建立新的温度场过程中,各点的土壤温度都要相应升高,即需要在土壤中蓄入一定的热量。故管道在新的温差情况下所散出的热量,除了原来的散热损失外,还要用于周围土壤的蓄热,即其热损失将增大,在一段时间内,表现为总传热系数值的上升。

若加热站的出站温度下降,由于在重建温度场的过程中,管周围的土壤放出一部分积蓄的热量,将使管道的热损失减少,在一段时间内,表现为总传热系数值的下降。

管道轴向的温度分布也处在变化重建过程中。当提高或减少流量时,由于沿线油温的升高或降低,也表现为按温降反算的总传热系数值的升高或降低。

综上所述,埋地热油管道的热力工况是随时间变化的非稳态过程。由于土壤热容量很大,温度场变化很缓慢,工程计算上可近似为稳态传热。在分析管道的温降变化时,应着眼于管道周围土壤温度场的变化。

151. 含蜡原油管道的初凝事故如何预防?

沉积层较厚的含蜡原油管道在低温、低流速下输送时,可能发生停流初凝事故,需密切注意。

在定压输送，尤其是在雨季或气温急剧下降时，要经常分析各参数的变化情况，一旦发现异常，应立即采取升温、升压措施，并应尽可能避免在流态过渡区输送。

152. 清管的作用是什么？清管器如何分类？清管周期如何确定？

（1）清管的作用

长输管道在试压、试运前及长期运行过程中，均需进行管内清扫，由清管器来完成。

不同情况下清管的目的有所不同。刚敷设完的管道内常有施工中遗留下的各种杂物需要清扫。试压的充水过程中，为了不使水中混入大量空气影响试压效果，需在充水前放入清管器。热水试运后投油之前放入清管球可以减少混油量。

输送含蜡原油的管道，运行中管壁上逐渐沉积一定厚度的石蜡、凝油层、砂和其他机械杂质的混合物，即结蜡，使管道输送能力下降，动力消耗增加，因此需要清管。

（2）清管器分类

清管器按功能可分为清扫型、隔离型、检测型。

清扫型用于清除管壁结蜡层及锈蚀层等，常用的有机械清管器和泡沫塑料清管器两类。

隔离型有清管球和圆盘式清管器两种，这类清管器对密封性能要求较严格。

检测型清管器内装有检测仪器，结构尺寸较长，管道设计时应注意保证它能通过。

（3）清管周期

对某一具体管道，在各不同季节如何确定清管周期，是个经济比较问题。每清一次管需要一定的费用，包括清管器的维修费、更换费、清管作业费和用于驱动清管器增加的动力费等。但在一个结蜡周期内，随着结蜡层厚度的增加，流量下降，摩阻增加，单位动力消耗也在增多。

经济清管周期 τ_{op} 计算式如下：

$$\tau_{op} = -\frac{e_3}{e_2} + \sqrt{\frac{e_3}{e_2}\left(\frac{2G_0}{q} + \frac{e_3}{e_2}\right)}$$

式中 e_2——与输油量无关的单位时间内输油费用，如固定资产折旧、修理费用等折算而来，元/h；

e_3——清管一次的费用，元；

G_0——刚清管后的管道流量，t/h；

q——单位时间内流量下降率，t/h²。

153. 埋地热油管道的启动有哪些方法？其特点是什么？

热油管道启动方法分为以下三种：

（1）冷管直接启动，即热油管道不经过预热直接输入待输送的热油。冷管直接启动能节省费用和时间，但不够安全。只在管道较短、土壤温度较高，经计算热力和水力条件有保障的情况下才能应用。管道较长、地温低时，最先进入管道的冷油段过长，可能因摩阻过大和原油冷凝使启动失败。

（2）预热启动。对大多数长输管道，常采用热水预热。水的比热容大，黏度、凝点比原油低，适合做预热介质。缺点是用水量较大，预热时间长，投油后还要处理管道排放的含油污水。预热的方法有从起点往终点连续输送热水，或从终点往起点输送，视供水条件而定。

对于长距离管道，为了节约水和热量，并避免排放大量的热水污染环境，常采用往返输送热水的方法来预热管道。有时还将管道的预热和中间加热站加热炉的试烧结合起来，因此预热过程的出站水温常是变化的。

预热时，出站水温不能过高，否则会引起管道过大的热应力或破坏沥青防腐层。预热总输水量应大于站间管段容积的1.5~2倍，使正反方向预热时，管道内不致存在冷水段。

（3）加稀释剂或降凝剂启动。使所输原油降凝降黏至能够直接启动，直到土壤温度升高至进站油温满足热输要求后转入正常输油。

154. 什么叫热油管道的冷管直接启动？

将热油直接输入冷管，当启动过程中保持管道的起点油温和流量一定时，管道的终点油温将逐渐上升，表现为总传热系数的不断下降，用 K' 表示该不稳定传热的总传热系数。

将热油输入冷管时，最先进入管道的油流在输送过程中一直和冷管壁接触，当管道较长时，其油温可能降到接近埋深处的地温，远低于凝点。通常把这一段冷油称为冷油头，油头所散失的热量主要用于加热钢管壁及部分沥青层，并逐渐开始管外土壤的蓄热过程，故传热过程的热阻不断增大，反算 K' 值逐渐下降。

由于钢管和沥青层的热容量和土壤的蓄热相比微不足道，故钢管和沥青层的温升很快，表现为油头的 K' 值开始迅速下降，随着土壤的开始蓄热，K' 值的变化就缓慢了。

当管道敷有保温层时，由于保温层的热阻远大于管道其他部分的热阻，其随启动时间的变化很小，并且由于埋地保温管道的保温层外壁温度接近其周围的自然地温，在稳定传热时土壤中的蓄热要比不保温的少得多，故启动过程中土壤的蓄热对 K' 值的影响要小得多。

155. 什么叫热油管道的预热启动？

管道预热启动的目的是往土壤中蓄入一定热量，使土壤热阻增大，管道散热减少。投油后终点油温不致过低。油流达到一定的温度使输油压力在管道允许工作范围内，另一方面，投产或憋压试运中发生故障时，有停输抢修的缓冲时间。

预热过程是不稳定传热，包含了许多不易确定的因素，难以准确计算。目前有多种理论公式或经验法，均在一定假设条件下简单求解，故均与实际情况有所出入。

（1）土壤放热系数 α'_2 与预热时间 τ 的关系

①恒热流法

恒热流法把埋地管道当作半无限大均匀介质中连续作用的线热源，即认为土壤是各向均匀同性的，管道传往各方向的热流强度是相等的。

不稳定导热过程中土壤的放热系数 α'_2 与预热时间 τ 之间的关系如下：

$$\alpha'_2 = \frac{2\lambda_t}{R\left[Ei\left(-\frac{R^2+4h_t^2}{4a\tau}\right) - Ei\left(-\frac{R^2}{4a\tau}\right)\right]}$$

当 $h_t/D \geq 2$ 时，上式可化简为

$$\alpha'_2 = \frac{2\lambda_t}{R\left[-Ei\left(-\frac{R^2}{4a\tau}\right)\right]}$$

式中　α'_2——不稳定导热过程中土壤的放热系数，$W/(m^2 \cdot ℃)$；

λ_t——土壤的导热系数，$W/(m \cdot ℃)$；

a——土壤的导温系数，$a = \dfrac{\lambda_t}{c_t \rho_t}$，m²/h；

h_t——埋深，m；

T_0——土壤的原始温度，℃；

τ——预热时间，h。

②恒壁温法

恒壁温法是把埋地管道作为无限大均匀介质中连续作用的圆柱形热源，忽略地表散热的影响，并假设在热源开始作用前，管壁及其周围土壤温度均为 T_0。一开始加热，管壁温度立即跃升到等于稳定状态时的温度，并在整个预热过程中保持不变。从管道表面散出的热量和周围土壤的温升则是随时间变化的。

该方法是按无限大介质求解的，与实际误差较大。

(2) 土壤放热系数 α'_2 与土壤蓄热量的关系

①预热过程中 α'_2 与土壤蓄热量的关系

稳定导热时的 α'_2 可作为一定当量厚度的土壤保温层的热阻来考虑，表示如下：

$$\frac{1}{\alpha_2 D} = \frac{1}{2\lambda_t} \ln \frac{4h_t}{D}$$

这相当于内径为 D、外径为 $4h_t$ 的土壤保温层的热阻。稳定传热时管周围土壤的蓄热对管道热损失的影响，相对于形成了厚为 $2h_t - R$ 的土壤保温层。由此可近似解释为，启动过程中土壤热量的不断增加，相对于管周围土壤的当量保温层厚度不断增加，使 α'_2 值不断减小。

在夏秋季投产时，预热过程中进行到厚为 $h_t - R$ 的环形土层蓄热量达到稳定蓄热量的 35%~50% 即可投油。此时，K' 值约为 3.2~4.0W/(m·℃)。

②由土壤蓄热量估算预热时间

制定投产方案时，可按下述步骤估算预热时间。由于预热所需的热量一般都是由加热站供给的，故预热时间的计算常按一个加热站间的管段综合考虑。

a. 确定预热要达到的蓄热量百分比率。

b. 计算 $h_t - R$ 的环形土层的稳定蓄热量。

$$q = \sum_{i=1}^{n} \rho_t c_t V_i (T_{mi} - T_0)$$

式中　　q——$h_t - R$ 环形土壤每米稳定蓄热量，kJ/m；

ρ_t——土壤密度，kg/m³；

V_i——第 i 层环状土层的体积，m³/m；

T_{mi}，T_0——第 i 环平均温度、自然地温，℃；

c_t——土壤比热容，kJ/(kg·℃)。

c. 预热过程热负荷计算。

长为 L 的站间管段，预热所需总热量 q_{YR} 包括：蓄入土壤的热量；预热用水升温至排水温度所需热量；预热过程中散失到大气、地下水及厚 h_t 的环形土层外的热量。

根据以往实践，管顶覆土 1.2m 厚的管道在秋季预热时，当蓄热接近稳定值的 60% 时，散失的热量约为蓄入量的 1/2 左右。若在夏季，土壤从大气中吸热，或预热时间很短时，可不计入这部分热损失。

d. 估算预热时间。

根据所需热量 q_{YR} 及加热站的能力可以估算所需预热时间。为了加速预热，炉子常是满负荷工作的。但实际上由于正反交替、倒流程等过程中都需要压火，以及供水、烘炉、试烧与预热各程序之间的衔接等客观条件的影响，预热过程中炉子的利用率一般只达70%左右。

$$\tau_{YR} = \frac{q_{YR}}{Q_R \eta_R}$$

式中 τ_{YR}——预热时间，h；

q_{YR}——站间管段预热所需热量，kJ；

Q_R——加热站加热能力，kJ/h；

η_R——预热过程加热炉利用系数。

(3) 预热过程管内液体温度的计算

假设预热过程中流量不变，近似认为流动状况为准稳定工况。起点温度恒定，全线自然地温为 T_0。某一时刻管内液体温度的计算式如下：

$$T(z, \tau) = T_0 + (T_R - T_0) \exp\left(-\frac{K\pi Dz}{Gc}\right) A(Z, F_o - F'_o)$$

$$A(z, F_o - F'_o) = \text{erfc}\left(\frac{\mu}{\sqrt{F_o - F'_o}} \cdot \frac{Z}{L}\right)$$

$$\mu = \frac{0.5\pi\sqrt{\pi}\lambda_t L}{Gc}$$

$$F_o = \frac{a_t \tau}{R^2}, \quad F'_o = \frac{a_t z}{VR^2}$$

式中 $T(z, \tau)$——预热 τ 小时后，距管道起点 z 处管内介质的温度，℃；

T_R——管道起点液流温度，℃；

K——稳定工况时管道总传热系数，W/(m²·℃)；

λ_t——土壤导热系数，W/(m·℃)；

a_t——土壤导温系数，m²/h；

G——管内介质的质量流量，kg/s；

c——管内介质的比热，J/(kg·℃)；

V——管内介质流速，m/h；

z, L——距起点距离及管道全长，m；

τ——预热时间，h；

R——管道半径，m。

上式 $A(z, F_o - F'_o) = \text{erfc}\left(\frac{\mu}{\sqrt{F_o - F'_o}} \cdot \frac{Z}{L}\right)$ 为余概率积分，计算较繁琐，可根据有关的设计手册曲线求 A 值。

(4) 油水交替过程

热水预热结束，开始投油后，油水交替过程中 K' 值常有较大幅度变化，并形成较长的混油段。

① K' 值的变化。

投油后 K' 值有不同程度的下降，下降幅度与油水流量比、地温、预热时间长短有关。由于投油后热容量降低，故沿程温降比输水时大，管壁处土壤温度下降，散热量减少，使

K' 值下降。在地温较低的季节投油时,由于管壁结蜡使热阻增大,也会使 K' 值下降。

②混油情况。

投油时,油水交替过程中将形成较长的油水混合段。混油量与投油时的流速、油水密度差、沿线地形情况、经过的泵站数等有关。由于油水密度差较大,其混油量比两种性质相近的油料顺序输送时大很多。为了减少混油,可在油水交替过程中发放隔离球。

交替过程中油内混入的水分,大都可以用加热沉降的方法脱除,一般在 45~50℃ 的温度下,沉降一昼夜后,含水量可降至 20% 以下。

投油时从管道中置换出的热水,必须妥善处理,因其温度较高,并含有少量油污,可能污染环境。若末站储罐容量足够,可考虑暂存部分热水,以备投产初期发生意外事故之用。

156. 架空及水中管道停输后的温降如何计算?

(1) 重油管道的停输温降计算

含蜡很少的重油或稠油的架空及水下管道,停输后散热来自管内存油及钢管温降放热,温降比埋地管道快。由于保温层的热阻占管道总热阻的比例相当大,在一段时间内可忽略 K' 值变化对温降的影响,近似按集总热容系统计算,做如下简化:

①忽略管内横截面上温度梯度及轴向温降,按平均油温计算;
②总传热系数 K' 为常数;
③忽略油料特性随温度的变化;
④外界温度 T_0 不变;
⑤不计保温层的热容量。

$$T_r = T_0 + (T_Q - T_0)\exp\left[-\frac{4584K'\pi D\tau}{c_y\rho_y D_1^2 + c_g\rho_g(D_2^2 - D_1^2)}\right]$$

式中　K'——停输后油至外围空气或水流的总传热系数,$W/(m^2 \cdot ℃)$;
　　D,D_1,D_2——管道平均直径、钢管内径、外径,m;
　　c_y,ρ_y——油的比热容和密度,$J/(kg \cdot ℃)$,kg/m^3;
　　c_g,ρ_g——钢管的比热容和密度,$J/(kg \cdot ℃)$,kg/m^3;
　　T_0——外围大气或水流温度,℃;
　　T_r——停输 τ 小时后的油温,℃;
　　T_Q——开始停输时的油温,℃;
　　τ——停输时间,h。

K' 的计算方法与稳定传热的公式基本相同。其中管内油料至内壁的放热系数 α_1 应按自然对流的准则方程计算。无限空间自然对流的准则方程为:

$$Nu = C(Gr \cdot Pr)_y^n$$

$$\alpha_1 = Nu\frac{\lambda_y}{D_1}$$

$$Gr = g\beta\Delta T D_1^3/\nu_y^2$$

$$Pr = \nu_y c_y \rho_y/\lambda_y$$

式中　g——重力加速度,$9.81 m/s^2$;
　　β——油的体积膨胀系数,$1/℃$;
　　ΔT——油与管内壁的温差,℃;

ν_y——油的运动黏度，m^2/s。

式中各项油的物性均按管中心油温与结蜡层内壁温度的算术平均值计算。

(2)热含蜡原油管道的停输温降计算

热含蜡原油管道停输后，除原油、钢管温降放热外，热量还来自蜡晶析出时放出的潜热。其停输温降规律与一般重油有所不同。热含蜡原油管道停输温降过程分为三个阶段：

第一阶段：刚停输时油温较高，内壁结蜡层很薄，管内存油与外界的自然对流放热强度较大，而存油、钢管及保温层的热容量都较小，故温降很快。

第二阶段：随着油温及壁温下降，一方面蜡不断结晶析出，管壁结蜡层不断加厚，使热阻增大；另一方面，由于油流黏度的增大，对流放热系数减小，二者都使散热量减小。而蜡的结晶析出却又放出潜热，因而这一阶段的油温降落最慢，直至整个管道横截面都布满了蜡的网络结构，是架空管道停输温降的关键阶段。

第三阶段：此时管内存油已全部形成网络结构，传热方式主要是凝油的热传导，热阻较大，且与外界的温差也减小，故其温降速度要比第一阶段慢很多。但由于在此阶段内，单位时间内机械析出的蜡晶比第二阶段少，放出的凝结潜热少，因而其降温速度比第二阶段略快。

①第一阶段温降计算

此阶段温降特点与重油管道相近，按

$$T_r = T_0 + (T_Q - T_0)\exp\left[-\frac{4584K'\pi D\tau}{c_y\rho_y D_1^2 + c_g\rho_g(D_2^2 - D_1^2)}\right]计算。$$

②第二阶段温降计算

目前尚未有公认的成熟的计算方法。

③第三阶段温降计算

管内存油完全凝结后的温降过程在忽略轴向温降后应按二维不稳定导热计算。对于蜡晶潜热的影响可以按两种方法处理。

a. 按具有内热源的导热计算：

$$\frac{\partial T}{\partial \tau} = a_{ydL}\left(\frac{\partial^2 T}{\partial x^2} + \frac{\partial^2 T}{\partial y^2}\right)$$

式中　a_{ydL}——当量导温系数，是温度的函数。

b. 按实测含蜡原油的比热容－温度关系计算：

$$\frac{\partial T}{\partial \tau} = a_y\left(\frac{\partial^2 T}{\partial x^2} + \frac{\partial^2 T}{\partial y^2}\right)$$

式中　a_y——导温系数，是温度的函数。

上述计算方法是在一定的假设基础上导出的，并需有实验数据作依据。

对于河流穿越段，实测数据表明，埋置在江底覆土中的管道，其停输后的温降比裸露在水中要慢得多，接近地下埋管的温降。

157. 埋地管道停输温降如何计算？

埋地管道周围土壤的蓄热远远大于管中存油的热容量，故停输后的温降主要决定于周围土壤的冷却情况。埋地管道停输后的温降可分为两个阶段：

第一阶段：管内油温较快地冷却到略高于管外壁土温；

第二阶段：管内存油和管外土壤作为一个整体而缓慢地冷却。

(1) 第一阶段温降计算

第一阶段内油温迅速降至略高于管外壁土壤约 $2\sim3\text{°C}$，此时壁处土温 T_{b0} 可认为不变，管道总传热系数 K' 值等于正常运行时的 K 值。此阶段油温从 T_{y0} 降至 T_{y1} 所需时间按如下计算：

$$\tau = \frac{c_y \rho_y D_1}{4K'} \ln \frac{T_{y0} - T_0}{T_{y1} - T_0}$$

式中　T_{y0}——开始停输时的油温，℃；

　　　T_{y1}——第一阶段末的油温，$T_{y1} = T_{b0} + (2\sim3)$，若 T_{b0} 低于凝点，则取 T_{y1} 等于凝点，℃。

(2) 第二阶段温降计算

① 恒热流法

如正常运行时管周围的土壤温度已接近稳定，则停输后土壤温度场的衰减过程也就是启动预热的反过程。按恒热流法计算停输不同时间后的各点土壤温度 T_{bt} 如下：

$$T_{bt0} - T_{bt\tau} = \frac{q}{4\pi\lambda_t}\left[Ei\left(-\frac{R^2+4h^2}{4a\tau}\right) - Ei\left(-\frac{R^2}{4a\tau}\right)\right]$$

或

$$\frac{T_{bt\tau} - T_0}{T_{bt0} - T_0} = 1 - \frac{K'D}{4\lambda_t}\left[Ei\left(-\frac{h^2}{R^2}\cdot\frac{1}{4F_0}\right) - Ei\left(-\frac{1}{16F_0}\right)\right]$$

式中　T_{bt0}，$T_{bt\tau}$——分别为开始停输及停输 τ 小时后管壁处的土壤温度，℃。

② 由导热微分方程求解

综合考虑管内存油及其周围土壤的温度变化，需要联解下述两个二维不稳定导热方程，对于土壤温度场的变化

$$\frac{\partial T_t}{\partial \tau} = a_t\left(\frac{\partial^2 T_t}{\partial x^2} + \frac{\partial^2 T_t}{\partial y^2}\right)$$

对管内存油的温度分布

$$\frac{\partial T_y}{\partial \tau} = \frac{a_y}{1+\beta f_\varepsilon(T)}\left(\frac{\partial^2 T_y}{\partial x^2} + \frac{\partial^2 T_y}{\partial y^2}\right)$$

约束条件为：在半径为 R 的管道内外壁界面处（忽略钢管壁的热阻）

$$\lambda_t \frac{\partial T_t}{\partial r}\bigg|_{r=R+0} = \lambda_y \frac{\partial T_y}{\partial r}\bigg|_{r=R-0}$$

按导热微分方程求解停输温降时，管内原油温降均按导热计算，管内热阻较大，管截面上油的温度梯度较大。当油温较高，管内自然对流较强，中心部分油内温度梯度较小，故计算的管内温度分布与实际情况差别较大。当油温较低，高黏原油自然对流微弱，或含蜡原油已形成蜡晶网络时，管内传热主要由导热控制，计算的管内温度分布与实际较吻合。

(3) 短期停输后管内油温计算

由于土壤的蓄热量及热阻均很大，埋地管道在停输后温降缓慢，可以将管内原油的冷却过程视为一系列准稳定状态，列出在 $d\tau$ 时间内的热平衡方程，近似求解。假设在 $d\tau$ 时间内，管内存油及钢管温降放热量等于管道向环境的散热，且总传热系数 K' 等于稳态时的 K 值。距离起点任意距离 l 处，停输温降 τ 时间后管内油温的计算式：

$$T = T_0 + (T_R - T_0)\exp\left(-\frac{K\pi Dl}{Gc} - b\tau\right)$$

式中　T——距管道起点 l 处，停输 τ 时间后的油温，℃；

T_0——周围环境温度,℃;

T_R——管道起点处,开始停输时的油温,℃;

K——管道稳态工况的总传热系数,W/(m²·℃);

l——计算点距管道起点的距离,m;

b——系数,$b = \dfrac{KD}{\dfrac{D_1^2}{4}c_y\rho_y + \dfrac{D_2^2 - D_1^2}{4}c_g\rho_g}$,$s^{-1}$;

τ——停输时间,s。

158. 停输后再启动的压力如何计算?

(1)从管道中顶挤出冷油的再启动过程

停输后再启动时,管道中充满了冷油,一般是在管道允许的最大工作压力下,用低黏油料、水或热油作顶挤介质,把管内存油顶挤出去。

对于高黏稠油或未形成结构的含蜡原油的顶挤过程,大致可以分成两个阶段:顶挤开始至顶挤液到达管道终点;继续冲刷黏附在管壁的高黏原油。

再启动时一般采用容积泵顶挤。若在泵正常排量下顶挤压力超高时,需通过回流或旁路调节减小顶挤流量,维持顶挤压力在允许范围内。随着冷油被顶出管道,顶挤流量逐渐增大,直至达到泵的正常排量。这阶段是在最大顶挤压力下顶挤流量逐渐增大的过程。以后就维持在正常流量下继续顶挤,泵出口压力逐渐下降。

若管内存油已冷却至全部凝结,由于凝油具有一定的结构强度,必须外加剪力破坏其结构后,才能恢复流动。在外加剪力下胶凝原油结构的破坏是沿管长逐渐产生的,开始在前面的管段内原油的晶格裂降,剪切应力下降至较小的数值后,启动压力的大部分施加在后面管段上,引起后面管道内逐渐产生胶凝原油的裂降。故这种情况下需要一定的加压时间后才有凝油顶出管道。

(2)管中心为液相的再启动压力

大直径埋地管道停输后,油温降低只是在近壁的外围环形截面上形成了网络结构,中心部分油仍为液相。再启动时类似于在管壁结蜡层很厚的管道上输送温度等于管中心油温的冷油。尽管是在允许的最大压力下启动,开始时排量较小,随着冷油被推出和凝油层厚度逐渐减薄,排量逐渐增大,直至接近正常流量。

由于再启动开始的流量很小,变化也缓慢,可近似为一系列稳态过程。在微元时间段内,按稳态的摩阻计算方法,根据预定的顶挤流量、沿线油温分布及管内存油的物性参数,计算所需的再启动压力。关键是根据径向油温分布及原油物性确定管壁上凝油层的厚度,以确定流动半径。可根据沿线油温分布将管道分成小段,逐段计算,全线启动压力为各段压降之和。对于含蜡原油,再启动时冷油虽为液相,可能已具有非牛顿流特性,应按非牛顿流体摩阻计算。

启动过程中流量恢复快慢取决于再启动压力的大小、顶挤液的性质、停输时间长短及管内存油的流变性等因素。为了尽快恢复正常输送,应在强度允许的压力范围内,尽可能加大排量。流速愈高,对管壁上凝油层的剪力愈大,可以带走更多凝油。

(3)整个管截面为凝油的再启动压力

到目前为止,还没有公认的可以在各种条件下准确计算胶凝原油再启动压力的公式。如

不考虑压力波的传递过程,破坏胶凝原油结构使其开始移动的压差可以根据管内凝油段上的力平衡求出:

$$\Delta P = \frac{4l}{D_1}\tau_y$$

式中　ΔP——管段 l 两端的压差,Pa;
　　　τ_y——胶凝原油的静屈服值,Pa;
　　　l,D_1——管段长度、内径,m。

由上式计算的启动压力是理论上所需数值,往往偏于保守。该式可用于分析降低启动压力和缩短启动时间的途径。如缩短启动管段的长度,可采用分段顶挤的方法;降低原油的静屈服值,可采用加降凝剂或伴热等。

159. 热油管道的经济运行方案如何确定?

长输管道的流量大、运输距离长、全年连续运行,耗电、耗油量大,运行方案是否合理,对输油成本影响很大。

确定热油管道的经济运行方案,要比不加热输油管道复杂得多,它不仅与管道的水力条件和泵特性有关,还涉及到热力参数和油料的流变性等因素。但当输送任务(流量及油料物性)一定时,仍可用能耗费用 S 作为衡量方案经济性的指标,其中包括泵机组的动力费 S_P 和加热用的燃料费 S_R。

$$S = S_P + S_R$$

式中　S——能耗费用,元/(t·km);
　　　S_P——泵机组的动力费,$S_P = \dfrac{2.723He_d}{\eta_{Pe}l_R} \times 10^{-3}$,元/(t·km);
　　　S_R——加热用的燃料费,$S_R = \dfrac{c_y(T_R - T_Z)}{l_R} \cdot \dfrac{e_y}{\eta_R B_H}$,元/(t·km);
　　　e_y——燃料油价格,元/t;
　　　e_d——电力价格,元/(kW·h);
　　　B_H——燃料油热值,kJ/kg;
　　　η_R——加热炉效率;
　　　η_{Pe}——泵机组效率;
　　　l_R——加热站间距,km;
　　　H——加热站间管道所需压头,m 液柱;
　　　c_y——所输油料的比热容,kJ/(kg·℃)。

对某具体管道,当流量 Q、地温 T_0、总传热系数 K 及运行的加热站数和泵站数一定时,随着加热温度 T_R 的提高,热损失增大,燃料费用 S_R 增加。但由于站间平均油温的升高,摩阻减小,动力费用 S_P 下降。S_P 和 S_R 随加热站出站油温 T_R 的变化关系见图 3-11。因此,作为二者之和的能耗费用 S 就可能有最低点 S_{min} 存在,与 S_{min} 相应的加热油温即为该流量下的经济加热温度。

160. 成品油顺序输送的条件是什么?

在一条管道内,按照一定批量和次序,连续地输送不同种类油料的输送方法称为顺序输送(或交替输送)。顺序输送条件是:

(1)一般是几种油料的流向相同且油源相对稳定,可以实现油料的顺序输送。这样可以保证每种油料一定的批量和批次,以对应形成综合费用最低的循环次数。

(2)一般选择性质相近的几种油料进行顺序输送,并把性质相近的两种油料相邻输送,尽可能地减少混油损失,其产生的混油也容易处理。

(3)顺序输送管道的首、末站,中间分(进)油点,对每种油料都需要建造足够容量的储罐来进行收、发作业;对于末站,除了油料的收发作业外,还要考虑油料的调和、混油的存储。另外考虑油料收、发过程及管道运行可能出现的事故,油罐容量都需一定的备用系数。

(4)在顺序输送管道中,当两种油料在管内交替时,随着两种油料在管内运行长度的变化,管道的运行状态处于缓慢的瞬变过程中。管道的操作参数(包括流量,各站进、出站压力)随时间而缓慢变化,泵站的调节控制应适应这种缓慢的瞬变过程;全线运行泵能优化组合,尽量减少节流损失。

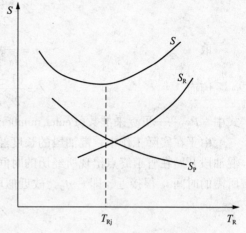

图 3-11 加热站出站温度 T_R 与能耗费用 S 的关系

(5)成品油源至市场之间适合采用管道输送方式,经技术经济方案比选,采用管道顺序输送成品油比用铁路、公路等其他方式经济、安全、可靠。

161. 成品油顺序输送混油量如何计算?

(1)一般情况下管道混油浓度计算

在一定的输送工况下,混油段内某一截面上的浓度分布取决于混油段在管内运行的时间和该截面距起始接触面的距离。由费克扩散定律(Fick's law of diffusion)导出混油浓度与时间及混油段内截面位置之间相互关系的解析式:

$$K_A + K_B = 1$$

$$K_A = \frac{1}{2}[1 + \phi(Z)]$$

$$K_B = \frac{1}{2}[1 - \phi(Z)]$$

$$Z = \frac{x - V_t}{2\sqrt{D_T t}}$$

式中 K_A,K_B——距起始接触面距离 x,A、B 油料的浓度;

Z——距起始接触面距离 x、混油浓度对应的 Z 值(变量参数);

V_t——油料平均流速;

t——B 油开始进入管道至 x 接触面处经历时间;

D_T——有效扩散系数。

(2)管道终点的混油浓度计算

混油段到达管道终点时,管内混油段的浓度分布仍满足上面各式,只是终点混油截面与起始接触面之间的距离 x(或管道终点的混油浓度)随时间而变化。如果管道全长为 L,油料

的平均流速为 V，自 B 油开始进入管道后所经历的时间为 t，则有 $x = L - Vt_0$。设 A、B 油起始接触面从管道起点流到终点，所经历的时间间隔为 t_0，$L = Vt_0$，则

$$Z = \frac{L - Vt}{2\sqrt{D_T t}} = \frac{V(t_0 - t)}{2\sqrt{D_T t}}$$

取

$$\tau = \frac{t}{t_0}, \quad t = \tau t_0, \quad Pe_d = \frac{VL}{D_T}$$

因而

$$Z = \frac{(1-\tau)Vt_0}{2\sqrt{D_T t_0 \tau}} = \frac{1-\tau}{2\sqrt{\tau}}\sqrt{Pe_d}$$

式中 Pe_d——贝克来准数 (Peclet number)。

由于在实际工作中，混油段的长度经常不到管道全长的 1%，故自 B 油开始进入管道至混油段开始在管道终点出现所经历的时间 t，与两种油料的起始接触面从管道起点流至终点所需的时间 t_0 很接近，即 $t \to t_0$，故近似取 $\tau \approx 1$。即

$$Z = \frac{1-\tau}{2}\sqrt{Pe_d}$$

将上式代入 $K_A = \frac{1}{2}[1 + \phi(Z)]$、$K_B = \frac{1}{2}[1 - \phi(Z)]$，可得管道终点截面处油流浓度随时间的变化关系为

$$K_A = \frac{1}{2}\left[1 + \phi\left(\frac{1-\tau}{2}\sqrt{Pe_d}\right)\right]$$

$$K_B = \frac{1}{2}\left[1 - \phi\left(\frac{1-\tau}{2}\sqrt{Pe_d}\right)\right]$$

由上述两式可知，当输送条件一定时，某一特定管道终点所流出的油流浓度 K_A 或 K_B 仅是 τ 的函数。按上述两式计算所得的管道终点油流浓度与 τ 的关系曲线见图 3-12。横坐标 $\tau = 1.0$ 处 $K_A = K_B = 0.5$，表示混油起始接触面到达管道终点。上述理论曲线表明，流经管道终点的混油段长度和浓度的变化均对称于起始接触面。

实际上，在 $K_A = K_B = 0.5$ 的混油界面两侧的混油长度是不相等的，其浓度的变化关系也并不对称，见图 3-13。

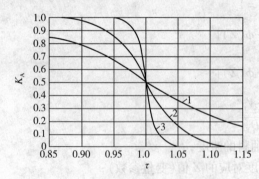

图 3-12 管道终点混油浓度的理论变化曲线

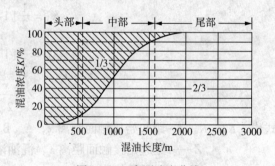

图 3-13 实测浓度曲线

三条曲线对应于 Pe_{d_1}、Pe_{d_2} 和 Pe_{d_3}，且 $Pe_{d_1} < Pe_{d_2} < Pe_{d_3}$。

(3) 有效扩散系数

有效扩散系数综合了油料交替过程中的对流、紊流扩散和分子扩散三种因素的作用。目前所采用的计算公式多数都是从实验中总结出来的。主要有以下几种常见的计算公式。

①雅勃隆斯基－希兹基洛夫公式(Yabolongsiji – Xizi Kirov formula)
$$D_T = v_{pj}(3 \times 10^3 + 60.7Re_{pj}^{0.545})$$
式中　v_{pj}——两种交替油料运动黏度的算术平均值，m^2/s；
　　　Re_{pj}——按 v_{pj} 和管内平均流速计算的雷诺数。

②阿沙图良公式(Ashatuliang formula)
$$D_T = 17.4v_{50}Re^{2/3}$$
式中　v_{50}——混油的计算运动黏度，$v_{50} = \dfrac{v_1 + 3v_2}{4}$，且 $v_1 > v_2$，m^2/s。
　　　Re——按 v_{50} 计算的雷诺数。

③泰勒公式(Taylor formula)

不考虑分子传质过程时，泰勒使用数据分析方法，得出了适用于水力光滑区的有效扩散系数的计算公式
$$D_T = 1.785V_{cp} \cdot d\sqrt{\lambda}$$
式中　V_{cp}——管内平均流速，m/s；
　　　d——管内径，m；
　　　λ——水力摩阻系数。

实验数据证明，泰勒公式适用范围为 $Re > 2 \times 10^4$。

④非牛顿流体的有效扩散系数

对应泰勒公式的形式，考虑非牛顿流体的影响特征，可以写出非牛顿幂律流体的有效扩散系数：
$$D_T = 1.785V_{cp} \cdot dn^{2.25}\sqrt{\lambda}$$
式中　n——流变行为指数；
　　　λ——非牛顿幂律流体的水力摩阻系数。

分析表明，非牛顿流体的有效扩散系数除了与管内的流动状态有关外，主要取决于流变行为指数 n。一般在管内流量相同的情况下，幂律流体的有效扩散系数比牛顿流体小，相应的混油区长度也较短。

(4)管道终点的混油量

管道终点的混油量与混油段的浓度范围有关。混油量所占据的管段长度称为混油长度。管道终点的混油量(混油长度)是个条件性的参数。预先确定的混油头、混油尾的切割浓度范围不同，管道终点产生的待处理油量也就不同。混油的多少与管内流动状态、管径和混油界面所经过的管道长度有关。

①混油量的理论计算公式

在对称浓度范围内，混油量和混油长度的理论计算公式如下。

混油量计算公式：
$$\frac{V_h}{V_g} = 4aZ\sqrt{\frac{d}{L}}\sqrt{\frac{3 \times 10^3 + 60.7Re_{pj}^{0.545}}{Re_{pj}}}$$

管道内混油长度计算公式：
$$C = 4aZ\sqrt{dL}\sqrt{\frac{3 \times 10^3 + 60.7Re_{pj}^{0.545}}{Re_{pj}}}$$

式中　V_h——管道内形成的混油量，m^3；

V_g——管道总容积，m^3；
C——混油长度，m；
d——管道内径，m；
L——管道长度，m；
Re_{pj}——按 ν_{pj} 和管内平均流速计算的雷诺数，ν_{pj} 两种交替油料运动黏度的算术平均值，m^2/s；
a——修正系数；其数值详见表3-7；
Z——混油头切割浓度对应的 Z 值（变量参数），可以通过计算和查表得出。

表3-7 修正系数(a)

浓度范围/%	$10^4 \leqslant Re < 10^5$	$10^5 \leqslant Re < 5 \times 10^5$
99~1	1.30	1.25
98~2	1.25	1.20
96~3	1.20	1.15
94~4	1.15	1.10
95~5	1.10	1.05
94~6	1.05	1.00

②混油量的经验计算公式

奥斯汀(Austin)和柏尔弗莱(Palfrey)收集并分析了有关顺序输送管道的大量实验和生产数据，给出了混油量的经验计算式。在整理这些数据时做了如下规定：

a. 混油黏度按下式计算，并由此黏度计算雷诺数。

$$\lg\lg(\nu \cdot 10^6 + 0.89) = \frac{1}{2}\lg\lg(\nu_A \cdot 10^6 + 0.89) + \frac{1}{2}\lg\lg(\nu_B \cdot 10^6 + 0.89)$$

式中 ν_A——前行油料在输送温度下的运动黏度，m^2/s；
ν_B——后行油料在输送温度下的运动黏度，m^2/s；
ν——混油的计算运动黏度，m^2/s。

b. 不考虑输送顺序对混油的影响。

c. 根据对称浓度条件，把前行油料浓度为99%~1%范围内混油长度定义为混油段的长度。在规定的对称浓度范围内，管内径、管长和雷诺数是影响混油量的主要因素。

③混油长度计算公式

$$C = 11.75 d^{0.5} L^{0.5} Re^{-0.1} \quad (Re > Re_j)$$
$$C = 18384 d^{0.5} L^{0.5} Re^{-0.9} e^{2.18 d^{0.5}} \quad (Re < Re_j)$$
$$Re_j = 10000 e^{2.72 d^{0.5}}$$

式中 C——混油长度，m；
d——管道内径，m；
L——管线长度，m；
e——自然对数的底，e = 2.718；
Re——雷诺数；
Re_j——临界雷诺数。

Re_j 为临界雷诺数，低于该雷诺数时为"陡斜区"，混油长度随雷诺数的降低而急剧增加，高于该雷诺数时为"平滑区"，混油长度随雷诺数的降低，增长缓慢。应用临界雷诺数可以区别管道的工作形态，从而选择混油长度的计算公式。不同管径下的临界雷诺数见表3-8。为了减少混油量，管道应在大于临界雷诺数情况下运行。

表3-8 各种管径的临界雷诺数值

d/mm	Re_j	d/mm	Re_j
50	18500	250	40000
100	22000	300	46000
150	29000	500	72000
200	34000		

162. 减少混油的措施有哪些？

(1) 在保证操作要求的前提下，尽量采用最简单的流程，以减少投资与混油损失。工艺流程设计应作到盲支管少，管线按流线型布置，扫线、放空没有死角；线路上应尽量少用管件，以减少可能积存的死油及增加混油的因素；转换油罐或管路的阀门，应安装在靠近干线处，并采用快速遥控的电动或液动阀门，尽量减少油罐切换的时间。

(2) 顺序输送的管路尽量不用变径管或副管，因为变径管和副管都会增加混油，尤其当副管管径和干管不同时，因副管和干管内液流的流速不同，在干管和副管的汇合处会造成激烈的混油。

(3) 当管路沿线存在翻越点时，翻越点后自流管段内油料的不满流以及流速的陡增会造成混油，因而需采取措施尽可能消除翻越点。

(4) 确定输送次序时，应尽量选择性质相近的两种油料互相接触，以减少混油损失，简化混油处理工作。

(5) 在两种油料交替时，应尽量加大输送速度，流速大时相对的混油体积要小些。为了减少混油，应确保在紊流状态下输送，而且雷诺数应尽可能高，杜绝在层流状态下输送。

(6) 混油段流经中间泵站时，应切断该中间站的旁接油罐，实现"从泵到泵"的输送工艺。若采用旁接油罐输送会显著增大混油量。

(7) 更换所输油料前，应作好周密的准备，油料交替时不允许停输。不得已而必须停输时，应尽量使混油段停置在线路较为平坦的地方，并关闭线路上混油段两端的阀门。

(8) 在起终点储罐容量允许的前提下，尽量加大每种油料的一次输送量。

(9) "混油头"和"混油尾"应收入大容量的纯净油料的储罐中。

(10) 采用各种隔离措施（机械隔离器、液体隔离器等）将前后油料隔开，减少油料的混合。

163. 输油站工艺流程如何分类？

(1) 首站工艺流程

输油首站的工艺流程应具有收油、储存、正输、清管、站内循环或倒罐等功能，必要时还应具有反输、交接计量和加热等功能，流程较复杂。典型流程见图3-14。

(2) 中间站工艺流程

中间站工艺流程随输油方式（密闭输送、旁接油罐）、输油泵类型（串、并联泵）、加热方式(直接、间接加热)而不同。典型密闭流程见图 3-15，典型旁接流程见图 3-16。

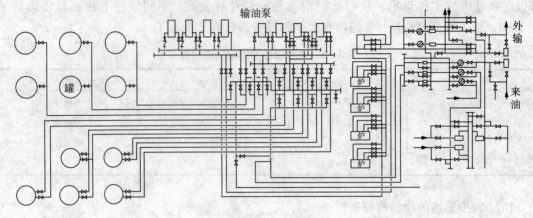

图 3-14　首站工艺流程

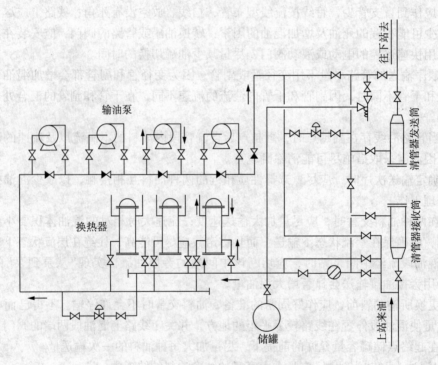

图 3-15　中间站密闭输送工艺流程

中间(热)泵站工艺流程应具有正输、压力(热力)越站、全越站、收发清管器或清管器越站的功能。必要时还应具有反输的功能。

中间加热站的工艺流程应具有正输、全越站的功能，必要时还应具有反输的功能。

(3)分输站工艺流程

分输站工艺流程除应具有中间站的功能外，尚应具有油料调压、计量的功能。必要时还应具有收油、储存和发油的功能。

(4)输入站工艺流程

输入站工艺流程应具有与首站同等的功能。

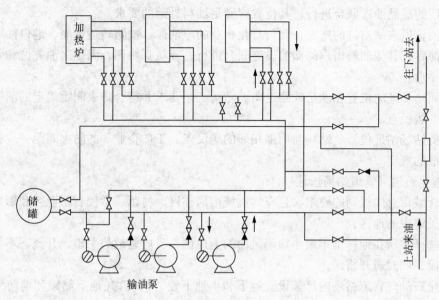

图3-16 中间站旁接输送工艺流程

(5) 末站工艺流程

末站的工艺流程应具有接受上站来油、储存或不进罐经计量后去用户、接收清管器、站内循环的功能，必要时还应具有反输的功能。如果是顺序输送管道的末站，还有分类进罐、切割混油、混油处理等操作，故流程较中间站复杂。

164. 输油站、液化石油气管道站站址如何选择？

输油站的地理位置是在总的线路走向之内，由工艺要求和水力、热力计算来决定的。但可在符合工艺要求的前提下，作适当的调整，以选择最合适的站址。

(1) 输油站站场选址

①必须根据有效的设计委托书或合同，按照国家对工程建设的有关规定，并结合当地城乡建设规划进行选址。

②应满足管道工程线路走向和路由的需要，满足工艺设计的要求；应符合国家现行的安全防火、环境保护、工业卫生等法律法规的规定；应满足居民点、工矿企业、铁路等的相关规定。

③应贯彻节约用地的基本国策，合理利用土地，不占或少占良田、耕地，努力扩大土地利用率；贯彻保护环境和水土保持等相关法律法规。

④站场址应选定在地势平缓、开阔、避开人工填土、地震断裂带，具有良好的地形、地貌、工程和水文地质条件，并且交通连接便利，供电、供水、排水及职工生活社会依托均较方便的地方。

⑤选定站场址时，应保证站场有足够的生产、安全及施工操作的场地面积，并适当留有发展余地。

⑥应会同建设方和地方政府有关职能部门的代表，共同现场勘察，多方案比较，合理确定具体位置和范围，形成文件，纳入设计依据。

(2) 输油站站场布局

①输油管道首站站址的选定，宜与油田的集中处理站、矿厂的原油库、港口、铁路转运

油库、炼厂的成品油库联合进行，其位置应满足油料外运的要求。

②输油管道末站站址的选定，宜与石化企业的原油库、铁路转运油库、港口油库、成品油的商业油库或其他油料用户的储油设施联合进行，或认真协调，满足来油方位和路由及计量方面的要求。

③中间站场址的位置在满足线路走向、站场工艺要求并符合防火间距规定的前提下，宜靠近村镇、居民点。

④各类站场站址位置、站场与周围相邻的居民点、工矿企业等的防火间距，应符合现行的国家标准的规定。

(3) 液化石油气管道站场选址

①符合城市总体规划的要求，且应远离城市居住区、村镇、学校、工业区和影剧院、体育馆等人员集中的地区；

②应选择在所在地区全年最小频率风向的上风侧，且应是地势平坦、开阔、不易积存液化气的地段，同时避开雷区；

③液化石油气管道站场内严禁设置地下和半地下建、构筑物(地下储罐和消防水泵房除外)。地下管沟必须填充干砂；储罐与站外周围建、构筑物的防火间距，应符合现行国家标准《城镇燃气设计规范》的规定。

(4) 站场选址应避开的场所

①避开低洼易积水和江河的干涸滞洪区以及有内涝威胁的地段。

②在山区，应避开山洪及泥石流对站场造成威胁的地段，应避开窝风地段。

③在山地、丘陵地区采用开山填沟营造人工场地时，应避开山洪流经过的沟谷，防止回填土石方塌方、流失，确保站场地基的稳定。

④应避开洪水、潮水或涌浪威胁的地带。

165. 输油站总平面如何布置？

输油站的总平面布置是根据站址的具体地形和周围环境条件并结合工艺流程，对站内建(构)筑物做合理的平面定位。总图布置要遵照有关规范，在保证生产和安全的前提下减少占地、减少土石方工程量，节约投资。主要考虑以下原则：

(1) 充分体现工艺流程和生产的全部要求，并尽量做到减少"逆流"和管道互相交叉。

(2) 充分利用地形，便于自流，为各设施间的生产运转联系创造有利条件，使各种管道和线路走向合理，土方工程量小。

(3) 在遵照有关规范确保一定防火间距的前提下，布置力求紧凑，但又要给生产和事故处理留有场地、提供方便。首、末站油罐区是站内占地面积较大、工程量较大的部分，且对全站安全关系重大，必须严格按照有关防火规范进行设计。

(4) 站内各系统的布置应全面考虑，配合协调，便于操作、维修、巡回检查及事故处理。

地形复杂或场地较大的输油站，还要作竖向布置，以解决场地平整、土方挖填和排水等问题。竖向布置时要慎重选择主要设施及建筑物标高、场地及道路的坡向和坡度。

166. 离心泵如何选择？

离心泵按用途可分为给油泵和输油泵两种。给油泵是由罐区向输油泵供油，以满足其正压进泵要求,故给油泵扬程较低,功率不大。输油泵是各泵站的输油用泵,要求有较高的工作效率,输油泵分串联用泵和并联用泵两种。

(1)选择输油主泵前,先确定所需泵的台数及泵的操作方式。根据水力计算与作图法,可以确定为完成规定输送任务管道所需要的泵站数,以及每座泵站的排量与总扬程。由于泵站不可能只靠一台泵输送,还需要确定泵的操作方式,即串联还是并联操作。旁接输送(不密闭)的管道泵站采用并联操作,密闭输送的管道泵站可以并联也可以串联操作。串联操作有较好的灵活性,且可节省动能。串联式输油泵因为排量大、扬程低、比转数大,因而效率较高。这种泵需要正压头输入的特殊要求恰好被密闭输送方式所满足,所以密闭输送管道一般都采用串联式泵。但是当泵站间线路上存在着必须开动全部工作泵才能输油的高点时,显然不允许使用串联式泵。这时,克服静压头是主要的,只有并联式泵才能在输量变化(减少)情况下,仍能产生不变的扬程。根据经验,摩阻损失超过全部需要扬程的50%时,应当采用串联操作,否则就用并联操作。一般情况下,泵机组至少设置2台,但不宜多于4台,其中1台备用。

(2)泵的操作方式和台数决定之后,就可得出每台泵的额定排量与扬程。如果为并联操作,那么各台泵的扬程相同,各泵排量之和等于泵站排量;如果为串联操作,则各泵的排量相同,各泵扬程之和为泵站总扬程。并联操作时各泵的排量,以及串联操作时各泵的扬程,不一定各个相同,这取决于是否考虑大小泵搭配运行。各台泵的额定排量和扬程应留有适当裕量。

选择泵时,通常是先从泵制造厂提供的泵型谱与特性曲线上,挑选与所确定的额定排量及扬程相符合的泵型。按照所输油料性质对特性曲线加以换算;应使额定排量与扬程位于所选泵型特性曲线的高效区;泵应具有连续平滑的特性曲线,高效区较宽;泵关死点(排量为零)的扬程上升不应过大。如果已有的泵特性曲线不符合要求,可向泵制造厂提出重新设计或修改曲线的要求。

167. 离心泵适应输送量变化的方法有哪些?

选择泵型和规格时,还会遇到如何适应管道输量变化的问题。管道建成初期和后期输量往往会有很大变化。正常输送时期,一年中各个月份输量也是波动的。使离心泵适应输送量变化的方法有三种:

(1)大小泵搭配

根据输量预计变化的范围,计算出各种输量时每座泵站的排量与总扬程,然后选择出每座泵站用不同扬程(串联操作)或不同排量组合(并联操作)的最佳方案。选择的原则是在满足输量变化的要求下,应该达到每座泵站组合的泵台数较少、泵扬程类型较少、管道各泵站总计泵型种类较少,各种类型泵工作点在高效区。

在这种搭配中,也包括每种泵可以更换不同直径的叶轮,这可使泵类型减少。大小泵搭配是广泛应用的一种调节输量的方法。

(2)拆级运行

管道运行初期如果输量低,使用多级泵时扬程剩余较多。这时,可以拆去一级或几级叶轮,叶轮级间的腔室用导流管隔离,以减少能量损失。

(3)调速

采用泵机组调速能做到按照需要去调节输送量。机组调速可分为两类;一是借改变装在原动机与输油泵之间的液力耦合器(hydraulic coupling)的变速比使泵调速,另一类是原动机本身转速改变。液力耦合器的传动效率等于其变速比，调速范围越大，效率越低，只适用于较小范围输量调节。液力耦合器设备可靠，价格较低，所以国内外输油管道泵站上都有应用。原动机的调速分为两种情况：柴油机与燃气轮机本身具有调转速性能，并且还可做到遥控调节，电动机一般为固定转速的，适合管道使用的调速电动机有串级调速与变频调速两种，效率较高，但设备复杂，价格昂贵。泵站如果装备柴油机或燃气轮机，就可以方便地利用它的调速条件。使用电动机的机组如果需要调速，应通过对比选择调速方案。

168. 高凝点和高黏度原油加热方法如何分类？

加热输送的高凝点和高黏度原油，通常集中在站（热泵站，加热站）上进行。加热站加热原油所用设备有加热炉和换热器两类。换热器把来自锅炉的蒸汽或热水与原油换热，操作安全，但设备庞大，热效率低，造价高，很少采用。不论国内或国外，一般都使用加热炉作为加热输送的加热设备。

按照油流是否通过加热炉炉管，加热炉加热又可分为直接加热和间接加热两种方式。油流直接通过炉管的为直接加热；利用另外一种介质——热媒通过加热炉炉管使之提高温度，并在换热器内加热原油的称为间接加热。这两种加热方式在我国管道上都被采用。

（1）直接加热式加热炉

直接加热方式是加热炉直接加热油料。这种加热方式，设备简单，投资省，应用普遍。但油料在炉管内直接加热，存在结焦的可能性。一旦断流或偏流，容易因炉管过热结焦甚至烧穿炉管而造成事故。

我国输油管道一直以直接加热式加热炉作为管道的主要加热设备，使用的加热炉主要有方箱形炉、圆筒形加热炉和卧式圆筒加热炉。方箱形加热炉是20世纪70年代设计建造的，由于其热效率低、占地多、投资大、施工周期长及自动化程度低，新建炉型中已很少应用。

①圆筒形加热炉

圆筒形加热炉的下部是圆筒形辐射室，上部为长方形对流室，钢烟囱设在对流室顶部，辐射室和对流室外墙由钢板制成，内部采用全陶纤衬里炉墙。辐射炉管沿圆筒形炉膛排列成圆状，炉底有底烧式强制通风机械雾化喷嘴，对流管横向排列。装置有固定式吹灰器及热管式空气预热器。

这种加热炉构造简单，建造方便，占地面积小，热效率高（近90%），维护和操作方便，炼油厂经常使用。在输油站也已得到了广泛的应用。

②卧式圆筒形加热炉

该炉型结构吸取了炼油厂加热炉和引进的热媒加热炉的经验，辐射室为卧式圆筒形，对流室为直立方形，底盘为撬座结构，其间用短节加紧固件连接。可拆装的列管式空气预热器置于对流室上部。配置吹灰器、转杯式喷嘴，并用陶纤毡衬里。全炉可拆为辐射室、对流室、烟囱和辅件四大部分。

这种加热炉便于工厂预制，现场组装，热效率近85%。在我国热油管道上建成了一批这种加热炉，工作状况符合要求。

（2）间接加热系统

间接加热系统由热媒加热炉、换热器、热媒、膨胀罐、热媒循环泵、检测控制仪表与管道附件等组成。热媒经加热炉加热升温后，与膨胀罐旁接，并由热媒循环泵抽送回加热炉继续加热。

①热媒加热炉

热媒加热炉的工作原理与炉型结构同直接加热式加热炉相似，只是炉管内加热的介质是热媒而不是油料。

热媒加热炉为水平卧式，炉管有水平排列型、对流段为大量密集的翅片管，也有炉管为密集螺旋盘结构，使热烟气从炉管背面强制环流，这样，强化了辐射室的对流传热，使炉管受热更为均匀。

热媒进炉温度较高(约120℃以上)，对防止低温露点腐蚀极为有利。因为对流段回收大量烟气热量，故加热炉的热效率较高(约90%左右)。

现在使用的热媒加热炉的加热能力有3490kW、5800kW和9300kW几种。

②换热器

采用U形管束，双管程管壳换热器，是按标准生产的系列产品。

③热媒

热媒是一种比较稳定的液体，可以在较宽的温度范围使用。在使用温度范围内不会冻结，高温时的蒸气压很低。它对金属材料无腐蚀，黏度低，但高温时如与空气接触，会发生氧化。国内已能生产可供使用的热媒。

④膨胀罐

热媒温度超过60℃，与空气接触即发生氧化，严重影响使用。热媒温度每升高100℃，体积约膨胀7%。为了防止因热媒体积膨胀引起超压，并且不使热媒与空气接触，必须设置膨胀罐。膨胀罐为普通碳钢容器，要求密封并配备有安全阀和相应的仪表。

⑤热媒循环泵

热媒循环泵使热媒不断在系统中循环。为了保证安全，每套加热系统必须配备两套具有单独电源的热媒循环泵。

⑥检测控制仪表

依靠这些仪表检测并控制加热系统的各种参数，使加热系统按照规定的工艺要求安全工作。

169. 原油管道储油罐容量、数量如何确定？储油罐类型如何选择？

(1)储油罐容量

原油管道首站、输入站、分输站和末站储油罐总容量应按下式计算：

$$V = \frac{G}{350\rho\varepsilon}\kappa$$

式中　V——输油首站、输入站、分输站和末站原油储油罐总容量，m^3；

　　　G——输油首站、输入站、分输站和末站原油年总运转量，t；

　　　ρ——储存温度下原油的密度，t/m^3；

　　　ε——油罐装量系数，宜取0.9；

　　　κ——原油储备天数，d。

GB 50253—2003《输油管道工程设计规范》规定：不同类型输油站的原油储备天数应符合下列规定：

①输油首站、输入站

——油源来自油田、管道时，其储备天数宜为3~5d；

——油源来自铁路卸油站场时，其储备天数宜为4~5d；

——油源来自内河运输时,其储备天数宜为 3~4d;

——油源来自近海运输时,其储备天数宜为 5~7d;

——油源来自远洋运输时,其储备天数按委托设计合同确定;油罐总容量应大于油轮一次卸油量。

②分输站、末站

——通过铁路发送油料给用户时,油料储备天数宜为 4~5d;

——通过内河发送给用户时,油料储备天数宜为 3~4d;

——通过近海发送给用户时,油料储备天数宜为 5~7d;

——通过远洋油轮运送给用户时,其储备天数按委托设计合同确定;油罐总容量应大于油轮一次卸油量;

——末站为向用户供油的管道转输站时,油料储备天数宜为 3 天。

③中间(热)泵站

当采用旁接油罐输油工艺时,其旁接油罐容量宜按 2h 的最大管输量计算;当采用密闭输送工艺时,应设水击泄放罐,其泄放罐容量由瞬态水击分析后确定。

(2)储油罐数量

首站、输入站、分输站和末站原油罐不得少于 3 座。

储油罐中储存的如果是高凝点或高黏度的原油,储罐必须设置加热设施和保温设施。有关加热和保温的计算,参见有关的设计手册。

(3)储油罐类型

首站、末站、分输站和输入站应选择浮顶金属油罐,中间站由于储油罐容量较小,可选用拱顶金属油罐。目前,我国浮顶金属油罐最大容量为 $10\times10^4 m^3$,拱顶金属油罐最大容量为 $3\times10^4 m^3$,基本实现了系列化设计。

170. 成品油管道储油罐容量、数量如何确定?储油罐类型如何选择?

(1)储油罐容量

顺序输送油料的管道首站、输入站、分输站和末站储油罐容量应按下式计算:

$$V=\frac{m}{\rho\varepsilon N}$$

式中 V——每批次、每种油料或每种牌号油料所需的储罐容量,m^3;

m——每种油料或每种牌号油料的年输送量,t;

ρ——储存温度下每种油料或每种牌号油料的密度,t/m^3;

ε——油罐装量系数,容积小于 $1000m^3$ 的固定顶罐(含内浮顶)宜取 0.85;容积等于或大于 $1000m^3$ 的固定顶罐(含内浮顶)、浮顶罐宜取 0.9;

N——循环次数,次。

中间泵站应设水击泄放罐,其泄放罐容量由瞬态水击分析后确定。

(2)储油罐数量

首站、输入站、分输站和末站每种油料或每种牌号油料应设置 2 座以上储罐。

根据油罐所储油料的性质和环境条件,经技术经济比较后确定油罐加热或冷却、保温或绝热方式,具体计算参见有关的设计手册。

(3)储油罐类型

储存汽油、溶剂油等油料应选用浮顶罐或内浮顶罐;储存航空汽油、喷气燃料油应选用内浮顶罐；储存灯用煤油可选用内浮顶罐或固定顶油罐；其他油料（如柴油、重油等）可选用固定顶油罐。

171. 液化石油气管道储罐容量、数量如何确定？储罐类型如何选择？

（1）液化气储罐容量

管道首站、输入站、分输站和末站液化石油气储罐总容量应按下式计算：

$$V = \frac{m}{350\rho\varepsilon}\kappa$$

式中　V——首站、输入站、分输站和末站液化石油气储罐总容量，m^3；
　　　m——首站、输入站、分输站和末站液化石油气年总运转量，t；
　　　ρ——储罐内最高工作温度时液化石油气的密度，t/m^3；
　　　ε——最高操作温度下储罐装量系数，宜取 0.9；
　　　κ——液化石油气的储备天数。

首站、输入站、分输站和末站液化石油气的储备天数与原油管道的规定相同。

中间泵站应设水击泄放罐，其泄放罐容量由水击分析后确定。

（2）液化石油气储罐数量

液化石油气储罐座数应按下式确定：

$$n = \frac{V}{V_1}$$

式中　n——储罐座数；
　　　V——液化石油气总储存量，m^3；
　　　V_1——球罐或卧罐单座的容积，m^3。

首站、输入站、分输站和末站储罐，每站不宜少于 3 座。

根据储罐所储液化石油气的性质和环境条件，经技术经济比较后确定冷却与绝热方式，具体计算参见有关的设计手册。

（3）液化气储罐类型

在常温下，液化石油气储罐应选用卧式或球形金属储罐。目前，我国对液化石油气卧式和球形金属储罐已形成系列设计，具体设计可参照有关设计手册。液化石油气储罐的设计压力和储罐上的附件选用、安装和使用要求，应符合国家现行《压力容器安全技术监察规程》的规定。

172. 清管器收发系统如何构成？其工作原理是什么？

常见的清管器收发系统如图 3－17 所示，它由快开盲板、筒体、偏心大小头、短节、可通过清管器的阀门、带挡条的清管三通、清管指示器、旁通管及旁通阀、放空阀、排污阀、安全阀和压力表等部件组成。

（1）发球装置：正常输油通过阀门 1。发球时，打开快速盲板，将球放入发球筒，上好盲板后，打开球阀 3 和阀 2，逐渐关小阀 1，球就被油流带走。球发出后，打开阀 1，关上阀 2 和阀 3，恢复正常输油。

（2）收球装置：通过阀 4 正常输油，接到收球信号后，打开球阀 6 和阀 5，适当关小阀 4。球到后，先开阀 4，后关阀 5、阀 6，恢复正常输油。

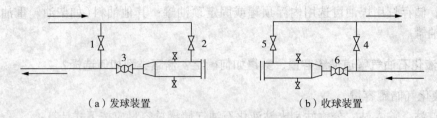

(a) 发球装置　　　　　　　　(b) 收球装置

图 3-17　清管器收发系统

173. 输油管道系统油料计量方式有哪些?

输油管道系统油料计量方式主要有流量计测量、储罐测量两种。

(1) 流量计测量：用流量计测量出油料的体积流量，用相应的方法测出油料的密度值、含水率以及有关的温度和压力值，以便求出不含水油料在标准条件下以质量为单位的油量。

流量计的种类较多，在设计中选用哪一种，应根据所输油料的性质(黏度、密度和透明度等)、流速和流量的变化范围、计量的要求(精度、瞬时流量及累计流量)和仪表的安装环境条件(温度、压力)等来选择。输油管道上最常用的是各种容积式流量计和涡轮流量计。对黏度较大的油料多用于腰轮流量计和椭圆齿轮流量计进行准确的计量，对黏度较小的油料多用于涡轮流量计和刮板流量计进行计量。近年来，超声波流量计、质量流量计等发展很快，已在许多条管道上用超声波流量计进行交接计量。

(2) 储罐测量：用人工检尺或液位仪表测出储罐内油料液位高度，计算出体积量，同时按有关规程规定，测量出密度值和含水率，以便求出罐内不含水油料以质量为单位的油量。

174. 站内工艺管道如何分类?

站内管道敷设有埋地、管沟和地上三种方式。

(1) 埋地敷设是把管道直接埋设在地下。埋地管道周围土壤能起保温、保护和嵌固作用，使热油管道减少热损失，免受外界机械损伤和不需要考虑热补偿，地面没有管道阻碍通行，不需要设置跨桥。因此，一般说，地下敷设的建设费用较低。国外输油站基本上都采用这种敷设方式。但是我国目前用热水或蒸汽伴热管作为站内间歇性输油管道的防凝手段，管道与伴管外面的保温层防水性较差，在地下水位较高地区往往很快引起管道的外部腐蚀，伴热管内部也会发生内腐蚀。这些内部和外部腐蚀，既不易发现也不便修理。所以我国后期建设的站内管道，除了输油泵房的吸入管道等个别管段外，都不采用埋地敷设。当管道的伴热措施和保温层的技术水平提高之后，埋地敷设的优点仍会表现出来。

(2) 管沟敷设像埋地敷设一样，能减少管道的热损失，不妨碍地面通行。与埋地敷设相比，还有便于检修、遭受腐蚀的程度稍差等优点。管沟中的管道需要采取热补偿措施。在地下水位较高地区，管沟中还应设置排水设施。管沟敷设的缺点是造价较高。因此，除个别管段外，一般不采用。

(3) 地上敷设是把管道架设在管墩和管架上。一般敷设的原则为：储罐区至阀组的管道、阀组至输油泵房的吸入管道，以及在很少有人通行的地段的管道，一般都采用低墩架设；在经常有人通行的地段以及管道横跨站内道路时，一般采用局部高架敷设。地上敷设管道直接遭受外界风雨和气温的作用和影响，不经常通油的管道必须有伴热措施，并外包保温层，保温层的表皮应有防水性能。地上管道需要考虑热补偿，一般都尽量结合管道走向利用自然补偿。

175. 站内管道及设备如何防腐与保温？

站内埋地管道的外防腐层应为特加强级防腐；储罐罐底板外壁应采用阴极保护；保温管道的钢管外壁及钢制设备外壁均应先进行防腐后，再进行管道及设备的保温，保温层外还应设防水层；凡储罐外壁、顶及罐内存在气体空间的部位，罐底及罐内附件和距罐底2m以下部位，也均应进行防腐，储罐内壁需要使用防腐涂料时应使用防静电防腐涂料，涂料本体电阻率应低于108Ω·m（面电阻率低于109Ω·m），进出储罐的轻质油料管道必须接近罐。

176. 管道中的水击如何分类？

密闭输送管道是各段管道与输油泵直接相连，不经过旁接罐，故有可能发生危险的压力波。当相继产生有害的增压波和降压波时，危害输油泵的汽蚀现象就可能出现。管道中液流骤然停止引起的压力上升速度可达1000kPa/s，压力上升可大至3000kPa，并在管道中以约1000m/s的速度传播。输油管道中发生的水击，从产生的原因来分有许多种，但对管道与设备安全构成威胁的主要有两种：

(1) 中间泵站因为动力中断输油泵突然全部关闭，在停泵站进口侧产生高压波，停泵站出口侧产生低压波；

(2) 末站因误操作进站阀门突然关闭，阀前产生高压波。水击时的高压波与低压波分别沿管道传播，高压波与管道中原有的输油压力叠加产生异常的高压力，低压波则可能在管道中造成负压。

177. 水击如何计算？

(1) 直接瞬变压力公式

根据儒可夫斯基（Joukowski）的水击理论，由流速瞬间变化直接产生的压力脉动值，可用下式计算。

$$\Delta H = -\frac{a}{g}\Delta V$$

式中　ΔH——直接瞬变压力值，m 液柱；
　　　a——压力波的波速，m/s；
　　　g——重力加速度，9.81m/s²；
　　　ΔV——流速变化量，$\Delta V = V_0 - V$，m/s；
　　　V_0——扰动前的流速值，m/s；
　　　V——扰动后的流速值，m/s。

为了区别管道充装（或液体膨胀）产生的压力变化，一般把仅因流速变化产生的压力脉动值称为直接瞬变压力。直接瞬变压力的正负号取决于扰动的性质。上式只适用于扰动持续时间小于$2L/a$的情况。

(2) 波速

管内压力波的传播速度取决于液体的可压缩性和管子的弹性。液体的可压缩性越大，管子的弹性越大，压力波速越低。管子的弹性与管材、管子的几何尺寸和管子的约束条件有关。根据压力波沿管道传播时，管道充装过程中液体的质量守恒原理，对于薄壁管（$D/\delta > 25$），可以推导出压力波传播速度的计算公式为：

$$a = \sqrt{\frac{k/\rho}{1 + \frac{k}{E}\frac{D}{\delta} \cdot C_1}}$$

式中 a——压力波的波速，m/s；

k——液体的体积弹性系数，Pa；

ρ——液体的密度，kg/m³；

E——管材的弹性模量，Pa；

D——管内径，m；

δ——管壁厚度，m；

C_1——管子的约束系数，取决于管子的约束条件：一端固定，另一端自由伸缩，$C_1 = 1 - \mu/2$；管子无轴向位移（埋地管道），$C_1 = 1 - \mu^2$；管子轴向可自由伸缩（如承插式接头连接），$C_1 = 1$；

μ——管材的泊松系数。

对于一般的钢质管道，压力波在油料中的传播速度大约为 1000~1200m/s，在水中的传播速度大约为 1200~1400m/s。

178. 水击保护方法有哪些？

目前在输油管道上采用的水击保护措施主要有以下三种：

（1）泄放保护

这是一种最早采用的保护措施。这种保护措施是在管道的一定地点安装专用的泄放阀，在出现水击高压波时，通过阀门从管道中泄放出一定数量的液体，从而削弱高压波，防止水击造成危害。

泄放阀设置在可能产生水击高压波的地点，也即中间站和末站的入口端。当末站阀门误操作因而发生水击时，装在末站阀门上游侧的泄放阀将立即开启泄放。中间泵站由于各种故障突然关闭时，装在泵站进口侧的泄放阀也将立即泄放。泄放出的液体将排至储罐中。有加热设备的泵站，可以将燃料油罐兼做泄放的储罐。目前泄放阀一般应用胶囊式泄放阀，国内已有生产。

胶囊式泄放阀的选择在于根据水击计算所得泄放量与压力给定值确定泄放阀的口径。

泄放阀的泄放能力按下式计算：

$$Q = 0.0865 kF \sqrt{\frac{p_s}{d}}$$

式中 Q——泄放阀泄放能力，m³/h；

p_s——压力给定值，kPa；

d——液体（油料）相对密度；

k——黏度修正系数，按照液体的黏度大小取 0.7~0.9，黏度高者取较小值。

F——流量系数，随泄放阀口径与超过压力给定值的百分比而异。一般情况下，超过压力给定值的百分比取 10%。流量系数值还与泄放阀的构造有关。

（2）超前保护

超前保护是在产生水击时，由管道控制中心迅速向其他泵站发出指令，各泵站立即采取相应保护动作，以避免造成危害。超前保护必须建立在高度自动化的基础上。

当管道末站阀门因误操作而全部关闭时，上游各泵站当即接受指令顺序全部关闭。某一中间泵站突然关闭时，则指令上游各泵站按照调节阀节流、关闭一台输油泵、关闭两台输油泵……的顺序动作，同时指令下游泵站也按照上述顺序动作。如果泵站装备有调速输油泵机组，在调节阀节流与关闭一台泵两种动作之间，尚可增加调速泵机组降速运转动作。上述各种动作都有一定的压力给定值作为动作指令。当各泵站采取某种动作后已使管道保持稳定状态，即不再继续执行下一步保护动作。

(3) 管道增强保护

如果以产生水击时未采取任何保护措施情况下管道中的最高压力作为管道强度设计的计算压力，并据此确定管道的壁厚，则仅依靠管道强度即可承受水击压力，不必再采取其他水击保护措施。这是国外早期输油管道抵御水击所采取的原始措施。显然，这个方法对于口径较大的管道是极不经济的。小口径管道的强度往往具有相当裕量，能够承受水击的最高压力。

179. 输油管道投产前的准备工作有哪些？

试运投产一般在全线管路试压合格、通信联系畅通、电力供应及油料供销有保证的基础上才能进行。投产前要做好下述准备工作：

(1) 全线组成坚强、统一的投产指挥机构，确保各项工作能逐级落实。
(2) 配备好各岗位的工作人员，做好技术培训活动。
(3) 讨论制定各种生产操作管理制度，比如操作规程、生产运行报表等。配备好投产所需的各种设备、工具，落实投产所需的水源、燃料和车辆等。
(4) 制定投产方案。投产方案一般包括下述内容：制定投产方案的依据；各项投产准备工作的具体计划及要求；试运投产程序及各阶段的要求、注意事项；有关的计算及需要测取的数据；需要进行的试验研究等。

180. 输油管道试运投产程序与内容是什么？

(1) 投产程序

①泵站(加热站)单体工程试运与整体试运；
②冲洗、清扫干线；
③预热干线(热油管道)；
④投油。

(2) 投产内容

①泵站和加热站的试运投产

在泵站或加热站内，由纵横交错的管路将各种设备、阀件和容器连接起来，形成一个完整的工艺系统，以完成所承担的加压、加热任务。为此，还需有供电、电信、燃料油、润滑油、压缩空气、冷热水和自动化仪表等辅助系统。故泵站的投产首先是各项单体的试运，一般要做到"六试"：即油罐试水，站内管路清扫及试压，设备试运，系统试流程，供电试负荷和电信试通话。在上述试运合格的基础上要达到"六通"：即油、水、电、风、电信及自控系统都畅通无阻，才能进行全站及全线的联合试运。

泵站主体工程的单项试运包括：

——储罐试水：储罐在使用前，应在罐内充满水并保持一定的时间，对油罐各部分的严密性、强度、渗漏、沉降和升降温进行试验,试验合格后方可投入使用。

——加热炉和锅炉的烘炉及试烧:设计加热炉时,应对烘炉和试烧提出具体要求,作出升降温曲线,试运时应按设计要求进行。使用耐火砖作为内层的加热炉,在试运阶段要按照设计拟订的要求烘炉,烘炉结束后,如发现缺陷,应加以修补,然后才能使用。以陶瓷纤维作为衬里的加热炉,则不需烘炉。

——电机和主泵的试运:包括电机的抽心检查及空运转,主泵的解体检查及站内冷水循环等。输油泵机组试运转步骤应先单机然后联合,先部件而后组件,由组件至单台(套)设备,在上一步骤合格后,再进行下一步。在试运转过程中,机组的润滑系统各项指标、轴承温度、轴向窜动和密封泄漏量等都必须符合规定。在试运中如发现有不正常现象,应立即停止运转并进行检查和修理。

——变配电系统:泵站变电所及配电系统应严格按照有关的规程进行全面检查,对不符合规程与设计要求的必须加以修改。当达到投入运行条件时,即开始使系统带电并带一定负荷运行24h。

站内整体试运通常分为冷水试运和热水试运,每种试运都要按正常的输油要求进行站内循环,倒换各种流程,观察站内各种工艺流程和设备运行是否正常,是否符合生产要求。试运时间一般不少于72h,发现问题及时处理。

②管道干线的试运投产

输油干线试运的主要内容为清扫管线,对热油管道进行预热。输油干线启动方式主要有三种:一是冷管直接启动;二是预热启动;三是加稀释剂和降凝济启动。

——冷管直接启动,即输油管道不经过预热直接输入待输送的油料。如果油料的凝点低于管道中心埋深处最冷月份的平均温度,且黏度满足不加热输送,可采用冷管直接启动。或当管道的距离比较短,投油时的地温高,并能保持大排量输送的有利条件下,热油也可采用冷管直接启动的方法。成品油管道的投产启动方式一般采用冷管直接启动的方式。

——对于大多数输送易凝高黏原油的长距离管道,常采用热水预热的措施,即在输油前先输送一定量的热水,往土壤中蓄入部分热量,建立一定的温度场后再输油。

——部分凝点和黏度相对较高的原油可通过加稀释剂或降凝剂方法,使其降凝降黏到能够直接启动,直到土壤温度升高至进站油温满足热输要求后转入正常输油。

不论是直接启动还是热水预热,由于启动过程中种种条件变化多端的特点,预热计算迄今没有可靠的方法,大都是在近似估算的基础上,通过现场实测来指导预热过程。

181. 输气管道工程由哪几部分组成?

输气管道工程一般包括输气管线、输气站、管道穿(跨)越工程及辅助和公用工程。输气站一般包括输气首站、输气末站、压气站、天然气接收站、天然气分输站、清管站等。在输气站内完成天然气的分离除尘、调压、计量、增压、清管和天然气的接收和配气等业务。

182. 输气管道流量如何计算?

(1)当输气管道沿线的相对高差 $\Delta h \leqslant 200m$ 且不考虑高差影响时,采用下式计算:

$$q_v = 1051\left[\frac{(P_1^2 - P_2^2)d^5}{\lambda Z \Delta TL}\right]^{0.5}$$

式中 q_v——气体($P_0 = 0.101325MPa$, $T = 273K$)的流量,m^3/d;

P_1、P_2——输气管道计算管段起点和终点压力(绝),MPa;

d——输气管内直径,cm;

λ——水力摩阻系数;

Z——气体的压缩因子;

Δ——气体的相对密度;

T——气体的平均温度,K;

L——输气管道计算管段的长度,km。

(2)当考虑输气管道沿线的相对高差影响时,采用下式计算:

$$q_v = 1051 \left\{ \frac{[P_1^2 - P_2^2(1+\alpha\Delta h)]d^5}{\lambda Z \Delta TL\left[1 + \frac{\alpha}{2L}\sum_{i=1}^{n}(h_i + h_{i-1})L_i\right]} \right\}^{0.5}$$

式中 α——系数,$\alpha = \frac{2g\Delta}{ZR_aT}$,$m^{-1}$;

R_a——空气的气体常数,在标准状况下,$R_a = 287.1 m^2/(s^2 \cdot K)$;

Δh——输气管道计算段的终点对计算段的起点的标高差,m;

n——输气管道沿线计算管段数。计算管段是沿输气管道走向从起点开始,当其相对高差≤200m时划作一个计算管段;

h_i、h_{i-1}——各计算管段终点和对该段起点的标高差,m;

L_i——各计算管段长度,km;

g——重力加速度,$9.81m/s^2$。

公式中水力摩阻系数宜按下式计算:

$$\frac{1}{\sqrt{\lambda}} = -2.01\lg\left(\frac{e}{3.71d} + \frac{2.51}{Re\sqrt{\lambda}}\right)$$

式中 λ——水力摩阻系;

e——钢管内壁等效绝对粗糙度,m;

d——管内径,m;

Re——雷诺数。

流量计算公式基本参数 d、L、T、P_1 和 P_2 对输气管流量的影响是不相同的,以上述公式为基础,现简述当其中一个参数变化而其他条件不变时,对输气量的影响。

①管径 d 对流量的影响

$$\frac{q_{v1}}{q_{v2}} = \left(\frac{d_1}{d_2}\right)^{2.53}$$

即输气管流量与直径的 2.53 次方成正比,如直径增大 1 倍,$d_2 = 2d_1$,则流量:$q_{v2} = 2^{2.53}q_{v1} = 5.78q_{v1}$,是原来流量的 5.78 倍。加大直径是增加输气管流量的主要措施。

②管道长度 L 对流量的影响

$$\frac{q_{v1}}{q_{v2}} = \left(\frac{L_2}{L_1}\right)^{0.51}$$

即输气管的流量与管道长度的 0.51 次方成反比,若管长缩小一半,比如在两座压气站间再增设一座压气站,即 $L_2 = \frac{1}{2}L_1$,则 $q_{v2} = 1.42q_{v1}$,输气量增加42%。

③起点压力 P_1 和终点压力 P_2 对流量的影响

起点压力增加 ΔP：
$$(P_1+\Delta P)^2 - P_2^2 = P_1^2 + 2P_1\Delta P + \Delta P^2 - P_2^2$$
又设终点压力减少 ΔP：
$$P_1^2 - (P_2 - \Delta P)^2 = P_1^2 + 2P_2\Delta P - \Delta P^2 - P_2^2$$
两式右端相减得：
$$2\Delta P(P_1 - P_2) + 2\Delta P^2 > 0$$

由此可见，提高起点压力 P_1 后的压力平方差大于降低终点后的压力平方差，所以提高起点压力比降低终点压力更有利于增加输气量。

④温度 T 对流量 q_v 的影响
$$\frac{q_{v1}}{q_{v2}} = \left(\frac{T_2}{T_1}\right)^{0.51}$$

即输气管的流量与绝对温度的 0.51 次方成反比，也就是说，输气管中的气体的温度越低，输气量就越大。因此，冷却气体也是目前增加输气量的措施之一。如果把气体从 50℃ 冷却到 20℃ 可使流量增加 5%。

183. 输气管道线路选择原则是什么？

(1) 线路走向应根据地形、工程地质、沿线主要进气、供气点的地理位置以及交通运输、动力等条件，经多方案对比后确定。

(2) 线路宜避开多年生经济作物区域和重要的农田基本建设设施。

(3) 大中型河流穿（跨）越工程和压气站位置的选择，应符合线路总走向。局部走向应根据大、中型穿（跨）越工程和压气站的位置进行调整。

(4) 线路必须避开重要的军事设施、易燃易爆仓库、国家重点文物保护区。

(5) 线路应避开城镇规划区、飞机场、铁路车站、海（河）港码头、国家级自然保护区等区域。当受条件限制管道需要在上述区域内通过时，必须征得主管部门同意，并采取安全保护措施。

(6) 除管道专用公路的隧道、桥梁外，线路严禁通过铁路或公路的隧道、桥梁、铁路编组站、大型客运站和变电所。

(7) 输气管道宜避开不良工程地质地段。当避开确有困难时，应采取下述措施后通过：

①对规模不大的滑坡，经处理后，能保证滑坡体稳定的地段，可选择适当部位以跨越方式或浅埋通过。管道通过岩堆时，应对其稳定性做出判定，并采取相应措施。

②对沼泽或软土地段，应根据其范围、土层厚度、地形、地下水位、取土等条件确定通过的地段。

③管道宜避开泥石流地段，若不能避开时应根据实际地形和地质条件选择合理的通过方式。

④对深而窄的冲沟，宜采用跨越通过。对冲沟浅而宽、沉积物较稳定的地段，宜采用埋设方式通过。

⑤管道通过海滩、沙漠地段时，应对其稳定性进行推断，并采取相应的稳管防护措施。

⑥在地震动峰值加速度等于或大于 0.1g 的地区，管道宜从断层位移较小和较窄的地区通过，并应采取必要的工程措施。

⑦管道不宜敷设在由于发生地震而可能引起滑坡、山崩、地陷、地裂、泥石流以及沙土

液化等地段。

184. 输气管道勘察分哪几个阶段？各阶段应收集哪些资料？

（1）选线阶段

选线阶段提供的岩土工程勘察报告应简要说明线路方案的地形地貌、工程地质条件、水文地质条件和区域性不良地质现象的分布及其对线路的影响，提出推荐方案和下一步勘察工作的建议。

（2）初步勘察阶段

初步勘察阶段报告书应包括以下主要内容：

①说明地形地貌概况。

②说明各方案的水文地质及工程地质条件，与工程有关的不良地质现象发育情况，判断其影响程度，并推荐最优线路方案。

③提出下一步勘察中应解决的问题。

④初勘对于地形地貌、地质条件复杂地段，应编绘下列图件：

——工程地质分区图，包括主要岩层分界线、构造线、代表性岩层产状、地质成因、年代、不良地质现象、井泉及类型、地震基本烈度、重要钻孔以及代表性的地质示意剖面图或综合柱状图等。

——工程地质纵断面图，比例 1:50000~1:100000。

（3）详细勘察阶段

详细勘察阶段应按岩土工程勘察等确定提供资料。对于岩土勘察等级为一、二级，提供：

①结合测量、线路设计等资料编绘线路纵断面图和平面示意图（1:500~1:2000），在图上扼要填写地貌单元、地层岩性、地下水深度及岩土视电阻率等资料。

②岩土工程勘察报告

——沿线地形、地貌分布情况；

——沿线区域地质稳定性分析评价（包括地震效应评价及各地段地震基本烈度）；

——沿线岩土性质及分布情况（着重描述石方段）；

——沿线不良地质（包括滑坡、崩塌、泥石流、岩溶等）、特殊地质（湿陷性黄土、岩渍岩土、膨胀岩土、软土、流沙及流动沙丘、永冻土等）的分布，对管道工程的影响及防治措施；

——沿线地下水及岩土对管道的腐蚀性评价；

——管道施工中应注意的问题及建议采取的处理方案。

对岩土工程勘察等级为三级的，主要提交资料是上述（1）的内容和简要的文字说明。

岩土工程勘察等级确定勘探点间距的大小，勘察点间距见表3-9。

表3-9 岩土勘察点间距表

岩土工程勘察等级	间距/m
一级	200~300
二级	300~500
三级	500~1000

185. 输气管道测量分哪几个阶段？各阶段应收集哪些资料？

（1）初步设计阶段
初步设计阶段提交的资料一般有：
①全线走向示意图；
②全线纵断面图；
③大型穿（跨）越处的地形图和断面图；
④局部复杂地段地形图；
⑤站址地形图。
（2）施工图设计阶段
施工图设计阶段提交的资料有：
①线路纵断面测量图；
②线路横断面测量图（视现场复杂情况而定）；
③带状地形图；
④线路最终测量成果表；
⑤穿（跨）越工程处的地形图和断面图；
⑥穿（跨）越工程处控制测量成果表；
⑦穿（跨）越工程处的洪水位点、地质钻探点的位置和高程成果表；
⑧水下地形图；
⑨站址地形图；
⑩线路走向总平面图；
⑪说明书。

186. 输气站如何分类？

输气站是输气管道工程中各类工艺站场的总称。按它们在输气管道中所处的位置分为：输气首站，输气末站和中间站（中间站又分为压气站、气体接收站、气体分输站、清管分离站等）三大类型。按功能可分为：调压计量站、清管分离站、配气站和压气站等。

（1）输气首站
输气首站是设在输气管道起点的站场。一般具有分离、调压、计量、清管发送等功能，当进站压力不能满足输送要求时，首站还具有增压功能。
（2）输气末站
它是设在输气管道终点的站场。一般具有分离、调压、计量、清管器接收及配气功能。
（3）输气中间站
它是设在输气管道首站和末站之间的站场。一般分为压气站、气体接收站、气体分输站、清管分离站等几种类型。
①压气站。它是设在输气管道沿线的站，用压缩机对管输气体增压。
②气体接收站。它是在输气管道沿线，为接收输气支线来气而设置的站场。一般具有分离、调压、计量、清管器收发、配气等功能。
③气体分输站。它是在输气管道沿线为分输气体至用户而设置的站场，一般具有分离、调压、计算、清管器收发、配气等功能。

④清管分离站。清管分离站应尽量与其他的输送站场相结合,但当输气管道太长、又无合适的站场可结合时,可根据具体情况设中间清管分离站。

187. 输气站工艺流程如何分类?

(1)输气干线首站流程,如图3-18所示。

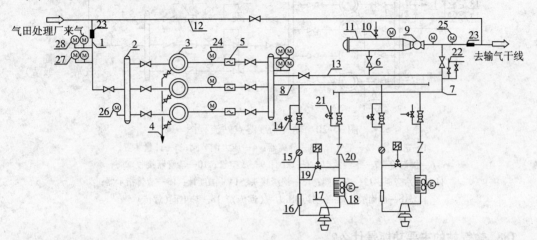

图3-18 输气干线首站流程图(含压缩机组)

1—进气管;2—汇气管;3—分离器;4—排污管;5—计量装置;6—清管用旁通;7—进压缩机组总管;8—出站管线;9—球阀;10—放空管;11—清管器发送球筒;12—越站旁通;13—越压缩机组旁通;14—加载阀;15—过滤器;16—机组流量计;17—压缩机;18—工艺气冷却器;19—喘振控制器阀;20—止回阀;21—放空阀(电动);22—安全阀;23—绝缘接头;24—温度计;25—清管指示器;26—压力表;27—电接点压力表(远传);28—热电偶(远传)

(2)输气干线中间站分离站流程,如图3-19所示。

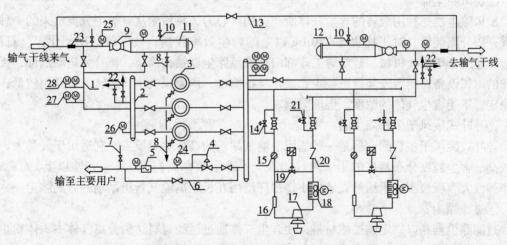

图3-19 输气干线中间站流程图

1—进气管;2—汇气管;3—分离器;4—压力调节阀;5—计量装置;6—用户旁通管;7—用户支线放空;8—排污管;9—球阀;10—放空管;11—清管器接收球筒;12—清管器发球筒;13—越站旁通;14—加载阀;15—过滤器;16—机组流量计;17—压缩机;18—工艺气冷却器;19—喘振控制器;20—止回阀;21—放空阀(电动);22—安全阀;23—绝缘接头;24—温度计;25—清管指示器;26—压力表;27—电接点压力表(远传);28—热电偶(远传)

(3)输气干线末站流程,如图3-20所示。

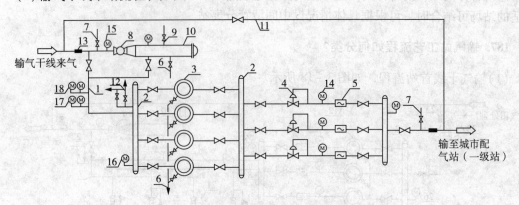

图3-20 输气干线终点站流程图
1—进气管;2—汇气管;3—分离器;4—压力调节阀;5—计量装置;
6—排污管;7—干线放空;8—球阀;9—放空管;10—清管器接收球筒;
11—越站旁通;12—安全阀;13—绝缘接头;14—温度计;15—清管指示器;
16—压力表;17—电接点压力表(远传);18—热电偶(远传)

188. 输气站的主要功能是什么?

(1)分离

为了保证进入输气管道气体的气质要求,在一些站场设置分离装置,分离气中携带的干粉尘,其除尘设备多采用旋风分离器、多管除尘器、过滤器等。分离器的通过量可按分离器的最小处理能力来计算,以保证当一台分离器检修时余下分离器的最大处理能力仍可满足正常处理量要求而不必另设备用分离器。

①旋风除尘器

旋风除尘器是利用旋转的含尘气体所产生的离心力,将粉尘从气流中分离出来的一种干式气—固分离装置,对于捕集 $5 \sim 10 \mu m$ 以上的粉尘效率较高,被广泛应用于化工、石油、冶金、建筑、矿山、机械、轻纺等工业部门。旋风除尘器结构简单,器身无运动部件,无需特殊的附属设备,制造安装投资较少;操作维护简单,压力损失小,运转维护费用较低;性能稳定,不受含尘气体的浓度、温度限制。

②导叶式旋风子多管除尘器

导叶式旋风子多管除尘器是一种适用于输气站场的高效除尘设备。它适用于气量大、压力较高、含尘粒度分布甚广的干天然气的除尘,除尘效率高(达91%~99%以上)而稳定,操作弹性大、噪声小、承压外壳磨损小,被广泛用在长距离输气管道站场的分离除尘。

③过滤除尘器

过滤除尘器是以一定的过滤材料,使含尘气体通过过滤材料达到分离气体中固体粉尘的一种高效除尘设备。除尘效率达95%~99%,除尘粒径最小可达$0.5 \mu m$。

(2)清管

输气管线在施工过程中积存下的污物和管线投产运行时所积存下的腐蚀产物,都是影响气质、降低输气能力、堵塞仪表、影响计量精度和加剧管线内壁腐蚀的主要因素。管线投产前和运行过程中需进行清管。

清管器收发装置包括收发筒、工艺管线、全通径阀门及装卸工具、清管器通过指示器等辅助设备。清管器收发装置，除用作清管外，还可用在生产运行过程发送智能清管器，对管道壁厚检测的收发装置。

清管作业清除的污物应进行集中处理，不得随意排放。

(3) 调压计量

①调压

——输气站内调压设计应保持输气管道稳定的输入和输出压力符合输气工艺设计要求，并应满足开、停工和检修需要。

——调压装置应设置在气源来气压力不稳定且需控制进站压力的管线上、分输气和配管线上以及需要对气体流量进行控制和调节的计量装置之前的管段上。

②计量

——输气和输出输气管线的气体及站内自耗气应进行计量。

——气体计量装置应设置在输气管道的进气、分输气和配气管线上以及站场的自耗气管线上。

——测量天然气体积流量的流量计有差压式流量计和容积式流量计两类。

差压式流量计是根据气体流经节流件时在其前后发生的压差来测量气体流量的计量器，它由节流装置和差压计两部分组成，主要用于大流量的输气管道上。常用的容积式流量计多为转子流量计，一般用于小流量的计量，如自耗气管道上。

我国天然气工业中使用的流量计仍以测定气体体积流量的差压流量计为主。

(4) 安全泄放

①输气站应在进站截断阀上游和出站截断阀下游设置泄压放空设施。

②输气站存在超压可能的受压设备和容器，应设置安全阀。

安全阀泄放的气体可引入同级压力的放空管线。

③安全阀的定压应小于或等于受压设备和容器的设计压力。安全阀的定压(P_0)应根据管道最大允许操作压力(P)确定，并应符合下列要求：

当 $P \leq 1.8$ MPa 时，$P_0 = P + 0.18$ MPa；

当 1.8 MPa $< P \leq 7.5$ MPa 时，$P_0 = 1.1P$；

当 $P > 7.5$ MPa 时，$P_0 = 1.05P$。

④安全阀泄放管直径应按下列要求计算：

——单个安全阀的泄放管直径，应按背压不大于该阀泄放压力的10%确定，但不应小于安全阀的出口直径；

——连接多个安全阀的泄放管直径，应按所有安全阀同时泄放时产生的背压不大于其中任何一个安全阀的泄放压力的10%确定，且泄放管截面积不应小于各安全阀泄放支管截面积之和。

⑤放空气体应经放空竖管排入大气，并应符合环境保护和安全防火要求。

⑥输气站放空竖管应设置在围墙外不致发生火灾危险和危害居民健康的地方。其高度应比附近建(构)筑物高出2m以上，且总高度不应小于10m。放空竖管(或火炬)宜位于站场生产区最小频率风向的上风侧，并宜布置在站场外地势较高处。火炬和放空管与站场的间距：火炬由计算确定；放空管放空量等于或小于 1.2×10^4 m^3/h 时，不应小于10m，放空量为 $1.2 \times 10^4 \sim 4 \times 10^4$ m^3/h 时，不应小于40m。

⑦放空竖管的设置应符合下列规定：

——放空竖管直径应满足最大的放空量要求。
——严禁在放空竖管顶端装设弯管。
——放空竖管底部弯管和相连接的水平放空引出管必须埋地。
——放空竖管应有稳管加固措施。

189. 管道穿越位置如何选择？穿越铁路、公路有何具体要求？

(1) 穿越位置选择

①选择的穿越位置应符合线路总走向。对于大、中型穿越工程，线路局部走向应按所选穿越位置调整。

②大、中型穿越工程的方案与位置，应根据水文、地质、地形、水土保持、环境、气象、交通、施工及管理条件进行技术经济论证确定。这类工程的建设选择在：
——河道或冲沟顺直、水流平缓地段。
——断面基本对称、两岸有足够施工场地的地段。
——岩土构成比较单一、岸坡稳定的地段。

③穿越位置不宜选在地震活动断层上，穿越管段位于地震基本烈度7度或7度以上地区时，应进行抗震设计。

④穿越位置不宜选在河道经常疏浚加深、岸蚀严重或浸滩冲淤变化强烈地段。

⑤水库地区穿越位置宜避开库区与尾水区。若在水库下游穿越，应选在水坝下游集中冲刷影响区之外。位于水库下游的穿越工程，必须取得水库泄洪时的局部冲刷与清水冲刷资料。

(2) 穿越铁路、公路的具体要求

①管道穿越铁路、公路应避开石方区、高填方区、路堑、道路两侧为同坡向的陡坡地段。

②管道严禁在铁路站场、有值守道口、变电所、隧道和设备下面穿越。

③在穿越铁路、公路的管段上，严禁设置弯头和产生水平或竖向曲线。

④管道穿越铁路或Ⅱ级以上高等级公路时，宜采用顶管或横孔钻机穿管敷设。穿越Ⅲ级以下公路或一般道路时，可采用挖沟埋设。

⑤管道穿越Ⅰ、Ⅱ、Ⅲ级铁路或Ⅱ级以上高等级公路时，应设置保护套管。穿越铁路专用线或Ⅲ级以下公路时，可根据具体情况采用保护套管或增加管壁厚度。保护套管可用钢管或钢筋混凝土管。

⑥保护套管内径应比输送管外径大100~300mm，套管与输送管之间应设绝缘材料密封，套管端部伸出路基坡脚外不得小于2m。

⑦采用保护套管穿越铁路、公路时，输送管宜采用带状牺牲阳极保护。

190. 管道跨越结构形式如何分类？

管道在通过河流、冲沟不适于采用穿越的情况下，就需要采用跨越形式通过。跨越结构形式应结合跨越河流的大小、工程地质、水文地质、地貌及岸坡情况等因素确定。

(1) 普通梁式管桥

梁式管桥是最简单的跨越型式，它的主要上部结构由支座和以管道作为梁体的两个部分组成，分为无补偿式和带悬臂补偿的两种型式。

这种结构适合于小型河流、渠道、溪沟等。当河流宽度在管道的允许跨度范围内时，应优先采用直跨越，当河流宽度较大时，可采用带补偿的多跨连续梁结构。

(2)轻型托架式管桥

以管道作为托架结构受压弯的上弦，用受拉性能良好的高强度钢丝作为托架的下弦，再以几组组装成三角形的钢托架作中间联结构件，构成空间组合体系，用以增大管道的跨距。

这种结构适合于中等跨度的管桥。

(3)桁架式管桥

主要采用两片杆架斜交组成断面为正三角形的空腹梁空间体系，并且利用管道作为桁架上弦，其他杆件选用型钢。下弦两端采用滑动支座，因此结构的整体刚度大，稳定性好，但用钢量大。

这种结构适合于中等跨度的管桥。

(4)拱式管桥

拱式管桥是将管道本身做成圆弧形或抛物线形拱，将两端放于受推力的基座或支架上，这时管子从梁式跨越的受弯变成拱形的受压，因而使管材能得到较充分的利用，从而有效地增大了管路的跨越能力。

(5)悬索管桥

将作为主要承载结构的主缆索挂于塔架上，呈悬链线形，通过塔架顶在两端锚固。管道用不等长的吊索挂于主缆索上，使管道基本水平，管道的重量由主索支撑，并通过它传给塔架和基础。

这种结构适合于大口径管道跨越大型或特大型河流、深谷。

(6)悬缆管桥

悬缆管桥的主要特点是管道与主缆索都呈抛物线型，采用等长的吊杆，使管道与缆索平行。悬缆管桥能够充分利用管道本身的强度，使管道承受拉力、弯曲等综合应力，结构较前两种悬吊管桥简单，施工方便。

这种结构适合于中、小口径的大型跨越工程。

(7)悬链式管桥

这种结构与柔性悬索工管桥的主要区别，在于管子不是水平的梁式结构，而是将管子按照悬索的型式悬吊，两端与支撑结构铰接联接，取消了主缆索联接，取消了主缆索，使管道直接承受拉力、弯曲等综合应力，充分利用了管道本身的强度，管道与跨越管道的连接为柔性，尽量减少对管道的转动约束。

这种结构适合于中、小口径管道径跨比小的大跨度管桥。

(8)斜拉索管桥

斜拉索管桥的拉索为弹性几何体系，因而刚度大，平面内抗风振动性能好，自重小，结构轻巧，外形美观简洁。缆索作用产生的水平方面的压力由管子承担，不需要巨大的锚固基础。为防止钢管承压失稳，也可采用补偿变形办法使钢管受拉。

这种结构适用于各种管径的大型跨越工程。

191. 城镇燃气输配系统如何组成？

城镇燃气输配系统一般由门站、输气管网、储气设施、调压设施、监控系统组成。

(1) 门站

门站负责接受气源来气进行计量、质量检测。按照城市供气的输配质量要求，控制和调节向城市供气的流量和压力。

(2) 输气管网

输配管网是城市燃气输配系统的基础本组成部分，输配管网的基本任务是：通畅地将气源输入的燃气输送到各个储气点、调压点、用气点，并保证沿程输气安全可靠。

(3) 储气设施

储配站负责接受由门站输入的燃气，并负责均衡城市供需气量的波动。站内设置的压力提升设备以及储气调节设备，根据燃气输配的需求，将输入的燃气加压或调节到管网所需的输入压力，并控制向管网输出的流量。

(4) 调压设施

调压室是多级输气压力的输配管网之间的连接点，其任务是将高一级压力的管网的燃气经调压设备，降低到下一级管网所规定的输入压力，并保持降低压力后的下一级管网输气压力的稳定。

192. 燃气管网系统方案如何选择？

(1) 对天然气气源和加压气化气源，宜采用高压或次高压一级管网系统，以节省投资。

(2) 对于大城市应采较高的输气压力，对于中、小城市可以采用较低的输气压力。

(3) 街道宽阔、新居住区较多的地区，可选用一级管网系统。

(4) 对于南方河流水域很多的城市，一级系统的穿、跨越工程量将比二级系统多，应进行技术经济比较后确定。

(5) 当城市发展规模较大时，对于新发展地区应选用一级管网系统，采用较高的设计压力。近期工程的管网系统，可以降低压力运行。远期负荷提高时，可将运行压力提高，增加输量。

193. 城镇燃气管道的计算流量如何确定？

(1) 城镇燃气管道的计算流量，应按计算月(计算月指逐月平均的日用气量中出现最大值的月份)的小时最大用气量计算。该小时最大用气量应根据所有用户燃气用气量的变化叠加后确定。

(2) 居民生活和商业用户燃气小时计算流量，宜按下式计算：

$$Q_h = \frac{1}{n} Q_a$$

式中 Q_h——燃气小时计算流量，m^3/h；

Q_a——年燃气用量，m^3/a；

n——年燃气最大负荷利用小时数，$n = \dfrac{365 \times 24}{K_m K_d K_h}$，h；

K_m——月高峰系数(计算月的日平均用气量和年的日平均用气量之比)；

K_d——日高峰系数(计算月中的日最大用气量和该月日平均用气量之比)；

K_h——小时高峰系数(计算月中最大用气量日的小时最大用气量和该日小时平均用气量之比)。

(3) 居民生活和商业用户用气的高峰系数，应根据该城镇各类用户燃气用量(或燃料用量)的变化情况，编制成月、日、小时用气负荷资料，经分析研究确定。

工业企业和燃气汽车用气燃气小计计算流量，宜按每个独立用户生产的特点和燃气用量(或燃料用量)的变化情况，编制成月、日、小时用气负荷资料确定。

194. 城镇燃气供应系统如何调节？

城镇燃气供应系统，采用储气罐来调节周、日的用气供需波动，所需储气量的计算方法如下：

(1)首先确定该周内燃气需要总量$\sum Q_1$，并据此确定该周内供气总量$\sum Q_2$，即$\sum Q_1 = \sum Q_2$。

(2)将一周内逐日逐小时的供气量(按照供气量不变，或计入供气可调幅度)累计得出$\sum q_2$。

(3)将一周内逐日逐小时的燃气需要量(计入日及小时不均匀系数)，求出并累计得出$\sum q_1$。

(4)将每日每小时的供气及需要累计量填入表格，求出供需正负额最大的两个点，将正负差额的绝对值相加，即得出调节供需波动的所需储气量Q_3。

(5)在所需储气量Q_3的基础上，参考供气及燃气使用上预报的偏差，供气过程可能出现不稳定的影响，以及储气罐工作条件及规格等因素调整，以确定选用的储气罐容积。

对于高压储气罐，需要根据储气罐的最高及最低工作压力差确定，即储气罐容积：

$$V = \frac{Q_3 \cdot k}{P_1 - P_2}$$

式中　k——生产调度安全系数；
　　　P_1——储气罐的最高工用压力；
　　　P_2——储气罐的最低工作压力。

(6)缺少确切的气源可调性及耗气波动的数据时，可参考本市或相近城市的储气系数(即储气设备总容积与高峰月平均日供气能力的比值)，来推算所需储气罐的容积。选用时应注意城市民用气量与工业气量的比例、居民生活习惯及生活水平。

一般工业用气较为均匀，民用气有早、中、晚三个显著的高峰时间，随着民用气量占总量比例加大，所需罐容储气系数加大，见表3-10。

表3-10　不同的民用气量占总气量的比例的储气系数(参考)

民用气量占总气量/%	<40	50	>60
储气系数/%	3040	4045	5060

195. 油库类型如何划分？

油库的类型很多，根据油库的管理体制、业务性质、储存方式和经营油料类别等进行划分，大体可分以下几类油库：

(1)按管理体制和业务性质划分

根据油库的管理体制和业务性质，油库可分为独立油库和附属油库两大类型。

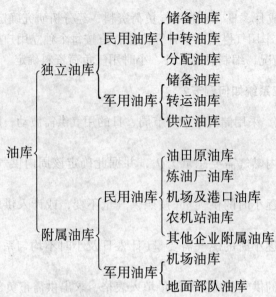

（2）按建造方式和储存方式划分

根据油库的建造方式和储存方式，油库可分为地上油库、地下油库和水下油库三大类型，如表3-11所示。

表3-11 油库类型（按建造方式和储存方式分类）

序号	油库类型		特点
1		地面油库	是将储油罐设置在地面上，建设速度快，节省投资；是分配和供应油库的主要建库形式
2	地下油库	隐蔽油库	将储油罐部分或全部埋在地下，上面覆土作伪装，具有一定的防护能力
3		山洞油库	将储油罐建造在人工开挖的洞室或天然的山洞内，不仅具有良好隐蔽条件，同时具备很强的防护能力
4		水封石洞油库	储油罐是用具有稳定地下水位的岩体里开挖的人工洞室，利用稳定的地下水位将油料封存在此人工洞室中，不需另建储油罐；由于洞内油料被周围岩体里的地下水包围，不向外渗漏油料。它的储油容量可达数十万立方米。深埋地下，具有极好隐蔽和防护能力
5		水下油库	是将储油罐建造在水下。它是适应海上采油而发展起来的，一般属于生产单位的附属油库，这种罐往往和其他生产设施结合组成一个整体结构来建设，比如采油平台的基础等

（3）按运输方式划分

油库 { 水运油库 / 陆运油库 / 水、陆联运油库

(4) 按经营品种划分

油库 $\begin{cases} 原油油库 \\ 成品油油库 \\ 润滑油油库等 \end{cases}$

196. 油库等级如何划分？

GB 50074—2002 国家标准《石油库设计规范》中根据油库储存油料的总容量多少，将油库分为五个等级，详见表 3-12。

表 3-12　石油库等级划分

等级	石油库总容量 V_T/m^3
一级	$100000 \leq V_T$
二级	$30000 \leq V_T < 100000$
三级	$10000 \leq V_T < 30000$
四级	$1000 \leq V_T < 10000$
五级	$V_T < 1000$

注：(1) 表中总容量 V_T 系指油罐容量和桶装油料设计存放量之总和，不包括零位罐和放空罐的容量；
(2) 当石油库储存液化石油气时，液化石油气罐的容量应计入石油库总容量；
(3) 我国石油库储存油料的火灾危险性分类，应符合 GB 50074—2002《石油库设计规范》中表 3.0.2 的规定要求；
(4) 石油库内生产性建构筑物的耐火等级不得低于 GB 50074—2002《石油库设计规范》中表 3.0.3 的规定要求。

197. 油库总容量如何确定？

常用确定油库容量的方法有：周转系数法和储存（备）天数法两种。

(1) 周转系数法确定库容

周转系数就是某种油料的储罐在一年内被周转使用的次数。简言之为：

$$周转系数 = \frac{某油品的年周转量}{储油设备容量}$$

可见，周转系数越大，储油设备的利用率则越高，其储油成本也越低。各种油料设计容量可由下式求得：

$$V_s = \frac{G}{K\rho\eta}$$

式中　V_s——某种油料的设计容量，m^3；
　　　G——该种油料的年周转额，t；
　　　K——该种油料的周转系数；
　　　ρ——该种油料的密度，t/m^3；
　　　η——油罐储存系数（亦称装满系数）。

K 值的大小非常关键，但 K 值的确定也是最困难的，它和油库的类型、业务性质、国民经济发展趋势、交通运输因素、用油变化规律等原因有着密切关系，不能用公式简单计算出来。简单地指定个数字范围也是不科学的，如有的资料中指明，在我国商业系统中，一、二级库采用 $K=1\sim3$；三级及其以下油库采用 $K=4\sim8$。显然是偏小，即库容量偏大。在有条件时通过调查，根据本油库具体经营、市场条件等情况分析确定；也可根据国家有关文件或建库指令具体分析而定。

油罐储存系数 η 是指油罐储存油料的容量和公称容量(计算容量)之比值。

(2)储存天数法确定库容

油料的储存天数是指某种油料的年周转量按该油料每年的操作天数均分,作为该油料一天的储存量,再根据各方面资料分析确定该油料需要具备若干个一天的储存量才能满足油库正常业务的要求。这若干个一天即为该油料的储存天数。按这个含义,该油料的设计容量可按下式计算得出:

$$V_s = \frac{G \cdot N}{\rho \cdot \eta \cdot \tau}$$

式中　V_s——油料的设计容量,m^3;

　　　G——油料的年周转量,t;

　　　N——油料的储存天数,d;

　　　ρ——油料储存温度下的密度,t/m^3;

　　　η——储罐的储存系数;

　　　τ——油料的年操作天数,d。

一个油库一般是经营几种油料,每种油料的年周转量、供应及来源、随季节及社会经济发展、交通运输等情况都有所不同,油库的类别不同也带来很大差异,主要是在油料的年操作天数和油料的储存天数上的差别。

198. 油料储罐数量如何确定?

油库中某种油料的设计容量确定后,还应根据该种油料的性质及操作要求来确定油料储罐的最佳方案。确定油料储罐个数时,应考虑以下几个原则:

(1)满足油料进罐、出罐、计量、加热、沉降切水、化验分析等生产要求;

(2)满足定期清罐的要求;

(3)油料性质相似的储罐,在生产条件允许的情况下可考虑互相借用的可能;

(4)满足一次进油或出油量的要求;

(5)有的油料还要满足调和、加添加剂及其他的特殊要求;

(6)企业附属石油库还要满足企业生产对储罐个数的要求。

综上所述,一种油料的储罐个数,一般不少于2个。当一种油料有几种牌号时,每种牌号宜选用2~3个。

另外,一种油料的储油罐,应尽量选用同一结构形式的、同一规格的储罐。还有,每个储罐的容量一般应能满足一次进油量或一次出油量(取较大者)的要求。

199. 石油库库址如何选择?

石油库的库址选择,一般应遵循如下几项原则:

(1)石油库库址选择,应考虑储存经营不同油料,如原油、汽油、柴油等产、供、运、销的关系和国家有关部门制定的油料储运总流向的要求。

(2)石油库的库址,应选在交通方便的地方。以铁路运输为主的石油库,应靠近有条件接轨、铁路干线能满足油料运输量要求的地方;以水运为主的石油库,应靠近有条件建设装卸油码头的地方,且水运航道稳定、能满足油料四季运输畅通。

(3)石油库是储存易燃,易爆炸品的场所,且有一定污染性,所以石油库与周围居住区、工矿企业、交通线、水库等应保持一定的安全距离,以及企业附属石油库与本企业建、构筑物、交通线等安全距离，一般不得小于GB 50074—2002《石油库设计规范》中表4.0.7和表4.0.8所规定的距离。

(4)选择石油库库址时，应充分考虑库内与库外交通(公路等)及市政工程的衔接、配套(如供电、供水、通信等)。尽量减少建库投资，又能保证石油库与外部保持必要联络。

(5)为城镇服务的商业石油库的库址，在符合城镇环境保护与防火安全要求的条件下，应靠近城镇，以便减少运输距离，保证及时供油。

(6)企业附属石油库的库址，应结合该企业总体规划统一考虑，并应符合城镇或工业区规划、环保及防火消防安全要求。

(7)石油库库址选择时，应贯彻执行节约用地的原则，库址及库外需修建的市政工程、交通道路等，应尽量不占或少占耕地，并与当地规划部门密切配合，符合当地经济发展的总体规划布局及农田基本建设要求。

(8)石油库的库址应具备良好的地质条件及合理的地形地貌，不得选在有土崩、断层、滑坡、沼泽、流沙及泥石流的地区和地下矿藏开采后有可能塌陷的地区，最宜于建库的土质是沙土层。

人工石洞油库的库址，应选择在有稳定的地下水位、地质构造简单、岩性均一、石质坚硬而不易风化的地区，并宜避开断层和密集的破碎带；

(9)一、二、三级石油库的库址，不得选在地震基本烈度9度及以上的地区。

(10)石油库库址的地基耐压力必须满足相应油罐的荷载要求。

库址应选在既无地上浸水、而地下水位又低的地方。最高地下水位一般不应超过油库建筑物、构筑物(特别是油罐)基础的底面。

(11)当石油库库址选定在靠近江河、湖泊或水库的滨水地段时，库区场地的最低设计标高，应高于计算最高洪水位0.5m；

计算洪水位采用的防洪水标准，应符合以下要求：

一、二、三级石油库为50年一遇；

四、五级石油库为25年一遇。

(12)选择石油库库址时，还应考虑到石油库在生产过程中排放已处理合格后的污水对周围环境的影响问题，必须征得有关部门的同意。

200. 石油库总平面布置如何确定？

(1)首先满足油库总工艺流程和油库生产的要求，而且还要考虑各辅助系统的相互关系和生产管理要求。

(2)油库内设施宜分区布置，且分区合理、明确。分区布置时，分区及各区内的主要建、筑构物宜按GB 50074—2002《石油库设计规范》中表5.0.1所规定布置；同时还要考虑主导风对各建筑物的影响。

(3)合理利用地形、水文及地质条件；进行油库的竖向布置；确定建、构筑物标高时，必须考虑库区的土石方的平衡，尽量减少土石方工程量。

(4)油罐应集中布置。当地形条件允许时，油罐宜布置在比卸油地点低、比灌油地点高的位置，但当油罐区地面标高高于邻近居民点、工业企业或铁路线时，必须采取加固防火堤等防止库内油料外流的安全防护措施。

人工洞石油库储油区的布置，应符合GB 50074—2002《石油库设计规范》中第5.0.5条的规定要求。

(5) 油库装卸和发放区要尽可能地靠近交通线，使铁路专用线和公路支线较短。

(6) 铁路专用线不应和油库出入口的道路交叉。

(7) 库内油料尽量做到单向流动，避免在库内往返交叉。

(8) 石油库内建、构筑物之间的防火间距（油罐与油罐之间的距离除外）不应小于 GB 50074—2002《石油库设计规范》中表 5.0.3 所规定的距离，力求布置紧凑、减少用地。建筑、构筑物在符合生产使用和安全防火的要求下，宜合并建造。

(9) 石油库通向公路的车辆出入口（行政管理区和公路装卸区的出入口除外），一、二、三级石油库不宜少于两处，四、五级石油库可设一处。

(10) 石油库应设高度不低于 2.5m 的非燃烧材料的实体围墙；山区石油库建实体围墙有困难时，可建刺丝网围墙。

(11) 独立石油库的围墙外，应设宽度为 1～2m 的隔离地带，该地带不应植树。

(12) 应为石油库今后的发展留有余地。

(13) 石油库内应进行绿化，除行政管理区外不应栽植物油性大的树种。防火堤内严禁植树，但在气温适宜地区可铺设高度不超过 0.15m 的四季常绿草皮。消防道路与防火堤之间，不宜种树。石油库内绿化，不应妨碍消防操作。

201. 石油库如何分区？

石油库可粗略地分为业务区和生活区。这两个区根据需要及当地情况，可布置在一个区域内，亦可分开布置，这要综合考虑库区场地的大小、油库的生产和生活管理、职工的上下班和职工及其家属的日常生活、文教卫生要求等因素而定。

业务区一般按业务要求又分为生产区、辅助生产区、管理区，当然，每个业务分区又可分为若干功能性不同的小区。如生产区是石油库的主要工艺区（主要业务区），它可分为储油区、装卸油区。根据石油库经营规模和特性，每个小区还可分为若干小区。如装卸油区又可分为铁路装卸油区、水运装卸油区、汽车罐车装卸油区、油桶灌装间及油桶仓库等。如图 3-21 所示。

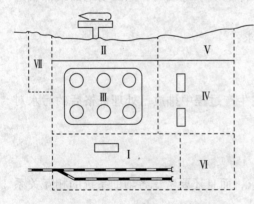

图 3-21 油库分区示意图
Ⅰ—铁路收发区；Ⅱ—水路收发区；Ⅲ—储油区；
Ⅳ—汽车罐车和桶装油收发区；Ⅴ—辅助生产区；
Ⅵ—行政管理区；Ⅶ—含油污水处理区

202. 油库工艺流程如何分类？

根据油库主要功能：收、发、输转三个系统和自然、地理、环境条件等综合分析，油库可有以下几种工艺流程模型：

(1) 收油系统：油库收油系统根据管道来油、火车油槽车来油、水运来油的不同方式来油，收油系统也不同。

① 管道来油，即某种油料通过输油管道输送来油库储存，其流程是：

输油管道来油──→清管装置──→计量进库阀组──→库内管道──→储油罐

② 铁路运输来油，即某种油料通过铁路油罐车运输进油库，油料油罐车经油库的卸油设施卸油进入库内油罐储存。其流程是：

泵卸油：

铁路油罐车──→卸油鹤管──→集油管──→卸油管──→泵──→管组──→输油管（库内管道）──→储油罐

自流卸油：

铁路油罐车──→卸油鹤管──→集油管──→卸油管──→管组──→输油管（库内管道）──→储油罐

③水运来油，即某种油料通过油船水运来油库，油料将通过油船上转输泵，注入油库储罐内储存，其流程是：

油船来油──→油船上泵──→输油臂──→码头至油库输油管道──→进库阀组──→储油罐

（2）输转系统：油库内部由于某种原因，如清罐、检修等需要将油料进行倒罐作业，还有进行油料调和需要以及油料从储油罐调入到灌装油罐，管道内油料停留时间长了进行循环等作业，需要库内油料的输转。其流程：

①储油罐──→库内管道──→阀组──→库内管道──→储油罐（靠储油罐液位差）

②储油罐──→库内管道──→阀组──→泵──→阀组──→库内管道──→储油罐
　　　　　　　　　　　　　　　　　　　　　　　　　　　　└──→灌装油罐

（3）发油系统：油库向外发油有四种形式，通过输油管道向用户发油直送用户油库、铁路油罐车发送、水运（油船）发送、汽车油罐车发送；还有一种桶装汽车发送。

①输油管道发送，其库内流程：

储油罐──→阀组──→输油泵──→出库阀组──→外输油管道──→用户油库

②铁路油罐车发送，其库内流程：

──泵装油

储油罐──→阀组──→装油泵──→阀组──→装车管道──→鹤管──→铁路油罐车──→用户油库

──自流装油

储油罐──→阀组──→装车管道──→鹤管──→铁路油罐车──→用户油库

③水运发送：

──泵装船

储油罐──→阀组──→装船泵──→库外管道──→输油臂（耐油橡胶软管）──→油船──→用户

──自流装船

储油罐──→阀组──→库外管道──→输油臂（耐油橡胶软管）──→油船──→用户

④汽车油罐车发送，其库内流程：

──泵装车

储油罐──→阀组──→库内管道──→装油泵──→汽车装油鹤管──→汽车油罐车──→用户油库

──自流装车

　　　　　　　　　　┌──→转输油泵──→高架油罐──┐
储油罐──→ 阀组 ──→库内管道──→汽车装油鹤管──→汽车油罐车──→用户油库

⑤汽车桶装发送：

──泵灌装

· 209 ·

储油罐──→阀组──→泵──→高架灌装油罐──→灌装管线──→灌油枪──→油桶──→装汽车──→用户桶装库房
──自流灌装
储油罐──→阀组──→库内管道──→灌装管线──→灌油轮──→油桶──→装汽车──→用户桶装库房

203. 油罐区、泵房采用的管道系统有哪几种？

(1) 油罐区管道系统

①单管系统：将油料分为若干组油罐储存，每组各设油管一根，在每个油罐附近分支与油罐相连接，油料进、出储油罐采用同一根管线。详见图3-22。

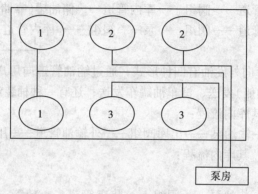

图3-22 单管管系
1—汽油罐；2—柴油罐；3—煤油罐

②双管系统：管道安装方式与单管系统相同，而每组油罐设油管两根，油料进出储油罐分开，进罐一根、出罐一根。详见图3-23。

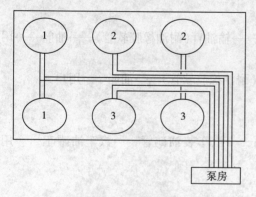 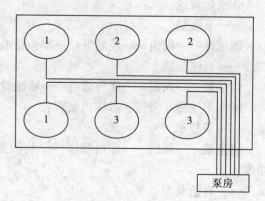

图3-23 双管系统　　　　　　　　图3-24 独立管道系统
1—汽油罐；2—柴油罐；3—煤油罐　　1—汽油罐；2—柴油罐；3—煤油罐

③独立管道系统：每个油罐设置一根单独管道进出泵房。油料进、出储油罐是专管使用。详见图3-24。

显而易见，从管道布置、材料消费看，单管系统最省，独立管道系统最费；从使用上分析，单管系统存在同组油罐必须另装临时管线才能输转作业，一条管线发生故障，同组油罐均不能操作等较多缺点。而独立管道系统，专管专用；检修时或一条管线发生故障时，不影响其他油罐操作，但是管材消耗大，泵房管组庞大。因此在实际应用上，要根据油库的业务特点和油库具体情况，如设置油罐数目多少、经营油料种类、业务要求、操作管理水平等因素，因地制宜地来选择什么样管道系统进行工艺流程的设计。一般情况多以双管系统为主，辅以单管系统或独立管道系统。

(2) 泵房管道系统

油库的泵房管组是整个油库的枢纽。它应能保证油库要求的完成各种经营业务所需要的工艺流程运行，保证某一罐或某一泵检修时也能正常生产。在油库的泵房管理常采用枥形（或梳形）管组，如图 3-25 所示。倒罐的阀组可设计专用阀组，如图 3-25 中虚线"b"所示，也可与来油管汇结合，简化为只需加倒罐回流阀"a"，前者操作较为灵活，但用阀较多。

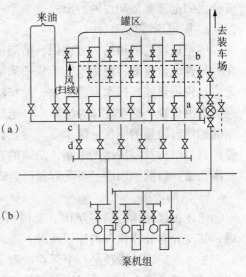

图 3-25 泵房阀组流程示意图
(a) 阀组间；(b) 泵房

204. 储油罐如何分类？

(1) 金属油罐

金属油罐按形状可分成以下多种形式。

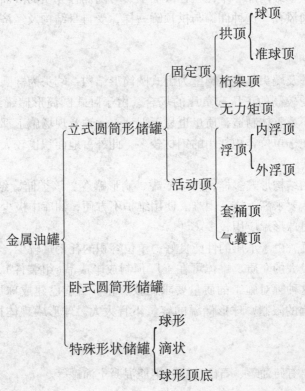

①立式圆筒形储罐

这种储罐由罐底、罐壁及罐顶组成，罐壁为立式圆筒形结构。根据其罐顶结构的特点又可分为固定顶、活动顶两种形式。

a. 固定顶罐

固定顶罐的罐顶结构有拱顶、桁架顶、无力矩顶等多种形式，桁架式顶罐和无力矩顶罐在我国曾大量建造，但由于桁架式顶罐结构较复杂，备料施工都不方便，钢材耗量也较多；无力矩顶罐顶部易积水而遭腐蚀，操作使用欠安全，这两种罐都已很少建造。目前使用最普遍的为拱顶罐，这种罐顶为球缺形，球缺的半径一般为罐直径的0.8~1.2倍，拱顶本身承重的构件有较强的刚性，能承受一定的内部压力。拱顶储罐的承受压力一般为2kPa，由于受到自身结构及经济性的限制，储罐的容量不宜过大，容量大于$1\times10^4m^3$时，多采用网架式拱顶罐，目前拱顶罐的最大容量已达$3\times10^4m^3$。

b. 活动顶罐

活动顶罐罐顶结构有浮顶、套桶顶、气囊顶等多种结构型式，目前使用最多的属浮顶罐，其又分为外浮顶和内浮顶两种。

外浮顶储罐的罐顶是一个浮在液面上并随液面升降的盘状结构，浮顶分为双盘式和单盘式两种。双盘式由上、下两层盖板组成，两层盖板之间被分隔成若干个互不相通的隔舱。单盘式浮顶的周边为环形分隔的浮舱，中间为单层钢板。浮顶外缘的环板与罐壁之间有200~300mm的间隙，其间装有固定在浮顶上的密封装置，密封装置的结构形式较多，有机械式、管式以及弹性填料式等。管式和弹性填料式是目前应用较为广泛的密封装置，这种密封装置主要采用软质材料，所以便于浮顶的升降，严密性能较好。为了进一步降低物料静止储存时的蒸发损耗，可在上述单密封的基础上再增加一套密封装置，称之为二次密封。

内浮顶罐是在拱顶罐内加一个覆盖在液面上、可随储存介质的液面升降的浮动顶，同时在罐壁的上部增加通风孔，这种储罐与拱顶罐一样，受自身结构及经济性的限制，储罐的容量也不宜过大。

②卧式圆筒形储罐

这种储罐由罐壁及端头组成，罐壁为卧式圆筒形结构，端头为椭圆形封头。卧式圆筒形储罐多用于要求承受较高的正压和负压的场合。由于卧式圆筒形储罐结构的限制，容量不大，因而便于在工厂里整体制造，质量也易于保证，运输及现场施工都比较方便，卧式圆筒形储罐的主要不足在于单位容积耗用的钢材较多，此外占地面积也较大。

③特殊形状储罐

特殊形状储罐的结构形式多样，有球形罐、滴形罐等，该类储罐结构合理、受力均匀、钢材耗量小，但安装要求高，施工困难。使用维护不方便，油库中极少采用，目前只是LPG及石油化工产品等对球形罐应用较多。

球形结构的储罐，由于承压的性能良好，单位容积的耗钢量较少，故多用于储存要求承受内压较高、容量较大的介质。罐体可在工厂预制成半成品(组装件)，然后运至施工现场进行组装、焊接，这种罐对施工的质量要求比较严格。目前已建成球形储罐的最大容量为$4000m^3$，受自身结构的限制，球形储罐的容量不宜太大。球形罐罐体排板形式有橘瓣式和混合拼装式两种。

(2)非金属油罐

非金属油罐主要有砖油罐、石砌油罐、钢筋混凝土油罐等。

非金属油罐的防渗漏办法主要采取丁腈橡胶贴壁或薄钢板贴壁。由于非金属油罐可大量节省钢材，20世纪50年代和60年代初曾在我国大力推广，主要用来储存原油或重油，最大砖油罐的储油容量达40000m³。对非金属油罐作防渗处理后也曾用来储存轻质油料。非金属油罐除能节省钢材外，其他优点还有：由于非金属材料的导热系数小，罐壁厚，因而储存热油时热损失小，储存原油或轻质油料时可降低油料小呼吸蒸发损耗；由于非金属油罐刚度大，承受外压能力强，适宜于建成地下或半地下油罐，有利于隐蔽。非金属油罐的缺点有：由于非金属材料抗拉强度低，油罐高度受到限制，对于大型油罐只能靠增加截面积解决，故而占地面积大；非金属油罐的施工周期较金属油罐长得多，而且造价高；不易清罐和检修，一旦发生火灾，灭火困难；另外，非金属油罐在施工时，由于钢筋很难保证连接良好没有断路，故易发生雷击起火；非金属油罐还有一个缺点是易渗漏，虽然采取了丁腈橡胶或薄钢板贴壁等措施，由于施工技术和材料的原因，效果不理想。因此目前我国在多数油库已停止使用这类油罐或不再用以储存甲、乙类油料，也不再新建这类油罐。

非金属油罐还有耐油橡胶软体油罐、空投油料容器等，这类油罐具有易搬运、体积小、蒸发损耗极小等特点，是军用油料储存和运输的重要装备之一。

(3) 其他储油方式

散装油料除了采用各种油罐储存外，还可采用水封和盐岩油库储存。

①水封储油

水封储油有地下水封油库、人工水封石洞油罐和软土水封油罐三种。

a. 地下水封油库，即用地下水密封库壁的无衬砌石洞油库，它是在有稳定地下水的地区（地下水水位以下至少5m）开挖石洞，用水冲洗洞穴后直接在洞内储油；洞壁不做混凝土被覆，也不贴衬里。其储油原理是利用水的密度比油大，同一高度上岩洞周围地下水的静压力比油的静压力大，且油水不相溶的特性，靠周围岩体裂隙中稳定的地下水的压力把油封在石洞中。水封油库可用来储存原油、重油、柴油、汽油、航空油料等各类油料，我国目前已建成用于储存原油和柴油的水封油库。

水封油库与同类油库比较，有很多优点：可节省大量钢材及其他建筑材料，比山洞油库施工速度快；深埋地下，顶部有很厚的岩石覆盖层，防护能力强，且占地少，上方地表仍可建造地面油库或其他设施；蒸发损耗小，比较安全。但受到建筑地点及地下水位的限制，投资高于地面油库，不能自流发油，对设备和电力供应的可靠性要求较高，要求有完善的污水处理和排放系统。

b. 人工水封石洞油罐是一种基于水封原理又不受建库地区、地下水位限制的油罐。它是在岩体中开挖好洞罐后，进行罐体混凝土离壁被覆，利用被覆层和岩体之间预留的空隙充水而成水套层，并在罐顶做水封层，罐底做水垫层，从而使混凝土罐处于水的包围之中，由于水面高于罐内油面，罐体上每一点的水压力都大于该点的储油静压力，从而实现了水封储油。我国已建成的10000m³人工水封石洞罐，经过试验情况良好。凡可建山洞库的地方都可建造这种罐。

c. 软土水封油罐是在稳定地下水位以下的软土中建造混凝土油罐，利用地下水的压力来封存罐内油料。

②地下盐岩库储油

地下岩盐库储油，即利用在盐岩中打井冲刷出来的洞穴储油的方法。

盐岩分布很广，常埋置于地下50～1700m的深度，厚度从几十米到几百米不等，而且往往面积很大，有些地方盐丘露出地面高达数百米。盐岩是高强度材料，三向受压时强度可达700MPa，一般承压能力不低于200MPa。盐岩在高压或高温作用下，从脆性变成塑性。在潮湿状态下，盐晶体可以弯曲。在外力长期作用下，盐岩毛细孔会因塑性变形而闭塞，所以，埋藏很深的盐岩，其孔隙率和渗透性几乎等于零，具有很好的气密性和液密性。盐岩与各种油料或液化气接触时，不发生化学变化，不溶解，不影响油料或液化气的质量。因此，在盐岩中构筑地下油库是一种理想的储油方法。

盐能溶于水，利用这一特性就可以采用简便的打井注水冲刷法在盐岩中构筑成洞穴。在盐岩中冲刷出来的洞穴可作为储油容器，冲洗所得的盐水还可作为化工原料。

地下盐岩库与地面库比较有很多优点：储存油料时可节省投资2/3以上；储存液化石油气时，其投资只相当于地面液化气库的1/20；占用土地很少，钢材和水泥的耗量少；施工方法简单，节省人力，溶造洞穴的过程还可采用自动控制；可储存液化石油气和包括航空油料在内的各种油料，经长期储存油料不变质；有很强的自然防护能力，有利于战备；采用油水置换法储油，基本上消除了油料的蒸发损耗，减少了油气对大气的污染，基本上消除了洞内发生火灾和爆炸的可能性；施工速度快，由于上述这些优点，地下盐岩库储油被认为是至今为止最理想的储油方法，尤其适宜用作大型储备油库。

地下盐岩库存在的问题有：盐岩的分布地区与需要建库的位置不一定相符，因而在库址选择上受到自然条件的限制；地下情况复杂，要求有详细的地质勘察资料；为达到预期的形状和大小，必须掌握比较复杂的溶造技术；溶造洞穴所得到的大量盐水有时难以处理或排放。但我国目前尚未开发利用地下盐岩油库。

205. 立式圆筒形金属油罐的组成如何？

（1）油罐基础

油罐基础是油罐壳体本身和所储油品重量的直接承载体，并将这些荷载传递给地基土壤。建造油罐处的地基土壤，内摩擦角应不小于30°，要求地质情况均一，土耐压根据油罐高度确定，一般不小于100~180kPa，地下水位最好低于基槽底面30cm。地质条件不良的地方不宜建罐，如必须在这种地方建罐则应对地基作特殊处理，以防发生不均匀沉陷或基础破坏。

油罐基础的一般做法是最下层为夯实素土层，往上依次是灰土层、沙垫层和沥青砂防腐层。素土层由新开挖好的基槽底面上的素土夯实而成。灰土层将石灰和土以3:7的比例掺和后铺平夯实，用以增强罐基的稳定性，也可以采用碎砖石三合土夯实来代替灰土层。沙垫层采用含泥量不大于5%的粗沙或中沙铺成中心高、周边低的圆锥形，厚20~30cm的沙垫层，沙的毛细管作用小，起到防止罐底潮湿并减轻罐底腐蚀的作用；另外沙粒间黏结力小，具有弹性，当罐有不严重的不均匀沉陷时，能将罐传来的压力重新均匀分布于地基土壤上，起到限制不均匀沉陷进一步发展的作用。沥青砂防腐层是采用杂质含量不超过4%的中砂或细砂同沥青加热后均匀搅拌，铺平压实，一般8cm厚，沥青砂防腐层随沙垫层铺成中心高、周边低的圆锥形（锥顶高为基础半径的1.5%），以便基础正常沉陷后使罐底趋于水平。

随地基土壤孔隙的不同，基础沉陷量也不同，因此在进行油罐基础设计时要考虑到根据勘测资料计算基础沉陷量，保证基础沉降后，油罐基础高出地面预计要求的高度，满足工艺安装要求和以防在基础处积水。一般油罐在试水阶段，基础沉陷就可以达到稳定，但一定要严格遵守规范所规定程序和要求来进行油罐试水。

在沙基础外圈做钢筋混凝土围裹,以防基础下沉时罐底四周沙垫层被挤出。

建筑在岩石地基上的油罐,可不做罐基础,但为了填平开挖的毛石茬口和利于排水,可铺5~10cm厚的低标号混凝土,找平后再铺8cm厚的沥青砂,并要求罐底高出周围地坪至少5cm。

(2)油罐底板

立式金属油罐的底板虽然受到罐内油料压力和罐基础支撑力,但所受的合力为零,从这一点看,底板只起密闭和连接作用,可以很薄。但是,由于底板的外表面与基础接触,受土壤腐蚀比较严重,底板的内表面接触油料中沉积的水分和杂质,腐蚀也较重,加之底板不易检查和修理,所以应留有足够的腐蚀余量,一般采用4~6mm的钢板,容积超过5000m³的油罐采用8mm厚钢板。罐底周边与罐壁连接处应力比较复杂,因此底板外缘的边板采用较厚的钢板,容积不超过3000m³的油罐,边板厚度取4~6mm,容积为5000~50000m³的油罐,边板厚度取8~12mm。

(3)油罐罐壁

罐壁是油罐的主要受力构件,在液体压力的作用下承受环向拉应力。液体压力是随液面高度的增加而增大的,罐壁下部的环向拉力应大于上部,因此在等应力原则下由计算确定的罐壁厚度上面小、下面大。我国现行设计中采用的罐壁顶圈板厚度(即壁板的最小厚度)是根据油罐的容积确定的,容积不大于3000m³的油罐采用4~5mm,容积为5000~10000m³的油罐采用5~7mm,容积为20000~50000m³的油罐采用8~10mm,罐壁底圈的厚度最大。由于油罐焊接后很难进行焊缝的焊后热处理,因此要以不进行焊后热处理并保证焊接质量的条件来限制油罐的最大壁厚。美国和日本规定的最大壁厚为38mm,英国规定为40mm,我国建造的50000m³罐,其最大厚度为32mm。

罐壁的竖直焊缝一般都采用对接,环向焊缝则根据使用要求可以是搭接,也可以是对接。圈板上下之间的排列方式有交互式、套筒式、对接式和混合式,如图3-26所示。

交互式过去用于铆接油罐,由于安装不方便,现在已极少使用。套筒式是把上面圈板伸入到下面圈板里面,圈板的环向焊缝采用搭接,罐圈直径越往上越小;套筒式施工方便,焊接质量容易保证,所以应用最广泛。对接式是上下圈板之间的环向焊缝采用对接,使整个油罐的上下直径一致;对接式对施工要求较高,主要用于浮顶罐,以保持浮顶上下运动时具有相同的密封间隙。混合式是下面几圈采用对接式、上面采用套筒式,混合式过去用于大型油罐,目前已不再采用。

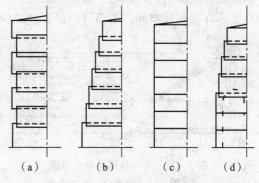

图3-26 立式圆柱形油罐圈板配置图
(a)交互式;(b)套筒式;(c)对接式;(d)混合式

对接焊缝在钢板厚度等于或大于6mm时,为保证焊接质量应开坡口。上下圈板搭接焊时,搭接高度应为板厚的6~8倍,常取35~60mm。

(4)油罐罐顶

①拱顶及拱顶罐

拱顶油罐的罐顶为球缺形,球缺半径一般取油罐直径的0.8~1.2倍。拱顶结构简单,便于备料和施工,顶板厚度为4~6mm。当油罐直径大于15m时,为了增强拱顶的稳定性,拱顶要加设筋板。拱顶本身是承重构件,有较大的钢性,能承受较高的内压,有利于降低油

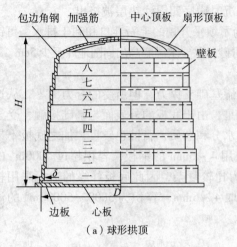
(a) 球形拱顶

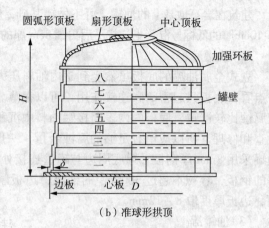
(b) 准球形拱顶

图 3-27 立式圆柱形拱顶油罐

料蒸发损耗。一般的拱顶油罐可承受 2kPa，最大可至 10kPa，承受外压(负压)在 0.5kPa。拱顶油罐的最大经济容积一般为 10000m³，容积过大则拱顶部分过大，会增加油品的蒸发损耗。按照结构形式，拱顶分为球形拱顶和准球形拱顶。球形拱顶的截面呈单圆弧拱，如图 3-27(a)所示。这种拱顶结构简单，施工方便，因此应用比较广泛，我国目前建造的拱顶罐绝大部分是这种单圆弧球形拱顶罐。准球形拱顶的截面呈三圆弧拱，如图 3-27(b)所示。这种结构形式的拱顶罐受力情况较好，承压能力较高，但由于施工困难，实际上很少使用。

②浮顶及浮顶罐

浮顶油罐根据外壳是否封顶分为外浮顶油罐和内浮顶油罐。浮顶油罐的基础、底板、罐壁与拱顶油罐几乎大同小异，主要区别在于浮顶油罐有一个浮顶，其结构与操作使用比拱顶油罐要复杂得多。浮顶是一覆盖在油面上、并随油面升降的盘状结构物，由于浮顶与油面间几乎不存在气体空间，因而可以极大地减少油料蒸发损耗，减少油气对大气的污染，减少发生火灾的危险性，所以浮顶罐被广泛用来储存原油、汽油等易挥发油品。特别是对收、发作业频繁的油库以及长输油管道的首、末站，推广使用，将收到更好的经济效益。

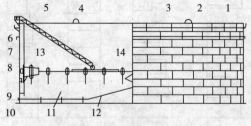

图 3-28 外浮顶罐结构示意图
1—抗风圈；2—加强圈；3—包边角钢；
4—泡沫消防挡板；5—转动扶梯；6—罐壁；
7—管式密封；8—刮蜡板；9—量油管；
10—底板；11—浮顶立柱；12—排水折管；
13—浮舱；14—单盘板

206. 外浮顶罐、内浮顶罐的结构如何？

根据油罐壳体是否封顶，浮顶油罐分为外浮顶罐和内浮顶罐。

(1) 外浮顶罐

外浮顶罐结构如图 3-28 所示。其上部是敞口的，不再另设顶盖，浮顶的顶板直接与大气接触。从油罐结构设计的角度来看，外浮顶罐不同于其他油罐，在结构设计上要解决风载作用下罐壁的失稳问题。为了增加罐壁的刚度，除了在壁板上缘设包边角钢外，在距壁板上缘约 1m 处还要设有抗风圈。抗风圈是由钢板和型钢拼装的组合断面结构，其外形可以是圆的，也可以是多边形的。对于大型油罐，其抗风圈下面的罐壁还要设一圈或数圈加强环，以防抗风圈下面的罐壁失稳。

浮顶外缘环板与罐壁之间有宽 200～300mm 的间隙(大型罐可达 500mm)，其间装有固定在浮顶上的密封装置。密封装置既要紧贴罐壁，以减少油料蒸发损耗，又不能影响浮顶随油面上下移动。因此，要求密封装置具有良好的密封性能和耐油性能，坚固耐用，结构简单，施工和维修方便，成本低廉。密封装置的优劣对浮顶罐工作可靠性和降耗效果有重大影响。

密封装置的形式很多，早期使用的主要是机械密封，目前多使用弹性填料密封或管式密封，也有的使用唇式密封或迷宫式密封。只使用上述任何一种形式的密封，一般称为单密封。为了进一步降低蒸发损耗，有时又在单密封的基础上再加上一套密封装置，这时称原有的密封装置为一次密封，而另加的密封装置为二次密封。

①机械密封主要由金属滑板、压紧装置和橡胶织物三部分组成。金属滑板在压紧装置的作用下，紧贴罐壁，随浮顶升降而沿罐壁滑行。根据压紧装置的结构，机械密封又分为重锤式机械密封、弹簧式机械密封和炮架式机械密封。机械密封的优点是金属滑板不易磨损，缺点是加工和安装工作量大，使用时容易腐蚀和失灵，尤其是罐壁椭圆度较大或由于基础不均匀沉陷而使壁板变形较大时，很容易出现密封不严或卡住现象。因此，机械密封正逐步被其他性能更好的密封装置所取代。

②弹性填料密封装置是目前应用最广泛的密封装置。它用涂有耐油橡胶的尼龙布袋作为与罐壁接触的滑行部件，其中装有富于弹性的软泡沫塑料块(一般为聚氨基甲酸酯)，利用软泡沫塑料块的弹性压紧罐壁，达到密封要求。这种密封装置具有浮顶运动灵活、严密性好、对罐壁椭圆度及局部凸凹不敏感等优点。实践证明，在浮船与罐壁的环形间隙为 250mm 时，当间隙在 150～300mm 之间变化时均能保持良好密封。但其缺点是耐磨性差，因此，一般油罐内壁多喷涂内涂层，这样既可防腐又可减少罐壁对密封装置的磨损。此外，在长期使用时，由于被压缩的软泡沫塑料可能产生塑性变形其密封效果将逐步降低。

装有软泡沫塑料的橡胶尼龙袋可以全部悬于油面之上，也可以部分地浸没在油料中。全部悬于油面之上的，称为气托式弹性填料密封，橡胶尼龙袋部分浸入油品的称为液托式弹性填料密封。气托式密封，密封件与油品不接触，不容易老化，但密封装置和油面之间有一连续的环形气体空间，而且密封装置与罐壁的竖向长度较小，因而油品蒸发损耗较液托式大；液托式密封件容易老化，但不存在连续的环形气体空间，降低蒸发损耗的效果更显著。

采用弹性填料密封装置时，在其上部常装有防护板，又称风雨挡，对密封装置起到遮阳防老化、防雨和防尘的作用。防护板由镀锌铁皮制成。防护板与浮船之间用多根导线作电气连接，以防止雷电或静电起火。

③管式密封由密封管、充液管、吊带、防护板组成。密封管由两面涂有丁腈-40 橡胶的尼龙布制成，管径一般为 300mm，密封管内充以柴油或水，依靠柴油或水的侧压力压紧罐壁。密封管由吊带承托，吊带与罐壁接触部分压成锯齿形，以防毛细管现象，对原油罐还能起刮蜡作用。吊带及密封管浸入油内，油面上无气体空间。由于密封管内的液体可以流动，因而管式密封装置的密封力均匀，不会因为罐壁的局部凸凹而骤增或骤减，对罐壁椭圆度有较好的适应能力，因而密封性能稳定，浮顶运动灵活。

④迷宫式密封橡胶件由丁腈橡胶制造。它的外侧有 6 条凸起的褶同罐壁接触，相当于 6 道密封线。少许油气即使穿过其中的一条褶，进入褶与褶之间的空隙，还要经过多次穿行才能逸出罐外，故而得名。浮顶上下运动时，褶可以灵活地改变弯曲方向。浮顶下降时又可把附着在罐壁上的油滴拭落，以减少黏附损耗。迷宫密封橡胶件的内侧(靠浮顶一侧)在橡胶

内装有板簧,它是在橡胶硫化时与橡胶件结合在一起的,依靠板簧的弹力,密封件压在罐壁上。橡胶件主体内有金属芯型骨架,起到增强的作用。每块密封件两端的下部都作有堰,以防浮顶升降时油品浸入密封件。迷宫式密封装置结构简单,密封性能好,能使浮顶运动平稳。

⑤唇式密封同迷宫式密封装置类似,它的宽度调节范围为130~390mm。

上述密封装置可以单独使用,也可以同附加密封装置一起使用。两者共同使用时,二次密封可装在机械密封金属滑板的上缘,亦可装在浮船环板的上缘,后者主要用于非机械密封。二次密封多依靠弹簧板的反弹力压紧罐壁,利用包覆在弹簧板上的软塑料制品密封。装于机械密封装置的二次密封可进一步降低油料静止储存损耗。

(2) 内浮顶罐

内浮顶罐是在拱顶罐内加设内浮盘而构成,如图3-29所示。由于有拱顶的遮盖,在浮盘上不会有雨、雪等外加荷载,阳光也不会直射到浮盘上引起液体汽化,因此,浮盘常采用浅盘式或单盘式。制作浮盘的材料和方式也有多种,新建罐往往采用钢板制作;而对于已建固定顶罐改装内浮顶罐,则往往采用铝合金、工程塑料等材料制成部件,再用螺栓等装配而成,可方便地从人孔中拿进去组装,施工周期短,操作也较方便。但要注意,其消防要求不同于单、双盘式钢浮顶。

内浮顶罐兼有拱顶罐和外浮顶罐的优点,既减少蒸发损耗,也防止雨雪杂物对油料的污染。

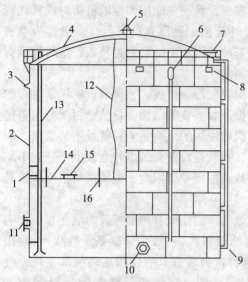

图3-29 内浮顶罐结构示意图
1—密封装置;2—罐壁;3—高液位报警装置;
4—固定罐顶;5—罐顶通气管;
6—泡沫消防装置;7—罐顶人孔;
8—罐壁通气孔;9—液面计;10—罐壁人孔;
11—带芯人孔;12—静电导出线;13—量油管;
14—浮盘;15—浮盘人孔;16—浮盘立柱

对储存成品油,特别是汽油和航空油料很有利。另外,就材料消耗而言,虽然较外浮顶罐增加了拱顶钢材消耗,但同时也大大减少了附件的钢材耗量,如减少了抗风圈、排水折管等,因而与外浮顶罐比较,钢材耗量还略小一些。

207. 立式圆筒形金属油罐的一般附件有哪些?

(1) 梯子和栏杆

梯子是为了操作人员上到罐顶进行量油、取样等操作而设置的,目前应用最广泛的是罐壁盘梯。

罐壁盘梯自上而下沿罐壁作逆时针方向盘旋,使工作人员下梯时能右手扶栏杆,以适合一般人的习惯。梯子坡度为30°~40°,踏步高度不超过25cm,踏板宽度为20cm,梯宽一般为0.65m。梯子外侧设1m高的栏杆作扶手。盘梯的踏板,靠近罐壁一侧直接焊在罐壁上,另一侧焊在盘旋状型钢上,并用斜撑杆固定于罐壁,而不需要另设梯子支架。盘梯底层踏板宜靠近油罐进出油管线,以利操作。

罐顶周圈设0.8~1m高的栏杆,或至少在量油孔或透光孔旁的罐顶四周设局部栏杆,以保证工作人员操作安全。从梯子平台通向呼吸阀或透光孔的区间应做防滑踏步。

(2) 人孔

人孔设在罐壁最下圈钢板上，直径 $DN600mm$，人孔中心距底板 750mm。在油罐进行安装、清洗和维修时，工作人员可经人孔进出油罐，也可利用人孔进行通风。3000m^3 以下的油罐设 1 个人孔，3000～5000m^3 的油罐设 1～2 个人孔，5000m^3 以上的油罐设两个人孔。人孔的安装位置应与进出口管线相隔不大于 90°。如果设一个人孔，则应置于罐顶透光孔的对面。如果设两个人孔，则一个设在罐顶透光孔对面，另一个应至少与第一个人孔相隔 90°。

(3) 透光孔

透光孔设在罐顶，用于油罐安装和清洗时采光或通风。透光孔直径 $DN500mm$，设置的数目与人孔相同。如果油罐只设一个透光孔时，它应位于进出油管线上方的罐顶上。设两个透光孔时，则透光孔与人孔应尽可能沿圆周均匀分布，以利于采光和通风，但至少有一个透光孔设在罐顶平台附近。透光孔外缘距罐壁一般为 800～1000mm。

(4) 量油孔

量油孔是为了测量油面高低、取样、测温而设置的。每个油罐设一个量油孔，直径为 $DN150mm$，装设在梯子平台附近，以利操作。量油孔一般为铸铁的，为了防止关闭孔盖时因撞击而产生火花，量油孔盖上镶嵌有软金属（铜、铝）、塑料或耐油橡胶制成的垫圈。在量油孔内壁的一侧装有铝制或铜制的导向槽，以便测量油高时每次都沿导向槽下尺。这样，既可减少测量误差，又可避免由于测量时钢卷尺与量油孔侧壁摩擦而产生火花。正对量油孔下方的油罐底板不应有焊缝，必要时可在该处焊一块计量基准板，以减少各次测量的相对误差。量油孔中距罐壁一般不小于 1m。量油孔启闭频繁，易损坏漏气，因此，应经常检查其垫圈的严密性。

(5) 进出油短管（进出油接合管）

进出油短管装在油罐最下层圈板上，其外侧与进出油管道连接，内侧与保险活门或起落管连接。进出油短管的底缘距罐底一般不小于 200mm，以防沉积在罐底的水杂随油料排出。

(6) 保险活门

保险活门是安装在进出油短管罐内一侧的安全启闭装置，其作用是防止油罐控制阀破损或检修时罐内油料流出，其结构与旋启式止回阀类似。无收发油作业时，活门靠其自重和油料静压力处于关闭状态；油罐进油时，活门被油料顶开；油罐向外发油时，可通过设在罐壁外侧的操纵机构打开活门。为了防止因操纵机构失灵而无法打开活门，在活门上系有钢索，钢索的另一端接到透光孔侧壁的挂钩上。这样，就可在必要时打开透光孔盖，拉起钢索来开启活门。安装起落管的油罐不设保险活门。

当罐内存油较多时，在油柱静水压作用下要开启保险活门将是很困难的，为此，在进出油短管的罐外一侧安装一根旁通管，发油时先将旁通管上的阀门打开，使保险活门两侧的静水压力平衡，以减轻开启保险活门的困难。

由于活门操纵机构结构复杂、使用不灵活，而且机轴穿过罐壁处的填料函密封容易漏油，目前已不再使用，仅以系于透光孔处的钢索控制活门的启闭，并使活门处于常开状态，只有检修或更换油罐控制阀时才关闭保险活门。

(7) 放水管及排污孔

放水管是为了排放油罐底水而设置的。常用的放水管有固定式放水管和装在排污孔盖上的放水管，放水管的口径根据油罐容积确定，容积小于 3000m^3 的油罐多采用 $DN50mm$ 和 $DN80mm$ 的放水管，容积等于或大于 3000m^3 的油罐多采用 $DN100mm$ 的放水管。固定式放水管多用于重油罐。

排污孔是沿轴线剖分的 $DN600mm$ 钢管制成，排污孔设置在油罐底板下面，伸出罐外一端有排污孔法兰盖，法兰盖上附设放水管，平时可从放水管排出底水。清扫油罐时，打开排污孔法兰盖，从排污孔清扫出沉积于罐底的污泥。排污孔及附设的放水管主要用于轻油罐。

(8) 清扫孔

清扫孔是为了清除罐底积物而设置。它是一个上边带圆角的矩形孔，孔的高、宽均不超过 $1200mm$，底边与罐底平齐。清扫孔多用于大型原油罐和重油罐。

(9) 胀油管（膨胀管）和进气支管

收发油作业不放空的管路，由于受到气温和阳光辐射的作用，管内的油料受热膨胀并在管路内形成很高的压力。为了防止由此造成管路泄漏，保证管路和阀门的安全，在油罐附近的管路上设有胀油管。胀油管安装在油罐进出油管线阀门的外侧，上端与罐顶气体空间接通。油料膨胀时可经胀油管进入油罐，以免管内压力升高。胀油管多为 $DN20mm \sim DN25mm$ 的无缝钢管，用球心阀控制，也可装安全阀自行控制。用同一管路连接的储存相同油料的各油罐，只需在一个罐上装胀油管，这时应注意将胀油管安装在位置最高的油罐上。

进气支管是装在进出油管线阀门外侧的一根 $DN25mm$ 的小管上，用于管路放空时进气。进气支管上设有球心阀，管路放空后及时关闭。不放空的管路不设进气支管。如果在要放空的管路上有其他进气口，也可以不设专门的进气支管。

208. 轻油罐、原油罐专用附件有哪些？

(1) 机械呼吸阀

机械呼吸阀是用来控制油罐最大正负工作压力的安全保护装置，同时兼有降低油料蒸发损耗的作用。机械呼吸阀一般由压力阀和真空阀两部分组成，因而又称压力真空阀。当罐内压力达到油罐的设计允许压力时，压力阀阀盘被顶开，气体从罐内排出；当罐内气体压力达到油罐的设计允许真空度时，罐外空气顶开真空阀阀盘进入罐内，从而保证油罐在其允许压力范围内工作，而不至于因为超过其强度极限而破坏。

机械呼吸阀的结构形式，按照其压力控制方法分为重力式和弹簧式；按照阀座的相互位置分为分列式和重叠式。另外，还有十多年前研制成功的全天候机械呼吸阀，它属于阀座相互重叠的重力式结构。

① 重力式机械呼吸阀

重力式机械呼吸阀是靠阀盘本身的重量与罐内外压差产生的上举力相平衡而工作的。当上举力大于阀盘的重量时，阀盘沿导杆升起，油罐排出（或吸入）气体，卸压后阀盘靠自身重力落到阀座上。当罐内压力变化速度比较缓慢时，阀盘在阀座上连续跳动。只有罐内压力变化速度较大时，阀盘才能被气流托起，悬浮在阀座上。为防止阀盘跳动时同阀座碰撞产生火花，并保证阀盘有足够的重量和刚度，以适应油罐承受内压能力大而承受外压能力小的要求，压力阀盘用铜制造，真空盘用铝合金制造。阀盘导杆一般采用不锈钢制造，而且必须垂直安装，以免由于导杆锈蚀或倾斜阻碍阀盘运动。

② 弹簧式机械呼吸阀

弹簧式机械呼吸阀是靠弹簧的变形力与罐内外压力差产生的推力相平衡而工作的。弹簧式机械呼吸阀对阀盘重量无严格要求，因而可以采用非金属材料比如聚四氟乙烯制造，以减少阀盘冷结的危险。呼吸阀的控制压力可通过改变弹簧的预压缩长度来调节。以阀盘相互重叠的弹簧式机械呼吸阀为例，上阀盘为环板形，下阀盘为圆形，二者紧密贴合在一起。当罐内压力达到阀的控制压力时，下阀盘带动上阀盘一起升起，脱离阀座，油罐排气；当罐内真空度达到阀的控制真空度时，下阀盘下降，与上阀盘脱开，油罐吸气。

③全天候机械呼吸阀

全天候机械呼吸阀的阀盘与阀座之间采用带空气垫的软接触，因而气密性好，不容易结霜冻结，特别适宜我国寒冷地区使用。

阀盘总成由刚性阀盘骨架和氟膜片组成。阀盘骨架由 1Cr18NiTi 合金钢板冲压而成，呈微拱形，沿周边有一环状凹槽，以便被膜片封隔为空气垫。阀盘骨架的重量可根据油罐的设计允许压力和阀盘直径确定，必要时可利用加重块调节阀盘的控制压力。氟膜片用金属卡箍绷紧在阀盘骨架凹面，形成与阀座的接触面。阀座用聚四氟乙烯制造，直径与阀盘骨架凹槽的直径相当，阀口具有较大的倒角。当阀盘自由放在阀座上时，在阀盘重力作用下，氟膜片微微凹向空气垫凹槽。罐内外压差增大时，阀盘微微升起，膜片靠自身的弹性，同阀座仍保持良好的密封，直至整个阀盘跳离阀座，膜片才经反弹逐渐恢复其原来状态，因而这种接触方式能有效地防止微压差泄漏。由于氟膜片具有良好的耐油、憎水性能，而且膜片与阀座的接触角较大，因此，水蒸气很难在阀口处凝结、存留。即使膜片上有少许结霜现象，冰霜与膜片的附着力也较小，在膜片振动过程中很容易胀裂脱落。

(2)阻火器

经呼吸阀从油罐排出的油气和空气混合气，遇到明火时就可能发生爆燃。如果混合气的流出速度大于火焰前锋的燃烧速度（对于汽油和空气混合气，燃烧速度约为3m/s），混合气只能在罐外燃烧。否则，就要产生"回火"，将火焰引入罐内。为避免出现"回火"现象，阻止火焰向罐内未燃爆混合气传播的装置称为油罐阻火器。

根据其功能，阻火器分为防爆型、耐烧型和防爆震型三种。设于油罐顶部与机械呼吸阀串联安装的阻火器通常为防爆型，用来阻止爆炸起火的火焰"回火"引燃罐内混合气。

阻火器主要由壳体和滤芯两部分组成。壳体应具有足够的强度，以承受爆炸时产生的冲击压力。滤芯是阻止火焰传播的主要构件，常用的有金属网滤芯和金属折带滤芯。金属网滤芯是由 $\phi 0.23 \sim 0.315mm$ 铜丝或不锈钢丝编织而成的。网眼大小和层数尚无统一规定，目前使用的金属网，其网眼大小一般为 16~22 目，层数一般 13 层，相邻两层金属的网丝呈 45°重叠。金属网滤芯的机械强度低、易变形、不耐烧，对高速燃爆火焰的阻火能力差，因而目前已很少使用。金属折芯一般是用厚 0.05~0.07mm、宽 10mm 的平滑薄钢带和波纹薄钢带相间绕制而成，外形呈方形或圆形。波纹薄钢带的波峰高度根据混合气的燃烧速度确定，对于汽油蒸气和空气混合气，一般取 0.8~1mm。滤芯的层数一般为 2~3 层，也有更多的。

209. 铁路装卸油方式如何分类？

装卸油方式的选择是根据油料性质来确定的。轻质油料如汽油、灯用煤油、轻柴油、芳烃、溶剂油、LPG 等，应采用上卸上装方式，重质油料如原油、润滑油、重油及液体沥青等，应采用上装下卸方式。

(1)用泵上卸油。泵卸油系统由泵、鹤管、集油管、抽真空灌泵及抽底油管等组成。目前油库卸轻油主要采用离心泵和自吸离心泵。

用泵上卸油必须在卸油前保证泵吸入系统充满油料，并在鹤管顶点和泵吸入系统任何部位不因存在气体而产生气阻现象。为此,应设置抽真空系统(包括真空泵、真空罐及其管道),预充满或利用油库中高液位油罐压油倒灌,或设置能自吸的往复泵及转子泵类的设备,保证泵吸入系统充满油料,使卸油泵正常运转并满足抽吸油罐车内底油的要求,但是往往油罐车内底油仍需要真空系统来进行抽吸干净。

大型油库中,由于储油区和油料装卸区相距较远、高差较大时,可以有两种卸车方案,第一种方案是用泵直接将油料卸入储罐区的油罐内,这就要求卸油泵必须具备大排量、高扬程的特性,而且输油管管径也势必加大。第二种方案油料先卸入缓冲罐,再用输转泵送到储罐区的罐内,卸车泵可选择大流量、低扬程的泵。输转泵流量只要保证在下次卸油罐车前能将缓冲罐内油料倒空即可。缓冲罐容量以满足一次卸车量的最大值为准,输油管道管径可以缩小;但该方案会造成油料在卸车过程中多一次周转,油料的大呼吸及小呼吸损耗增加。不但油料损耗量增加,而且造成更大的对周围环境的污染,在此种情况下,应该进行各方面特别是经济比较后,再确定出较为合理的卸车方案。

(2)自流卸车。如果油库的地形有条件的话,可将装卸栈台建在地形较高的地方,能使油罐车的最低液位也能高于储油罐的最高储油液位时,可考虑利用其高差的位能设自流卸车系统。当然,必须有真空系统帮助实现虹吸,造成自流卸车的条件,并能抽净油罐车底油。虹吸自流卸油的速度,取决于卸油管路的阻力和油罐车与储油罐或零位罐的位差。自流卸车可省略许多设备、能源及投资,操作起来也简单灵活、安全可靠。

(3)浸没泵卸车。利用浸没泵进行油料的上卸。这种浸没泵系安装在卸车鹤管的末端。泵利用液压(或气压)系统带动,卸油操作灵活、方便。采用浸没泵卸油,对卸蒸气压较高的油料如汽油、煤油等,有效地消除了卸油管路易产生的气阻现象。

(4)下部卸油。下部卸油目前用接卸重质油料如重油、原油、润滑油等。下部卸油主要有油罐车下卸器与集输油管路等组成。罐车下卸器与集油管的连接是靠橡胶管或铝制卸油臂。下卸取消鹤管,不需要抽真空系统和专设抽底油装置,因此设备设施简单,操作方便,操作中不会产生气阻现象。

(5)泵装油罐车。用泵装轻质油料时,鹤管应能插到油罐车的底部,操作时主要是控制好装油速度和装油量。开始装油时速度要慢些,防止产生较多静电造成危害。当油料浸没鹤管末端后即可加大速度,而最后时则应降低速度以防冒罐,同时也便于计量。GB 13348—92《液体石油产品静电安全规程》中第5.3.3条规定了铁路油罐车顶部(即上部)装卸油时,装卸油鹤管应深入到罐车底部。装油时最大速度应满足下式要求:

$$VD \leq 0.8$$

式中 V——油料流速,m/s;
$\quad\quad D$——鹤管管径,m。

(6)自流装油罐车。它是在油库区地形允许条件下,将储油罐区有意识地布置在地势高的地方,装车台布置在地势较低的地方,使储罐最低液位与油罐车最高液位之间有一定的高差值,使油料能从油罐自流装入油罐车内。既省略了许多设备,减少了电能消耗,减少了投资,同时又操作简便灵活、安全可靠。当然,自流装车同样有个装车流速的限制问题。

轻质油料在装车过程中除限制流速外,还因轻质油的蒸气压较高,会引起较大的油气损耗,对周围环境污染也较为严重,火灾危险性也较大。所以,要尽量采用密封装车,设置油气回收设施,比如汽油、煤油及芳烃类油料的装车。

210. 铁路装卸油设施有哪些？

(1) 铁路专用线

铁路专用线是指从铁路车站至油库的支线的总称，包括：油库装卸设施作业的铁路线段和库外铁路车站至油库的铁路引线。油库区实施装卸油作业的线段，称为作业线。库外线应从靠油库最近的国家铁路干线站台出岔，不允许在干线中途出岔，以免影响干线运输和安全；专用线的长度和作业线的股数是根据铁路干线的牵引力、收发量、油库容量、地形条件等因素确定；专用线长度一般情况下不超过5km，铁路专用线的最大坡度应以保证列车能顺利进库，按《工业标准轨距铁路设计规范》规定，最大坡度不能超过3‰；专用线的曲率半径，一般地段为300m，困难地段为200m；专用线与车站线路接轨处应设安全线(一般长为50m)，以防专用线内的车辆由于管理不善冲入车站发生事故；铁路专用线与附近建(构)筑物之间的距离，必须符合《标准轨距铁路接近限界》的要求。

(2) 库内铁路

库内铁路线是从库外铁路线与油库界线交点开始至油料装卸设施用铁路线端点之间的铁路线。库内铁路一般要求是平直敷设，不应有坡度，以防油罐车自动滑动造成事故。库内铁路线亦称作业线。库内铁路线的设置应考虑下列几项要求。

①作业线的车位数应按年周转油料计算确定，而作业线的长度(最短长度)可由下式计算而得：

$$L = L_1 + L_2 + nl$$

式中 L——作业线长度，m；

L_1——作业线起端(一般自警冲标算起)至第一辆油罐车始端的距离，一般取 $L_1 \geq 10m$；

L_2——作业线终端车位的末端至车挡的距离，一般取20m；

n——油料一次到库的最大油罐车数量；若采用两股作业线时，取一次到库最大油罐车数的一半；

l——一辆油罐车的两端车钩内侧距离，m。

②石油库均规定铁路机车不准进入油料装卸范围，送油罐车、取油罐车时，均采取推进拉出油罐车，这是因为油料装卸区是属于爆炸和火灾危险场所，所以规定油料装卸作业线应为尽头式。其终端车位的末端至车挡的安全距离应为20m。

③作业线布置形式一般分三股、双股和单股三种布置形式。铁路作业线布置形式(即作业线的股数)关键取决于业务需要的地形条件的可能性。对于油料种类多、收发作业频繁的油库，在地形条件允许的情况下，应设置三股作业线。Ⅰ股作为润滑装卸作业线，而Ⅱ、Ⅲ股作为轻油装卸作业线，同时Ⅲ股还可作为桶装油料或其他物资装卸线；为了保证安全，Ⅰ股与Ⅱ股的距离不应小于10m，Ⅱ股与Ⅲ股保持5.6m的距离，Ⅲ股与装卸台Ⅳ的边缘保持1.75m的距离，这样轻油、润滑油作业线互不干扰，方便操作，有利安全防火，但这种布置形式占地面积大、投资大。

对于经营油料较单一的中小油库，常选用双股或者单股作业线。这时，轻油和润滑油(黏油)、桶装油作业线要分段布置，相邻两种作业线相距至少20m，同时考虑黏油作业时间长，将黏油放置在作业线尾部，而轻油火灾危险性大，将轻油放置作业线前部，便于牵进引出，因此，双股和单股作业线调车不方便，轻、黏油作业时易互相干扰。

④在油库设计时对作业线的技术要求遵照 GBJ 12《工业企业标准轨距铁路设计规范》和 GB 50074《石油库设计规范》的规定要求。

(3)栈桥

栈桥是为装卸油作业所设的操作台,用以改善收发作业时的工作条件。栈桥一般与鹤管建在一起,在栈桥与罐车之间设有吊梯(其倾角不大于60°),操作人员可由此上到油罐车进行操作。

在设计和建造栈桥时,必须注意栈桥上的任何部分都不能伸到国家标准规定的标准轨铁路限界中去,有些必须伸入到接近限界以内的部件(鹤管、吊梯等)要做成旋式的,在非装卸油时,应位于铁路接近限界之外。

①对装卸油栈桥的要求

——油料装卸栈桥应在装卸线的一侧设置。

——栈桥可采用钢结构或钢筋混凝土结构。油料装卸栈桥的桥面,宜高于铁路轨面3.5m。栈桥上应设安全栏杆,在栈桥两端和沿栈桥每隔60~80m设上下栈桥用的梯子。桥面宽度为1.2~2m,单侧使用时可窄些,双侧可以宽些。栈桥立柱间距应尽量与鹤管间距一致,一般为6m或12m。

——新建和扩建的油料装卸栈桥边缘与油料装卸线中心线的距离应符合以下规定:自轨面算起3m及以下不应小于2.44m;自轨面算起3m以上不应小于2m。

——两条油料装卸线共用一座栈桥时,两条装卸线中心线距离应符合以下规定:当采用小鹤管时,不宜大于6m;当采用大鹤管时,不宜大于7.5m。

——相邻两座油料装卸栈桥之间两条油料装卸线中心线的距离应符合以下规定:当二者或其中之一用于甲、乙类油料时,不应小于10m;当二者都用于丙类油料时,不应小于6m。

——油料装卸鹤管至石油库围墙的铁路大门的距离不应小于20m。

②栈桥长度的计算

栈桥有单侧操作和双侧操作两种。在一次卸车量相同的情况下,单侧卸油栈台较双侧卸油栈台长,且占地多,但可使铁路减少一副道岔,机车调协车次数减少一次。

一般大、中型油库均采用双侧栈桥,只有一次来车量很少的小型油库才采用单侧栈桥。

单侧栈桥的长度按下式计算:

$$L = nl - \frac{l}{2}$$

双侧栈桥的长度可按下式计算:

$$L = \frac{(n-1)l}{2}$$

式中 L——栈桥长度,m;

n——一次到库最大油罐车数;

l——一辆油罐车的计算长度,取 $l = 12.2m$。

③装卸油料的车位数(鹤管数)的确定

按油料的年运输量(周转量)经计算并圆整求得的该种油料日到库油罐车数,还应征得铁路部门的认可后确定。一、二级油库还应同时满足该油料一次到库的最多油罐车(一批)装卸油料的要求。

一种油料一日内最多到库的油罐车数可按下式计算确定:

$$n = \frac{kG}{\tau V \rho A}$$

式中　　n——油料一日到库的罐车数；

　　　　k——铁路运输不均衡系数，商业类油库推荐值为 $k=2\sim3$；石油化工企业执行 SH 3107《石油化工液体物料铁路装卸车设施设计规范》中规定，k 值的大小主要视油源或用户距油库的远近程度、铁路沿线的自然条件、铁路干线的牵引能力和运输量多少而定；

　　　　G——油料的年周转量，t；

　　　　τ——油料的年操作天数，一般为 350d；

　　　　V——一辆油罐车的容积，m^3，油罐车的种类及规格较多，当有几种规格时，可按平均容积考虑，当有指定的规格时，应该按指定规格的油罐车容积考虑；

　　　　ρ——油料装卸温度下的密度，t/m^3；

　　　　A——油罐车装满系数，原油、汽油、灯用煤油、轻柴油、喷气燃料、芳烃和润滑油等用油罐车，可取 $A=0.95$；液化石油气罐车宜取 $A=0.85$。

石油库的设计中一般常采用小鹤管装卸油料。小鹤管的鹤位数一般按下列原则确定：

当计算出的油料一日到油库车数多于或等于铁路允许运进油库的一批的罐车数时，则应以一批到库的油罐车数为应设置的鹤位数。当计算出的油料一日到油库的油罐车数少于铁路牵引力允许的一批进油库的油罐车数时，则应进行调查分析并与铁路部门的协商后确定鹤位数，但鹤位数不应大于铁路允许的一批进库的油罐车数。

(4) 货物装卸站台

为了桶装油料、油料器材和其他物资的装卸。站台的大小是根据装卸量而定，一般站台长 50~100m，宽不小于 6m，站台边缘距作业线中心距离 1.75m。

(5) 铁路油罐车

铁路油罐车是铁路运输散装油料的专用车辆，按装载油料性质分为轻油罐车、黏油罐车、沥青罐车和液化石油气罐车四种，其载重量分别为 30t、50t、60t、80t 多种规格，国内大多数使用 50t、60t 的油罐车。

铁路油罐车由罐体、油罐附件、底架及行走部分组成。罐体是一个带球形或椭圆形头盖的卧式圆筒形油罐，它是由 4~13mm 的钢板制成。通常圆筒下部钢板要比上部钢板厚 20%~40%。罐顶上空气包容积为油罐容积的 2%~3%，用来容纳因油料温度升高而膨胀的油料。空气包上有一带盖的人孔，孔盖为圆形并呈半球状，关闭时利用杠杆和铰链螺压紧，在孔盖与人孔间夹以铅垫保证密封。罐底部略有坡度，利于底油流向集油窝，以便抽净。在空气包处设有平台，罐内外设有扶梯，供操作人员登车和进入罐内。

①轻油罐车在装、卸、洗车工艺方面均为上装、上卸。在罐体上（或空气包上）装有一个进气阀和两个出气阀，减少运输过程中的呼吸损耗和保证安全，其控制压力为 0.15MPa，真空度为 0.2MPa。而罐车呼吸式安全阀因结构简单，取代了进气阀和出气阀。

②黏油（重油）罐车，该车均有下卸装置和加热装置，装油均上装，卸油为下卸。

一般罐体下部装有排油装置，而双作用式排油装置结构复杂、通道小，排油速度慢；近年来采用了一种球阀排油装置，结构简单，通道大，卸油快，操作简便。加热装置设在罐体下半部的加热套，呈半圆筒形。

③沥青罐车是沥青专用运输罐车，属上装、下卸；罐内设有火管，供罐内加热升温之用，装卸作业控制 120~180℃ 范围内（装车时沥青温度不低于 160℃，运行 7d，仍能保持

120℃左右）。

④液化石油气罐车是常温下运输液态气体的罐车，允许工作压力最高 2MPa，允许工作温度 -40℃ ~ +50℃ 范围内。装卸油的管口均设在罐车上部，管径 DN50mm，同时罐车上部还设有气相管接口 DN40mm，装车时排气，卸车时进气，一般在罐上部设双管式滑管液位计，显示罐内液位高度。

（6）鹤管及卸油臂

鹤管是铁路油罐车上部装卸油料的专用专用设备，卸油臂则是下部卸油专用设备。

①鹤管的主要技术要求

——流动阻力损失小，结构合理，不易产生汽阻；

——密封性能好，不易出现漏气、漏油等现象；

——操作轻便，安全可靠，维护维修方便；

——适应性强，调节距离大，便于对鹤位；

——造价低；

——固定部分应当符合《标准轨距铁路接近限界》的有关规定，并能适应不同类型罐车混合编组，做到不脱钩装卸。

②常用鹤管的形式

鹤管的形式较多，从旋转能力分，大多为万向式，即能旋转 360°，适用于栈桥两边装油，少量为单向式；从结构形式可分为平衡式、升降式、拆卸式、气动式等多种。

——平衡式万向鹤管。由于其操作轻便，是目前使用较广泛的一种，根据平衡原理的不同，目前国内主要有以下两种形式：

一是位移配重式。DN100 - I 型铁路油罐车轻油装卸鹤管就是其中的一种，它主要由吸油管、半径管、位移配重、加长管和 A、B、C 型转动接头等部件组成。其基本原理是靠配重里的滚珠位移，改变重心，从而改变力矩，与另一端保持平衡。鹤管与油罐车的对位，采用加长管调整旋转半径的方式完成。这种鹤管操作方便，一人可单独完成操作，安全可靠。

二是自重力矩式。这种鹤管采用压缩弹簧平衡器与鹤管自重力矩平衡，平衡力矩与鹤管自重力矩在各个角度及部位均能达到平衡，故能上下自如，操纵轻便灵活。为了使鹤管通过油罐车口上下运动，配有升降器，其俯仰角范围为 0° ~ 80°；为了便于鹤管对准油罐车货位，配有水平活节及垂直活节，另外还配有调节对位距离的小臂。小臂完全收拢时，工作距离为 3.25m，小臂完全展开时，工作距离为 5.15m。

这种鹤管操作方便，劳动强度小，适用于收发频繁而且收发量大的油库。

——升降式万向鹤管。它由厚为 1.5mm 以下的薄钢板制成，使用时可以任意调整位置，以对准油罐车卸油，手摇绞索装置可以适当抬高或降低装卸油短管位置。这种鹤管操作轻便、灵活，但调节范围不太大。

——可拆卸式万向鹤管。这种鹤管装卸油短管在不用时与上悬臂分离，使用时以快速接头与上悬臂连接。这种鹤管调节范围大，但操作不便，劳动强度较大，密封性欠佳。

——气动式鹤管。它以压缩空气为动力驱动鹤管起落。当需要鹤管提起时先向气缸通入压缩空气，气缸活塞向下移动，并使与活塞杆铰接的活动臂围绕旋转轴转动，从而带动鹤管升起。当装卸油料时，放掉气缸里的空气，鹤管在自身重力作用下垂直进入罐车。这种鹤管操作简便，劳动强度小，由于没有转动接头，因而密封性好，适用于收发频繁且收发量大的油库。

——输油臂。它是一种用于下部卸油的连接管,其作用与上部装卸油鹤管相同。这种卸油臂的优点是位置调节可达4m,能适应各种不同的罐车编组情况。成批或单车卸黏油,都可采用这种类型的卸油臂。

③鹤管数量的确定

某种油料的鹤管数量取决于该种油料一次到库的最大油罐车数,使到库油罐车尽量能一次对位实施装卸。

在确定每种油料所需的鹤管数时,应当考虑装卸油的方式。对单股作业道,某种油料的鹤管数等于该种油料一次到库的最大油罐车数。对双股作业道,布置在两股作业道中间的鹤管可以两股作业道共同使用,因此鹤管数可以减少一半,即等于该种油料一次到库最大油罐车数的一半。

④鹤管的布置形式

根据铁路油罐车的长度,同类油料鹤管间距为12~12.5m,一般按12.2m计算。

根据装卸油料的种类和数量的具体情况,油库鹤管有专用单鹤管式、双用单鹤管式和双鹤管式等几种布置形式,具体情况和布置方法如下:

——专用单鹤管式。装卸某种油料的鹤管只与该种油料的集油管相连通。布置时,在铁路作业线一侧的集油管上,每隔12.2m设置一根鹤管。鹤管座中心(即鹤管竖管中心)与作业线中心线的距离为2.8m。

——双用单鹤管式。一根鹤管与两种油料的集油管相连通,对于收发量较小的油库,也可以考虑采用这种方式,将车用汽油和柴油共用一组鹤管。

双用单鹤管的布置。若只有一股作业线时,鹤管布置在作业线的一侧;若两股作业线时,将鹤管布置在两股作业线中间,鹤管间距均为12.2m,鹤管竖管中心与作业线中心线的距离为2.8m。

——双鹤管式。大、中型油库一般采用双鹤管形式。在两股作业线中间平行作业线每隔12.2m设置一组鹤管,每组安装两根鹤管,每根鹤管与装卸不同油料的集油管连接,这种形式的鹤管比较集中,密度比较大,适用于油料品种较多的情况。

当油库容量较大,油料种类较多时,可将鹤管组的间距缩短为6.1m,即在原来鹤管组中间再增加一组装卸不同油料的鹤管,鹤管一般安装在混凝土支礅或支柱上。

——集油管。集油管是将各个鹤管的来油汇集起来的管线,装卸油设施还有集油管、零位罐、真空管、抽底油等。不同油料品种有各自的集油管与该油料的鹤管相连接。

用泵卸油时,集油管与泵吸入管相接,油料直接经泵输送到储油罐。自流卸油时,集油管与卸油管相接,油料进入零位油罐后再用泵输送到储油罐。

集油管的直径一般比泵吸入口管口径大些,以减少吸入阻力。

集油管的平面布置一般是与铁路作业线相平行。单股作业线集油管布置在靠泵房一侧;对双股作业线,集油管应布置在两股作业线中间。此时,鹤管供两条作业线共用,泵的吸入管需要穿过铁路。

——零位罐

卸油设施的零位罐至油料卸车线中心线的距离不应小于6m。

零位罐是为了快速卸油而设置的,并不担负长期储存任务。零位罐的总容量不应大于一次卸车量。

因为在卸油的同时可启动转输油泵,从零位罐中将油料抽出输送到油库储罐中,因此,从一批车总卸油量中扣除在卸油过程中被转输的油量后，即是核算零位罐容量的卸油量。

——真空管和抽底油管

真空管和抽底油管与鹤管的连接方法有两种：

第一种方式是每个鹤管控制阀门上方引出一条短管与真空总管相连，这种连接方式造成鹤管虹吸速度快，油料在虹吸作用下自行进入泵或零位罐。

第二种方式是在离心泵吸入口处将真空管路与泵吸入管连接，这种连接方式在使用时，泵的吸入系统鹤管、集油管、泵的吸入管等的空气由真空系统抽走，因此造成虹吸的速度慢。

抽底油总管一般采用 $DN50mm$ 钢管，抽底油短管一般采用 $DN40mm$ 钢管，在 5~10min 可抽吸 $1m^3$ 左右的底油。

211. 油船装卸工艺流程有何要求？

一般情况，油船卸油靠油船上泵卸油输送进油库储油罐；装船可利用地形（即陆地和水面）高差进行自流装油。

如果油库区与码头相距较远、地形高差较大时，油船卸油泵不能直接卸入油库储油罐内，需要在岸上适当位置设置缓冲油罐和中转泵房，然后再转输到油库储罐内。当油库区与码头之间的地形平坦时，或油库、码头之间地形起伏较大时，则需要油库内专设装船泵进行装船。

油船装卸油工艺流程设计必须满足以下基本要求：

(1)可同时装卸不同油料而不互相干扰；

(2)管线和泵可互为备用；

(3)发生故障时能迅速切断油路，并要有有效的放空设施。

212. 油船装卸的主要设施设备有哪些？

(1)油船

油船是水上运载油料的工具，油船根据有无自航能力又分为油轮（船）和油驳，有自航能力的称油轮（船），无自航能力的靠拖船牵引的称油驳。油轮（船）上一般设有输油、扫舱、加热及消防等设施，而油驳上的油料靠油库或码头上的设施来完成装卸任务的。

(2)港口和油码头

港口是由水域和陆域两部分组成，水域是供船舶进出、运输、锚泊和装卸作业使用的，而陆域包括码头、泊位、道路、仓储区、装卸设施和辅助生产设施(比如给排水、消防系统、输、配水系统、办公、维修、生活用建筑物、工作船基地等)是供货物装卸、堆存和转运使用的。水域是港口最主要的组成部分，通常分为港内水域（即港池内）和港外水域，港外水域主要指进出港航道和供进出油港船舶抛锚停泊使用的港外锚地，港内水域包括港内航道、港内锚地、码头前沿水域和船舶调头区等。

油料装卸码头宜布置在港口的边缘地区和下游，并且油料装卸码头和作业区宜独立设置。港口供船舶停靠的水工建筑物叫码头，码头前沿线通常为港口的生产线，也是港口水域和陆域交接线，码头上停靠船舶的位置称泊位，一个泊位可停泊一艘油船，一个码头可同时停泊一艘或多艘船只，即一座码头又拥有一个泊位或多个泊位。码头线长度是由泊位数和每个泊位所需长度决定的。

①油船是靠装卸油码头来进行装卸作业的，因此，装卸油码头一般要求：

——装卸油码头应设在能够遮挡风浪的港湾中，必要时还应设置防波堤；

——应有足够的水域面积，以便设置适当数量的码头，供船只停靠和调动之用；

——水位应有足够的深度，保证来库的最大船只能安全停靠；

——水底和岸上地质条件良好；

——油料装卸码头与公路桥梁、铁路桥梁等建筑物、构筑物的安全距离；油料装卸码头之间或油料码头相邻两泊位的船舶安全距离；油料装卸码头与相邻货运码头、客运码头的安全距离，应遵守 GB 50074—2002《石油库设计规范》中规定的要求。安全距离分别不应小于表 2–11~表 2–14 的规定。

——油料装卸码头的建造材料，应采用非燃料材料(护舷设施除外)。

——装卸油码头的数量、规模及码头形式，应根据装卸作业量的大小、油料的品种、船只吨位及自然条件等综合考虑。一般轻油码头应设在下游位置，码头的油料装卸设施应与设计船型的装卸能力相适应。

——对于水位经常变动(如涨落潮)的港口，应设置可以随水位升降的浮动码头(又称趸船)。趸船有钢质趸船和混凝土趸船两种，其中钢质趸船在靠船时抵抗水力冲击的能力较强，适于安装大型的起重设备，但造价高，维修保养困难，每隔 2~3 年就要防锈、涂漆。因此只有在水流急、回水大的地区才选用钢质趸船，一般情况多选用混凝土趸船。趸船的长度应根据停靠船只的长度以及水域条件好坏决定，一般以趸船长与船长之比等于 0.7~0.8 设计。

②码头形式

码头的型式一般有：顺岸式固定码头、近岸式浮码头、突堤码头、栈桥岛式码头、岛式码头等几种。

——顺岸式固定码头：是指与岸线平行的码头，一般利用地形沿岸建造，常用于河港。

——近岸式浮码头：是由趸船、引桥、护岸等组成的，其特点是船可随水位涨落升降，趸船与船泊间在任何水位下均可停泊，引桥和扩岸采用铰接，这种码头多用于河港。

——突堤码头：码头伸入水面与岸线正交或斜交的码头，在内河中极少采用，而常用于海港。

——栈桥岛式码头：借助于引桥将泊位引到深水处，由引桥、工作平台和靠船墩等组成，我国沿海的大中型油码头多采用此形式。

——岛式码头：借助于天然海上岛屿或在海上建造人工平台而孤立于水中的码头，码头是通过海底管道与岸上的储油设施相连。而单点系泊码头和多点系泊码头也属于此类码头。

在外海系泊大型和超级油轮，除修建孤立的岛式码头外，多数采用浮筒系泊。采用多个浮筒多条缆索系船的叫多点系泊码头。近几年来更多的是在海上只设一个特殊的浮筒或塔架来系住船首，系船部分有转轴，油船可随水流和风向的变化而改变方向，这种叫单点系泊码头，简称"SPM"，其位置由油轮吃水深度和海域水深来决定的，其作业半径至少为最大油船长度的 3 倍，在作业范围内不得有任何固定建筑物及暗礁或其他潜在危害物。

③码头泊数计算

依据 JT 1211—99《海港总平面设计规范》的规定，码头泊位数应根据码头年作业量、泊位性质和船型等因素来确定，按下式计算：

$$N=\frac{Q}{P_t}$$

式中　N——泊位数；

Q——码头年作业量(通过码头装卸的货物数量,包括船舶外挡作业的货物数量,根据设计吞吐量和操作过程确定),t;

P_t——一个泊位的年通过能力,t。

而油码头泊位年通过能力可按下式计算:

$$P_t = \frac{TGt_d}{t_z + t_f + t_p}\rho$$

式中 T——年日历天数,取365d;

G——设计船型的实际载货量,t;

t_p——油船排压舱水时间,可根据同类油船泊位的营运资料分析,h;

t_z——装卸一艘设计船型所需的时间,可根据同类泊位的营运资料和油船装卸设备容量综合考虑,如无资料可采用表3-13和表3-14中的数值,h;

t_d——昼夜小时数,取24h;

ρ——泊位利用率;

t_f——船舶的装卸辅助作业、技术作业时间以及船舶靠离泊时间之和,h。船舶的装卸辅助作业、技术作业时间指在泊位上不能同装卸作业同时进行的各项作业时间。当无统计资料时,部分单项作业时间可采用表3-15中的数值。船舶靠离泊时间与航道、锚地、泊位前水域及港作方式等条件有关,可取1~2h。

表3-13 卸油港泊位卸油船时效率和净卸油时间

油船舶位吨级 DWT/t	10000	20000	30000	50000	80000	100000	150000	200000	≥250000
卸油船时效率/(t/h)	600~800	1190~1360	1400~1600	2100~2400	2800~3200	3500~4000	5500	6300	≥7300
净卸船时间/h	24~18	27~24	30~26	36~32	36~31	36~31	32	37	≥40

表3-14 装油港泊位净装油时间

油船舶位吨级 DWT/t	10000	20000	30000	50000	80000	100000	150000	200000	≥250000
净装油时间/h	10	10	10	10	13~15	13~15	15	20	≥20

表3-15 部分单项作业时间

项目	靠泊时间	离泊时间	开工准备	结束	公估	联检
时间/h	0.50~1.00	0.50~0.75	0.75~1.00	0.75~1.00	1.50~2.00	1.00~2.00

(3)装卸油泵房

对大型油船一般船上带有专用卸船油泵,当油库距码头太远,或者地形高差太大时,油船卸油泵扬程不够时,岸上需设中转泵房和缓冲罐,接力转输,卸入油库储罐中;对小型油船,自身不带卸油泵的,需要在油码头上设置卸油泵进行卸油。油库装船外运,一般靠自流装船,但往往油库备有装船泵。

(4)装卸油导管

装卸油导管是油船与码头上管路相连接的管路，装卸油导管应能适应油船浮动和水深变化的要求。

装卸油导管主要由耐油橡胶软管和输油臂两种。对于大中型码头，普遍采用输油臂，它克服了橡胶软管装卸效率低、寿命短、易泄漏、劳动强度大的缺点。

输油臂一般由立柱、内臂、外臂、回转接头和与油船接油口连接的接管器等组成，输油臂采用液压驱动接管器，很迅速地与油船接油口对接和释放。国内输油臂口径大约 $DN100mm \sim DN600mm$，设计温度 $-196 \sim 250℃$，允许工作压力 1.0MPa，对 LPG 可达 $2.0 \sim 2.5MPa$。根据输转介质种类和温度不同，材质以碳钢、不锈钢或 PTFE 衬里；可采用手动操作或电动控制。输油臂宜布置在操作平台的中部，其口径、台数和布置等可按表 3–16 确定。

表 3–16 油船泊位输油臂及布置参数

油船泊位吨级 DWT/t	输油臂口径/mm	输油臂台数	输油臂中心与操作平台边缘距离/m	输油臂油距/m	输油臂驱动方式
10000	DN200	2~3	1.5	2.0~2.5	手动
20000	DN200~250	3	2.0	2.0~2.5	手动或液压驱动
30000	DN250	3	2.0	2.5~3.0	手动或液压驱动
50000	DN300	3~4	2.0~2.5	3.0~3.5	液压驱动
80000	DN300	4	2.0~2.5	3.0~3.5	液压驱动
100000	DN300 或 DN400	4	2.0~2.5	3.5	液压驱动
150000	DN400	4	2.5	3.5	液压驱动
200000	DN400	4	2.5	3.5	液压驱动
≥250000	DN400	4~5	2.5	3.5	液压驱动

注：对卸油港，输油臂台数可按表列数字减少一台。

大口径输油臂的最大流速应控制在 9.5m/s 以下，而小口径输油臂应略小一些。一般输油臂的最大流量详见表 3–17。

表 3–17 输油臂最大流量

输油臂口径 DN/mm	250	300	400	600
最大流量/(m³/h)	1750	2500	4500	10000

(5)装卸油管道

装卸油管道是指油库至码头前沿装卸油管道。根据油料种类、物性及作业功能，可有多条管道，此管道尽量采用焊接连接，管道上阀门采用钢阀门（电动或气动）；装卸油管道在岸边适当位置应设紧急截断阀。每种油料管道的管径、装卸油泵等应根据油船装载量和允许装卸时间来确定。码头上的输油管道的经济流速一般按表 3–18 所列数值选用。

表 3-18　输油管道的平均经济流速

运动黏度/($10^{-8} m^2/s$)	泵吸入管道流速/(m/s)	排出管道流速/(m/s)
1~10	1.5	3.0
10~30	1.3	2.5~3.0
30~75	1.2	2.5
75~150	1.1	2.0~2.5
150~450	1.0	2.0
450~900	0.8	1.5~2.0

(6)其他

①停靠需要排放压舱水或洗舱水油船的码头,应设置接受压舱水或洗舱水的设施;

②栈桥式码头的栈桥宜独立设置。

213. 汽车油罐车装、卸工艺流程如何分类?

(1)卸油流程

汽车油罐车装、卸油工艺,一般有自流式和泵送式两种装卸油料工艺。

①当地形高差较大时,汽车油罐车卸油设施布置在较高处,储油罐布置在较低处,两者达到一定高差时,可进行自流卸车,油料直接卸入储油罐内。

②当地形平缓、高差不大时,汽车油罐车内的油料不能自流卸入储油罐内,则需要借助卸油泵卸油,并输转到储油罐内。

(2)装油流程

灌装汽车油罐车的工艺流程共有三种:一是自流装车,二是泵送装车,三是泵送、自流混合装车(高架油罐装车)。

①当储油罐布置在高处、装车设施布置在低处、两者间具有一定高差时,利用地形高差,将实施自流装车。

②当地形平缓、地势高差很小时,将实施泵送装车。常见有单泵单鹤管装车系统和一泵多鹤管装车系统两种流程。

③当油库区地势平坦,虽然无法实施自流装车,但是也常有设置高架油罐办法,将储油罐内的油料通过预先提升到高架油罐内,然后实施自流装车业务,采取这种混合式的高架油罐装车流程。

214. 汽车油罐车装卸油设施有哪些?

(1)汽车油罐车:是油料公路运输的主要载体(器具)。罐顶前端设有量油口,导尺筒直通罐底,罐车中部设有人孔和安全阀,罐底装有排水阀和排油阀,一般配有快速接头、耐油胶管、手摇泵、灭火器等。

(2)汽车装卸油鹤管和卸油井

汽车油罐车一般上部装油,下部卸。当无下卸器时,也采用鹤管卸油,上卸时尽量采用自吸式离心泵卸油,这样可以使卸油操作简单而方便。

卸油井,主要供汽车油罐车自流下卸时用,集油管和输油管路要有坡度 $i \geq 1\%$,以利于管中的油料放空、收净。

(3) 集油管和输油管

根据装、卸油量的多少和选用装卸工艺流程进行计算后确定管径。

(4) 装油站台

①装油站台主要有两种形式：一是通过式，即有栈桥通过式；二是旁靠式也称倒车式。通过式停靠车方便，调换快，占地面积大；而旁靠式车辆进出不便，调换慢，占地小。通过式的装油站台，使用最普遍。

②由于石油产品、石化产品的物性相差较大，产品装车台宜分别设置；汽车装油台，一般设有遮阳防雨棚；当每一种产品的装车较小时，一个车位上可设置多个装油鹤管（臂）；当装载的介质性质相近、相混不会引起质量事故时，几种介质可共用一个装油鹤管（臂）。

③油料的装油鹤管（臂）数量，可按下式计算确定：

$$N = \frac{KBG}{TQ\gamma}$$

式中　N——某种油料的装车鹤管（臂）数量，个；

　　　G——某种油料的年装油量，t；

　　　T——每年装车作业工时，h；

　　　Q——一个装油鹤管装油量，m³/h（应低于限制流速）；

　　　γ——油料密度，t/m³；

　　　K——装车不均衡系数（要考虑车辆行车距离，来车的不均衡性，装车时间与辅助作业时间的比例等因素）；

　　　B——季节不均衡系数（对于有季节性的油料，B 值等于高峰季节的日平均装油量与全年日平均装油量之比，对于无季节性的油料，$B=1$）。

④装车台的布置

——汽车罐车的装油作业区，人员较杂，宜设围墙（或栏栅）与其他区域隔开。作业区应设单独的汽车出口和入口，当受场地条件限制、只能设一个出入口（进出口合用）时，站内应设回车场。作业区不可避免会有滴油、漏油，需要用水冲洗地面，因此应采用现浇混凝土地面，不得采用沥青地面。

——汽车罐车运送油料、石油化工产品、液化石油气等，都属于危险品运输，因此装车台的位置应设在厂（库）区全年最少频率风向的上风侧。为便于车辆的进出，作业区要靠近公路，在人流较少的厂（库）区边缘。出口和入口道路不要与铁路平面交叉。

——装车台的设计应适应当前运行中汽车油罐车的全部车型。装车台可以根据装车的车位、场地的大小、自动化程度、装载的品种等因素来确定其型式，一般分通过式和旁靠式两种形式。

——向汽车油罐车灌装甲、乙、丙 A 类油料宜在装车棚（亭）内进行。甲、乙、丙 A 类油料可共用一个装车棚（亭）。

——采用高架罐装油时，一般每种牌号的油料设一个灌装罐，每种油料的容量，一、二级油库不宜大于日灌装量的一半，三、四级油库不宜大于日灌装量。

——装车台内应采取防火、防爆、防静电措施，灌装轻质油料的装车台与各个建、构筑物要有一定的防火距离。在装油台上设有仪表操作间时，电气仪表要考虑防爆要求，装车台处要设导静电的接地装置。汽车罐车装油臂与油罐、建筑物之间的防火距离，遵循 GB 50074—2002《石油库设计规范》中表 5.0.3 的规定执行。

215. 汽车油罐车装车自动控制系统工作原理是什么？其控制流程如何？

轻油灌装广泛采用了定量装车自动控制技术。目前轻油灌装自控系统种类较多，发展也很快，但其主要构成、原理及功能大同小异，下面以通用型轻油灌装控制系统为例。

通用型轻油灌装控制系统，其原理是通过现场的一次仪表实时采集油料的体积流量、密度、油罐车的接地电阻、液位、最高点状态等参数，并根据间接测量处理方法获得油料质量，从而在执行设备的配合下实现对各鹤位的灌装控制，并将实发数据回送给开票室微机。其系统结构如图 3-30 所示。

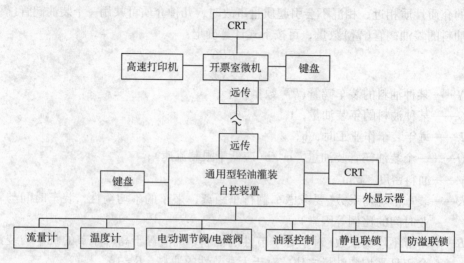

图 3-30　轻油灌装自控系统结构图

以通用型轻油灌装自控装置为主要设备的油料灌装自控系统，由计算微机、打印机、数据远传收发器、开票软件等构成开票机；由符合 STD 总线或 PC 总线标准的工业控制模板构成通用型轻油灌装自控装置。整个测控系统可同时独立控制 12 路发油，现场仪表由外部显示器、腰轮流量计、温度计、二段式电动调节阀/电磁阀、油泵、防静电接地钳等构成。其控制流程如图 3-31 所示。

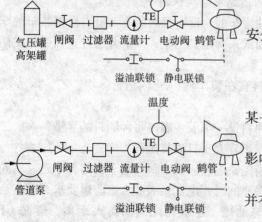

图 3-31　轻油灌装自控系统流程图

216. 油库泵站工艺流程有何要求？

（1）首先满足油库所担负的任务，能快速、安全、保质、保量地完成油料收发任务。

（2）操作方便，调度灵活。

①能同时装卸几种油料而不互相干扰；

②根据油料的性质，管线互为备用，不致因某一条管路发生故障而影响操作；

③泵互为备用，不致因某一台泵发生故障而影响作业，必要时还可以数台泵串、并联运行；

④发生故障或检修设备时，能迅速切断油路，并有放空设施。

（3）经济节约，能以少量设备去完成多种任务，并能适应多种作业要求。

从经济节约的角度来说，在泵房流程中应体现一管多用、一泵多用；而从操作方便、调度灵活、保证质量的要求出发，则应当专管专用、专泵专用。这个矛盾应首先统一在满足油库主要业务要求的前提下，根据具体情况，作出既符合经济节约原则，又满足灵活方便要求的泵站流程设计。

应当指出除航空煤油和航空汽油外，某些油料之间在不影响其质量的情况，允许有一定比例的混合，是可以一管多用、一泵多用的。

217. 油泵如何选择？

轻油的黏度小，易流动，因此广泛采用离心泵来输送，离心泵流量较大且稳定（一般为 $50\sim2000\text{m}^3/\text{h}$）。根据油料输送所需扬程的大小，选用不同型号的油泵。扬程大的采用多级离心泵，扬程小的采用单级离心泵。根据储存和输送的油料品种确定泵的台数。抽真空和抽底油的辅助泵常用 SZ 型、SZB 型水环式真空泵。

黏油的黏度大，流动阻力大，流量较小（多为 $30\text{m}^3/\text{h}$ 以下），只能用容积泵（齿轮泵、活塞泵和螺杆泵）输送，常用的泵有 KCB-300 型人字齿轮泵和 2DS 型电动活塞泵等。新建的大型油库，因黏油收发量大，采用螺杆泵，通常流量为 $90\text{m}^3/\text{h}$ 左右。

218. 油泵站的油泵如何设置？

(1) 输送有特殊要求的油料时，应设专用泵和备用泵；

(2) 连续输送同一种油料的油泵，当同时操作的油泵不多于 3 台时，可设 1 台备用泵；当同时操作的油泵多于 3 台时，备用泵不应多于 2 台；

(3) 经常操作但不连续运转的油泵，不宜单独设备用泵，可与输送性质相近油料的油泵互为备用或共设 1 台备用泵；

(4) 不经常操作的油泵，不应设置备用油泵。

219. 泵的安装高度如何计算？

离心泵和转子泵的几何安装高度可由下式计算：

$$H_{gs} = \frac{p_{vs}-p_v}{\gamma} \times 100 - H_{NPS\gamma} - h_{ls}$$

式中 H_{gs}——泵实际几何安装高度，即进泵侧容器的最低液面至泵中心线的垂直距离（高度差），灌注时为负值，吸上时为正值，m；

p_{vs}——泵进口侧容器液面压力（绝），MPa；

p_v——输送温度下液体的饱和蒸气压（绝），MPa；

γ——输送温度下液体的相对密度；

$H_{NPS\gamma}$——必需汽蚀余量，m；

h_{ls}——进口侧管线系统的阻力，m。

220. 防止或减弱汽蚀影响的措施有哪些？

为了保证泵在不发生汽蚀的条件下长期正常运转，可采取下列措施来防止或减弱汽蚀的影响。

（1）抬高泵吸入侧容器的标高或降低泵的安装高度,如采用立式浸没式泵。对于从压力容器吸入的泵,可加大容器液面上的气相压力。这是一种较有效的措施,但要避免使构筑物过高或设地下泵房而不经济。

（2）减小泵需要的汽蚀余量,选用汽蚀余量较小的泵,如采用双吸式泵。

（3）如有可能与制造厂联系,在离心泵中加设前置诱导轮、在旋涡泵中加前置离心式叶轮来改善泵的吸入性能。

（4）在主泵前加设低汽蚀余量的增压泵。

（5）加大吸入管径,减少阀门、弯头数量,以减少吸入管道系统的阻力损失。

（6）叶轮采用抗汽蚀性能好的材料,以减弱汽蚀对叶轮的影响,延长叶轮使用寿命。

（7）降低泵的转数,可以减少泵需要的汽蚀余量,改善泵的吸入性能。这样的措施只能在降速时泵的扬程和流量仍能满足工艺要求的情况下采用。

221. 储罐加热器的结构型式如何分类?

储罐中常用的管式加热器按布置形式可分为全面加热器和局部加热器;按结构形式可分为排管式加热器和蛇管式加热器。

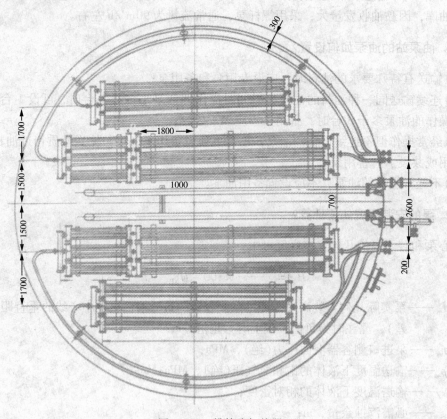

图 3-32 排管式加热器

（1）排管式加热器如图 3-32 所示,这种加热器多用 $DN50mm$ 的无缝钢管现场焊接而成。

排管式加热器由若干个排管所组成,每一个排管由 2~4 根平行的管子与两根汇管连接而成,汇管长度应小于 500mm,使整个排管可以从油罐人孔进出,便于安装和维修。几个排管以并联及串联的形式联成一组,组的总数取偶数,对称布置在进出油接合管的两侧,并且每组都有独立的蒸汽进口和冷凝水出口。汇集到罐外的蒸汽总管和冷凝水总管，其上设置控制阀门，因此可单组运行，也可多组联合运行，方便运行过程中调节和维修。

罐内加热器各排管组的安装应有一定的坡度，便于排出冷凝水。

该类加热器摩阻较小，可以在较低的蒸汽压力下工作。此外，由于排管每组的长度不大，可使蒸汽入口高度降低，这样就使整个加热器放得较低，可以尽量减少加热器下面"加热死角"的体积。

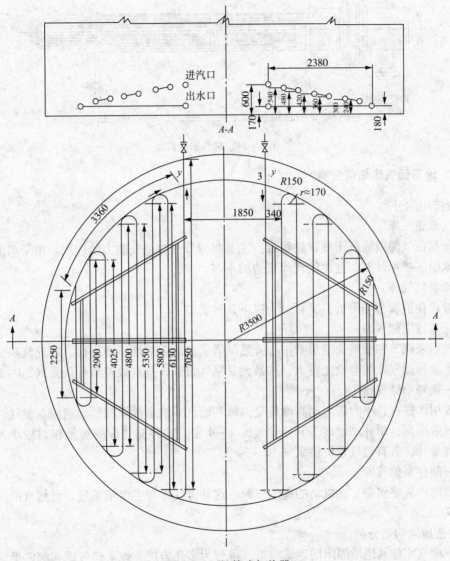

图 3-33 蛇管式加热器

(2)蛇管式加热器如图 3-33 所示，它是由用很长的管子弯曲成的管式加热器。常用 $DN50mm$ 的无缝钢管焊接而成，只是为了安装和维修的方便才设置少量的法兰联接。为了使管子在温度变化时能自由伸缩，用导向卡箍将蛇管安装在金属支架上。支架具有不同高度，使蛇管沿蒸汽流动方向保持一定的坡度。蛇管在罐内分布均匀，可提高油料的加热效果，但蛇管加热器安装和维修均不如排管加热器方便，每节蛇管的长度比排管式加热器每组的长度长得多，因而蛇管加热器要求采用较高的蒸汽压力。

(3)局部加热器如图3-34所示。它是由一组管束、管板及封头所组成,并由支架支撑在罐底上。其优点是维修方便,可以不清罐,将加热器抽出来,在罐外修理。在维修时其他局部加热器仍可继续工作,不影响油罐的正常运行。

局部加热器可布置在出油管附近,也可沿罐圆周均匀布置,起全面加热的作用。

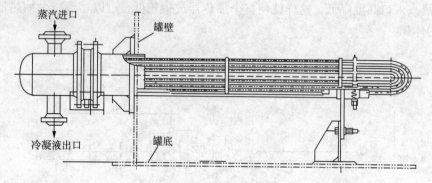

图3-34 局部加热器

222. 地下储气库如何分类?

(1)按用途分类

①气源储气库

一般建在气源或输气干线首站附近,主要起调节气源供气能力的作用。由于离消费中心远,技术经济指标较差,这类储气库建造的不多。

②市场储气库

一般建在消费市场附近,又可分为以下几种类型:

——基地型储气库

主要用来调节和缓解大型消费中心天然气需求量的季节性不均衡性,因此又叫做季节性储气库。这种储气库的容量比较大,按最大日采气量计,其有效气量可供采气50~100天。

——调峰型储气库

主要用作昼夜、小时等短期高峰耗气调峰和输气系统事故期间的短期应急供气。主要特点是采气效率高,单井产量高于其他储气库2~4倍。这种储气库的容量相对较小,按昼夜最大采气量计,其有效气量可供采气10~30天。

——储存型储气库

主要用作战略储备,做机动的备用气源。这种储气库对主要依靠进口天然气的国家具有特殊意义。

(2)按地质构造分类

地下储气库按其地质圈闭的地质构造,可分为多孔岩层类地下储气库和洞穴类地下储气库两大类。多孔岩层类地下储气库包括枯竭油气藏储气库和含水层储气库;洞穴类地下储气库包括盐穴储气库和废弃矿穴储气库。

①枯竭油气藏型储气库

枯竭油气藏型储气库是世界上使用最广泛、运用最久而且最经济的一种储气库。至20世纪末,世界上已建成这类储气库500多座,占世界储气库总数的80%以上。

枯竭油气藏型储气库就是将老的枯竭或半枯竭的油气藏改建成储气库。多数储气库建于枯竭气藏,少量含伴生气枯竭油藏也可建储气库。枯竭油气藏之间的区别在于构造和矿脉。

枯竭油气藏型储气库的优越性在于不需要任何勘探工作，另外还有现成的油气井和其他地面设施可供利用。

②含水层型储气库

含水层储气库的原理是将气体注入含水地层的孔隙空间形成人造气田，其地质构造与天然气田相似。气体通过驱替含水层所含的水而充满储层岩石的孔隙和微孔隙空间，靠其压力使水下移到气块的边缘。

在这种构造中建库必须具备以下条件：

——孔隙储层一定要被不透气的背斜层所覆盖以免漏气；

——为提高可采气量，孔隙度和渗透率必须达到有关的标准以便最大限度地储气，特别是储气库寿命末期；

——储层储气能力由背斜闭合度来确定，即穹隆构造顶部与底部之间的垂直距离；

——假如已知操作压力和气体的有效孔隙度，根据几何特性就能预计储库容量。

在含水层中建储气库只需钻若干井而不必开挖。最合适的岩石种类有：砂层、纯砂岩及石灰岩、白云岩和白垩土。

③盐穴型储气库

利用盐穴型储存液化天然气已历史悠久，然而对于储存天然气却是一项新的技术。1961年美国第一次在密执安洲 Saint Clair 县采用了这项技术。

盐穴型储气库的原理与上述的储气设施有所不同，不是建造人工气田，而是要在岩盐层（或称石盐）中挖掘地下洞穴，这类岩盐层通常出现在沉积盆地。由于盐可溶于水，洞穴可利用水浸溶的方法挖掘。即用淡水将盐溶化，通过气井排除盐水，该井日后可用来注气和采气。该井由三根同心管组成，分别走水、气、盐水。在浸溶作业期间，通过该井注入水，盐层被水饱和，利用注入水的压力可将盐水排出。当洞穴充满气体时，剩余盐水在气体压力下排出。盐穴型储库的操作原理是当累积气体达到允许最高压力时储气库充满气体，当采气后储气库压力下降到允许最低值时储气库排空。因此，垫底气量取决于所采用的极限操作压力。

该类储气库的优点是：生产率高、利用率高，注采周期短，安全，垫底气比例低且可完全回收。

④废弃矿穴型储气库

在废弃的矿穴内储气的例子很少，由于符合储存天然气的矿穴数量很少，因此限制了这种储气库的发展。截止到目前，全世界只有3座矿穴型地下储气库，其中两座在美国，1座在德国。

除上述几种类型储气库外，国外已开始致力于研究天然气地下储存的其他方式，如在坚硬的岩石中挖掘洞穴储存、利用其他地层圈闭储存等。

223. 地下储气库由哪几部分组成？

典型的地下储气库主要由以下几个部分组成：适当的地下储气层、注采井、集输系统、注气站和采气站、将储气库与上游供气源和下游市场相连接的输气管线。

（1）地下储气层，即密闭的地质构造、一定的容积、并能有一定的压力工作区间，是建设储气库的基本条件。

（2）注采井、集输系统，与气田产能建设的单井和集输系统基本类似，不同的是建设和设计必须能够满足地下储气库的运行工况和运行条件，具有较大的变工况适应能力。

（3）注气站和采气站，为地下储气库地面工艺核心，注气站负责将气源富裕气增压后注入地下，采气站负责对地下储气库采出气进行处理，使其符合管输气的标准。注气站和采气站都必须有足够的处理能力、气量波动变工况的适应能力，是最大限度发挥储气库调峰储气能力的关键。

除上述几个主要部分外，还可能包括观察井、地层水处理和排放系统、压力调节和计量、甲醇注入系统或单井加热炉、加臭设施等配套系统。

224. 地下储气库如何调峰？

（1）小时和昼夜调峰

小时和昼夜调峰的气量波动范围较小，对于油气藏型储气库较难适应，长输管道配套建设的气藏型储气库一般不参与小时和昼夜调峰，由长输管道来完成。

对于盐穴型或其他矿穴型储气库，由于工作压力较低，采气和注气过程可以交叉同时进行，依赖压缩机的不同流向来完成对用户的小时和昼夜调峰。

（2）季节性调峰

季节性调峰气量变化范围大，但在一段时期内，气量波动相对较小，用户的用气需求相对平稳。气藏型储气库由于其工作压力区间大，有效工作气量大，适合用于季节性调峰。

由于在一个调峰周期内的不同时间段，用户的用气量也会有较大范围的变化，这就要求储气库的采气或注气装置能适应相对较大量的波动，在储气库地面工艺的设计中，就需要考虑建设多套一定规模的采气和注气装置，使储气库的操作更加灵活，适应能力更大。

（3）事故调峰

事故调峰要求储气库有在气源事故情况下完全满足用户用气需求的能力，对于气藏型储气库，若需要参与事故调峰，则采气装置必须具备事故情况下的超规模供气能力，这种情况下，可以考虑相对降低供气产品的质量，否则，会造成资源或地面装置能力的浪费。

总之，储气库的调峰和用户、气源、管道关系密切，需分析不同的情况，进行合理设计，以降低投资，发挥储气库的最大调峰功能。

225. 地下储气库的地面流程包括哪些内容？

地下储气库的地面流程包括从采气井口至采集、从集输至处理、从处理至外输、从长输管线至增压、从增压至注入地下的整个过程。

在地下储气库的地面流程中，根据地下储气库类型以及所处地理位置、环境的不同，囊括了油气田地面的整个处理工艺和处理设备，其中采气过程包括从采气井口至井口管线、再到集气管线、单井计量、脱水及脱烃处理、外输调压计量、天然气长输管线、用户终点接收末站及最终用户。注气过程包括从长输管线的天然气进入过滤计量、注气压缩机增压、冷却、注气管线、注入注气井口、注入地下储气库。

地下储气库地面采气流程的核心是对地下储气库采出的天然气进行处理，以达到管输天然气的标准，其中天然气的处理主要包括采出气中水、烃和杂质的处理。地下储气库地面注气流程的核心是对长输管线的管输气进行过滤、分离、增压、冷却、过滤、计量并注入地下储气库。

226. 地下储气库集输工艺包括哪些内容？

地下储气库的集输工艺基本上是在基于气田地面产能集输工艺基础上，结合地下储气库的工艺和运行特点确定。

(1) 气田产能建设的集输工艺

在气田产能建设中,单井集输一般采用如下几种工艺:

①井口加热节流工艺

适用于井口压力较高、温度较低的气井,为保证井流物在井口及集输过程中不产生水化物,在井口设加热炉。当井口温度较高时,可采用先节流后加热方式,以保证较低的炉管设计压力。井口加热节流方式的优点是单井集输管线设计压力较低,管线投资费用较少。缺点是井口设施投资高,工艺流程复杂。

②井口不加热高压集输工艺(油嘴搬家)

适用于井口压力不太高而温度较高的气井,井流物不经加热高压集输至处理站,各单井井流物在处理站进行节流。高压集输流程优点是充分利用了地层压力能,但单井集输管线设计压力较高,管线投资费用较高。该法适用于井口与处理站相距较近的场合。

③井口节流注防冻剂不加热工艺

适用于井口压力较高、温度较高、井流物含水较少的气井。优点是单井集输管线设计压力较低,管线投资费用较少,操作简便,投资省。缺点是防冻剂运行消耗量较大,增加了防冻剂的运输管理难度。

④井下调压阀

目前国外地下储气库有采用井下调压阀进行调压的方式,充分利用地层的温度场作用,在高温下节流,并利用地层温度加热采出气,从而节省了井口的加热设备。

(2) 地下储气库的集输工艺

不同类型的地下储气库,由于其地层压力不同、井流物的组成和物性不同和所发挥的作用不同等,相应采用不同的集输工艺。同时,由于储气库特有的调峰功能,造成了单井生产中的起停频繁,建立井口温度场相对困难,操作的波动性较大,参数变化范围较大。

①凝析油气藏型地下储气库的集输工艺

凝析油气藏型地下储气库的特点是采出气中含有较大量的凝析油和游离水,在集输温度较低或井口温度场尚未建立的情况下,易形成水合物,或形成冰冻,导致集输困难,而由于井流物中含水量较大,采用注防冻剂成本较高,所以单井集输工艺推荐采用井口加热节流工艺。但在凝析油和水含量相对较低、井口温度相对较高的情况下,只需要在开井时进行防冻,也可以采用注防冻剂集输方案。

②枯竭油气藏型地下储气库的集输工艺

枯竭油气藏型地下储气库的特点是采出气和注入气组分基本相同,只是含有少量的凝析油和游离水,推荐采用注防冻剂或高压集输方案。

③含水层型地下储气库的集输工艺

含水层型地下储气库的特点是采出气组分和注入气的完全相同,只是采出气中含有饱和水,与枯竭油气藏型地下储气库的集输工艺类似。

④盐穴型地下储气库的集输工艺

盐穴型地下储气库的特点是操作压力较低,采出气和注入气的组分相同,井流物中含水具有腐蚀性,集输工艺需要与注气工艺结合,甚至需要用压缩机从井口抽气,所以集输工艺相对复杂。对于井口压力较高的盐穴型地下储气库集输工艺,与枯竭油气藏型地下储气库的集输工艺类似。

第四章　海底管线和海上储油设施

227. 海上生产设施如何分类？

海上生产设施基本上可分为三大类：固定式生产设施、浮式生产系统及水下生产系统。在此三大类中又可细分为如下：

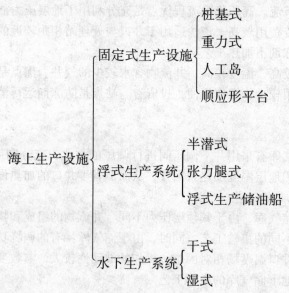

（1）固定式生产设施

①桩基式固定平台

桩基式固定平台通常为钢质固定平台，是目前海上油（气）生产中应用最多的一种结构形式。钢质固定平台中最多的是导管架式平台，主要由四大部分组成：导管架、桩、导管架帽和甲板模块。但在许多情况下，导管架帽和甲板模块合二为一，所以这时仅为三部分。

由于油气处理设施的设置不同、用途各异，钢质固定平台按其用途可分为：井口平台、生产处理平台、储罐平台等。

——井口平台：常规井口平台上安装有一定数量的采油树，井液经采油树采出后，通过单井计量系统计量，用海底管线输送到中心处理平台或其他生产处理设施上进行处理。

井口平台上还设有必要的工艺设备及支持系统和公用系统。一般情况下，其动力和控制由中心平台提供。

某些井口平台由于生产操作的需要还设有生活楼。生活楼包括住房、办公室、通信室、娱乐室和厨房等。

——生产平台：生产平台亦称中心平台，它集原油生产处理系统、工艺辅助系统、公用系统、动力系统及生活楼于一体。

生产平台具有将各井口平台的来液进行加工处理的能力，也要有向各井口平台提供动力以及监控井口平台生产操作的功能。

生产平台汇集了各井口平台的来液后,经三相分离器将来液的油、气、水进行分离。原油在原油处理系统中经脱水达到成品油要求后输送到储油平台或其他储油设施中储存;三相分离器分离出的天然气经气液分离、压缩等一系列处理后供发电机、气举设备和加热炉等用户使用,多余的天然气进火炬系统烧掉;三相分离器分离出的含油污水进入含油污水处理系统进行处理,合格的含油污水排海或回注地层。

——储罐平台:储罐平台是将原油储罐设置在平台上,生产平台处理合格的原油在储罐平台储存。储罐平台的大小要根据油田规模和穿梭油轮的大小来综合考虑。储罐平台由于投资较高,储罐能力有限,已不常用。

②重力式平台

重力式平台是与桩基平台不同的另一种形式的平台。它不需要用插入海底的桩去承担垂直荷载和水平荷载,完全依靠本身的重量直接稳定在海底。根据建造材料的不同,又分为混凝土重力式平台和钢质重力式平台两大类。

——混凝土重力式平台:混凝土平台由沉垫、甲板和立柱三部分组成。已建成和正在研究、设计的混凝土平台种类繁多,有把底座做成六角形、正方形、圆形,也有把立柱做成三腿、四腿、独腿的等各种形式。

——钢质重力式平台:除混凝土重力式平台外,钢质重力式平台也是重力式平台的一个重要分支。整个平台由沉箱、支承框架和甲板三部分组成,沉箱兼作储罐。

③人工岛

人工岛是在海上建造的人工陆域,人们在人工岛上可以设置钻机、油气处理设备、公用设施、储罐以及卸油码头。

人工岛按岸壁形式可分为护坡式人工岛和沉箱式人工岛。

——护坡式人工岛:它是由砾石筑成,砂袋或砌石护坡。

——沉箱式人工岛:又可分为钢沉箱围闭式人工岛、钢筋混凝土沉箱围闭式人工岛和移动式极地沉箱人工岛。它是由一个整体沉箱或多个钢或钢筋混凝土沉箱围成,中间回填砂土。目前钢沉箱围闭式人工岛能成功地用于26m水深。

(2)浮式生产系统

①以油轮为主体的浮式生产系统

以油轮为主体的浮式生产系统分为浮式生产储油装置(FPSO)和浮式储油装置(FSO)两种。

——FPSO:是把生产分离设备、注水(气)设备、公用设备以及生活设施等安装在一艘具有储油和卸油功能的油轮上。油气通过海底管线输到单点后,经单点上的油气通道通过软管输到油轮(FPSO)上,FPSO上的油气处理设施将油、气、水进行分离处理。分离出的合格原油储存在FPSO上的油舱内,计量后用穿梭油轮运走。

浮式生产储油装置采用新建和旧油轮改造两种方式。采用哪种方式取决于油田寿命和开发方式。

在油田寿命较长的情况下,新建油轮优于旧油轮改造。这是因为新建油轮具有较长的使用期限,而改建油轮花费的结构改建费和维修费大大超过了已有船体的经济受益。然而,对于油田早期开发来说,由于改建油轮费时少,改建油轮更为合适。

——FSO:也是具有储油和卸油功能的油轮,但它没有生产分离设备以及公用设备,通过海底管线汇集来的合格原油直接储存到FSO的油舱中,由于没有油气生产设备,可直接将旧油轮稍加改装就可以成为FSO。相对于FPSO来说,FSO建造工期短。

②以半潜式钻井船为主体的浮式生产系统

该种生产系统的主要特点是把采油设备（采油树等）、注水（气）设备和油气水处理等设备，安装在一艘经改装（或专建的）半潜式钻井船上。

油气从海底油井经采油立管（刚性或柔性管）上至半潜式钻井船（常用锚链系泊）的处理设施，分离处理合格后的原油经海底输油管线和单点系泊系统，再经穿梭油轮运走。

③以自升式钻井船为主体的浮式生产系统

该种生产系统是利用自升式钻井船改装的。其上可放置生产与处理设备，主要用于浅水海域，可以移动。自海底油井出来的油气上至自升式平台分离处理后，再经海底管线和系泊系统输至油轮运走。

④以张力腿平台为主体的浮式生产系统

张力腿平台可以看作一个垂直锚系的半潜式平台。虽然张力腿平台不储油、不装油，但这种平台是开发深水油田的一个具有很大竞争力的形式。

这种结构的外形减小了垂向波浪力的影响，因而也就减小了系泊系统的受力变化，上部结构设计成足以承受油田开发各个阶段的载重量，不论在拖航条件，还是在垂直系泊时都能保持稳定。

(3) 水下生产系统

水下生产系统由水下设备与水上控制设施组成。水下设备包括：水下采油树和水下管汇中心，水上控制系统放置在浮式生产系统上，对水下设备进行控制及维修作业。

①水下采油树

——干式水下采油树：干式水下采油树就是把采油树置于一个封闭的常压、常温舱里，通常称之为水下井口舱，维修人员可以像在陆地上一样在舱内进行工作。水下井口舱通过上部的法兰与运送人员和设备的服务舱连接，然后打开法兰下面起密封作用的舱孔，通过这个舱孔操作人员和井口设备可以进入水下井口舱进行工作。一般水下井口舱的容积可以容纳二、三个人舒适地工作。

通常水下井口舱内在无人状态下是充满氮气的，需要操作人员进入时，必须排出氮气并充入空气。对于干式采油树这种操作形式，水下井口舱和服务舱应配有几套生命维护系统，包括供氧系统、连续监测系统、取样系统及独立的安全系统。

——干/湿式水下采油树：干/湿式水下采油树的特点是可以干/湿转换，当正常生产时，采油树呈湿式状态，当进行维修时，由一个服务舱与水下采油树连接，排空海水，使其变成常温常压的干式采油树。

干/湿式采油树主要由低压外壳、水下生产设备、输油管连接器和干/湿式转换接头组成。低压外壳是一个按照美国机械工程师学会（ASME）规范设计的外压容器，其上部开孔，当要创造一个干式环境时，其配合环与干/湿式转换接头相接，形成封闭的容器；干/湿式转换接头的外形是一个锥型外壳，操作时，底部与低压外壳的配合环连接，顶部与潜水服务舱连接，以后的工作方式基本和干式采油树相同。

——沉箱式水下采油树：沉箱式水下采油树也称插入式水下采油树，是把整个采油树包括主阀、连接器和水下井口全部置于海床以下 9.1~15.2m 深的导管内，在海床上的部分很矮，一般高于海床 2.1~4.6m，而常规水下采油树高于海床 10.7m 左右，这样采油树受外界冲击造成损坏的机会就大大减少。

沉箱式水下采油树分为上下两部分，上部主要包括采油树下入系统、控制系统、永久导向基础、出油管线及阀门、采油树帽、输油管线连接器和采油树保护罩等。下部采油树包括主阀、连接器和水下井口等。

——湿式水下采油树：我们现在最常用的水下采油树形式则是湿式采油树，即采油树完全暴露在海水中。因为金属材料防海水腐蚀的性能、遥控装置的发展以及水下作业的水平越来越先进，而这种形式又是几种不同类型的采油树中相对简单的，因此就逐渐为各石油公司所选用，在本书中我们也就主要介绍这种形式的水下采油树。

所有的湿式水下采油树的结构、基本部件及其功能都是相同的，这些部件主要有采油树体、水下井口、采油树与井口连接器、采油树与海底管线连接器、采油树阀件、永久导向基础、采油树内外帽、控制系统等。

②水下管汇中心（UMC）

水下管汇中心主要由以下部分组成：

——底盘：底盘一般主要由大管径制成的结构框架组成，一方面为 UMC 下入海底提供浮力，另一方面也是钻井导向和设备支撑基座及其保护架。

——管汇系统和保护盖：从底盘井和卫星井产出的井液，在管汇聚集后通过海底管线输往平台，平台上经过处理的海水经管汇分配至各注水井。除此之外，管汇系统还具备油水井测试、压井、化学药剂注入、修井时的通道及管线清洗等功能。

管汇根据油田不同的生产要求配置一定数量的管线，分别负责井液的测试和计量、注水分配、化学药剂注入及修井等。控制各系统通往各单井的阀门组沿相应的管线布置。

——电液控制与分配系统：控制系统设备是永久性地安装在水下管汇中心的结构上的，易损坏的控制系统电液组件安装于可取式控制模块中，该控制模块可以是一个阀门组，控制模块的安装位置使 ROV（水下机器人）可以很方便地进行维修和操作。由于电液分配系统的不可替换和不易维修，一般都会留出较大的余量。

——液压储能装置：液压储能装置与供液设备和回路管线相连接，以提供液压储能防止回压的过分波动，且当平台上的液压泵出现问题时，储能器至少在 24h（或一定时间内）可维持足够的液体压力，使管汇正常工作。

——化学药剂注入装置。

——ROV 轨道：为便于维修，可以用 ROV 拆卸水下管汇中心和控制系统的所用组件，因此在各阀门组和控制系统模块旁设置了 ROV 作业轨道（沿轨道两边布置），轨道置于水下管汇中心的中部，ROV 将从作业船释放下来并沿此轨道到达工作位置。

——连接卫星井输油管线和控制管线用的"侧缘"：卫星井到管汇中心的输油管线和控制管线用的连接设备，沿着底盘结构的每一侧分布。在入口端，输油管线与安装在四边的相配连接件相连，控制管线和液压管线也连接在相应的四边上。

通往管汇中心的输油管线和控制管线在钻井船上用遥控操作工具拉入或连接，操作工具一般用钻杆下入，采用液压驱动方式完成拉入和锁定动作。

——前缘：水下管汇中心的前缘用来把输油管线、控制管线、液压管线和化学药剂注入管线与平台连接起来。前缘上还包括其余的供电管线、通讯电缆、液压管线、化学药剂注入软管束、过出油管（TFL）服务管线等。

③水下设备的控制系统

水下设备的控制系统一般安装在附近水面的设施上，比如半潜式钻井船、FPSO 等浮式生产系统，并通过海底管缆对水下设备进行遥控操作。

228. 海上新型生产设施有哪些？

（1）海上轻型平台

轻型平台有单腿、两腿和三腿结构型式。单腿柱的平台结构有两种基本类型：

①以钻井的隔水导管作为腿柱，再在水下加设斜撑而构成平台的下部结构，斜撑的方式可据具体情况和应用的经验而有多种，比如2撑、3撑、4撑，与腿柱采用机械连接、与腿柱采用焊接，与腿柱的结点在水上以及与腿柱的结点在水下等，斜撑用桩固定于海床。此类平台配有单层至三层的上部甲板，作为单井平台配置计量分离器、井控、化学药剂注入等设备，可支持4~6口井的生产。它们多与已有的中心平台配合使用，或者依托近岸的陆上生产设施进行生产。

②单腿轻型平台不采用隔水导管作腿柱，而是采用更大直径（如3m）的单腿柱环套其外作为平台的支撑。腿柱的下端位于泥面以上，腿柱用3根或4根斜撑支持并辅以必要的横撑，用桩固定于海床。

（2）筒型基础平台

①筒型基础是在压差式沉入桩的长期应用基础上发展而来的，其完全不同于传统的打入式或钻入式桩基。筒形基础免除了惯用的长桩，而采用连接于导管架腿桩底端的倒置的钢质筒型结构。筒的顶板与平台腿桩固接，顶板下具有筒形裙板，底端敞开。

②当平台沉放于海床就位时，先靠其自重将筒裙的底端压入泥中一定深度并形成底端密封，然后，用泵抽吸使筒体内外产生压力差，将筒压入泥中直到预定深度。完成沉放就位后，筒中的压力差会随水在土体中的渗透而逐渐消失。

——在依靠泵的适度抽吸产生压力差使筒基沉入时，由于水力梯度和渗流的存在，会使筒裙底端处砂层的有效正应力和剪切强度大幅度下降，从而大大减少了沉贯中的裙端阻力，形成极为有利的沉贯条件，此为筒型基础技术的一个突出特点。

——就位后的筒型基础依靠其顶板和其下的海床承受重力，如通常的重力式平台。当平台在环境及外力作用下产生倾覆力矩（上拔力）时，即会在筒的顶面和相连土体中产生吸附力。依靠于一定时间内存在的这一吸附力，并与平台重力、土塞重量以及筒裙的侧壁摩擦阻力等一起，共同平衡上拔载荷，保持平台稳定。这就是筒型基础技术有别于传统桩基技术的又一特点。

229. 海上油气田生产设施选择应考虑哪些因素？

（1）水深

水深对选择方案有重大影响，从经济角度出发，在浅水中（小于200m），常选用固定平台生产系统（钢导管架平台或重力式平台）。在深水中（大于200m），由于固定平台费用急剧上升，多考虑水下生产系统和浮式生产系统的组合方案。

（2）油田地理位置及规模

如果油田离岸较近，可考虑管输上岸，在陆上建油气处理厂，进行油气分离、储运；或采用人工岛方案。

如果油田离岸较远，且为产量较少的边际油田，可考虑选用浮式生产系统，充分利用浮式生产系统可重复利用的特点。

如果油田产量较大，水深较浅（小于10m），可考虑采用人工岛方案。

(3)海底地形

对于海底地形平坦、土质坚硬的海域,可考虑采用混凝土重力式平台;对于土质松软、海底不平坦的海域,则考虑用固定平台或其他形式的设施。

230. 海上油气生产设施的组合有哪几种?

(1)井口平台+浮式生产储油轮(FPSO)

这种类型的生产系统由一座或几座不同功能的井口平台和具有油气处理、原油储存及外输的浮式油轮组成。

(2)井口平台+中心处理平台+储油平台及输油码头

这种类型的生产系统由一座或几座不同功能的井口平台和具有油气处理能力的中心平台,加上若干个原油储罐组成的储油平台及输油码头组成。

(3)水下井口+浮式生产系统(FPSO)

这种类型的生产系统由若干个水下井口和具有油气处理、原油储存及外输的浮式油轮组成。

(4)海上固定平台+陆上终端

这种类型的生产系统由海上若干座固定平台(井口平台和中心处理平台)和具有一定处理能力的陆上终端组成。

(5)固定平台+人工岛

这种类型的生产系统由若干座固定平台(井口平台或中心平台)和具有生产处理、原油储存及外输功能的人工岛组成。

(6)混凝土平台

混凝土平台除具有原油处理、原油储存和外输设施外,还可在平台上安置钻机,以进行钻井和修井作业。

231. 原油处理工艺如何组成?

原油处理工艺应根据油、水、伴生气、砂、无机盐类等混合物的物理化学性质、含水率、产量等因素,通过分析研究和经济比较确定。原油汇集、处理和计量外输是原油处理工艺的三大主要组成部分。典型工艺流程见图4-1。

原油处理工艺与陆上基本一致,这里不再叙述,详细内容可参见本书其他章节。

232. 含油污水处理有哪些方法?

含油污水处理方法有物理方法和化学方法,但在生产实践过程中两种方法往往结合应用。归纳目前海上主要应用的含油污水处理方法如表4-1所示。

表4-1 目前海上油田含油污水处理的主要方法

处理方法	特点
沉降法	靠原油颗粒和悬浮杂质与污水的密度差实现油水渣的自然分离,主要用于除去浮油及部分颗粒直径较大的分散油及杂质
混凝法	在污水中加入混凝剂,把小油粒聚结成大油粒,加快油水分离速度,可除去颗粒较小的部分散油
气浮法	向污水中加入气体,使污水中的乳化油或细小的固体颗粒附在气泡上,随气泡上浮到水面,实现油水分流

处理方法	特点
过滤法	用石英砂、无烟煤、滤芯或其他滤料过滤污水,除去水中的小颗粒油颗及悬浮物
生物处理法	靠微生物来氧化分解有机物,达到降解有机物及油类的目的
旋流器法	高速旋转重力分离,脱出水中含油

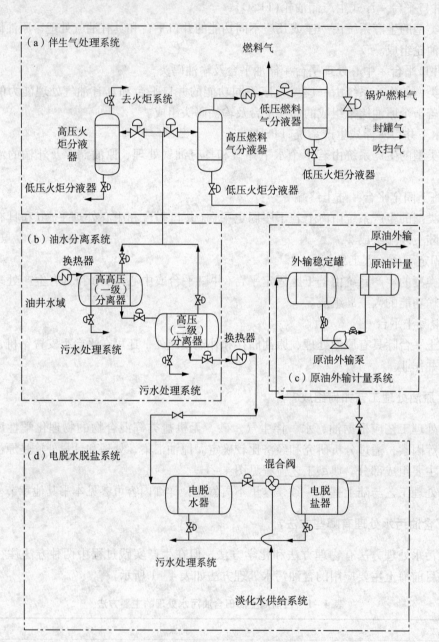

图 4-1 典型原油处理工艺流程图

233. 污水处理系统设备有哪些?

污水处理系统设备主要有 API 矩形多道分离器(沉降隔油池)、沉降罐、加压溶气浮选装置、叶轮式气浮装置、喷嘴自然通风浮选池、聚结板式聚结器、固定滤料式聚结器、活动滤料式聚结器、过滤罐、重力式无阀滤罐、单阀过滤罐、水力旋流器、配套的化学药品泵管系统等。

234. 海上污水处理流程如何组成？

海上污水处理流程，可以理解为用管线、泵等将选择的含油污水处理装置连接到一起，含油污水通过逐级处理装置脱除含油污水中的有害物质。这种管线、泵等及含油污水处理装置的组合，就是含油污水处理流程。

由于海上油气田的处理量大小不同，原油及伴生水性质不同，处理后的污水要求标准不同，还有海域、经济效益等因素不同，所选择的处理流程不可能相同。比如某油田污水流程所设置的污水处理装置，包括聚结器、浮选器、砂滤器和缓冲罐；又比如某油田污水处理系统采用分散收集、集中处理的方案，设置在浮式储油轮上，由储油水舱、波纹板隔油器、浮选器及废水泵等组成。

235. 注海水的处理方法及设备有哪些？

（1）加氯装置
加氯装置是由给水泵、发生器、除氢罐、鼓风机、加压泵及整流器等组成。
（2）过滤装置
过滤装置中主要设备是粗、细过滤器。
（3）脱氧（真空脱氧、化学脱氧）装置
脱氧装置一般由二级脱氧塔、真空泵、空气喷射器及其他配套管系、压力表和安全阀等构成。
（4）配套的化学药剂注入系统等
与海水处理流程相匹配的还有化学加药系统，输送海水的增压泵、注水泵系统，以及对海水的计量系统等。

236. 什么叫污水回注？

在不需要对污水进行处理的前提下，来自污水处理系统的污水通过缓冲罐由注水泵加压至 10MPa 输送至注水管汇后再分配给单井。

237. 什么叫注地下水？

注地下水，即采取浅层水作为注入水。首先要除去水源中所存在的有害于注水流程及油层的物质，可设置除砂、粗滤器、细滤器，进行逐级过滤。

238. 什么叫混注？

海上注水水源以一定的方式组合。即
（1）海水、浅层水和污水三种水源混注；
（2）海水与浅层水混注；
（3）海水与污水混注；
（4）浅层水与污水混注。

239. 混注的原则是什么？

（1）相容性

包括混注水之间的相容性和混注水与地层水之间的相容性。

①混注水之间的相容性

采用化学试验分析、结垢的判断方法或通过计算机结垢预测软件确定混注水之间是否会发生沉淀及结垢。

②混注水与地层水之间的相容性

——通过化学试验分析、结垢的判断方法或通过计算机结垢预测软件确定混注水与地层水是否会发生沉淀及结垢。

——通过地面岩心试验，确定混注水与地层岩石是否会发生盐敏、酸敏、碱敏、速敏、水敏效应以及确定是否有黏土膨胀和颗粒运移等问题。

（2）混注对设备的要求

采用混注方式，是基于海上油田各自设置了海水、浅层水和污水处理系统之上的。很显然，如采用三种水源同时混注，同时设置三套水处理流程，占地面极大，是十分不经济的，而且三种水源混注增加了配伍性难度，所以不宜采取三种水源同时混注。

在采用两种水源混注条件下，由于受水源水质性质、温度、操作压力等影响，结垢是较大矛盾。通过室内试验表明，在操作压力、温度不变，水质相对稳定状况下，其两种相混的水源受比例限制。实验可以找出相对合理的配比，但现场保证相对困难，所以要求设备和流程具有一定的防垢能力，同时应在流程中注入阻垢剂和防腐剂等。

240. 什么叫海上石油终端？如何分类？

海上石油终端是指油轮系泊、转输的停靠处。常用的海上石油终端大致有四种类型。

（1）固定码头（人工岛）：它是采用钢结构或预应力混凝土基础作支撑而建成的码头（人工岛）。

（2）多浮筒系船系统：它是采用多个浮筒多向系住油轮的。

（3）塔式系船系统：它是采用钢结构固定在海床上，结构上部建有一个可转动360°的系泊转台，用缆绳系住油轮。

（4）单点系泊系统：基本上可分为悬链式浮筒系船和单锚腿系船两种方式系住油轮，并可自由转动，能使油轮处于海浪流速和风速以及风力综合造成的最小阻力位置。

241. 单点系泊装置的类型有哪些？

（1）悬链式浮筒系泊装置（Catenary Anchor Leg Mooring，简称CALM）

这种装置是单点系泊装置中最早出现的一种型式，也是数量最多的一种。它使用一个大直径（约10~17m）的圆柱形浮筒作为主体，以4条以上的长垂曲线锚链固定在海底基座上。浮筒是具有弹性（即能吸收外力冲击能量），能在一定范围内漂移。浮筒上部是一个装有轴承可旋转360°的转台，上面配有系泊桩柱、输油管线、阀门、流体旋转头、航标灯以及必要的起重设备等。中心部位的流体旋转头，下面连接着水下软管和海底输油管汇，上面连接着漂浮软管并通向油轮。油轮是用缆绳系泊在浮筒转台的桩柱上，在风、浪、潮、流的影响下，油轮能围绕系泊点漂移转动，使之处在最小受力位置，这就是该系泊装置独特的系泊弹性——风标性。

(2) 单锚腿系泊装置(Single Anchor Leg Mooring，简称 SALM)

该装置有一个细长的圆柱形浮筒，通常直径约为 6~7m，高度约为 15m。浮筒下面用锚链拉住，锚链的下端固定在海底基座上。由于浮筒具有正的剩余浮力，所以锚链始终保持一定的张力。海底基座是以承受浮筒的正浮力和最大系泊载荷为条件的。锚链与浮筒之间、锚链与海底基座之间，都用万向接头相连接；这种结构能使整个浮筒和油轮围绕系泊中心转动，而无需在浮筒上面安装轴承和转台。输油管路不通过浮筒，水下软管与漂浮软管合为一条，直通油轮。

(3) 单浮筒刚臂系泊装置(Single Bouy Storage，简称 SBS)

该装置是在悬链式浮筒系泊装置的基础上发展起来的，其主要差别是用刚性轭臂系泊取代缆绳系泊。刚性轭臂与储油轮之间的铰链连接，允许产生纵摇；它的另一端支持在浮筒上，可以围绕浮筒旋转，并通过万向接头连接在一起，这样就可使浮筒、刚性轭臂和油轮的摇摆角各自独立。大多数刚性轭臂都设计成"A"字架形式，采用封闭的箱型结构。

(4) 单锚腿刚臂系泊装置(Single Anchor leg Storage，简称 SALS)

该装置是在单锚腿系泊装置的基础上发展起来的，刚性轭臂与油轮是铰链连接，并通过一个允许有相对纵摇和横摇运动的铰链接头与系泊立管相连。铰链接头通过滚柱轴承连接到立管顶部，使轭臂和油轮能随风摆动。与立管组合在一起的浮力舱趋于使立管保持垂直位置，从而为油轮保持在停泊点位置提供了恢复力。立管底部是通过万向接头与海底的固定底座相连的。

(5) 露体单浮筒系泊装置和桅式单浮筒储油系泊装置

露体单浮筒系泊装置(Exposed Location Single Bouy Mooring，简称 ELSBM)和桅式单浮筒储油系泊装置(SPAR)具有一个共同特点，即由一个大而长的垂直浮筒构成，类似半潜式浮筒体。前者具有固定压载和压载水舱，后者具有储油舱和生产处理设备。它们均通过数根定位锚链固定的。在波浪中比较稳定，无论是在海上纵荡、升沉还是横摇状况，都比悬链式浮筒系泊装置稳定。

(6) 导管架塔式刚臂系泊装置

浮式生产储油轮是借助于系泊刚臂连接到导管架上，系泊头安装在导管架顶部中央的将军柱上。系泊头上安装有转输油、气、水的流体旋转头和一个转动受力轴承，它可以使生产储油轮和系泊刚臂一起绕着导管架中心转动。

系泊臂是一个刚性"A"字形钢管构架，其前端依靠横摇、纵摇绞接头与系泊头相连接，后端依靠系泊腿与生产储油轮的系泊构架连接。

在系泊刚臂后的压载舱中，装有防冻的压载液。当系泊系统处于平衡状态时，悬吊系泊刚臂的系泊腿是垂直的。当生产储油轮由于环境力而移动时，系泊刚臂被抬起，从而产生恢复力，迫使生产储油轮回到平衡位置。系泊腿的上、下端均用万向节分别与系泊构架和系泊刚臂相连接。系泊刚臂的前端和系泊头的连接是横摇、纵摇绞接头，再加系泊头上的转动轴承，这就使生产储油轮在风浪中能自由地进行所谓的六向运动(即纵摇、横摇、前后移动、升沉、漂移、摆艏)。

系泊刚臂悬吊在海面以上，通过活动栈桥，人们可以从生产储油轮走到导管架上。油田产出的原油和天然气，从海底管道进入系泊头上的流体旋转头，分别输往生产储油轮。

(7) 固定塔式单点系泊装置

固定塔式单点系泊是一个固定在海床上的柱状结构物，它通过一条缆绳系泊一艘浮式生产储油轮(FPSO)。这种类型的系泊装置主要由上下两部分结构组成。

①上部结构

固定部分是一个圆柱体,是下部结构的延长部分,焊装有转台轴承座和三层固定平台,分别支承着流体旋转头、电仪设备、管线系统、阀门、清管器收发装置和通道设施等。其中流体旋转头是连通固定部分和旋转部分之间各种流体管道的关键设备。

旋转部分包括系泊转台、防碰圈和转动框架。系泊转台是由一个环形的箱形梁制成,其凸出部分的系泊臂,用于连接缆绳、系泊FPSO油轮。防碰圈是个"自行车轮圈",直接焊接在转台下面,与转台同步转动;它吸收FPSO油轮偶然碰撞的动能。转动框架上支承有起重设备、刚性管线、导航灯、雾笛等。

②下部结构

下部结构是由一个圆柱体焊接在基座上,该基座由三个各成120°的径向箱形梁构成,用6根桩固定在海底。

圆柱体内安装有三根用于输送油、水、气的刚性立管,采用法兰跟海底管线连接。

242. 单点系泊系统的主要部件有哪些?

(1)浮筒

除了固定塔式单点系泊装置之外,其余类型的单点系泊装置大多装设一个浮筒,以提供正浮力以及安装转盘和流体旋转头之用。

(2)桩腿构件

单点系泊系统的桩腿是将浮筒支持在安装点的部件,基本上分为锚链类(或锚链—立管)和刚性构件两种,按数量有单桩腿和多桩腿之分。

(3)系泊缆绳

系泊缆绳是系泊船只的主要部件。按美国船级社(ABS)规范规定,系泊缆绳最多只能由两根组成。

(4)输油软管

单点系泊系统的输油软管,通常分为两段,一段是从海底管道的末端管汇连接到浮筒上的流体旋转头,称为水下软管(或者称为柔性立管);另一段是从流体旋转头连接到储油轮,称为漂浮软管。

(5)流体旋转头

流体旋转头是单点系泊系统的关键部件,它是连通固定部分和旋转部分之间各种流体管道的转换设备。

243. 我国常用的海上储油设施有哪几种?

(1)浮式生产储油轮

浮式生产储油轮(floating production storage offloading,简称FPSO)不单纯是一种常用的储油设施,它和单点系泊相连接形成的海上石油终端,实际上是一种具备多种功能(油、气、水处理和原油储存、卸油外输)的浮式采油生产系统。

①储油轮上的货油管路系统

它是为装油、卸油和注入、排出压载水之用的大口径管路,一般包括油舱管系、泵舱管系和甲板管系等三个相互连接的部分;而扫舱管系则主要是在卸油或排放压载水时用于卸除油舱内或管道内残油或残水的小口径管路。现在大多数新建油轮的货油泵都装有一直到最后油舱液位很低时仍能抽油的自动扫舱装置,省去了专用的扫舱管系。

②货油管系上的主要设备

a. 货油泵。通常都采用由蒸汽涡轮驱动的离心泵,这种泵依靠叶轮的高速回转所产生的离心力,使叶轮内的液体具有速度能,然后再经叶轮外周的螺线形泵室高效地转换成压力能,以达到输送液体的目的。

b. 压载泵。压载泵的构造与货油泵一样,只是压头和排量较小而已。

c. 扫舱泵。通常使用双缸蒸汽直接作用的往复泵。这种泵是将蒸汽活塞和油活塞直接连在一起,以使作用在蒸汽活塞上的蒸汽压力直接传递给油活塞,从而完成往复吸排液体的动作。

d. 喷射泵。喷射泵是将液体或气体经渐缩喷嘴高速喷出,在其周围形成真空,产生吸入作用,然后将其能量传递给周围的液体,以完成输送液体的目的。

e. 货油阀。货油阀是指与货油装卸有关的各种阀门的统称。

(2) 平台储油罐

平台储油罐是指在固定式钢结构物上建造的金属储油罐,这种储油方式一般都建在浅水区。由于受支撑结构物的荷载限制,储油容量不可能很大,因为过大的储油罐容量,安全上就有问题。平台储油罐的结构及其附件,跟陆上储油罐基本相同,多半采用立式圆筒形钢质储油罐。

244. 什么叫储油轮的压载平衡?

根据1973年国际防止船舶造成污染公约及其1978年议定书的规定,为了造船的目的,所有总载重量20000t以上的新建原油油轮(包括1979年6月1日以后进行重大改装的旧油轮),都必须设置专用压载舱,以保持油轮合理的压载平衡条件,具体规定如下:

a. 压载后,船舶吃水不得小于$(2.0+0.022L)$m(L为船长);

b. 压载后,船的纵倾(即船尾吃水差)不得超过$0.0015L$m;

c. 压载后,船尾部的螺旋桨全部没入水下至少0.91m,不得露出水面。

按照上述规定要求,专用压载舱的容量,至少要相当于船舶夏季总载重量的30%。同时要求压载舱的分布要合理,通过压载以便能够减轻船体的震动和减少船体过大的弯曲力矩,以及有利于船舶获得最大的航行速度。

通常将储油轮的全部中舱用作货油舱,并用单层舱壁将货油舱分隔成若干个独立的舱室;当储油轮摇动时,可以减少油品对舱壁的动力冲击,增加储油轮的稳定性。储油轮四周边部的舱室用作专用压载舱,通过压载泵及其管系压入和排出海水来调节储油轮在进行装油和卸油作业时的平衡。

245. 货油加热如何计算?

货油加热计算,通常要考虑两个因素:保持原油温度在析蜡点以上的正常储存温度时所需要的热量,也就是储油轮内货油向外的散热损失;将货油从"冷态"的环境温度加热升温到析蜡点以上的正常储存温度所需要的热量,即货油加热升温的耗热量。

从理论上说,货油在正常储存温度下,散热损失最大而升温耗热量为零;但当油温还在环境温度下时,散热损失最小(数值为零),而升温耗热量却最大。实际上计算时,一般都

是将最大散热量加上平均升温加热量作为总的耗热量,然后依据油轮上锅炉提供的蒸汽参数确定总的蒸汽耗量,其公式如下:

$$Q_S = Q/H$$

式中　Q_S——总的蒸汽耗量,kg/s;
　　　Q——总的耗热量,kW;
　　　H——蒸汽的可用比焓,kJ/kg。

(1)货油的散热损失计算

货油的散热损失计算一般应用对流换热公式:

$$Q_1 = \alpha \cdot A \cdot \Delta T$$

$$\Delta T = T_0 - T_E$$

式中　Q_1——通过该表面的总换热量,W;
　　　α——换热系数,W/(m²·K);按经验对不同的换热表面(舱的前、后、顶、底、侧等)α取不同的数值,一般在5.5~8.5之间;
　　　ΔT——换热介质温差,即维持货油的正常储存温度(T_0)减去舱壁另侧的介质温度(T_E),K。

(2)货油加热升温的耗热量计算

加热升温耗热量的计算公式如下:

$$Q_2 = mc \cdot \Delta_t$$

式中　Q_2——加热升温的耗热量,J/s;
　　　m——货油质量,kg;
　　　c——货油比热容,J/(kg·℃);
　　　Δ_t——升温速率,℃/s。对货油舱而言,Δ_t取值范围一般在1.0~2.5℃/d之间。

246. 储油轮的惰性气体主要来源是什么?

储油轮的惰性气体主要来源于两个方面:

(1)锅炉燃烧排出的大量烟道气,其主要成分是氮、二氧化碳、水蒸气、少量的氧以及微量的二氧化硫和烟灰杂质等,这些气体经冷却和洗涤,以除去其中的二氧化硫、水蒸气和烟灰杂质后,就会成为惰性气体,其氧的体积含量通常都在5%以下。

(2)独立惰性气体发生器或者带有加力燃烧室的燃气涡轮机所产生的惰性气体,其氧的体积含量可控制在1.5%~2.5%之间,但成本较高,主要用于装载成品油轮。

247. 什么叫储油轮的惰化作业?

把足够的惰气送入油舱,使整个混合气体中的氧含量按体积比降到8%以下的状态,称为惰性化状态。许多巨型油轮均采用此法获取成本低、数量大的惰性气体。

使用惰气置换油舱内气体的作业,一般有两种方法:

(1)采用稀释方法时,通入的惰气与油舱内的气体有一个稀释过程,逐步形成均匀的混合气体,充满整个油舱,并使烃气浓度逐渐降低而从排出口逸出。这种方法要求入舱的惰气要有足够高的流速以便能穿透到舱底。为了做到这一点,必须限定同时进行惰化作业的油舱数目,否则只能一次惰化一个油舱。

(2)采用置换方法时,基于惰气比烃气轻,要求惰气从舱顶通入的速度一定要很慢,以便使进入、逸出的两种气体之间形成一个稳定的水平界面,驱赶较重的底层烃气从适当的排气管道逸出。实际上进气流的搅动难免会发生一点稀释反应,这种方法一般允许几个油舱同时进行惰化作业。

248. 储油轮的清洗方法有哪些?

储油轮的清洗可分为两种:海水洗舱和原油洗舱。

(1)海水洗舱

所谓海水洗舱就是为了某种需要而使用洗舱机将一定压力的海水(或热海水)喷射到油舱内的各个角落,以洗净被油脏污了的油舱。

(2)原油洗舱

利用原油本身具有溶剂作用这一特性,在卸油作业过程中将一部分原油送入洗舱机,使其在高压情况下喷射到油舱内,以溶解附着的黏油,并利用它的流动来洗除油泥,使它们得以重新溶入原油而一起被卸除,这就是原油洗舱。

249. 洗舱作业的安全条件是什么?

由于洗舱机具有强大的喷射水流,洗舱时会使舱内产生大量的高电位静电云雾,为了安全起见,防止发生静电爆炸事故必须使用惰性气体,以使油舱内的气体成分始终保持在不会爆炸的状态。

(1)油舱内的气体成分具体要求如下:

①舱气中氧的体积含量不得超过8%;

②舱气中烃气的体积含量应降至可燃下限以下(即1%以下),或者控制在可燃上限以上(即15%以上)。

(2)倘若油舱无惰性气体保护,则洗舱时必须采取如下措施:

①禁止向舱内喷射蒸汽;

②禁止使用超过60℃的热水洗舱;

③禁止使用喷水量超过60m^3/h的洗舱机;

④禁止使用化学清洗剂;

⑤禁止采用清洗水闭式循环的清洗方法;

⑥限制洗舱机的使用台数;每个间隔油舱使用洗舱机的台数不得超过下列规定:

——喷射水量为35m^3/h以下的低容量者:4台。

——喷射水量为35~60m^3/h的高容量者:3台。

⑦必须保持洗舱机与软管以及船体之间的导电性,禁止向舱内插入未接地的任何测探棒等金属。

250. 洗舱作业方式有哪几种?

(1)使用移动式洗舱机进行洗舱时,一般都用热水来清洗,水温以60~80℃效果最佳;要求洗舱机一直保持适当的温度和压力,洗舱机从舱口吊入舱内,由上向下分数段进行清洗。

(2)使用固定式洗舱机进行洗舱时,由于其喷射力强大(大型的喷水量为140~190m^3/h),一般即使用冷水进行清洗,也能获得良好的效果。

按照洗舱水供给方式的不同,固定式洗舱机的洗舱方式可分为两种:

①开式循环系统的洗舱方式。这种洗舱方式是由货油泵直接从海底阀吸入海水进行洗舱。

②闭式循环系统的洗舱方式。这种洗舱方式是以循环使用最初压入的海水来进行洗舱，在作业过程中不再从舷外吸入海水，故污油水量不会增多，但是若一次清洗的舱数过多，则油水可能会来不及分离，从而使洗舱水含有相当数量的油分。具备两个以上油污水舱的油轮，通常都采用这种方式洗舱。具体操作时，先用开式循环进行清洗，等到舱内海水逐渐增加后，再转为闭式循环的方式来清洗。

至于原油洗舱的方式，具体可分为多段清洗和一段清洗两种方式。

251. 海底管道如何分类？

海底管道按输送介质可划分为海底输油管道、海底输气管道、海底油气混输管道和海底输水管道等，从结构上可划分为双重保温管道和单层管道。

海底管道按工作范围可分为：

(1)油(气)集输管道：一般用于输送汇集海上油(气)田的产出液，包括油、气、水等混合物。通常连接于井口平台(或水下井口)至处理平台之间、处理平台(或水下井口)至单点系泊之间，海上油(气)田内部的注水管道和气举管道也属于此范围。

(2)油(气)外输管道：一般用于输送经处理后的原油或天然气，通常连接于海上油(气)田的处理平台至陆上石油终端之间。

252. 海底管道选线原则是什么？

由于建设长距离的海底输油(气)管道需要巨额投资，因此决策之前，必须要与油轮外输方式作经济对比。但是在下列情况下，通常不宜铺设海底管道：

(1)油田离岸很远或属于边际油田；油田没有后续储量作为补充。

(2)海底有天然障碍而不能铺设管道。

(3)长距离输送高凝点和高黏度原油。

253. 海底管道铺设方法和铺管设备有哪些？

海底管道的铺设方法主要有：浮游法、悬浮拖法、底拖法、铺管船法及深水区域的"J"形铺管法等。铺管水深已能达到610m，铺管设备已发展到了第4代，即箱体式铺管船、船形式铺管船、半潜式铺管船和动力定位式铺管船。

254. 海底管道防腐的方法有哪几种？

(1)防腐绝缘层

防腐绝缘层的作用，在于使海底金属管道内外壁与管内流体和管外介质(海水、土壤)隔绝开来，从而达到防腐目的。

(2)缓蚀剂

在管道内注入缓蚀剂能阻止或降低金属的腐蚀速度。缓蚀剂要根据管道内输送流体的性质及其所处的状态等来选用，一般要求选用用量少，效果好、价廉的缓蚀剂。

(3)阴极保护法

针对电化学腐蚀为主这一事实，采用电化学阴极保护法对管线进行防腐是极为有效的。

电化学阴极保护法,是使金属管道处于阴极而受到保护的方法,它主要有两种:

①牺牲阳极法

牺牲阳极法,是采用锌、铝、镁等活泼金属元素及其合金作为阳极,接在被保护的管线上,这时管线成为阴极,同处于介质中(比如海水、土壤等),构成大电池。由于阳极的腐蚀牺牲,而使管线(阴极)得到了保护。

②外加电流法

外加电流法,需用直流电源不间断地供应电流,在介质中,将被保护的管线作为阴极,用导线接在直流电源的负极(-);而用高硅铸铁等材料作为阳极,用导线接到直流电流的正极(+)。

255. 清管器收发装置如何组成?

(1)清管器发射装置

图4-2是典型的清管器发射装置。发射室的内径通常比管道大一个管线级别,发射室的长度至少是清管器长度的1.5倍。发射室顶端装有可以快速打开的盲板;一条进口管路(其尺寸一般比管道尺寸小一个管线级别)接入在靠近盲板一端,以确保驱动清管器的介质作用于清管器的后面。清管器发射装置上还设有一条放空管线、一个安全阀、一块压力表,清管球指示器装在发射装置的下游,以确认清管器已进入管道,底部低处设有排污口。

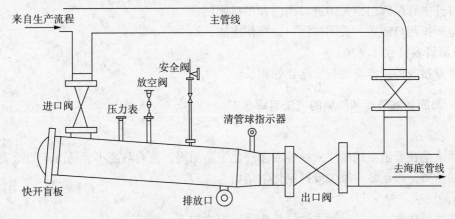

图4-2 典型的清管器发射装置

(2)清管器接收装置

图4-3是典型的清管器接收装置。清管器接收装置与发射装置几乎一样,不同的是接收室较长一些,一般是清管器长度的2.5倍。

256. 清管器发射、接收的操作步骤是什么?

(1)清管器发射

在工作前,清管器发射装置的出口阀门和进口阀必须在关闭状态。

①打开放空阀,通过压力表确认内部没有压力;

②打开快开盲板,放入清管器至大小头处;

③关闭快开盲板;

④逐渐打开进口阀,向发射室内注入流体;

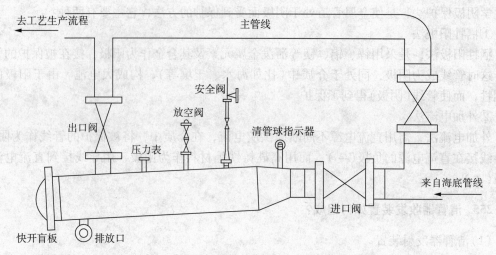

图4-3 典型的清管器接收装置

⑤逐渐关闭放空阀，直到发射室外的压力与管道压力相等；
⑥打开出口阀；
⑦逐渐关闭主管线阀门；
⑧通过过球指示器观察确认清管器已经通过并进入海底管线；
⑨打开主管线阀门，关闭进口阀门和出口阀门；
⑩打开排污口卸压；关闭排污口，操作完成。

（2）清管器接收

清管器接收的操作步骤与发送正好相反。

257. 海底管线防垢和除垢的方法有哪些？

（1）化学法

化学法是在管道系统内注入一种或多种化学防垢剂，使溶解度小、易沉淀的盐类变为溶解度大的盐类，以延缓、减少或抑制化学结垢。

（2）酸洗法

酸洗法是化学除垢的一种方法，其化学反应式如下：

$$CaCO_3 + 2HCl \Longrightarrow H_2O + CO_2\uparrow + CaCl_2$$

酸洗法一般是先采用浓度为5%左右的稀盐酸浸泡和循环管线，待酸化反应将至管线金属部分时，再加入0.02%的防腐剂，以防止对管线的腐蚀。待反应停止后用水冲洗管线，直到把酸液全部替出。

由于管线内结垢往往含有一定量的沥青、石蜡、胶质、泥砂等覆盖在垢的表面，使酸不能与垢接触，影响酸洗效果。若单纯用盐酸冲洗，使用盐酸的耗量较大，效果反而不高。因此，先用表面活性剂，有助于去除油污等。在现场通常先用热水或轻质油（如煤油、柴油等）浸泡、冲洗，配合以盐酸浸泡、冲洗，效果十分明显。

258. 海底管道泄漏检测技术有哪些？

（1）泄漏直接探测

①利用作业船携带着遥控潜水器（ROV）及水下电视摄像机，沿着海底管线直接观察

检查。

②向管内发送泄漏检测器,随原油流动进行检测。它是利用泄漏噪声产生的信号,经放大、检波和录音后,来判断泄漏的,并可按磁带长度计算出泄漏位置。

(2)水力参数监测

①管道输量平衡法

按照"进出平衡"原则,管道首尾在同一时间内流进和流出管道的原油流量应当相等,否则可能有泄漏。此种方法只适用于稳态而不适用于瞬变情况。

②低压监视法

管道泄漏后,其上下游的流动压力都会降低。在管道接近和达到新的稳态(即泄漏第二阶段)时,按压头和流量在线路上的变化可判断泄漏位置。

③水力波报警法

该检测技术是以泄漏产生的减压波为信号进行报警的,后来发展为定向压力波报警技术。它是利用在管道上下游各设置一组动压变送器进行管道监测的。当出现泄漏时,水击波会通过动压变送器,经差动放大器输出信号达到临界值时而报警。

这种检测方法现已能探测到 80km 以内、$2.5 \sim 12.5 mm$ 小孔的泄漏。不过从工作原理可知,它只能探测正在发生的泄漏,不能探测已经存在的稳态泄漏。

④管道瞬变模型

这是一项管道探漏新技术。它根据管道质量平衡原理,考虑水力瞬变效应,建立起数学模型,在计算机上进行实时运算。

模型把管道分成若干小段,对其流量、压力、温度和密度等进行连续测量,计算其质量流量。计算从进入端的条件开始连续进行,它要解四个联立方程:质量守恒方程、动量守恒方程、能量守恒方程、油品状态方程。倘若计算结果的偏差超过给定值,即发出泄漏报警。此系统可探测到漏量为 $0.2\% \sim 0.5\%$ 输送流量的泄漏。

259. 海底管道泄漏故障如何排除?

(1)利用水下干室高压焊接的 CHAS 系统

CHAS 的全称是 Combined Habitat & Alignment System,即水下工作舱和管线对中系统。它是一个设计有特制门框的钢结构,带有两个大的泥砂沉垫和一个供潜水员应急使用的安全避难所。CHAS 水下工作舱由作业船上下放至海底,利用舱内配备的焊接设备和管线对中装置,由潜水员焊工进行管线的修复工作。

(2)Straub 卡箍回接法和 Smart Flange Plus 机械接头回接法

这两种方法在现场施工时,均采用预制好的 A 型支架将海底断裂管线支起、调整位置和固定,然后将管线断口进行切割、打磨、对中,最后选用上述的特殊接头将断口回接上。

260. 段塞流捕集分离器的分离原理是什么?

(1)筒式段塞流捕集器

图 4-4 所示为筒式段塞流捕集器的基本结构。这种分离器的基本功能是从液相中除去自由气体,并向其他产油设备提供相对平衡的液体,当管线液体冲击入口挡板时,发生初始分离,挡板的作用是使进流的动量消散。液体流带着气泡落到分离器的较低部分,从该处沿水平方向以大为减低的速度流到液体排出管线。包含液体的分离器的这一部分的设计要避免

形成紊流，还要有足够的时间使液体携带的气泡从液流中被释放出来。而且，一般在分离器出口装一涡流破碎器，防止气体再度进入出口液流中。当气流进入分离器时，它越过入口挡板进入分离器上部，流速大减。在气体移向气体排出管线时允许液滴沉降下来，必须给气体有足够的空间，以便大于某一预定尺寸的液滴有充分的时间靠重力沉降。除重力分离外，内部还常装一个叫做汲雾器(或除雾器)的构件，以增加从气流中分离小液滴的效率，这种构件可以是叶片、金属或板型的。汲雾器的作用有的是靠大大增加液滴碰撞表面积，有的是靠迂回路径，利用惯性增加液滴碰撞其表面的可能性。

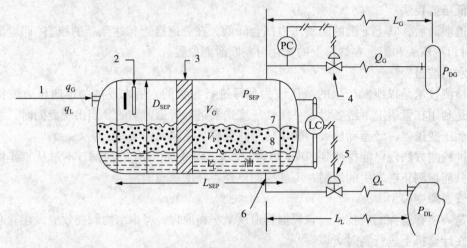

图4-4 筒式段塞流捕集器示意图
1—管线；2—挡板；3—除雾器；4—压力调节器；
5—液位调节阀；6—防涡器；7—气体；8—泡沫

分离器除了处理与分离气体与液体之处，它还必须能处理可能进入的泡沫。泡沫在原油系统中常常是一个主要问题(比如，泡沫占据分离器一半容积的现象并不罕见)。在井底或油层中压力下降到泡点以下后，泡沫立即开始形成，并且当两相混合物从井眼向上流动和在管线中流动时继续形成。泡沫进入分离器后，由于下列三个过程的作用开始衰减：

①气泡因聚合而增大，气体穿过公共气泡壁扩散。
②在泡沫与气体交界面气泡破裂。
③最后油通过泡沫放出。

在恒流速、恒温度与恒压力下，分离器中泡沫的体积恒定，这是泡沫衰减率与泡沫进入率之间动平衡的结果。所以需要有一个能预测分离器泡沫体积的适当的方法，以合理地确定分离器的尺寸。

最后，分离器还必须能适应液体进入分离器的流量的大幅度波动。这种情况的发生是因为管线中有段塞流，或是因为段塞向上运动经立管进入分离器的动力作用。无论是哪一种情况，均须采取一定的方法来预测分离器需要增加的体积。

(2)多管式段塞流捕集器

多管式段塞流捕集器主要由两部分组成，一部分是位于捕集器前部的分离段，用于气、液分离。另一部分是带有倾角的液体储存段，用于接收和储存管道来的大的液体段塞，同时将存于捕集器内的气体供给下游设备，以保证在段塞流进入捕集器的期间下游设备能够正常运行。

第五章 设备和材料

261. 分离器的功能是什么?

①从气流中分离出几乎全部的游离液,达到初步相态分离。
②从气流中脱除大部分的雾状液,对初步分离的气体进行精分离。
③从初步分离出的液体中脱除夹带的气体,进一步进行精分离。
④确保分离出的气体和液体不再相混。

262. 分离器的基本原理是什么?

用于实现气—液或气—固分离的原理是惯性力、重力沉降和聚结。任何一种分离器可以采用其中一种或多种原理,但是物流体的各相必须是互不溶混,并且具有不同密度,这样才能进行分离。

(1) 惯性力

物流中密度不同的各相具有不同的惯性力。如果一个两相流骤然改变方向,由于密度大的流体颗粒不能像密度小的流体那样迅速转向,因而使二者得以分离。通常,利用惯性力的不同进行两相物流的初步分离。

(2) 重力沉降

如果液滴所受的重力大于围绕液滴流动的气体对液滴产生的阻力,则液滴就会沉降。当液滴在气流中受的重力与气流对液滴的阻力相等时,液滴就会作匀速沉降。假定:①液滴为球形刚性体,在沉降过程中既不粉碎,也不与其他液滴合并;②液滴之间、液滴与分离器壁以及其构件间没有作用力;③气体在分离器的重力沉降段内的流动是稳定的,任何一点的流速不随时间而变化;④作用在液滴上的各种力的合力为零,液滴以匀速沉降,此时,液滴(或固体颗粒)的沉降速度可表示为:

$$v_t = \sqrt{\frac{2gM_p(\rho_1-\rho_g)}{\rho_1\rho_g A_p C'}} = \sqrt{\frac{4gD_p(\rho_1-\rho_g)}{3\rho_g C'}}$$

式中　v_t——直径为 D_p 的颗粒在气流中均匀沉降时的速度,m/s;

　　　M_p——液滴或颗粒的质量,kg;

　　　A_p——液滴或颗粒的截面积,m^2;

　　　D_p——液滴或颗粒的直径,m;

　　　g——重力加速度,9.81m/s^2;

　　　ρ_1——液滴或颗粒的密度,kg/m^3;

　　　ρ_g——气体密度,kg/m^3;

　　　C'——气体对液滴或颗粒的阻力系数,无因次,可由表 5-1 查得。

阻力系数 C' 是颗粒形状和气流雷诺数的函数,上式中所考虑的颗粒形状是实心的刚性球体。气流的雷诺数可由下式求得:

$$Re = \frac{D_p v_t \rho_g}{\mu}$$

式中 μ——分离条件下气体的黏度，Pa·s。

由以上二式可知，当液滴或颗粒直径一定时，雷诺数 Re 与液滴颗粒沉降速度 v_t 有关，而 v_t 又与 Re 有关，因此必须用试算法求解。为避免试算，可将阻力系数 C' 作为 $C'(Re)^2$ 由下式求得：

$$C'(Re)^2 = \frac{4\rho_g D_p^3 (\rho_1 - \rho_g) g}{3\mu^2}$$

或

$$C'(Re)^2 = \frac{4}{3} Ar$$

式中 Ar——无因次数，$Ar = \frac{\rho_g D_p^3 (\rho_1 - \rho_g) g}{\mu^2}$，称为阿基米德准数。

此外，也可根据 Re 的大小把阻力系数 C' 与 Re 的关系划分为层流、过渡流和紊流三个流态区，各流态区阻力系数 C' 与雷诺数 Re 的相关关系见表 5-1。

表 5-1 各流态区 C' 与 Re 的相关关系

液态	雷诺数范围	阻力系数 C' 计算式
层流	$Re \leq 2$	$24Re^{-1}$
过渡流	$2 < Re \leq 500$	$18.5Re^{-1}$
紊流	$500 < Re \leq 2 \times 10^5$	0.44
	$Re > 2 \times 10^5$	0.1

应用不同流态区阻力系数 C' 的计算式代入

$$v_t = \sqrt{\frac{2g M_p (\rho_1 - \rho_g)}{\rho_1 \rho_g A_p C'}} = \sqrt{\frac{4g D_p (\rho_1 - \rho_g)}{3\rho_g C'}}$$

也可求得不同流态区液滴或颗粒的沉降速度，计算公式如下：

①层流区，斯托克斯（Stokes）公式

$$v_t = \frac{g D_p^2 (\rho_1 - \rho_g)}{18\mu}$$

②过渡区，阿伦（Allen）公式

$$v_t = \frac{0.153 g^{0.71} D_p^{1.14} (\rho_1 - \rho_g)^{0.71}}{\mu^{0.43} \rho_g^{0.29}}$$

③紊流区，牛顿（Newton）公式，当 $C' = 0.44$ 时

$$v_t = 1.74 \left[\frac{g D_p (\rho_1 - \rho_g)}{\rho_g} \right]^{1/2}$$

判断直径一定的液滴或颗粒在给定的分离条件下处于什么流态区，可用两区域间的临界雷诺数来检验。若有一直径为 $D_{p,1}$ 的液滴，在分离条件下的沉降速度为 $v_{t,1}$，其雷诺数恰好为 2，则可用该液滴判断其他液滴的流态。液滴直径小于 $D_{p,1}$ 者处于层流区，大于 $D_{p,1}$ 者处于过渡流或紊流区。由公式 $Re = \frac{D_p v_t \rho_g}{\mu}$ 和 $v_t = \frac{g D_p^2 (\rho_1 - \rho_g)}{18\mu}$ 可得：

$$v_{t,1} = \frac{2\mu}{D_{p,1} \rho_g} = \frac{D_{p,1}^2 g (\rho_1 - \rho_g)}{18\mu}$$

$$D_{p,1} = 3.3\left[\frac{\mu}{\rho_g g(\rho_1-\rho_g)}\right]^{1/3}$$

同理,可求得判别过渡区和紊流区的临界流滴直径 $D_{p,2}$ 为:

$$D_{p,2} = 43.5\left[\frac{\mu^2}{\rho_g g(\rho_1-\rho_g)}\right]^{1/3}$$

由此可知,根据给定的分离条件和气、液性质算出 $D_{p,1}$ 和 $D_{p,2}$ 后,就可判断出任一直径的液滴处于何种流态下沉降,并从不同流态区液滴或颗粒的沉降速度计算公式中选择相应的公式计算该液滴在此流态区的沉降速度 v_t。

(3) 聚集

在气流中呈雾状的细小液滴实际上是不可能靠重力进行分离的,可将这些细小的液滴聚结成较大的颗粒后再靠重力进行分离。设置在分离器内的聚结元件其作用就是驱使气体流过一个曲折的通道,使气流中的细小液滴在惯性力的作用下相互碰撞或与聚结元件碰撞而形成较大的颗粒,而这些较大的颗粒就可靠重力从气流中分离出来。

263. 分离器如何分类?

(1) 按形式分类

①立式分离器

立式分离器如图 5-1 和图 5-2 所示,常用于气液比很高或气体体积总量很小场合下的气-液分离。物流进入立式分离器后,与入口的分流器或折流挡板相撞而产生初步分离,分出的液体降落至容器底部,而气体则向上流动,通常经过一个除雾器以脱除悬浮的雾状液滴,最后得到"干气"离开容器。气流中的雾状液滴在除雾器上聚结成直径较大的液滴后,向下穿过气流也降落至底部的集液段中。由于增加分离高度可以增加其处理液体段塞的能力,故立式分离器常用于具有较大液体段塞的中、低气液比的气井井流物分离,而不易使液体从气体出口处带出。立式分离器的液位控制并不是很严格的,而且液位可在一定范围内波动而不影响分离效率。设置除雾器后可以明显地降低立式分离器所需的直径。

②卧式分离器

卧式分离器如图 5-3 与图 5-4 所示。它具有较大的气液分离界面和一个又大又长、带有隔板(或不带隔板)的气液分离段,特别适用于有大量液体和在液体中有大量溶解气的气-液分离。在卧式分离器中,从气流中分离出的液体沿着容器底部流至液体出口处。缩短液体在容器内的停留时间和提高液位可以增加处理液体段塞的能力。在卧式分离器内,气体和液体各占与分

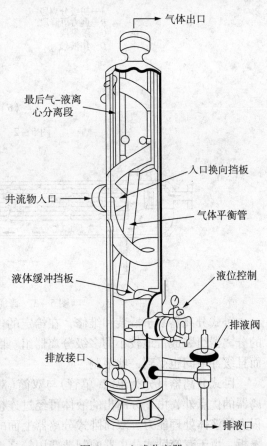

图 5-1 立式分离器

离器筒体截面积成比例的一部分空间。气-液分离时,气体呈水平流动,而液滴则向下沉降。当设有隔板时,气体沿隔板表面流动,使液滴形成液膜并降落至容器底部的集液段中。隔板长度只需大于设计气速下液滴的沉降行程即可。

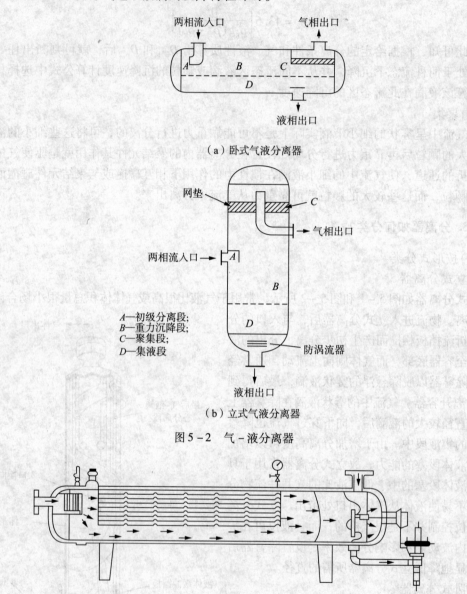

A—初级分离段;
B—重力沉降段;
C—聚集段;
D—集液段

图 5-2 气-液分离器

图 5-3 普通卧式单筒分离器

卧式分离器易于撬装和维修,在给定的气体处理量下所需的直径较小,易于将几个这样的分离器组装成占地较小的多级分离器组。卧式分离器的液位控制比立式分离器要求严格,而且缓冲空间也受到一些限制。

卧式分离器可分为单筒(单管)与双筒(双管)两种。双筒卧式分离器除具有普通卧式分离器的优点外,由于分离出的液体可经过连接管从上面的筒体降落至下面的筒体,因此具有很大的液体处理能力。双筒卧式分离器上面的筒体中填满隔板,气流以较高的流速直接穿过隔板。由于双筒卧式分离器的制造费用较高,因此目前仅在一些液体缓冲容积要求很小的分离器才采用。

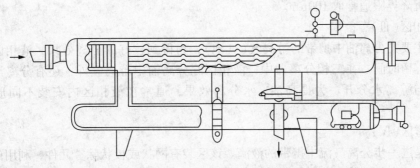

图 5-4 普通卧式双筒分离器

(2) 按用途分类

① 过滤分离器

过滤分离器通常分为两部分。第一部分由过滤-聚结元件组成。当气体流过这些元件时，细小的液滴汇聚结成较大的颗粒。当这些颗粒尺寸足够大时，就会随气流流出过滤元件进入中心的滤芯中，并随之被气流携带至由叶片式或编织的金属丝网除雾器组成的分离器第二部分中，将这些较大的液滴除去。分离器筒体底部或脱液包可用来缓冲或储存这些脱除下来的液体。

② 闪蒸罐

用于分离液体从高压闪蒸到低压时产生的气体。

③ 液-液分离器

采用气-液分离器同样的原理，对于两个互不溶混的液相进行分离。除了流速非常低以外，与气-液分离器在本质上是相同的。由于两液相之间的密度差小于气、液相之间的密度差，因此，液-液分离较为困难。

④ 分离器

用于将混相流分离成气相和液相，而气、液两相相对来说是相互游离的。也可采用涤气器、分液器、管道除液器等。

⑤ 段塞流捕集器

这是一种专门设计的分离器，它能够接纳连续流动过程中不定期出现的大量液体段塞。通常，在集气系统或其他两相流管道系统中会出现这种情况。段塞流捕集器可以是一个单独的大容器，或是有许多管子组成的卧式管组。

⑥ 三相分离器

用于分离气体及两种互不溶混并且密度不同的液体，比如气、油及水等。

264. 分类器的结构组成是什么？

(1) 国内典型分离器

① 初分离区（Ⅰ）

功能是将油气混合物分开，得到液相和气相。在该区内介质入口处通常设置导向元件和缓冲元件，以降低油气流速，分散液流，减少油气携带。

② 第二分离区（气相区）（Ⅱ）

功能是对气流中携带的较大液滴进行重力沉降分离。为提高分离效果，通常在该区内设置整流元件。对于处理发泡原油，在这个区还要设置消泡元件。在气相区重力沉降计算中，液滴直径沉降界限通常取 100μm。

③液相区(Ⅲ)

功能主要是分离油中携带的游离气(气泡)，为得到较好的分离效果，液相区设计需保证足够的停留时间。在三相分离器中，液相区除分离油中游离气外，还有分离油、水的功能，将油与游离水分开。为提高油、水分离效果，通常在液相区内安装不同形式的聚结元件。

④除雾区(Ⅳ)

功能是进一步分离气流中携带的液滴。该区装有网状或板状除雾元件，利用碰撞分离原理，捕集气流中的液滴。除雾器设计捕集液滴直径界限一般取 10μm，按此捕集界限设计的分离器，分离效果不低于 98.5%。

对于卧式三相分离器集油区(Ⅴ)，其功能是将分离后的油储存在该区，便于排油泵上油。

(2)国外典型分离器

①立式分离器

以立式两相分离器为例，在靠近入口接管内是分离器的初分离区。初分离区有各种不同构造，常用的为一个折流箱。这种装置把入口气液流分为流向相反的两路，并使之冲击在分离器内壁上，流体被分布成一个薄膜，同时沿容器内壁呈环形螺旋路径运动。这种运动使流体动量降低，从而使气体易于从油膜中逸出。气液流经过初分离区后，气体与液体大体上已经分离，液体向下流入分离器底部集液区。

从液流中逸出的气体立即进入分离器的第二分离区，此时气体中挟带有大量液珠，其粒径大小不等。借助重力的作用，较大粒径的液珠将以不同的速度沉降下来，汇集到集油区。

气体经过沉降区后，较大粒径的液珠均可沉降下来，但仍然会有一些极小粒径(一般在 100μm 以下)的雾状液珠被气体挟带而沉降不下来，因此，在气体出口前一段设有除雾区。除雾区组件有多种型式(比如丝网填料)，利用碰撞、聚结等原理使细小的液珠合并成较大的液滴，落入分离器底部集液区。被脱除液滴的气体由气体出口进入油田气管线。

集液区的液位由液位控制器自动控制，液位达到一定高度后，液位控制阀自动打开排出液体。当液位达到规定的最低液位时，液位控制阀自动关闭，保证最低液面，防止气体从液体出口排出。集油区内，液体出口之前通常设有防止产生涡流的构件。立式分离器的底部最低点设有排污阀，固体杂质和污水均可由此排出分离器外。

②卧式两相分离器

位于卧式两相分离器入口处的初分离区，其作用和立式分离器一样，能使大部分气液分离，并部分消耗进入分离器的气液流的流量，从而使进入第二分离区的气体流动减缓，保证进入集液区的液体流动平稳。

卧式分离器的气液流向相同。第二分离区，液滴沉降方向与气流方向相垂直，因此，气液速度对液滴沉降有很大影响。此外，它与立式分离器不同，卧式分离器有一个较大的气液界面，这不仅对液滴沉降极为有利，而且，有利于液体中含有的气体逸出。有些卧式分离器的第二分离区有导流装置，以防止气流扰动。集油区装有防波浪挡板，能使液体沿着流向产生一个平稳区，这些都有利于气液分离。

卧式分离器的除雾丝网填料一般有三种不同安装方式：水平装在一个箱内，该箱固定在气体出口的下方；安装在分离器顶部的一个圆形分气包内；安装在分离器的横截面上，与气流方向垂直。

③卧式三相分离器

卧式三相分离器有别于卧式两相分离器的主要之处是隔开油和水的舱室结构。常用的结构型式有固定堰板(溢流板)和油槽-可调堰板两种。

a. 固定堰板结构。

堰板一侧上层为油,下层为水,当油表面超过堰板时,油溢过堰板进入油室。油位达到一定高度经油位控制器将油排出到最低油位。此侧油水界面由水位控制器将水排出到最低水位。

b. 油槽-可调堰板结构。

油水界面位置取决于油槽和可调堰板的相对位置,油水界面高度可由两种液体的密度及液位差算出。

265. 气体的允许流速如何计算?

液滴沉降至分离器集液段所需的时间应小于气流把液滴带出分离器所需的时间。因此,具有一定沉降速度的液滴在分离器中能否沉降至集液段还取决于分离器的形式和分离器重力沉降段中气体的流速。

在立式分离器中,气流方向与液滴沉降方向相反。显然,液滴能够沉降的必要条件是液滴的沉降速度 V_t 必须大于气体流速 V_g,即

$$V_t > V_g$$

在卧式分离器中,气流方向与液滴沉降方向相互垂直,液滴能沉降至集液段液面所需的时间应小于液滴随气体流过重力沉降段所需的时间,即

$$\frac{L}{V_g} > \frac{h}{V_t} \text{ 或 } V_g = \frac{LV_t}{h}$$

式中 L——重力沉降的有效沉降长度,m;

h——液滴沉降高度,m;

V_g——气体允许流速,即将直径为 D_p 的液滴从气流中脱除或沉降出来的临界流速,m/s。

由上可知,气体在分离器内的允许流速与液滴的沉降速度有关,而液滴的沉降速度又与欲从气流中脱除或沉降出来的液滴直径等因素有关。

对于无除雾器的分离器,可采用 $\frac{L}{V_g} > \frac{h}{V_t}$ 或 $V_g = \frac{LV_t}{h}$ 进行重力沉降分离计算。美国气体加工者协会(GPSA)建议按脱除直径大于 150μm 的液滴来确定气体允许流速。在我国,则按脱除直径大于 100μm 的液滴来确定,并考虑到液滴沉降速度计算公式与实际情况的出入,以及重力沉降段流动截面上气流速度不均匀等因素,对于立式分离器,其气体最大允许流速 V_g 为:

$$V_g = 0.7V_0$$

同样,对于卧式分离器,其气体最大允许流速 V_g 为:

$$V_g = 0.7\frac{LV_0}{h}$$

式中 V_0——直径为 100μm 液滴的沉降速度,m/s。

266. 分离器的尺寸如何确定？

对于有除雾器的立式分离器，可按经验公式确定其尺寸。其中，最常用的是由索德斯－布朗(Souders – Brown)提出的两个经验式：

$$V_g = K \sqrt{\frac{\rho_1 - \rho_g}{\rho_g}}$$

$$G_m = C \sqrt{\rho_g(\rho_1 - \rho_g)}$$

式中　K——确定分离器尺寸的经验系数，m/s；

C——确定分离器尺寸的经验系数，m/s；

G_m——将直径为 D_p 的液滴从气流中脱除或沉降出来的最大允许气体质量流速，kg/(h·m²)。

确定分离器尺寸时所采用的一些 K 和 C 值见表5－2。通常，由以上二式可求出分离器中气体流经的截面积，在此截面积下气体流速等于或小于由以上二式求得的允许气体流速。

表5－2　确定金属丝网除雾器尺寸的系数 K 与 C

分离器形式	K/(m/s)	C/(m/s)
卧式(有垂直网垫)	0.12~0.15	439~549
立式或卧式(有水平网垫)	0.055~0.11	197~395
常压下	0.11	395
2.1MPa(表)下	0.10	362
4.1MPa(表)下	0.091	329
6.2MPa(表)下	0.082	296
10.3MPa(表)下	0.064	230
湿蒸汽	0.076	274
真空下的大多数气体	0.061	219
盐及苛性碱蒸发器	0.048	165

注：(1) 0.69MPa(表)时 $K=0.11$，高于0.69MPa(表)时，压力每增加0.69MPa，K 值减少0.003；

(2) 对于甘醇和胺液系统，表中 K 值应乘以0.6~0.8；

(3) 对于确定无金属丝网除雾器的立式分离器尺寸时，采用上表 K 或 C 值的1/2；

(4) 用于压缩机入口涤气器或膨胀机入口分离器时，表中的 K 值应乘以0.7~0.8。

对于有除雾器的卧式分离器，同样也可采用以上二式来确定其尺寸，但是需把气体流经重力沉降段的有效长度 L 考虑在内，如以下二式所示。当计算卧式分离器的气体处理能力时，气体流过的截面积应为容器的总截面积减去液体在最高液位下所占据的截面积。分离器筒体切线至切线的长度 L_0 与筒体直径 D_v 之比 L_0/D_v，通常为(2~4):1。

$$V_g = 1.945K \sqrt{\frac{\rho_1 - \rho_g}{\rho_g}} \left(\frac{L}{10}\right)^{0.56}$$

$$G_m = 1.945C \sqrt{\rho_g(\rho_1 - \rho_g)} \left(\frac{L}{10}\right)^{0.56}$$

式中　L——卧式分离器重力沉降段的有效长度，一般为气体入口至出口的水平距离，m。

对于无除雾器的分离器，按 $V_g = K \sqrt{\frac{\rho_1 - \rho_g}{\rho_g}}$ 和 $G_m = C \sqrt{\rho_g(\rho_1 - \rho_g)}$ 确定其尺寸时，常常

可按有除雾器的分离器 K 或 C 值的一半进行计算。尽管将阻力系数和其他的物理性质综合为一个经验系数不尽合理，但其结果仍是令人满意的，这是因为：

（1）所选定的液滴直径（分离效率）是任意的。

（2）液滴在稀薄浓度气体中（自由沉降）并非刚性球形颗粒。

267. 液－液分离器的处理能力如何确定？

液－液分离就其操作原理主要可分为两类。第一类是"重力分离"，即两种不相溶混的液相在容器内靠密度不同进行分离。在这类分离器内必须保证有足够的停留时间以进行重力分离。第二类是"聚结分离"，在这类分离器内要从数量很大的呈连续相的一种液相中分离或除掉颗粒很小、分散的另一种液相。由于液－液分离的类型不同，分离器的内部结构型式也必须有所不同。下述的液－液分离工艺计算原理可同时适用于卧式或立式分离器。卧式分离器由于在水平方向可以获得较大的界面积，而要求颗粒进行聚集的行程较短，所以用于液－液分离时比立式分离器具有某些优点。

阻碍液－液两相靠相对密度不同进行分离的因素有：①如果液滴直径过小，以至于它们可以靠布朗运动悬浮在另一液相中。对于直径小于 $0.1\mu m$ 的颗粒，这种无规则的运动将会大于由重力引起的有规则运动；②一些颗粒由于溶有离子而带电荷，这些电荷可能使颗粒相互排斥，而不是聚集成较大的颗粒并靠重力沉降。

由布朗运动产生的影响通常是很小的，而加入合适的化学药剂通常也会使任何电荷中和，这样，根据斯托克斯（Stokes）定律，沉降就成为重力和黏度的函数。球形颗粒穿过另一流体的沉降速度与颗粒和流体的密度差及颗粒直径的平方成正比，与流体的黏度成反比。液－液分离器的处理能力可由 $v_t = \dfrac{gD_p^2(\rho_1 - \rho_g)}{18\mu}$ 推导出来的以下二式来确定。公式中的 C^* 值可由表 5－3 查取。

表 5－3　C^* 值

乳化程度	水滴直径/μm	常数 $C^*/[m^3 \cdot Pa \cdot s/(m^2 \cdot d)]$
游离液	200	1.883
轻度乳化	150	1.059
中等乳化	100	0.471
严重乳化	60	0.169

对于立式分离器

$$W_{cl} = C^* \left(\frac{S_{hl} - S_{ll}}{\mu}\right) \frac{\pi}{4} D_v^2$$

对于卧式分离器

$$W_{cl} = C^* \left(\frac{S_{hl} - S_{ll}}{\mu}\right) L_1 H_1$$

式中　W_{cl}——轻液体的流量，m^3/d；

C^*——液－液分离的经验常数，$m^3 \cdot Pa \cdot s/(m^2 \cdot d)$；

S_{hl}——重液体的相对密度；

S_{ll}——轻液体的相对密度；

μ——连续相的黏度，Pa·s；
L_1——液体界面的长度，m；
H_1——液体界面的宽度，m；
D_v——容器的直径（内径），m。

由于一种液相分散在另一种液相中的颗粒直径通常难以知晓，因此一般常按液体在分离器内的停留时间来近似确定液－液分离器的尺寸。对于靠重力分离的两液相来讲，则需要有很长的停留时间或静止沉降段。一个好的分离需要有足够的时间，以保证两液相在分离的温度和压力下达到平衡状态。分离器的液体处理能力或所需要的沉降容积可根据表5-4给出的停留时间由下式来确定：

$$U = \frac{Wt}{1440}$$

式中 U——沉降段的容积，m³；
W——两液体的总流量，m³/d；
t——停留时间，min，由表5-4查取。

表5-4 用于液－液分离的典型停留时间

分离类型	停留时间/min
液烃－水分离器	
相对密度小于0.85的液烃	3~5
相对密度大于0.85的液烃	5~10
37.8℃及更高	10~20
26.7℃	20~30
15.6℃	20~60
乙二醇－液烃分离器（低温分离）	20~30
胺液－液烃分离器；聚集剂，液烃－水分离器	
37.8℃及更高	5~10
26.7℃	10~20
15.6℃	20~30
苛性碱－丙烷	30~45
苛性碱－重汽油	30~90

268. 塔设备的基本功能是什么？

（1）提供气、液两相以充分接触的机会，使质、热两种传递过程能够迅速有效地进行；
（2）使接触之后的气、液两相及时分开，互不夹带。

269. 塔的工作原理是什么？

气、液两相在塔内通过连续微分接触式或逐级接触式（前者为填料塔，后者为板式塔），进行质、热两种传递。以精馏塔为例：

精馏塔内设有若干层塔板，塔板是气、液两相相互接触，进行传质、传热的场所。待分离的原料自塔中部某处（进料板）连续进入，进料板以上称为精馏段，以下（含量进料板）称为提馏段。塔顶设有冷凝器，离开塔顶的蒸气在冷凝器中冷凝，一部分作为回流又从塔顶送入塔中，一部分作为产品(馏出液)连续送出。塔底装有再沸器，加热来自塔底的液体使之部分汽化，气相返回塔底，液相作为塔底产品(釜液)连续送出。塔内的温度是变化的，塔顶最低，塔底最高，由下往上温度逐板降低。

（1）精馏段的作用是将进入的气相混合物中的轻组分提浓，在塔顶得到合乎质量要求的产品。为此，必须从塔顶加入一股温度低、轻组分含量高的液相，以保证每层塔板上均有液相，并使温度较低、轻组分含量较高的液相在每层塔板上与由下而上的气相接触。正好塔顶气相经冷凝后可以满足要求，故除一部分作为塔顶产品外，其余全部送回塔顶第一层塔板，称之为回流。因此，回流是保证精馏过程必不可少的条件。

（2）提馏段的作用是将进入的液相混合物中的重组分提浓，在塔底获得重组分含量高的塔底液体或产品。为此，必须在塔底外部安装再沸器，使从塔底底层塔板流下的液相加热并部分气化，生成的气相返至塔内底层塔板之下，作为气相回流。因此，进料中的液相和精馏段流下的液相一起进入提馏段，在液相向下流动的过程中，依次和各层塔板上升的蒸气接触，此蒸气应该是温度较高而轻组分含量较少的气相混合物。经过多次在塔板上传质与传热，液相中的重组分逐渐提浓，温度不断升高，最后在塔底得到重组分含量合乎要求的液体，因而提馏段的气相回流也是保证精馏过程必不可少的条件。

对于一个具有精馏段和提馏段的精馏塔来说，从精馏段顶部送入的液相回流，经过各层塔板上的气、液相多次接触，进行传质和传热，在每层塔板上其组成、温度、比焓均会变化。最后，在再沸器中重新汽化，作为气相回流逐板返回塔底上升，再与进料中的气相混合通过精馏段逐板上升直至塔顶。

270. 塔设备如何分类？

根据塔内气液接触部件的结构形式，塔设备可分为板式塔与填料塔两大类。

（1）板式塔

板式塔内沿塔高装有若干层塔板(或称塔盘)，液体靠重力作用由顶部逐板流向塔底，并在各块板面上形成流动的液层；气体则靠压差推动，由塔底向上依次穿过各塔板上的液层而流向塔顶。气、液两相在塔内进行逐级接触，两相的组成沿塔高呈阶梯式变化。

（2）填料塔

填料塔内装有各种形式的固体填充物，即填料。液相由塔顶喷淋装置分布于填料层上，靠重力作用沿填料表面流下；气相则在压强差推动下穿过填料的间隙，由塔的一端流向另一端。气、液在填料的表面上进行接触，其组成沿塔高连续地变化。

271. 板式塔如何分类？其结构特点是什么？

按照塔内气液流动的方式，可将塔板分为错流塔板与逆流塔板两类。

（1）错流塔板

塔内气液两相成错流流动，即流体横向流过塔板，而气体垂直穿过液层，但对整个塔来说，两相基本上成逆流流动。错流塔板必须设置受液槽，堰高可以控制板上液体流径与液层厚度，以期获得较高的效率。但是降液管占去一部分塔板面积，影响塔的生产能力；而且，流体横过塔板时要克服各种阻力，因而使板上液层出现位差，此位差称之为液面落差。液面落差大时，能引起板上气体分布不均，降低分离效率。错流塔板广泛用于蒸馏、吸收等传质传热操作中。

(2) 逆流塔板

逆流塔板亦称穿流板，板间不设降液管，气液两相同时由板上孔道逆向穿流而过。栅板、淋降筛板等都属于逆流塔板。这种塔板结构虽简单，板面利用率也高，但需要较高的气速才能维持板上液层，操作弹性较小，分离效率也低，工业上应用较少。

272. 填料塔的结构特点是什么？

填料塔也是一种重要的气液传质设备。它的结构很简单，在塔体内充填一定高度的填料，其下方有支承栅板，上方为填料压板及液体分布装置。液体自填料层顶部分散后沿填料表面流下而润湿填料表面；气体在压强差推动下，通过填料间的空隙由下至上流动。气液两相间的传质通常是在填料表面的液体与气相间的界面上进行的。

塔壳可由陶瓷、金属、玻璃、塑料制成，必要时可在金属筒体内衬以防腐材料。为保证液体在整个截面上的均匀分布，塔体应具有良好的垂直度。

273. 板式塔和填料塔的适用范围是什么？

目前在工业生产中，当处理量大时多采用板式塔，而当处理量较小时多采用填料塔。蒸馏操作的规模往往较大，所需塔径常达1m以上，故采用板式塔较多；吸收操作的规模一般较小，故采用填料塔较多。

对于直径较小的塔、处理有腐蚀性的物料或要求压强降小的真空蒸馏系统，填料塔都表现出明显的优越性。另外，对于某些液气比甚大的蒸馏或吸收操作，若采用板式塔，则降液管将占用过多的塔截面积，此时也宜采用填料塔。

274. 板式塔的主要参数如何确定？

板式塔的类型很多，这里以筛板塔为例。

(1) 塔的有效高度

根据给定的分离任务，求出塔内所需的理论板层数之后，便可按下式计算塔的有效段（接触段）高度，即：

$$z = \frac{N_T}{E_T} H_T$$

式中　z——塔的有效高度，m；

　　　N_T——理论塔板数；

　　　E_T——板式塔的总效率；

　　　H_T——塔板间的距离，简称板距，m。

塔板间距H_T的大小对塔的生产能力、操作弹性及塔板效率都有影响。采用较大的板间距，能允许较高的空塔气速，而不致产生严重的雾沫夹带现象，因而对于一定的生产任务，塔径可以小些，但塔高要增加。反之，采用较小的板间距，只能允许较小的空塔气速，塔径就要增大，但塔高可减低一些。可见板间距与塔径互相关联，有时需要结合经济权衡，反复调整，才能确定。板间距的数值应按照规定选取整数，比如300mm、350mm、450mm、500mm、600mm、800mm等。

在决定板间距时应考虑安装、检修的需要。比如在塔体人孔处，应留有足够的工作空间，上、下两层塔板之间的距离不应小于 800mm。

(2) 塔径

根据圆管内流量公式，可写出塔径与气体流量及空塔气速的关系，即：

$$D = \sqrt{\frac{4V_s}{\pi u}}$$

式中　D——塔径，m；
　　　V_s——塔内气体流量，m³/s；
　　　u——空塔气速，即按空塔计算的气体线速度，m/s。

由上式可见，计算塔径的关键在于确定适宜的空塔气速 u。

当上升气体脱离塔板上的鼓泡液层时，气泡破裂而将部分液体喷溅成许多细小的液滴及雾沫。上升气体的空塔速度不应超过一定限度，否则这些液滴和雾沫会被气体大量携至上层塔板，造成严重的雾沫夹带现象，甚至破坏塔的操作。因此，可以根据悬浮液滴的沉降原理导出计算最大允许气速 u_{max} 的关系式。设液滴的直径为 d，则液滴在气体中的净重(即重力与浮力之差)为：

$$净重力 = \frac{\pi}{6}d^3(\rho_L - \rho_V)g$$

而悬浮液滴所受上升气流的摩擦阻力为：

$$摩擦阻力 = \zeta \frac{\pi d^2 \rho_V u^2}{4 \cdot 2}$$

式中　ρ_L——液相密度，kg/m³；
　　　ρ_V——气相密度，kg/m³；
　　　u——气速，m/s；
　　　ζ——阻力系数，无因次。

当气速增大至液滴所受阻力恰等于其净重时，液滴便在上升气流中处于稳定的悬浮状态。若气速再稍增大，液滴便会被上升气流带走。此种极限条件下力的平衡关系为：

$$\zeta \frac{\pi d^2 \rho_V u_{max}^2}{4 \cdot 2} = \frac{\pi}{6}d^3(\rho_L - \rho_V)g$$

或

$$u_{max} = \sqrt{\frac{4gd}{3\zeta}}\sqrt{\frac{\rho_L - \rho_V}{\rho_V}} = C\sqrt{\frac{\rho_L - \rho_V}{\rho_V}}$$

式中　u_{max}——塔径，m；
　　　C——负荷系数。

由上式可见，负荷系数 C 的值应取决于阻力系数及液滴直径，而气泡破裂所形成的液滴直径很难确知，阻力系数的影响因素也很复杂。研究表明，C 值与气、液流量及密度、板上液滴沉降空间的高度以及液体的表面张力有关。

(3) 溢流装置

一套溢流装置包括降液管和溢流堰。降液管有圆形和弓形两种。圆形降液管的流通截面小，没有足够的空间分离液体中的气泡，气相夹带(气泡被液体带到下层塔板的现象)较严重，降低塔板效率。所以，除小塔外，一般不采用圆形降液管。弓形降液管具有较大的容积，又能充分利用塔板面积，应用较为普遍。

降液管的布置规定了板上液体流动的途径。一般有几种型式，即 U 形流、单溢流、双溢流及阶梯流。

总之，液体在塔板上的流径愈长，气液接触时间就愈长，有利于提高分离效果；但是液面落差也随之加大，不利于气体均匀分布，使分离效果降低。由此可见流径的长短与液面落差的大小对效率的影响是相互矛盾的。选择溢流型式时，应根据塔径大小及液体流量等条件，作全面的考虑。

目前，凡直径在 2.2m 以下的浮阀塔，一般都采用单溢流。在大塔中，由于液面落差大会造成浮阀开启不均，使气体分布不均及出现泄漏现象，应考虑采用双溢流以及阶梯流。

(4) 塔板布置

塔板有整块式与分块式两种。一般塔径为 300~800mm 时，采用整块式塔板。当塔径≥900mm 时，能在塔内进行装拆，可用分块式塔板，以便通过人孔装拆塔板。塔径为 800~900mm 时，可根据制造与安装的具体情况，任意选用这两种形式的塔板中任一种。

塔板面积可分为四个区域：

①鼓泡区，即为塔板上气液接触的有效区域。

②溢流区，即降液管及受液盘所占的区域。

③破沫区，即前两区域之间的面积。此区域内不装浮阀，主要为在液体进入降液管之前，有一段不鼓泡的安定地带，以免液体大量夹带泡沫进入降液管。破沫区也叫安定区，其宽度 W_S 可按下述范围选取，即：当 $D < 1.5m$ 时，$W_S = 60~75mm$；当 $D > 1.5m$ 时，$W_S = 80~110mm$；当 $D < 1m$ 时，W_S 可适当减小。

④无效区，即靠近塔壁的部分，需要留出一圈边缘区域，供支持塔板的边梁之用。这个无效区也叫边缘区，其宽度视塔板支承的需要而定，小塔在 30~50mm，大塔可达 50~75mm。为防止液体经无效区流过而产生"短路"现象，可在塔板上沿塔壁设置挡板。

(5) 筛孔及其排列

①筛孔直径

工业筛板塔的筛孔直径为 3~8mm，一般推荐用 4~5mm。太小的孔径加工制造困难，且易堵塞。近年来有采用大孔径($\phi 10~25mm$)的趋势，因为大孔径筛板具有加工制造简单、造价低、不易堵塞等优点。只要设计与操作合理，大孔径的筛板也可以获得满意的分离效果。

此外，筛孔直径的确定，还应根据塔板材料的厚度 δ 考虑加工的可能性，当用冲压法加工时，若板材为碳钢，其厚度 δ 可选为 3~4mm，$d_0/\delta \geq 1$；若板材为合金钢，其厚度可选为 2~2.25mm，$d_0/\delta \geq 1.5~2$。

②孔中心距

一般取孔中心距 t 为 $(2.5~5)d_0$。t/d_0 过小，易使气流相互干扰；过大则鼓泡不均匀，都会影响传质效率。推荐 t/d_0 的适宜范围为 3~4。

③筛孔的排列

板鼓泡区内的排列有正三角形与等腰三角形两种方式，按照筛孔中心连线与液流方向的关系，又有顺排与叉排之分。叉排时气液接触效果较好，故一般情况下都采用叉排方式。对于整块式塔板，多采用正三角形叉排，孔心距 t 为 75~125mm；对于分块式塔板，宜采用等腰三角形叉排，此时常把同一横排的筛孔中心距 t 定为 75mm，而相邻两排间的距离 t' 可取为 65mm、80mm、100mm 等几种尺寸。

275. 填料塔的主要参数如何确定？

以填料蒸馏塔为例。

(1) 塔径

计算填料塔塔径，首先要计算泛点气速。以泛点气速为基准，实际操作气速一般取泛点气速的60%～80%，对易起泡沫的物系，则实际气速取泛点气速的40%～60%。

泛点气速可用相关经验公式求得，再由泛点气速可得实际操作气速，从而可计算出塔径：

$$D_T = 2\sqrt{\frac{G}{3600\pi\rho_G u_G}}$$

式中　D_T——塔径，m；
　　　u_G——空塔气速，m/s；
　　　G——气相质量流量，kg/h；
　　　ρ_G——气相密度，kg/m³。

(2) 填料层压降计算

填料层压降由塔内件压降和填料层压降构成。塔内件除大塔的气体分布装置必须有一定阻力外，其他塔内件设计时应尽量考虑低阻力，这些内件的压降往往可以忽略。但结构复杂阻力大的塔内件，在真空蒸馏时，也必须考虑其压降。填料层的压降，与填料类型、尺寸及材质密切相关，填料制造厂商应提供填料性能的实测数据及性能曲线，填料层压降可从有关的填料性能曲线得到，然后根据操作条件作必要的修正。

(3) 填料塔效率

填料塔的效率与填料层内气液分布均匀程度密切相关，并随物系不同而有所变化，物系的影响主要是温度、表面张力和液体浓度等因素。

目前尚无很准确可靠的方法来计算等板高度(HETP)。一般的方法仍是从工业应用的实际经验中选取 HETP 值。

(4) 填料层持液量计算

填料塔持液量包括液体分布器等塔内件持液量和填料层持液量，它对分离效率、物料在塔内停留时间、塔阻力等都有影响。对热敏性物系的蒸馏，除全塔压降外，填料层内单位体积的持液量将是选择填料的重要准则。

填料层持液量可分为静持液量 h_s 及操作持液量或称动持液量 h_0 两部分，两者之和称为总持液量 h_t。静持液量与填料表面积、表面粗糙程度、液体与填料表面接触角有关。此外，各填料颗粒之间结合部位形成的毛细作用力也造成持液。通常良好设计的单个填料本身不应有液体停滞的死区。动持液量是液体流率的函数，在载点以下范围，气体流率对持液量的影响很小。

276. 管壳式换热器的结构特点是什么？

管壳式换热器通常有固定管板、U 形管和浮头式三种形式，三种结构各有优缺点，适用于不同的场合。

管壳式换热器主要由外壳、管板、管束、管箱等部件组成，见图 5-5。

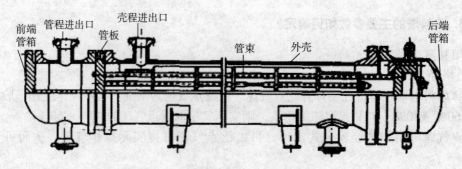

图 5-5 管壳式换热器结构示意图

277. 管壳式换热器的适用范围是什么？

目前国产管壳式换热器系列特征和适用范围如表 5-5 所示。

表 5-5 管壳式换热器系列特征和适用范围

类型	系列名称	系列范围					适用范围
		公称直径/mm	管程数	管长/m	管子[①]外径×厚度/mm	排列方式[②]	
固定管板	JB/T 4715—92	159~1800	1, 2, 4, 6	1.5, 2, 3, 4.5, 6, 9	$\phi 19 \times 2$ $\phi 25 \times 2.5$	△	温差较小，壳程压力低；壳程管间结垢不能清洗
型管	JB/T 4717—92	325~1200	2, 4	3, 6	$\phi 19 \times 2$ $\phi 25 \times 2.5$	△ ◇	温差较大；管内流体较干净；管内可承受高压
浮头管	JB/T 4714—92	325~1800	2, 4, 6	3, 4.5, 6, 9	$\phi 19 \times 2$ $\phi 25 \times 2.5$	△ ◇ □	适用面广泛；管内外均可承受高温、高压

①表中为碳钢和低合金钢管的尺寸，不锈钢材质的管子为 $\phi 19mm \times 2mm$ 及 $\phi 25mm \times 2mm$，换热管为光管和螺纹管。
②管心距：$\phi 19mm \times 2mm$ 为 $25mm$；$\phi 25mm \times 2.5mm$ 为 $32mm$。

278. 冷凝传热过程如何分类？

(1) 按冷凝面的基本几何参数可分为：管内冷凝和管外冷凝。

管内冷凝包括水平管、垂直管和倾斜管；管外冷凝包括垂直单管及管束、水平单管及管束。

(2) 按管子类型可分为：光管、螺纹管(低翅片管)、沟槽管等。

(3) 按蒸气的流体动力学可分为：低速(重力控制)和高速(剪力控制)两种动力学状态。

(4) 按组分的数目和性质可分为：单组分、多组分混合物(冷凝液互溶两种)、含不凝气的混合物。

(5) 按冷凝方式可分为：膜状冷凝、滴状冷凝、直接接触冷凝、均相流冷凝等。

均相流冷凝发生在有小颗粒存在的时候，由于出现不期望的雾化现象，在设计中不作为主要问题考虑。直接接触冷凝需要将冷凝气体和冷却介质混合，在加工工业中很少采用。

除上述两种情况外,在冷凝过程中通常会出现两种情况:一种是冷凝液能很好地润湿壁面,在壁面上形成一层液膜。冷凝过程只在液膜与蒸气的分界面上进行,冷凝放出的汽化潜热必须穿过这层液膜才能传到冷却壁面上去,这种冷凝方式称为膜状冷凝。这时,液膜层就成为主要的传热阻力。而另一种情况是冷凝不能很好地润湿壁面,冷凝液面在壁面上形成一个个小液珠,且不断发展长大。液珠长大之后,由于受重力的作用,会不断地携带着沿途的其他液珠沿壁面流下,使壁面重复液珠的形成和成长过程。冷凝放出的汽化潜能可直接传递给壁面,这种冷凝方式称为滴状冷凝。滴状冷凝的传热速率比膜状冷凝高,可以达到几倍甚至十几倍。

279. 膜状冷凝的特点是什么?

(1)纯组分与小温差介质的冷凝

对纯组分冷凝,气相温度场是平坦的,换句话说,气体到达气液界面时不存在传质阻力,界面温度等于气相主体温度,温度分布如图5-6所示。

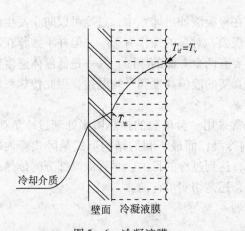

图5-6 冷凝液膜

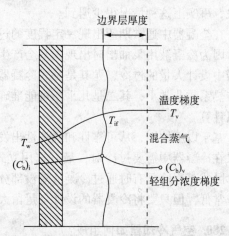

图5-7 含不凝气混合物冷凝温度分布图

对纯组分冷凝,由于不存在气相的传质阻力,且冷凝温差推动力是气相主体温度与管壁温度之差,因此冷凝传热效率非常高,即冷凝传热系数非常高。对于小温差介质或窄馏分冷凝,尽管存在气相传质阻力,但很小可忽略不计,可近似于纯组分处理。

(2)含不凝气混合物冷凝与大温差介质的冷凝

如果气体中含不凝气,那么在气相中就会产生额外的温降$(T_v - T_{if})$,大温差介质冷凝也会出现此现象,如图5-7所示。这个温差的产生,是由于必须有一个分压差去迫使蒸气穿过不凝气到达气液界面所致。气液界面处的蒸气分压等于界面温度对应的饱和蒸气压,在界面处蒸气分压降低了,相应的饱和温度也降低了。可凝气体混合物冷凝时也会产生类似的气相温降。因此含不凝气冷凝的温差推动力是$(T_{if} - T_w)$,而不是纯组分的$(T_v - T_w)$,在其他条件相同的情况下,其冷凝传热效率比纯组分冷凝时低。

(3)流态预测

预测冷凝过程的主要流态,对计算冷凝传热和压力降低是非常重要的,因为采用的关联式与流态有关。

帕连(Palen)等将水平管内的冷凝划分为两个主要的流态:气体剪力控制流动和重力控制流动,对于水平管束外的冷凝,同样可以划分为上述两个主要流态。剪力控制流态,气体和液体都沿着剪力方向流动；而重力控制流态，液体沿重力方向流动，并可能与气相物流分离。预测这两种流态是非常重要的，在冷凝传热计算方法中要用到。确定流体负荷量或相对液体体积量也很重要，在低液体负荷下，气体总是连续相；在高液体负荷下，流体可能为连续相，此时会形成弹状流或者泡状流。

(4) 过热与过冷现象

气体进入冷凝器有时处于过热状态，即气体温度高于其露点温度。如果管壁温度低于气体露点温度，称为湿壁状态。在这种情况下，传热系数按饱和气体冷凝计算，平均温差(MTD)按露点温度计算，而不是过热气体温度。如果管壁温度高于气体露点温度，称为干壁状态。蒸馏塔顶冷凝器很少见干壁状态，但对进料—流出物换热器则会发生。在这种情况下，近管壁处不会形成冷凝液膜，传热系数按单相气体显热传热计算，用气体的实际温度计算平均温差。

当过热段占较大比例时，可能先经历一段干壁传热，再过渡到湿壁传热。一般来说，只有当冷流体的出口温度比较接近热流体的露点温度，且过热段占较大比例时才可能出现干壁现象，事实上这种情况很少遇到。

在全凝器中通常期望出现一定程度的过冷。在冷凝液抽出体系中，过冷可以防止发生闪蒸。因为冷凝液用泵抽出时出现闪蒸会产生气阻现象，对泵的操作有影响。但并不推荐在冷凝器中设计大量的过冷，尤其是卧式冷凝器。主要有两个方面的原因：其一是低液体速度使得传热系数非常小；其二是几乎不可能准确预测真实的液位高度和平均温差，因此传热系数难以计算。

基于以上原因，从可靠性和经济性出发，通常采用一台单独的换热器来处理过冷负荷。如果在冷凝器中需要过冷时，最好选用立式管内冷凝，而最不利的结构形式是卧式管内冷凝。卧式壳程冷凝有时通过冷凝液淹没部分管子，达到过冷的目的。尽管淹没部分的传热系数非常低，但只要将冷凝器的设计余量留大一些，还是切实可行的。

280. 空气冷却器如何组成？

空气冷却器由以下基本部件组成，见图 5-8。

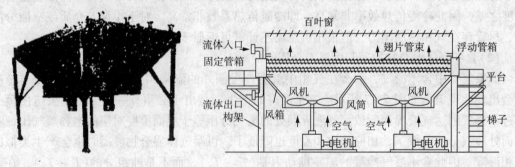

图 5-8 空气冷却器的基本结构

(1) 管束

管束由管箱、翅片管和框架组合构成。需要冷却或冷凝的流体在管内通过，空气在管外横掠过翅片管束，对流体进行冷却或冷凝。

(2) 轴流风机

轴流风机主要由叶片、轮毂和驱动机构组成。自动调角风机还有一套比较复杂的自调机构。

(3) 构架

构架由立柱、横梁、风箱等组成。

(4) 附件

比如百叶窗、蒸汽盘管、梯子、平台等。

281. 空气冷却器如何分类？

(1) 按管束布置方式分为水平式、立式、圆环式、斜顶式、V字式、之字式及多边形等形式，采用最多的有水平式、斜顶式和立式。

水平式管束水平放置，当进行介质冷凝时，为防止冷凝液滞留管中，管子应有3°或1%的倾斜。斜顶式管束斜放呈人字形，夹角一般在60°左右。百叶窗置于管束上方，风机置于管束下方空间的中央。立式管束立放，风机叶轮可垂直或水平放置。

(2) 按通风方式分为鼓风式、引风式和自然通风式。

鼓风式空气冷却器系指空气先经风机再到管束。引风式空气冷却器系指空气先经管束再到风机。自然通风空气冷却器的空气流动，是依靠管束上下因温差产生的密度差而引起的。自然通风空气冷却器有两种方法：一种是无风机式，完全依靠抽风筒内空气的自然对流进行传热；另一种是有风机式，在抽风筒内配置功率较小的风机，仅在夏季最热的一段时间内启用。

(3) 按冷却方式分为干式空冷、湿式空冷和干湿联合空冷。

由于冷却温度取决于空气的干球温度，因此温差（热流出口温度与冷流入口温度）高于15~20℃才经济，所以干式空冷不能把管内热流体冷却到环境温度。湿式空冷根据喷水方式基本上可以分为增湿型、蒸发喷淋型和蒸发空冷三种，相对于干式空冷来说，热流体的出口温度可以达到或接近环境温度。干湿联合空气冷却器是将干空气冷却器和湿空气冷却器组合成一体。

(4) 按工艺流程分为全干空冷、前干空冷后水冷、前干空冷后湿空冷、干湿联合空冷。

(5) 按安装方式分为地面式、高架式、塔顶式（在塔顶上和塔连成一体）。

(6) 按风量控制方式分为停机手动调角风机、不停机自动调角风机、自动调角风机和自动调角风机、百叶窗调节式。

(7) 按防寒防冻方式分为热风内循环式、热风外循环式、蒸汽拦热式以及不同温位热流体的联合等形式。

282. 风机配置应考虑哪些问题？

(1) 根据噪声要求选择风机配置。依照我国颁布实施的"工业企业噪声卫生标准"，空气冷却器的噪声限制，一般遵从如下：风机单机的噪声限制在85dB之内；风机机群的噪声控制在90dB之内。

噪声值主要取决于叶尖速度，它与叶尖速度的5.6~5.8次方成正比，因而降低叶尖速度是降低噪声的主要措施。叶尖速度在40~60m/s左右时即可满足噪声限制，降低叶尖速度的主要途径是降低风机转数。另外，噪声与空气冷却器的台数有关，台数增加噪声增大，因此设计时注意台数的选择。

从减少噪声方面考虑，在同样空气流量下风机直径宜大，数量宜少。但除非不得已，每跨空气冷却器风机数量不得少于两台。由于引风式或干湿联合空冷之噪声比鼓风式小3dB，因此设计的风机叶尖速度可以适当放宽。

(2)根据控制介质终端温度的精度要求,可参照表5-6选择风机的控制方式。

表5-6 热流终端温度控制精度与风机控制方法的选择

要求控制精度	控制方法
±16℃以外	可采用固定叶角风机,并用开—停操作方法控制
±11℃	不同工况的管束,共用一跨构架及风机者,用百叶窗控制(手动或自动); 不存在构架和风机共用,且该空冷有多台风机时,其中有四分之一应采用自调风机
±6℃	一半以上风机采用调风机
±2.8℃以内	所有风机均使用自调风机

(3)从节约电耗考虑。在相同风量下,风机的动压损失与风机直径的4次方成反比关系,因此为减少动压损失,节约电耗,风机直径宜大。应尽可能采用自控风机,比如调速风机具有节能、投资少、系统简单、维护简便等优势,可优先选用。

(4)选择风机时,必须使风机叶轮旋转面积大于所辖管束面积的40%。

283. 重沸器如何分类?

重沸器是工业上实现沸腾传热的设备,按照沸腾传热形式主要有釜式重沸器(Kettel式)、卧式热虹吸重沸器和立式热虹吸重沸器。

(1)釜式重沸器

釜式重沸器带有扩大的壳体和较大的供气液分离的空间,因此仅有少量的液体被夹带进入上升管。其结构示意见图5-9。

釜式重沸器的工艺流程如图5-10所示,塔底液体通过进料管进入釜式重沸器并浸没管束,受热产生以泡核沸腾为主的沸腾过程。汽化气体自上升管返回塔底液面上部,饱和液体溢流过溢流堰到储液槽,由泵抽出。釜式重沸器相当于一块理论塔板的作用,并有利于稳定操作。釜式重沸器的汽化率可高达80%以上,操作弹性较大。但是不适用于易结垢或含有固体颗粒的介质的沸腾,因为固体会积聚在管束中和堰板底部。

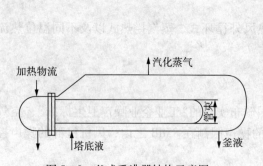

图5-9 釜式重沸器结构示意图

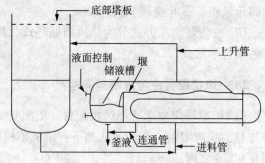

图5-10 釜式重沸器的流程图

为保证气液分离效果,液体需要在储液槽中有一定的停留时间。为防止固体积聚在堰板底部,可以加一根连通管以除去固体,详见图5-10。

塔在压力下操作,塔底产品可以不用泵而靠压力自己排出。当塔底产品用泵抽出时,为满足泵的灌注头的需要,釜式重沸器必须架高,从而塔的标高也随之提高。这种情况就不如采用热虹吸式重沸器,产品从塔底抽出更有利。

(2)热虹吸式重沸器

热虹吸式重沸器是指在重沸器中由于介质加热汽化，使得上升管内气液混合物的相对密度明显低于入口管中液体的相对密度，由此重沸器的入方和出方产生静压差。塔底的液体不断被虹吸进入重沸器，加热汽化后的气液混合物自动地返回塔内，因而不用泵即可不断循环，循环速率取决于净驱动静压差的大小。

①卧式热虹吸重沸器

卧式热虹吸重沸器结构如图5-11所示。

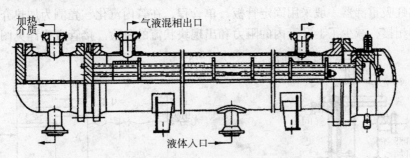

图5-11 卧式热虹吸重沸器结构示意图

按照工艺过程，卧式热虹吸重沸器又可分为一次通过式和循环式。一次通过式是指塔底出产品，进重沸器的物料由最下一层塔板抽出，与塔底产品组成不同。循环式是指塔底产品和重沸器进料同时抽出，其组成相同。一次通过式和循环式，也可由泵强制输送。流程如图5-12(a)~(d)所示。

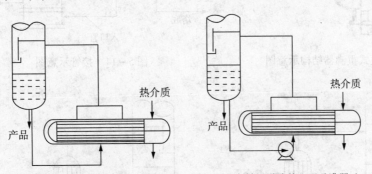

(a) 卧式热虹吸重沸器（一次通过式）　(b) 泵强制输送卧式热虹吸重沸器（一次通过式）

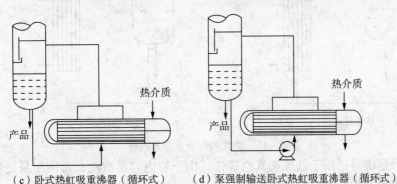

(c) 卧式热虹吸重沸器（循环式）　(d) 泵强制输送卧式热虹吸重沸器（循环式）

图5-12 卧式热虹吸重沸器流程

卧式热虹吸重沸器出口管线较长，所以阻力降较大，不适用于低压和真空操作工况以及结垢较严重的场合。

卧式热虹吸重沸器的汽化率不应过大，否则会引起上升管的管壁干竭和发生雾状流。

卧式热虹吸重沸器的分馏效果小于一块理论板，可以允许使用较脏的介质加热。如果需要较大的换热面积，采用卧式重沸器是适合的。卧式重沸器位于地平面，可以省去框架，方便维修。

②立式热虹吸重沸器

立式热虹吸重沸器结构简图见图 5-13。

立式热虹吸重沸器一般采用固定管板、单管程，在管内汽化、壳侧为加热介质。出口管一般与塔体相接，减少了上升管内的阻力和出现块状流的危险。接管方式详见图 5-14。

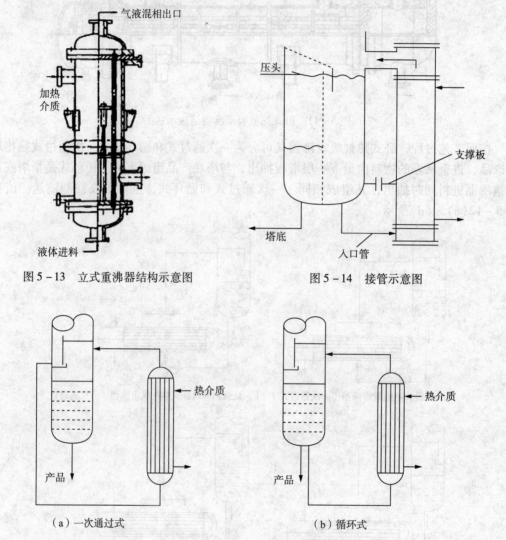

图 5-13 立式重沸器结构示意图　　　　图 5-14 接管示意图

（a）一次通过式　　　　（b）循环式

图 5-15 立式热虹吸重沸器流程

立式热虹吸重沸器适用于低压和真空操作，由于管内容易清洗，常用于易结垢的情况，但是设计时需要留有较大的富余面积。

立式热虹吸重沸器的分馏效果低于一块理论板。如果汽化率过大，极易发生干管现象或雾状流的危险，因此在此情况下不宜采用。

按照工艺过程的要求，立式热虹吸重沸器又可分为一次通过式和循环式。流程如图 5-

284. 泵如何分类？

根据泵的工作原理和结构，泵的类型有如下几种：

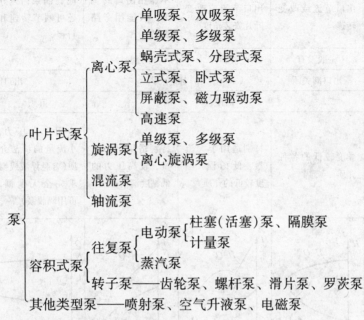

285. 泵的适用范围和特性是什么？

泵的适用范围和特性见图 5-16 和表 5-7。

表 5-7 泵的特性

指标		叶片泵			容积式泵	
		离心泵	轴流泵	旋涡泵	往复泵	转子泵
流量	均匀性	均匀			不均匀	比较均匀
	稳定性	不恒定，随管路情况变化而变化			恒定	
	范围/(m^3/h)	1.6~30 000	150~245 000	0.4~10	0~600	1~600
扬程	特点	对应一定流量，只能达到一定的扬程			对应一定流量可达到不同扬程，由管路系统确定	
	范围	10~2 000m	2~20m	8~150m	0.2~100MPa	0.2~60MPa
效率	特点	在设计点最高，偏离愈远，效率愈低			扬程高时，效率降低较小	扬程高时，效率降低较大
	范围（最高点）	0.5~0.8	0.7~0.9	0.25~0.5	0.7~0.85	0.6~0.8
结构特点		结构简单，造价低，体积小，重量轻，安装、检修方便			结构复杂，振动大，体积大，造价高	和离心泵相同

续表

指标		叶片泵			容积式泵	
		离心泵	轴流泵	旋涡泵	往复泵	转子泵
操作与维修	流量调节方法	出口节流或改变转速	出口节流或改变叶片安装角度	不能用出口阀调节，只能用旁路调节	同旋涡泵，另外还可调节转速和行程	和旋涡泵相同
	自吸作用	一般没有	没有	部分型号有	有	有
	启动	出口阀关闭	出口阀全开		出口阀全开	
	维修	简便			麻烦	麻烦
适用范围		黏度较低的各种介质	特别适用于大流量、低扬程、黏度较低的介质	特别适用于小流量、较高压力的低黏度清洁介质	适用于高压力、小流量的清洁介质（含悬浮液或要求完全无泄漏，可用隔膜泵）	适用于中低压力、中小流量，尤其适用于黏性高的介质
性能曲线形状（H——扬程；Q——流量；η——效率；N——轴功率；p——压力）		H-Q, N-Q, η-Q	H-Q, N-Q, η-Q	H-Q, N-Q, η-Q	Q-P, N-P	

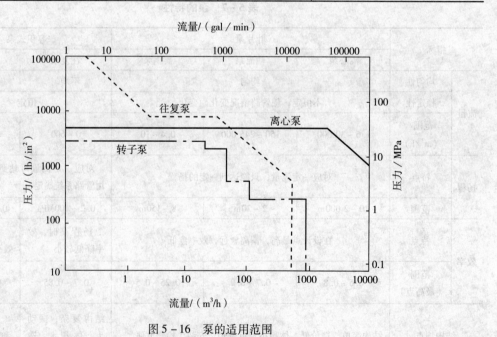

图 5-16 泵的适用范围

286. 离心泵的结构原理是什么？

离心泵主要由叶轮、轴、泵壳、轴封及密封环等组成。

一般离心泵启动前泵壳内要灌满液体，当原动机带动泵轴和叶轮旋转时，液体一方面随叶轮作圆周运动，一方面在离心力的作用下自叶轮中心向外周抛出，液体从叶轮获得了压力能和速度能。当液体流经蜗壳到排液口时，部分速度能将转变为静压能。在液体自叶轮抛出时，叶轮中心部分造成低压区，与吸入液面的压力形成压力差，于是液体不断地被吸入，并以一定的压力排出。泵工作原理简图见图 5-17。

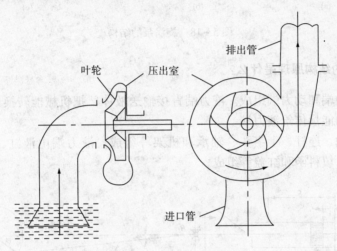

图 5-17 泵工作原理简图

287. 轴流泵和混流泵的结构原理是什么？

轴流泵是流量大、扬程低、比转数高的叶片式泵，轴流泵的液流沿转轴方向流动，但其基本原理与离心泵基本相同。轴流泵的过流部件由进水管、叶轮、导叶、出水管和泵轴等组成，叶轮为螺旋浆式。

混流泵内液体的流动介于离心泵和轴流泵之间，液体斜向流出叶轮，即液体的流动方向相对叶轮而言既有径向速度，也有轴向速度。

288. 旋涡泵的结构原理是什么？

旋涡泵(也称涡流泵)属于叶片式泵。

旋涡泵通过旋转的叶轮叶片对流道内液体进行三维流动的动量交换而输送液体。

泵内的液体可分为两部分：叶片间的液体和流道内的液体。当叶轮旋转时，叶轮内的液体受到的离心力大，而流道内的液体受到的离心力小，使液体产生旋转运动[见图 5-18(b)]，又由于液体跟着叶轮前进，使液体产生旋转运动[见图 5-18(a)]。这两种旋转运动合成的结果，就使液体产生与叶轮转向相同的"纵向旋涡"[见图 5-18(c)]。此纵向涡流使流道中的液体多次返回叶轮内，再度受到离心力作用，而每经过一次离心力作用，扬程就增加一次，因此，旋涡泵具有其他叶片泵所不能达到的高扬程。

旋涡泵的过流部件主要由叶轮和具有环形流道的泵壳组成。叶轮有开式和闭式两种，通常采用闭式叶轮。叶片由铣出的径向沟槽制成。泵的吸口和排出口开在泵壳的上部，用隔舌分开。

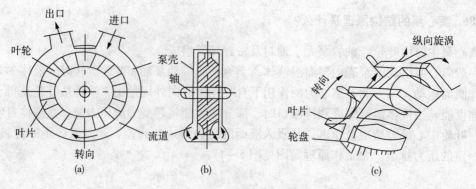

图 5-18　旋涡泵的结构

289. 往复泵的结构原理是什么？

往复泵由液力端和动力端组成。液力端直接输送液体，把机械能转换成液体的压力能；动力端将原动机的能量传给液力端。

动力端由曲轴、连杆、十字头、轴承和机架等组成。液力端由液缸、活塞（或柱塞）、吸入阀和排出阀、填料函和缸盖等组成。

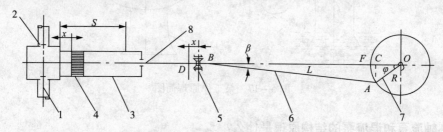

图 5-19　往复泵的工作原理图
1—吸入阀；2—排出阀；3—气缸；4—活塞；
5—十字头；6—连杆；7—曲柄；8—活塞杆

如图 5-19 所示，当曲柄以角速度 ω 逆时针旋转时，活塞向右移动，液缸的容积增大，压力降低，被输送的液体在压力差的作用下可克服吸入管和吸入阀等的阻力损失进入到液缸。当曲柄转过 180°以后活塞向左移动，液体被挤压，液缸内液体压力急剧增加，在这一压力作用下吸入阀关闭而排出阀打开，液缸内液体在压力差的作用下被派送到排出管路中去。当往复泵的曲柄以角速度 ω 不停旋转时，往复泵就不断地吸入和排出液体。

290. 转子泵的结构原理是什么？

转子泵的类型有齿轮泵、螺杆泵、滑片泵、挠性叶轮泵、罗茨泵、旋转活塞泵等，其中齿轮泵和螺杆泵是最常见的转子泵。

（1）齿轮泵

齿轮泵的结构如图 5-20 所示。泵壳中有一对啮合的齿轮，其中一个是主动齿轮，另一个是从动齿轮，由主动齿轮啮合带动旋转。齿轮与泵壳、齿轮与齿轮之间留有较小的间隙。当齿轮沿箭头所指方向旋转时，在齿轮逐渐脱离啮合的吸液腔中，齿尖密闭容积增大形成局部真空，液体在压差作用下吸入吸液室。随着齿轮旋转，液体分两路在齿轮与泵壳之间被齿轮推动前进，送到右侧排液腔，在排液腔中两齿轮逐渐啮合容积减小，齿轮间的液体被挤到排液口。

齿轮泵一般自带安全阀,当排压过高时,安全阀开启,使高压液体返回吸入口,齿轮泵的工作稳定,结构可靠。

齿轮泵常用于输送无腐蚀性的油类等黏性介质,不适用于输送含有固体颗粒的液体,即高挥发性、低闪点的液体。

(2)螺杆泵

螺杆泵属容积式转子泵。运转时,螺杆一边旋转一边啮合,液体便被一个或几个螺杆上的螺旋槽带动,沿轴向排出。

螺杆泵可分为单螺杆泵、双螺杆泵和三螺杆泵。单螺杆泵单头单螺旋转子在特殊的单头单螺旋锭子内偏心转动(锭子是柔性的)能沿泵

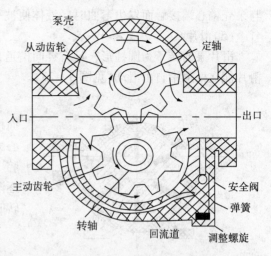

图5-20 齿轮泵的结构示意图

中心线来回摆动,与锭子始终保持啮合。双螺杆泵有两根同样大小的螺杆轴,一根为主动轴,另一根为从动轴,通过齿轮转动达到同步旋转。三螺杆泵有一根主动螺杆和两根与之啮合的从动螺杆所构成。

(3)罗茨泵

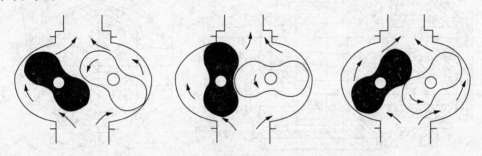

图5-21 罗茨泵工作原理图

罗茨泵是一种容积式转子泵。两个8字形转子通过齿轮传动作反向同步旋转,从而将它们与泵体之间的液体排出。罗茨泵可分双叶罗茨泵和多叶罗茨泵。图5-21为双叶罗茨泵的工作原理图。转子之间以及转子与泵体之间是互不接触的,根据泵体大小需要留有0.1~1mm间隙,此间隙使罗茨泵在高速下能平稳运转。

(4)挠性叶轮泵

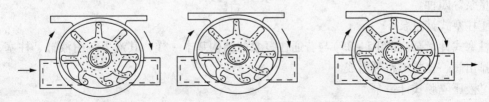

图5-22 挠性叶轮泵工作原理图

挠性叶轮泵属容积式转子泵,其一般形式是一个挠性叶轮安装在有一偏心端的壳体内,偏心端的两端分别为出口和入口(见图5-22)。当叶轮旋转离开泵壳偏心端时,挠性叶轮叶片伸长产生真空,液体被吸入泵内,随叶轮旋转,液体也随之从吸入侧达到排出侧;当叶片

与泵壳偏心端接触而发生弯曲时,液体便被平稳地排出泵外。

(5)滑片泵

滑片泵的转子为圆柱形,具有径向槽道,槽道中安装滑片,滑片数可以是两片或多片,滑片能在槽道中自由滑动(见图5-23)。

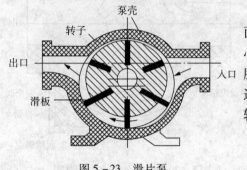

图5-23 滑片泵

转子在泵壳内偏心安装,转子表面与泵壳内表面构成了一个月牙形空间,转子旋转时,滑片靠离心力或弹簧力(弹簧放在槽底)的作用紧贴在泵内腔。在转子的前半转时,相邻两滑片所包围的空间逐渐增大,形成真空,吸入液体,而在转子的后半转时,此空间逐渐减小,就将液体挤压到排出管。

(6)旋转活塞泵

旋转活塞泵的转子为一对共轭凸轮,其工作过程与往复泵相似。当凸轮转动时,吸入口形成真空,液体充满整个泵壳;凸轮继续转动,把液体封闭送往排出口,因此可不设吸入阀和排出阀,其结构见图5-24。

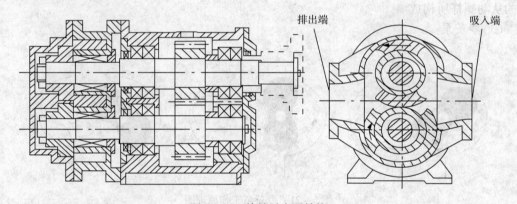

图5-24 旋转活塞泵结构

(7)计量泵

计量泵也称定量泵或比例泵。计量泵属于往复式容积泵,用于精确计量,通常要求计量泵的稳定性精度不超过±1%。

根据计量泵的液力端结构型式,常将其分成柱塞式、液压隔膜式、机械隔膜式和波纹管式计量泵等四种。

①柱塞式计量泵

柱塞式计量泵(如图5-25)与普通往复泵的结构基本一样,其液力端由液缸、柱塞、吸入和排出阀、密封填料等组成。

②液压隔膜式计量泵

液压隔膜式计量泵通常称隔膜计量泵,图5-26所示为单隔膜计量泵,在柱塞前端装有一层隔膜(柱塞与隔膜不接触),将液力端分割成输液腔和液压腔。输液腔连接泵吸入排出阀,液压腔内充满液压油(轻质油),并与泵体上端的液压油箱(补油箱)相通。当柱塞前后移动时,通过液压油浆压力传给隔膜并使之前后挠曲变形而引起容积变化,起到输送液体的作用及满足精确计量的要求。双隔膜计量泵结构见图5-27。

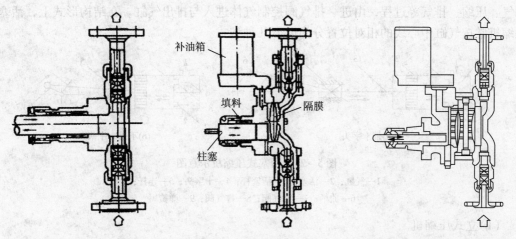

图 5-25　柱塞式计量泵　　图 5-26　单隔膜式计量泵　　图 5-27　双隔膜计量泵结构图

③机械隔膜式计量泵

机械隔膜式计量泵的隔膜与柱塞机构连接，无液压油系统，柱塞的前后移动直接带动隔膜前后挠曲变形。

④波纹管式计量泵

波纹管式计量泵机构与机械隔膜计量泵相似，只是以波纹管取代隔膜，柱塞端部与波纹管固定在一起。当柱塞往复运动时，使波纹管被拉伸和压缩，从而改变液缸的容积，达到输液与计量的目的。

291. 压缩机如何分类？

压缩机的分类见图 5-28。

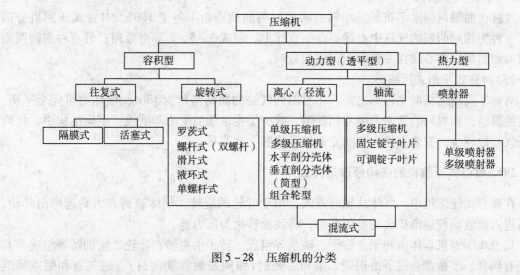

图 5-28　压缩机的分类

292. 活塞式压缩机的结构原理是什么？

活塞式压缩机（图 5-29）由曲柄连杆机构将驱动机的回转运动变为活塞的往复运动，气缸和活塞共同组成实现气体压缩的工作腔。活塞在气缸内作往复运动，使气体在气缸内完成进气、压缩、排气等过程，由进、排气阀控制气体进入与排出气缸。在结构形式上，活塞式压缩机常按气缸中心线的相对位置分为以下几种型式。

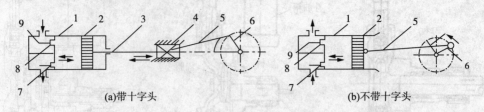

图 5-29 活塞式压缩机示意图
1—气缸；2—活塞；3—活塞杆；4—十字头；5—连杆；
6—曲柄；7—吸气阀；8—排气阀；9—弹簧

(1) 立式压缩机

立式压缩机的气缸中心线和地面垂直。由于活塞的工作面不承受活塞的重量，因此气缸和活塞的磨损较小，活塞环的工作条件有所改善，能延长机器的使用年限。立式压缩机的负荷使机身主要产生拉伸和压缩应力，机身受力简单，所以机身形状简单、重量轻、不易变形。往复惯性力垂直作用在基础上，基础的尺寸较小，机器的占地面积小。

(2) 卧式压缩机

卧式压缩机的气缸中心线和地面平行，分单列或双列，且都在曲轴的一侧。由于整个机器都处于操作者的视线范围内，管理维护方便，曲轴、连杆的安装拆卸都较容易。

(3) 角度式压缩机

角度式压缩机的各气缸中心线彼此成一定的角度，但不等于180°。由于气缸中心线相互位置的不同，又可分为 L 型、V 型、W 型、扇型。该结构装拆气阀、级间冷却器和级间风道设置方便，结构紧凑，动力平衡性较好。

(4) 对置式压缩机

气缸在曲轴两侧水平布置，相邻的两相对列曲柄错角不等于180°。对置式压缩机分两种：一种为相对两列的气缸中心线不在一直线上，制成3、5、7等奇数列；另一种曲轴两侧相对两列的气缸中心线在一直线上，成偶数列。

(5) 对称式平衡式压缩机

对称平衡压缩机两主轴承之间，相对两列气缸的曲柄错角为180°，惯性力可完全平衡，转速能提高；相对列的活塞力能互相抵消，减少了主轴颈的受力与磨损。多列结构中，每列串联气缸数较少，安装方便，产品变形较卧式和立式容易。

293. 离心式压缩机的结构原理是什么？

在离心式压缩机中，气体从轴向进入，由于叶轮的旋转，气体被离心力高速甩出叶轮，然后进入流通面积逐渐扩大的扩压器中，将动能转化为压力能。

离心式压缩机本体由转子、锭子、轴承等组成。转子由主轴、叶轮、联轴器等组成，有时还有轴套、平衡盘；锭子由机壳、隔板、密封（级间密封和轴密封）、进气室和蜗室等组成，其中隔板由扩压器、弯道、回流器等组成。有时在叶轮进口前设有进气导流器等。图 5-30 是某离心式压缩机结构的纵切剖面图。

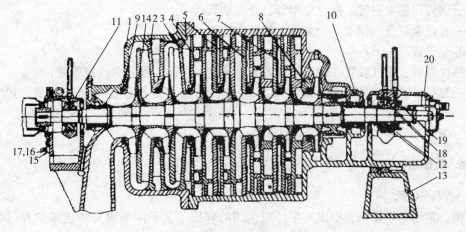

图 5-30 离心式压缩机纵切剖面图
1—机壳；2—第一级隔板；3—第二级隔板；4—第三级隔板；5—第四级隔板；
6—第五级隔板；7—第六级隔板；8—半圆盘；9—密封装置；10—抽气器；
11—支撑轴衬；12—支撑轴衬；13—底座；14—转子；15—喷油嘴；
16—管接头；17—垫圈；18，19—温度计；20—液压轴向位移安全器

294. 螺杆式压缩机的结构原理是什么？

螺杆式压缩机的结构如图 5-31 所示。在"∞"字形气缸中平行旋转两个高速回转并按一定传动比相互啮合的螺旋形转子。通常对节圆外具有凸齿的转子称为阳转子（主动转子）；在节圆内具有凹齿的转子称为阴转子（从动转子）。阴、阳转子上的螺旋形体分别称为阴螺杆和阳螺杆。一般阳转子（或经增速齿轮组）与驱动机连接，并由此输入功率；由阳转子（或经同步齿轮组）带动阴转子转动。螺杆式压缩机的主要零部件有一对转子、机体、轴承、同步齿轮（有时还有增速齿轮），以及密封组件等。

按运行方式和用途的不同，螺杆压缩机可分为无油螺杆压缩机和喷油螺杆压缩机。无油螺杆压缩机中，阳转子靠同步齿轮带动阴转子。转子啮合过程互不接触。喷油螺杆压缩机中，阳转子直接驱动阴转子，不设同步界限轮。

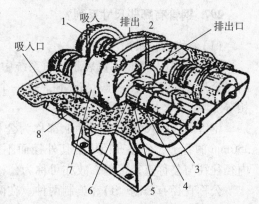

图 5-31 螺杆式压缩机的结构图
1—同步齿轮；2—阴转子；3—推力轴承；4—轴承；
5—挡油环；6—轴封；7—阳转子；8—气缸

295. 管子如何分类？

（1）按用途分类

①根据输送用和传热用，在我国可分为流体输送用、长输管道用、石油裂化用、化肥用、锅炉用、换热器用。

②根据结构用，通常分为普通结构用、高强度结构用、机械结构用等。

③根据特殊用途分，比如钻井用、高压气体容器用等。

（2）按材质分类

①金属管

——铁管（铸铁管）；

——钢管：碳素钢管，低合金钢管，合金钢管；
——有色金属管：铜及铜合金管，铅管，铝管，钛管等。
②非金属管
——橡胶管：输气胶管，输水吸水胶管，输油、吸油胶管，蒸汽胶管等；
——塑料管：酚醛塑料管，硬聚氯乙烯管，高低密度聚乙烯管，ABS 管，PVS 复合管等。
——钢骨架复合管。

296. 钢管如何分类？

（1）焊接钢管

目前，常用的焊接钢管根据其生产时采用的焊接工艺不同可以分为连续炉焊（锻焊）钢管、电阻焊钢管和电弧焊钢管三种。

①连续炉焊（锻焊）钢管是在加热炉内对钢带进行加热，然后对已成型的边缘采用机械加压方法使其焊接在一起而形成的具有一条直缝的钢管。

②电阻焊钢管是通过电阻焊或电感应焊焊接方法生产的、带有一条直焊缝的钢管。

③电弧焊钢管是通过电弧焊焊接方法生产的钢管。

——根据焊缝形状的不同，电弧焊钢管可分为直缝管和螺旋焊缝管两种。直缝管是带有一条直焊缝的钢管，螺旋缝焊接钢管是在焊接过程中，焊枪与焊缝处于旋转运动和直线运动组合的相对运动中，其焊缝呈螺旋形。

——根据焊接时采取的保护方法不同，电弧焊钢管又可分为埋弧焊钢管和熔化极气体保护焊钢管两种。

（2）无缝钢管

无缝钢管是采用穿孔热轧等热加工方法制造的不带焊缝的钢管。

297. 钢管有哪些尺寸系列？

（1）公称直径系列

公称直径（DN）是用以表示管道系统中除已用外径表示的组成件以外的所有组成件通用的一个尺寸数字。在一般情况下，是一个完整的数字，与组成件的真实尺寸接近，但不相等。

钢管的公称尺寸，在国际上都称为公称直径，而不称公称口径，主要因为对于直径≥350mm 的管子，公称直径是指其外径而不是内径。但对于螺纹连接的管子及其管件，因其内径往往与公称直径接近，故亦可称为公称口径。

公称直径有公制（SI）和英制两种。在两种制度中的钢管具体尺寸和相应的螺纹尺寸是一致的。

（2）外径系列

根据钢管的生产工艺的特点，钢管产品是按外径和壁厚系列组织生产的。钢管的外径尺寸，公制是用 mm 表示外径尺寸，英制是用 in 表示外径尺寸。

常用的管子外径尺寸见表 5-8。

表 5-8 常用的管子外径尺寸

公称直径 (DN)	钢管外径/mm 大外径系列	钢管外径/mm 小外径系列	公称直径 (DN)	钢管外径/mm 大外径系列	钢管外径/mm 小外径系列
10	17.2	14	350	355.6	377
15	21.3	18	400	406.4	426
20	26.9	25	450	457	480
25	33.7	32	500	508	530
32	42.4	38	600	610	630
40	48.3	45	700	711	720
50	60.3	57	800	813	820
65	76.1	76	900	914	920
80	88.9	89	1000	1016	1020
100	114.3	108	1200	1219	1220
150	168.3	159	1400	1422	1420
200	219.1	219	1600	1626	1620
250	273.1	273	1800	1829	1820
300	323.9	325	2000	2032	2020

(3) 壁厚系列

钢管壁厚的表示方法不同标准中各不相同,主要有三种:

① 以管子表号表示壁厚

ANSI B36.10《焊接和无缝钢管》规定中是以"Sch"表示的管子表号,是管子设计压力与设计温度下材料许用应力的比值乘以1000,并经圆整后数值,即

$$Sch = \frac{p}{[\sigma]^t} \times 1000$$

ANSI B36.10 和 JIS 标准中,管子表号有:Sch10、Sch20、Sch30、Sch40、Sch60、Sch80、Sch100、Sch120、Sch140、Sch160;

ANSI B36.19 标准中,不锈钢管子表号为:5s、10s、40s、80s;

SH3405 标准中,无缝钢管采用了 Sch20、Sch30、Sch40、Sch60、Sch80、Sch100、Sch120、Sch140、Sch160 等 9 个表号;不锈钢管采用了 Sch5s、Sch10s、Sch20s、Sch40s、Sch80s 等 5 个表号。

② 以管子重量表示壁厚

美国 MSS 和 ANSI 规定了以管子重量表示管壁厚度的方法,将管子壁厚分为三种:

——标准重量管,以 STD 表示;

——加厚管,以 XS 表示;

——特厚管,以 XXS 表示;

对于 $DN \leqslant 250mm$ 的管子,Sch40 相当于 STD,对于 $DN < 200mm$ 的管子,Sch80 相当于 XS。

③ 以管子壁厚尺寸表示壁厚

中国、ISO 和日本部分钢管标准采用管子壁厚尺寸表示壁厚。如 D219.1×5.2,D355.6×7.1 等。

298. 钢管类型如何选择？

（1）焊接钢管

连续炉焊（锻焊）钢管在管道中仅用于低压水和压缩空气系统，且设计温度为0~100℃，设计压力不超过0.6MPa。

电阻焊钢管由于接头处难免有杂质存在，所以接头处的塑性和冲击韧性较低，不宜用于高温情况下和重要的场合。

电弧焊钢管在经过适当的热处理和无损检查之后，电弧焊直缝钢管的使用条件可以达到无缝钢管的使用条件而取代无缝钢管。

（2）无缝钢管

①碳素钢无缝钢管

石油化工生产装置中常用的碳素钢无缝钢管标准有 GB/T 8163、GB 9948、GB 6479、GB 3087、GB 5310 五种标准。

——GB/T 8163《流体输送用无缝钢管》标准是应用最多的一个钢管制造标准，其制造方法有热轧、冷拔、热扩三种方式，规格范围为 DN6mm ~ DN600mm，壁厚包括从 0.25 ~ 75.0mm 共 66 种规格，材料牌号有 10、20、Q295、Q345 共 4 种，适用于一般流体的输送。

——GB 9948《石油裂化用无缝钢管》是一个包括碳素钢、合金钢、耐热钢、不锈钢等多种材质的钢管制造标准，制造方法有热轧、冷拔两种方式。其规格范围为 DN6mm ~ DN250mm，壁厚包括从 1.0 ~ 20.0mm 共 16 个规格，它包含的碳素钢材料牌号有 10、20 共 2 种。一般情况下，它常用于不宜采用 GB/T 8163 钢管的场合。

——GB 6479《高压化肥设备用无缝钢管》也是一个包括碳素钢、合金钢、不锈钢等多种材质的钢管制造标准，制造方法有热轧、冷拔两种方式。其规格范围为 DN10mm ~ DN400mm，壁厚≤40.0mm 等多种规格，包含的碳素钢材料牌号有 10、20、16Mn 共 3 种。一般情况下，它适用于设计温度为 -40 ~ 400℃，设计压力为 10.0 ~ 32.0MPa 的油品、油气介质。

——GB 3087《低中压锅炉用无缝钢管》标准的钢管制造方法有热轧、冷拔两种方式，规格范围为 DN6mm ~ DN600mm，壁厚包括从 1.5 ~ 65.0mm 等多种规格，材料牌号有 10、20 共两种，适用于低中压锅炉的过热蒸汽、沸水等介质。

——GB 5310《高压锅炉用无缝钢管》是一个包括碳素钢、合金钢、不锈钢等多种材质的钢管制造标准，制造方法有热轧、冷拔两种方式。其规格范围为 DN15mm ~ DN500mm，壁厚包括从 2.0 ~ 70.0mm 等多种规格，包含的碳素钢材料牌号只有 20G、20MnG、25MnG 三种。适用于高压蒸汽锅炉、管道等用。

②铬钼钢和铬钼钒钢无缝钢管

石油化工生产装置中，常用的铬钼钢和铬铝钒钢无缝钢管标准有 GB 9948、GB 6479、GB 5310 共三个标准。

——GB 9948 标准包含的铬钼钢材料牌号有 12CrMo、15CrMo、1Cr2Mo、1Cr5Mo 共 4 种。

——GB 6479 标准包含的铬钼钢材料牌号有 12CrMo、15CrMo、1Cr5Mo 共 3 种。

——GB 5310 标准包含的铬铂钢和铬铂钒钢材料牌号有 15MoG、20MoG、12CrMoG、15CrMoG、12Cr2MoG、12Cr1MoVG 共 6 种。

③不锈钢无缝钢管

石油化工生产装置中，常用的不锈钢无缝钢管标准有 GB/T 14976、GB 13296、GB 9948、GB 6479、GB 5310 共五个标准。其中，后三个标准中仅列出了两三个不锈钢材料牌号，而且是不常用的材料牌号。因此，当工程上选用不锈钢无缝钢管标准时，基本上都选用 GB/T 14976 和 GB 13296 标准。

——GB/T 14976《流体输送用不锈钢无缝钢管》标准是一个通用的不锈钢钢管制造标准，其制造方法有热轧、冷拔两种方式，规格范围为 DN6mm ~ DN400mm，壁厚包括从 1.0 ~ 28.0mm 共 33 种规格，材料牌号有 0Cr18Ni9（TR304）、1Cr18Ni9Ti（不推荐使用）、00Cr19Ni10（TP304L）、0Cr17Ni12Mo2（TP316）、00Cr17Ni14M02（TP316L）、0Cr18Ni10Ti（TP321）、0Cr18Ni11Nb（TP347）、0Cr25Ni20（TP310）等共 26 种，适用于一般流体的输送。

——GB 13296《锅炉、热交换器用不锈钢无缝钢管》是一个锅炉和热交换器专用的不锈钢钢管制造标准，制造方法有热轧、冷拔两种方式。其规格范围为 DN6mm ~ DN150mm，壁厚包括从 1.2 ~ 13.0mm 等多种规格，包含的不锈钢材料牌号有 0Cr18Ni9（TP304）、00Cr19Ni10（TP304L）、0Cr17Ni12Mo2（TP316）、00Cr17Ni14Mo2（TP316L）、0Cr18Ni10Ti（TP321）、0Cr18Ni11Nb（TP347）、1Cr18Ni9Ti（不推荐使用）、0Cr25Ni20（TP310）等 25 种。

299. 石油天然气输送钢管如何分级？

石油天然气输送钢管应用最为广泛的标准是 GB/T 9711《石油天然气工业——输送钢管交货技术条件》，该标准等效采用 ISO 3138《石油天然气工业——输送钢管交货技术条件》标准，ISO 3138 标准是根据 ANSI/API Spec 5L（第 41 版）标准制定。该标准分三部分：第一部分是 A 级钢管；第二部分是 B 级钢管；第三部分是 C 级钢管。A 级钢管是基本的质量要求；B 级钢管是不同于基本标准的要求或在基本标准上增加了附加要求，在长输管线中较长见；C 级钢管是有某些特殊用途，又增加了一些非常严格的质量和试验要求。

A 级钢管是基本的质量要求，应用最为广泛，规定了石油天然气工业中用于输送可燃流体和非可燃流体的非合金钢与合金钢无缝钢管、焊接钢管的交货技术条件。

钢管外径采用"小外径系列"，管外径范围 60.3 ~ 2032mm，壁厚范围 2.1 ~ 31.8mm，钢级主要有 L175、L210、L245、L290、L320、L360、L390、L415、L450、L485、L550。

300. 管件如何分类？

管件是用来改变管道方向、改变管径大小、进行管道分支、局部加强、实现特殊连接等作用的管道元件，在管系中改变走向、标高或改变管径以及由主管上引出支管等均需用管件。由于管系形状各异、简繁不等，因此，管件的种类较多。

(1) 按用途分类

①直管与支管连接：如活接头、管箍；

②改变走向：如弯头、弯管；

③分支：三通、四通、平头螺纹管接头；

④变径：异径管（大小头）、异径短节等；

⑤封闭管端：管帽、堵头（丝堵）、封头等。

(2) 按管件分类

弯头、异径管、三通、四通、管箍、活接头、管嘴、螺纹短节、管帽、堵头内外丝等。

301. 管件如何连接?

(1) 对焊连接

它是 $DN \geqslant 50mm$ 的管道及其元件常用的一种连接型式。对于 $DN \leqslant 40mm$ 的管子及其元件,因为它的壁厚一般较薄,采用对焊连接时错口影响较大,容易烧穿,焊接质量不易保证,故此时一般不采用对焊连接。

(2) 承插焊连接

它多用于 $DN \leqslant 40mm$、壁厚较薄的管子和管件之间的连接。

(3) 螺纹连接

螺纹连接也多用于 $DN \leqslant 40mm$ 的管子及其元件之间的连接。它属于可拆卸连接,常用于不宜焊接或需要可拆卸的场合。

302. 常用的对焊管件有哪些?

常用的对焊管件包括弯头、三通、异径管(大小头)和管帽,前三项大多采用无缝钢管或焊接钢管通过推制、拉拔、挤压而成,后者多采用钢板冲压而成。

(1) 弯头

它是用于改变管道方向的管件。

根据一个弯头可改变管道方向的角度不同,常用的弯头可分为45°和90°两种形式。

根据弯头拐弯的曲率半径不同,又可将常用弯头分为短半径(曲率半径 $R = 1DN$)弯头和长半径(曲率半径 $R = 1.5DN$)弯头两种。一般情况下,应优先采用长半径弯头,而短半径弯头多用于结构尺寸受限制的场合。当选用短半径弯头时,其最高工作压力不宜超过同规格长半径弯头的0.8倍。有时为了缓和介质在拐弯处的冲刷和动能,还可能用到 $R = 3DN$、$R = 6DN$、$R = 10DN$、$R = 20DN$ 的弯管。

(2) 三通

它是用作管道分支的管件。通常有同径三通(即分支管与主管同直径)和异径三通(即分支管直径比主管直径小)两种。

(3) 异径管(大小头)

它是用作管子变径的管件。通常有同心异径管(即大端和小端的中心轴重合)和偏心异径管(即大端和小端的一个边的外壁在同一直线上)两种。

(4) 管帽(封头)

管帽是用于管子终端封闭的管件。常用的管帽(封头)有平封头和标准椭圆封头两种型式。一般情况下,平封头制造较容易,价格也较低,但其承压能力不如标准椭圆封头,故它常用于 $DN \leqslant 100mm$、介质压力低于 $1.0MPa$ 的条件下。

303. 承插焊和螺纹连接管件有哪些?

它一般是指 $DN \leqslant 40mm$ 的管道元件,包括弯头、三通、加强管嘴、加强管接头、管帽、管箍、异径短节、活接头、丝堵、仪表管嘴、软管站快速接头、水喷头等。

(1) 弯头

它也同样有90°和45°之分,但无长半径和短半径之分。它属于承口或者阴螺纹连接管件。作用同对焊弯头。

(2)三通

它也有同径和异径之分,且属于承口或者阴螺纹连接管件,作用同对焊三通。

(3)管帽

作用与对焊管帽相同,但它多以螺纹连接的形式用于排液和放空的终端,作二次保护用。

(4)加强管嘴

加强管嘴常用于管道的分支连接。当从大直径管子上分支出一个小直径(DN≤40mm)管子时,如果此时的分支超出标准三通的变径范围而不能用三通,就应采用加强管嘴进行分支并对分支点进行局部加强。加强管嘴的一端与大管子采用角焊连接,而另一端与小管子(DN≤40mm)采用承插焊或螺纹连接,此时它为承口(或阴螺纹)。

(5)加强管接头

加强管接头也常用于管道的分支连接。当从大直径管子上分支出一个直径DN≥50mm(但最大直径一般不宜超过DN200mm)的管子时,如果此时的分支也超出标准三通的规格范围而不能用三通,可采用加强管接头进行分支并对分支处进行局部加强。加强管接头与主管为角焊连接,与支管为对焊连接。

(6)异径短节

在DN≤40mm的管道中,它常代替异径管(大小头)用作管道变径,并进行由DN50mm到DN≤40mm的管道变径过渡。它没有同心和偏心之分,但连接形式有所不同,异径短节的连接形式分为两种,一种为一端对焊而另一端为承插焊(或阳螺纹),用于DN50mm×(15~50)mm的变径;另一种为两端均是插口或阳螺纹,用于DN≤40mm及以下的管子变径。

(7)管箍

从结构形式上分管箍有单承口管箍和双承口管箍两种,常用的为双承口管箍。双承口管箍又有同径和异径之分,同径双承口管箍用于不宜对焊连接的管子之间的连接,异径双承口管箍的作用与异径短节相似,即都用于DN≤40mm的管道变径连接。但二者不同的是异径短节为插口(或阳螺纹)管件,而异径双承口管箍则为承口(阴螺纹)管件。

(8)活接头

活接头常与螺纹短节一起配套使用实现可拆卸连接。在正常的管道中,仅有螺纹短节和螺纹管件是无法实现可拆卸的,只有配上活接头才能实现。因此,设计中,当管道在某处要求采用螺纹可拆卸时应采用活接头,活接头为阴螺纹。

(9)丝堵

和螺纹管帽一样,丝堵常用于放空和排液的终端起二次保护作用。与螺纹管帽不同的是,它为阳螺纹。

一般情况下,螺纹管帽的二次保护作用优于丝堵,故螺纹管帽应用得更多些。

(10)仪表管嘴

它常用作管道与管道上仪表的连接。它的一端与管道进行角焊连接,另一端则与仪表采用螺纹(阴螺纹)连接。

(11)软管站快速接头

它常用在软管站的终端,以实现与软管的快速连接。

(12)水喷头

它常用在需要喷淋设备上的水管终端或消防水管线的终端,使水能够分散、均匀地喷出,以达到冷却设备和消防的目的。

304. 管道附件有哪些种类?

管道附件主要由法兰、法兰盖、法兰紧固件及垫片组成。

(1)法兰及法兰盖

管道法兰按与管子的连接方式分成以下五种基本类型:平焊、对焊、螺纹、承插焊和松套法兰。常用的法兰除螺纹法兰外,其余均为焊接法兰。

法兰盖又称盲法兰,设备、机泵上不需接出管道的管嘴,一般用法兰盖封住,在管道上则用在管道端部与管道上的法兰相配合作封盖用。

(2)法兰紧固件及材料

法兰连接用紧固件通常有单头螺栓(或六角头螺栓)、双头螺栓和全螺纹螺柱。

在紧固件的选用中,应选用国家现行标准中的标准紧固件,并在相应标准中规定的材料范围内选用。

(3)垫片

常用法兰垫片有非金属垫片、半金属垫片和金属垫片。非金属垫片亦称软垫片,一般以石棉为主体配以橡胶等材料制作而成,通常只是在操作温度较低、操作压力不高的管道上使用。半金属垫片由金属材料和非金属材料共同组合而成,常用的有缠绕式垫片和金属包垫片,它比非金属垫片所承受的温度、压力范围较广。金属垫片全部由金属制作,有波形、齿形、椭圆形、八角形和透镜垫等,这种垫片一般用在半金属垫片所不能承受的高温、高压管道法兰上。

305. 管道附件如何选择?

(1)法兰的选用

①工艺物料、可燃介质管道不得采用板式平焊法兰。

②平焊法兰多用于介质条件比较缓和的情况;对焊法兰是最常用的一种,它与管子为对焊连接,焊接接头质量比较好,而且法兰的颈部利用锥度过渡,可以承受较苛刻的条件;承插焊法兰则常用于 $PN \leqslant 10.0MPa$、$DN \leqslant 40mm$ 的管道中,不得使用在可能发生间隙腐蚀或严重腐蚀处。松套法兰常用于介质温度和压力都不高而介质腐蚀性较强的情况;在可能发生间隙腐蚀、严重腐蚀条件下,不得采用螺纹法兰。

③全平面密封面常与平焊型式配合,以适用于操作条件比较缓和($PN \leqslant 1.0MPa$)的工况下。它通常用于铸铁法兰或与铸铁连接的钢法兰;凸台面密封面是应用最广的一种型式,它常与对焊和承插焊型式配合使用;凸凹面密封面常与对焊和承插型式配合使用,但它不便于垫片的更换;榫槽面密封面使用情况同凹凸面法兰;环槽面密封面常与对焊连接型式配合(不与承插焊配合)使用,主要用在高温、高压或二者均较高的工况。

④公称压力小于或等于 2.0MPa 的标准法兰采用缠绕式垫片或金属环垫时,宜选用对焊式或松套式法兰。

⑤突面(凸台面)法兰除采用非金属垫片其法兰面可以车水线外,其他法兰面均不得车制水线。

(2)垫片的选用

①选用的垫片应使所需的密封负荷与法兰的设计压力、密封面、法兰强度及其螺栓连接

相适应，垫片的材料应适应流体性质及工作条件。

②缠绕式垫片常用在 $PN2.0\sim10MPa$ 的压力条件下。凸台面法兰配缠绕式垫片时须带外环或内外环（视操作条件而定，一般压力在 $PN5.0MPa$ 及以上、温度在350℃及以上时应带内外环），用于凹凸面法兰时应带内环，用在突面型法兰上时宜带外定位环，用于榫槽面法兰时应采用基本型。常用的缠绕钢带有20、1Cr13、0Cr19Ni9、0Cr18Ni10Ti、0Cr17Ni12Mo2等材料，目前应用较多的是奥氏体不锈钢钢带。常用的非金属缠绕带有特制石棉带、柔性石墨带和聚四氟乙烯带。

③用于全平面型法兰的垫片应为全平面非金属垫片，非金属垫片的外径可超过突面型法兰密封面的外径，制成"自对中"的垫片。

④石棉橡胶板垫片适用于一般工艺介质管道法兰密封，普通石棉橡胶垫片一般使用在 $t\leqslant300℃$、$PN\leqslant6.3MPa$ 的条件下，耐油石棉橡胶垫片一般使用在 $t\leqslant300℃$、$PN\leqslant2.5MPa$ 的条件下。

⑤聚四氟乙烯（PTFE）包覆垫片，它常用于耐腐蚀、防黏结和要求干净的场合下，比如净化压缩空气、润滑油等介质的管道上，聚四氟乙烯包覆垫片一般使用在 $t\leqslant150℃$、$PN\leqslant5.0MPa$ 条件下。

⑥铁包式垫片的密封性能不如缠绕式垫片，它常用在换热器封头等大直径的法兰连接密封面上。

⑦金属垫片常用在高压力等级法兰上，以承受较高的密封比压。就其型式来分，常用的金属垫片有平垫、八角形垫和椭圆形垫三种。

(3) 紧固件的选用

①选择法兰连接用紧固件材料时，应同时考虑管道操作压力、操作温度、介质种类和垫片类型等因素。垫片类型和操作压力、操作温度一样，都直接对紧固件材料强度提出了要求。

②管道用紧固件，应选用国家现行标准中的标准紧固件。用于法兰连接的紧固件材料，应符合国家现行的法兰标准的规定，并与垫片类型相适应。

③六角头螺栓常与平焊法兰和非金属垫片配合，用于操作条件比较缓和的工况下。

④双头螺栓常与对焊法兰配合使用，用在操作条件比较苛刻的工况下，通丝型双头螺栓上没有截面形状的变化，故其承载能力强，非通丝型双头螺栓则相对承载能力较弱。在剧烈循环条件下，法兰连接用的螺栓或双头螺柱应采用合金钢的材料。

⑤螺母的材料常根据与其配合的螺栓材料确定，一般情况下，螺母材料应稍低于螺栓材料，并保证螺母硬度比螺栓硬度低HB30左右。

⑥法兰连接用紧固件螺纹的螺距不宜大于3mm。直径M30以上的紧固件可采用细牙螺纹。

⑦碳钢紧固件应符合国家现行法兰标准中规定的使用温度。

⑧金属管道组成件上采用直接拧入螺柱的螺纹孔时，应有足够的螺孔深度。对于钢制件螺孔其深度至少应等于公称螺纹直径，对于铸铁件不应小于1.5倍的公称螺纹直径。

306. 阀门如何分类？

阀门是流体输送系统中的控制部件，是通过改变其流道面积的大小控制流体流量、压力和流向的机械产品。阀门种类很多，有多种分类方法。

(1) 按用途和作用分类

①截断阀　用来截断或接通管道介质，如闸阀、截止阀、球阀、蝶阀、隔膜阀、旋塞阀等。

②止回阀　用来防止管道中的介质倒流，如止回阀、底阀。

③分配阀　用来改变介质的流向，起分配、分离或混合介质的作用，如三通球阀、三通旋塞阀、分配阀、疏水阀等。

④调节阀　用来调节介质的压力和流量，如减压阀、调节阀、节流阀等。

⑤安全阀　防止装置中介质压力超过规定值，从而对管道或设备提供超压安全保护，如安全阀、事故阀等。

(2) 按结构特征分类

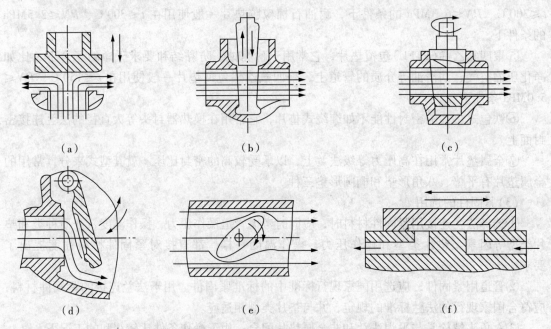

图 5-32　阀门按结构特征分类
(a)截门形；(b)闸门形；(c)旋塞形；(d)旋启形；(e)蝶形；(f)滑阀形

①截门形　启闭件(阀瓣)由阀杆带动沿着阀座中心线作升降运动，见图 5-32(a)。

②闸门形　启闭件(闸板)由阀杆带动沿着垂直于阀座中心线作升降运动，见图 5-32(b)。

③旋塞形　启闭件(锥塞或球)围绕自身中心线旋转，见图 5-32(c)。

④旋启形　启闭件(阀瓣)围绕阀座外的轴旋转，见图 5-32(d)。

⑤蝶形　启闭件(圆盘)围绕阀座内的固定轴旋转，见图 5-32(e)。

⑥滑阀形　启闭件在垂直于通道的方向滑动，见图 5-32(f)。

(3) 按阀体材料分类

①金属材料阀　其阀体等零件由金属材料制成，如铸铁阀、碳钢阀、合金钢阀、铜合金阀、铝合金阀、铅合金阀、铁合金阀、蒙乃尔合金阀等。

②非金属材料阀　其阀体等零件由非金属材料制成的，如塑料阀、陶瓷阀、搪瓷阀、玻璃钢阀等。

③金属阀体衬里阀　阀体外形为金属，内部凡与介质接触的主要表面均为衬里，如衬胶

阀、衬塑料阀、衬陶瓷阀等。

(4) 按驱动方式分类

①自动阀　自动阀不需外力驱动，依靠介质自身的能量驱动阀门，如安全阀、减压阀、疏水阀、止回阀等。

②动力驱动阀　动力驱动阀可以利用各种动力源进行驱动。

——电动阀：借助电力驱动的阀门。

——气动阀：借助压缩空气驱动的阀门。

——液动阀：借助油等液体压力驱动的阀门。

此外，还有以上几种驱动方式的组合，如气-电动阀等。

③手动阀　手动阀借助手轮、柄、杠杆、链轮，由人力来操纵阀门动作。当阀门闭启力矩较大时，可在手轮和阀杆之间设置齿轮或蜗轮减速器。必要时，也可以利用万向接头及传动轴进行远距离操作。

(5) 按公称压力分类

①真空阀　工作压力低于标准大气压的阀门。

②低压阀　公称压力 $PN \leqslant 1.6$ MPa 的阀门。

③中压阀　公称压力 $PN2.5 \sim 6.4$ MPa 的阀门。

④高压阀　公称压力 $PN10.0 \sim 80.0$ MPa 的阀门。

⑤超高压阀　公称压力 $PN \geqslant 100$ MPa 的阀门。

(6) 按工作温度分类

①常温阀　用于介质工作温度 $-40℃ \leqslant t \leqslant 120℃$ 的阀门。

②中温阀　用于介质工作温度 $120℃ \leqslant t \leqslant 450℃$ 的阀门。

③高温阀　用于介质工作温度 $t > 450℃$ 的阀门。

④低温阀　用于介质工作温度 $-100℃ \leqslant t \leqslant -40℃$ 的阀。

⑤超低温阀　用于介质工作温度 $t < -100℃$ 的阀门。

(7) 按公称通径分类

①小通径阀门　公称通径 $DN \leqslant 40$ mm 的阀门。

②中通径阀门　公称通径 $DN50 \sim 300$ mm 的阀门。

③大通径阀门　公称通径 $DN350 \sim 1200$ mm 的阀门。

④特大通径阀门　公称通径 $DN \geqslant 1400$ mm 的阀门。

(8) 按连接方法分类

①螺纹连接阀　阀体带有内螺纹或外螺纹，与管道螺纹连接。

②法兰连接阀　阀体带有法兰，与管道法兰连接。

③焊接连接阀　阀体带有焊接坡口，与管道焊接连接。

④卡箍连接阀门　阀体带有夹口，与管道夹箍连接。

⑤卡套连接阀　与管道采用卡套连接。

⑥对夹连接阀　用螺栓直接将阀门及两头管道穿夹在一起的连接形式。

307. 阀门的基本参数有哪些？

(1) 阀门的公称通径

公称通径是指阀门与管道连接处通道的名义直径，用 DN 表示，在字母"DN"后紧跟一个数字标志。如公称通称200mm应标志为DN200mm，它表示阀门规格，是阀门最主要的参数。

(2)阀门的公称压力

公称压力是指阀门的机械强度有关的设计给定压力，它是阀门在基准温度下允许的最大工作压力。公称压力用PN表示，它表示阀门的承载能力，是阀门最主要的性能参数。公称压力用MPa来度量。

(3)阀口的压力与温度等级

当阀门工作温度超过公称压力的基准温度时，其最大工作压力必须相应降低，阀门的工作温度和相应的最大工作压力变化表简称温压表，是阀门设计和选用的基准。我国使用的钢制阀门基准温度为200℃，当阀门使用温度超过基准温度时，应进行相应换算。

(4)阀门的流量系数(尺寸系数)

流量系数或叫尺寸系数，表示流体经阀门产生单位压力损失时流体的流量。知道阀门的流量系数可以计算在一定压差下阀门的通过能力或一定流量通过该阀门的压力损失。对不同流量系数值的阀门进行比较，就可得出不同结构或类型的阀门在相同流动条件下的压力损失大小，或相同压力损失下阀门能提供的流量多少。

(5)阀门的流阻系数

阀门的流阻系数是流体通过阀门时的水力摩阻系数，随流体的流态而不同。工程上通常是把流体通过该阀门产生的阻力损失折合成一定长度的直管段长度的阻力损失(称为当量长度)。流阻系数可查看相关手册。

308. 闸阀有哪些种类？其结构原理是什么？

(1)闸阀种类

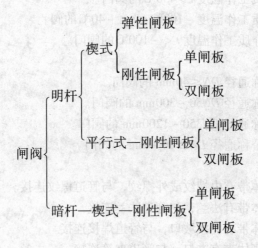

(2)闸阀原理

闸阀是指启闭体(闸板)由阀杆带动，沿阀座密封面作升降运动的阀门。可接通或截断流体的通道。

(3)闸阀结构

闸阀由阀体、阀盖、闸板、阀杆、手轮等零部件组成。

①阀杆

阀杆有明杆和暗杆之分。明杆是阀杆随阀板开启或关闭而升降；暗杆是阀杆随闸板启闭只是旋转使闸板升降，阀杆位置无变化。大口径或高中压阀门只有明杆，DN50mm 以下的低压无腐蚀介质阀门，通常采用暗杆。

②闸板

楔式刚性单闸板是一种楔形整体，密封面与闸板垂直中心线成一定倾角，其特点是结构简单、尺寸小、使用比较可靠。这种闸板适用于常温、中温、各种压力的闸阀。

楔式弹性单闸板，在闸板中部开环状槽或由两块闸板组焊而成，中间为空心，楔角加工与刚性闸板相同。弹性闸板使用于各种压力、温度的中、小口径闸阀及启闭频繁的场合。

309. 截止阀（节流阀）有哪些种类？其结构原理是什么？

（1）截止阀（节流阀）种类

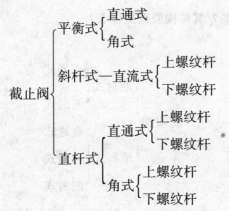

（2）截止阀（节流阀）原理

截止阀和节流阀都是向下闭合式阀门，启闭件（阀瓣）由阀杆带动，沿阀座（密封面）轴线作升降运动的阀门。截止阀与节流阀结构基本相同，只是阀瓣形状不同。截止阀的阀瓣为盘形阀瓣；节流阀的阀瓣多为圆锥流线型，可以改变通道截面积，用以调节流量或压力。

（3）截止阀（节流阀）结构

截止阀和节流阀主要由阀体、阀盖、阀杆、阀瓣和手轮组成。

①阀体

直通形阀结构流动阻力大，流体流过阀门的压力降较大。

②阀瓣

平面阀瓣为截止阀的主要形式的启闭件，接触面密合，没有摩擦，密封性能好。

③阀杆与阀盖

截止阀的阀盖和阀杆及其密封与闸阀相同。节流阀的阀杆通常与启闭件制成一体，也有直通式和角式之分。

310. 止回阀有哪些种类？其结构原理是什么？

（1）止回阀种类

根据结构不同，止回阀可分为升降式、旋启式、压紧式和底阀等四种。

（2）止回阀原理

用于需要防止流体逆向流动的场合，介质顺流时开启，逆流时关闭。

升降式止回阀应安装在水平管道上，旋启式止回阀一般安装在水平管道上，安装在垂直管道上时，流体必须是向上流动。安装止回阀时，应注意介质流动方向与止回阀上箭头方向一致。

(3) 止回阀结构

① 升降式止回阀

结构与截止阀相似，阀体和阀瓣与截止阀相同。阀瓣上部和阀盖下部都加工有导向套筒，阀瓣导向筒可在阀盖导向筒内自由升降。在阀瓣导向筒下部或阀盖导向套筒上部加工有泄压孔，当阀瓣上升时，排出套筒内的介质，降低阀瓣开启时的阻力。

② 旋启式止回阀

阀瓣呈圆盘状，绕阀座通道的转轴作旋转运动，由于阀内通道成流线型，流动阻力比直通式升降止回阀小，适用于大口径的场合。

311. 旋塞阀有哪些种类？其结构原理是什么？

(1) 旋塞阀种类

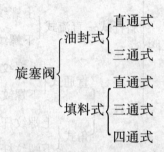

(2) 旋塞阀原理

旋塞阀是关闭件或柱塞形的旋转阀，通过旋转90°使阀塞上的通道口与阀体上的通道口相同或分开，实现开启或关闭的一种阀门。

(3) 旋塞结构

旋塞阀主要由阀体、塞子、填料压盖组成。

① 阀体

阀体有直通式、三通式和四通式。直通式旋塞阀用于截断介质，三通和四通旋塞阀用于改变介质方向或进行介质分配。

② 塞子

塞子是旋塞阀的启闭件，呈圆锥台状，塞子内有介质通过，其截面成长方形，通道与塞子的轴线垂直。而塞阀的塞子与阀杆是一体的，没有单独阀杆。

312. 球阀有哪些种类？其结构原理是什么？

(1) 球阀种类

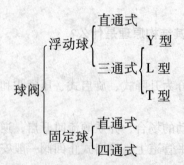

(2)球阀原理

球阀的阀瓣为一中间有通道的球体，球体围绕自己的轴心线作90°旋转以达到启闭，其性能与旋塞阀相似，有快速启闭的特点。

(3)球阀结构

球阀主要由阀体、球体、阀座、密封圈、阀杆及驱动装置组成，根据球体结构不同，可分为浮动球和固定球两种，阀座有软密封和硬密封两种。

①阀体

整体式阀体：球体、阀座、密封圈等零件从上方放入。这种结构一般用于较小口径的球阀。

对开式阀体：它是由大小不同的左右两部分组成，球体、密封圈等零件从一侧放入较大的一半阀体内，再用螺栓把另一侧阀体连接起来。适用于较大口径的球阀。

②球体

球体是球阀的启闭件，要求有较高精度和光洁度，一般分为可浮动球体和固定球体。浮动球体是可以浮动的，在介质压力的作用下球体被压紧到出口侧的密封面上，从而保证了密封。固定球阀球体被上下两端的轴承固定，只能转动，不能产生水平位移。

313. 蝶阀有哪些种类？其结构原理是什么？

(1)蝶阀种类

蝶阀分为板式、斜板式、偏置板式、杠杆式四种。

(2)蝶阀原理

蝶阀是采用圆盘式启闭件，圆盘状阀瓣固定于阀杆上。阀杆旋转90°即可完成启闭作用，操作简便。当阀瓣开启角度在20°~75°时，流量与开启角度成线性关系，这就是蝶阀的节流特性。

(3)蝶阀结构

蝶阀是由阀体、阀杆、蝶板和手柄组成。

①阀体

阀体呈圆筒状，上下部位各有一个圆柱形凸台，用以安装阀杆。

②阀杆

阀杆是蝶板的转轴，轴端采用填料密封结构，可防止介质外漏，阀杆上端与传动装置直接连接，以传递力矩。

③蝶板

蝶板是蝶阀的启闭件，根据蝶板在阀体中安装方式，可分成中心对称板式、斜置板式、偏置板式和杠杆式。

314. 阀门选择的要点是什么？

(1)根据操作介质的性质、温度、压力选择符合有关标准规定的阀门。
(2)掌握各种阀门的功能，选择符合要求的阀门。
(3)了解阀门启闭件的运动方式，选择适合操作需要的阀门。

315. 阀门的材质如何选择？

阀门主要部件的材料除考虑到操作介质的温度、压力和介质的性质(尤其是腐蚀性)外，还应了解介质的清洁度（有无固体颗粒）。有许多材料可以满足阀门的要求，但是正确、合理地选择阀门的材质，可以获得阀门最经济的使用寿命和最佳的性能。

(1) 灰铸铁

适用于工作温度在 $-15 \sim 200$℃ 之间，公称压力 $PN \leqslant 1.6$MPa 的低压阀门，适用介质为水、煤气等。

(2) 黑心可锻铸铁

适用于工作温度在 $-15 \sim 300$℃ 之间，公称压力 $PN \leqslant 2.5$MPa 的中低压阀门，适用介质为水、海水、煤气、氨等。

(3) 球墨铸铁

适用于工作温度在 $-30 \sim 350$℃ 之间，公称压力 $PN \leqslant 4.0$MPa 的中低压阀门，适用介质为水、海水、蒸汽、空气、煤气、油品等。

(4) 碳素钢

适用于工作温度在 $-29 \sim 425$℃ 之间的中高压阀门，其中 16Mn、30Mn 工作温度为 $-40 \sim 450$℃ 之间。适用介质为饱和蒸汽和过热蒸汽、高温和低温油品、液化气体、压缩空气、水、天然气等。

(5) 低温碳钢

适用于工作温度在 $-46 \sim 345$℃ 之间的低温阀门。

(6) 合金钢

WC6、WC9 适用于工作温度在 $-29 \sim 595$℃ 之间的非腐蚀性介质的高温、高压阀门；C5、C12 适用于工作温度在 $-29 \sim 650$℃ 之间的腐蚀性介质的高温、高压阀门。

(7) 奥氏体不锈钢

适用于工作温度在 $-196 \sim 600$℃ 之间的腐蚀性介质的阀门。

第六章 工程经济分析

316. 什么叫资金的时间价值？什么叫利息和利率？

(1) 资金有时间价值

两笔等额的资金，由于发生在不同的时期，它们在价值上就存在着差别，发生在前的资金价值高，发生在后的资金价值低。产生这种现象的根源在于资金具有时间价值。资金的时间价值，是指资金在生产和流通过程中随着时间推移而产生的增值。

(2) 利息和利率

利息是衡量资金时间价值的绝对尺度，它是债务人支付给债权人超过原贷款金额(常称作本金)的部分。利率是在一个计息期内所得的利息额与借贷金额(本金)之比，通常以百分数表示。

317. 什么叫现金流量？

现金流量是指项目在计算期内各个时点上实际所发生的现金流入、现金流出，流入与流出的差额称之为净现金流量。现金流量一般用现金流量表或现金流量图来表示。如图6-1为现金流量图，横轴表示时间，横轴上方箭线表示现金流入，即表示收益；横轴下方的箭线表示现金流出，即表示费用，同时要注明每笔现金流量的金额。

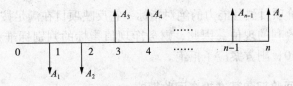

图6-1 现金流量图

318. 什么叫现值和终值？什么叫资金等值？

(1) 现值和终值

现值表示资金发生在某一特定时间序列的初始值，或者说把某一时刻的资金价值按照一定的利率换算到起点时资金价值，通常以 P 表示。

终值表示资金发生在某一特定时间序列的终点值，或者说把某一时刻的资金价值按照一定的利率换算到终点时资金价值，通常以 F 表示。

(2) 资金等值

由于资金具有时间价值，即使金额相同，因其发生在不同时间，其价值就不相同；反之，不同时点上发生的绝对值不等的资金可能具有相等的价值。这些不同时期、不同数额但其"价值等效"的资金称为等值。在工程经济分析中，等值是一个十分重要的概念，它为我们确定某一经济活动的有效性或进行方案比选提供了可能。

影响资金等值的因素有资金额的大小、资金额发生的时间及其利率的大小。

319. 什么叫折现和折现率？

把未来某一时点的资金折算成现值，称为折现或贴现。折现所使用的期利率称为折现率或贴现率。

320. 什么叫财务内部收益率？

财务内部收益率(FIRR)是指项目在整个计算期内各年净现金流量现值累计等于零时的折现率，它是评价项目盈利能力的动态指标，是考察项目盈利能力的相对指标。其表达式为：

$$\sum_{t=0}^{n}(C_i - C_o)_t(1+FIRR)^{-t} = 0$$

式中　C_i——现金流入量；
　　　C_o——现金流出量；
　$(C_i - C_o)_t$——第 t 年的净现金流量；
　　　n——计算期年数。

财务内部收益率(FIRR)的判别依据为基准收益率 i_c，当 FIRR $\geq i_c$ 时，即认为项目的盈利能力能够满足要求，可以认为项目在财务上是可以接受的。

321. 什么叫财务净现值？

财务净现值(FNPV)是指按设定的折现率 i_c 计算的项目计算期内各年净现金流量折算到项目建设期初的现值之和。计算公式为：

$$FNPV = \sum_{t=0}^{n}(C_i - C_o)_t(1+i_c)^{-t}$$

财务净现值是评价项目盈利能力的绝对指标，它反映项目在满足按设定折现率要求的盈利之外，获得的超额盈利的现值。因此，财务净现值指标的判别标准是：若 FNPV ≥ 0，则方案可行；若 FNPV < 0，则方案应予拒绝。

322. 什么叫投资回收期和基准投资回收期？

投资回收期(P_t)是指以项目的净收益回收项目全部投资所需要的时间。投资回收期越短，表明项目的盈利能力和抗风险能力越强。基准投资回收期(P_c)是反映项目在财务上投资回收能力的重要静态指标，是投资回收期的判别指标。

油气田开发项目的基准投资回收期(P_c)详见第 327 题(2)。

323. 什么叫总成本费用、经营成本费用、固定成本和可变成本？

(1) 总成本费用

总成本费用是指项目在一定时期内因生产和销售产品发生的全部费用。

总成本费用 = 油(气)生产成本 + 管理费用 + 财务费用 + 销售费用

油(气)生产成本包括：材料费、燃料费、动力费、生产工人工资、职工福利费、注水注汽费、井下作业费、测井试井费、稠油热采费、油气处理费、轻烃回收费、折旧费、摊销费、修理费等。

(2) 经营成本费用

经营成本用于项目财务评价的现金流量分析，是指总成本费用中扣除折旧、摊销和财务费用。

(3) 固定成本和可变成本

可变成本是指油气产量在一定幅度内变动时，不随产量变化而增减的费用。包括：材料费、燃料费、动力费、注水注汽费、井下作业费、测井试井费、稠油热采费、油气处理费、轻烃回收费、销售费等。

固定成本是指随产量变化而升降的费用，包括：生产工人工资、职工福利费、折旧费、摊销费、修理费、财务费、管理费等。

324. 什么叫投资决策？

投资决策是指投资者按照自己的意图，在调查分析、研究的基础上，对投资规模、投资方向、投资结构、投资分配以及投资项目的选择和布局等方面进行技术经济分析，判断投资项目是否必要和可行的一种选择。

325. 什么叫经济评价？经济评价包括哪些内容？

(1) 经济评价

经济评价包括国民经济评价和财务评价。国民经济评价是按合理配置资源的原则，采用影子价格等国民经济评价参数，从国民经济的角度考察投资项目所耗费的社会资源和对社会的贡献，评价投资项目的经济合理性。财务评价是在国家现行财税制度和市场价格体系下，分析预测项目的财务效益和费用，计算财务评价指标，考察拟建项目的盈利能力、偿债能力，据以判断项目的财务可行性。

(2) 财务评价内容

财务评价主要包括盈利能力分析、偿债能力分析和不确定性分析三部分内容，以判别项目的财务可行性。

①盈利能力分析

盈利能力分析是项目财务评价的主要内容之一，是在编制现金流量表的基础上，计算财务内部收益率、财务净现值、投资回收期等指标。其中财务内部收益率为项目的主要盈利性指标，其他指标可根据项目的特点及财务评价的目的、要求等选用。当项目的财务内部收益率大于或等于基准收益率、财务净现值大于或等于零、投资回收期小于或等于基准投资回收期时，表明项目在财务上是可行的。

②偿债能力分析

根据有关财务报表，计算借款偿还期、偿债备付率、利息备付率等指标，评价项目借款偿债能力。借款偿还期指标适用于那些不预先给定借款偿还期限，而是按项目的最大偿还能力和尽快还款原则还款的项目；对于可以预先给定借款偿还期限的项目，则应计算利息备付率和偿债备付率指标。

借款偿还期指标应能满足贷款机构的期限要求；偿债备付率是指在借款偿还期内可用于还本付息的资金与当期应还本息金额的比值，正常情况下应当大于1；利息备付率是指在借款偿还期内可用于支付利息的资金与当期应付利息的比值，正常情况下应当大于2。

③不确定性分析

由于项目评价所采用的数据大部分来自估算和预测，具有一定程度的不确定性，给项目决策带来风险。为了对投资决策提供可靠的依据，需要进行不确定性分析。不确定性分析包括敏感性分析、盈亏平衡分析和概率分析。盈亏平衡分析一般只用于财务评价，敏感性分析和概率分析同时用于财务评价和国民经济评价。

——敏感性分析

通过分析、预测项目主要不确定因素的变化对项目评价指标的影响，找出敏感因素，分析评价指标对该因素的敏感程度，并分析该因素达到临界值时项目的承受能力。敏感性分析的计算指标有敏感度系数和临界点。

敏感度系数是项目效益指标变化的百分率与不确定因素变化的百分率之比。敏感度系数高，表明项目效益指标对该不确定因素敏感程度高，提示应重视该不确定因素对项目效益的影响。

临界点是指项目允许不确定因素向不利方向变化的极限值。超过极限，项目的效益指标将不可行。比如当产品价格下降到某值时，财务内部收益率刚好等于基准收益率，此点称为产品价格下降的临界点。临界点越低，表明该不确定因素对项目效益指标影响越大，项目对该因素就越敏感。

——盈亏平衡分析

盈亏平衡分析是在一定的生产能力条件下，研究分析项目成本费用与收益平衡关系的一种方法。随着某些因素的变化，企业的盈利与亏损会有一个转折，称为盈亏平衡点（BEP）。在这一点上，销售收入等于总成本费用，刚好盈亏平衡。盈亏平衡分析就是要找出盈亏平衡点，考察企业（项目）对市场的适应能力和抗风险能力。

盈亏平衡点的表达形式有多种，可以用产量、产品价格、单位可变成本和年总固定成本等绝对量来表示，也可以用某些相对值表示。其中最常用的是以产量和生产能力利用率表示的盈亏平衡点。用产量和生产能力利用率表示的盈亏平衡点越低，表明企业（项目）适应市场变化的能力大，抗风险能力强。

盈亏平衡点计算公式：

BEP（生产能力利用率）=［年总固定成本/（年销售收入－年总可变成本－年销售税金与附加）］×100%

BEP（产量）=［年总固定成本/（单位产品价格－单位产品可变成本－单位产品销售税金与附加）］×100%

两者之间的换算关系为：

BEP（产量）= BEP（生产能力利用率）×设计生产能力

326. 工艺方案如何比选？

工艺方案比选是项目可行性研究的一项重要内容，它是指根据项目实际情况所提出的多个备选工艺方案，通过选择适当的经济评价方法和指标，对各个方案的经济效益进行比较，最终选择出最佳投资效果的方案。方案比选应注意保持各方案的可比性，遵循效益与费用计算口径对应一致的原则，必要时应考虑相关效益和费用。

（1）互斥方案比选

①净现值（NPV）比较法

净现值比较法是把各方案经济寿命期内的收益和费用按行业的基准收益率折算成单一的现值，选择净现值最大的方案为最优方案。

净现值表达式为：

$$NPV = \sum_{t=0}^{n}(S - I - C' + SV + W)_t (P/F, i_c, t)$$

式中　　　S——年销售收入；

　　　　　I——年全部投资；

　　　　　C'——年经营费用；

　　　　　SV——计算期末回收固定资产余值；

　　　　　W——计算期末回收流动资金；

$(P/F, i_c, t)$——第 t 年的现金系数。

在方案比选时，如果各方案所产生的效益相同或基本相同，又难于估算其效益时，常采用费用现值(PC)进行比较，即把各方案经济寿命内费用按行业的基准收益率折算成现值来比较，以费用现值最小的方案为最优方案。费用现值比较是净现值比较的特例。

②年值(AW)比较法

年值比较法是把各方案经济寿命期内的收益和费用按行业的基准收益率折算成一个等额年值，选择年值最大的方案为最优方案。

年值表达式为：

$$AW = \sum_{t=0}^{n}(S - I - C' + SV + W)_t (P/F, i_c, t)(A/P, i_c, n)$$

式中　$(A/P, i_c, n)$——资金回收系数。

若各方案所产生的效益相同或基本相同，又难于估算其效益时，常采用年费用(AC)进行比较，即把各方案经济寿命期内费用按行业的基准收益率折算成等额年值来比较，以年费用较低的方案为最优方案。年费用比较是年值比较的特例。

③计算期不同的方案比选

计算期不同的方案比选时，年值(AW)比较法是最简便的方法。由于年值法是以"年"为时间单位比较各方案的经济效果，尽管方案年限不同，都可以用年值进行比较，以年值(AW)最大者为最优方案。

注意：对于计算期不同的两方案，应用净现值法进行方案比选时，必须考虑时间的可比性，可采用最短计算期法和最小公倍数法来确定研究期，在相同的研究期下比较净现值(NPV)的大小。

(2) 独立方案比选

独立工程方案在经济上是否可行，取决于方案自身的经济性，即方案的经济效果是否达到或超过了预定的评价标准或水平。需要通过计算方案的经济指标，并按照指标的判别准则加以检验。这种对方案自身的经济性检验称为"绝对经济效果检验"，如果方案通过了绝对经济效果检验，就认为方案在经济上是可行的，是值得投资的。否则，应予拒绝。

对于独立工程方案的评价主要内容有：一是确定项目的现金流量情况，编制项目现金流量表或绘制项目现金流量图；二是计算项目的经济评价指标，如财务内部收益率(FIRR)、财务净现值(NPV)、投资回收期(P_t)等；三是根据这些财务评价指标及相对应的判别标准来确定项目的可行性。项目可行的判别标准有：财务内部收益率(FIRR) ≥ 基准收益率(i_c)；财务净现值(FNPV) ≥ 0。

327. 财务评价参数有哪些？

财务评价参数是用于计算项目效益与费用以及判断项目经济合理性的一系列数值。现将石油天然气项目经济评价涉及到的主要参数介绍如下：

(1) 基准收益率(i_c)

油气田开发项目基准收益率见表6-1。

表6-1 油气田开发项目基准收益率 %

项目	中国石化股份公司(税后)	中国石油股份公司(税后)
(1) 油田开发建设	12	12
其中：难采储量、稠油、低渗透等		8
(2) 气田开发建设	12	12

(2) 基准投资回收期(P_c)

油气田开发项目基准投资回收率见表6-2。

表6-2 油气田开发项目基准投资回收率 年

项目	中国石化股份公司(税后)	中国石油股份公司(税后)
(1) 油田开发建设	6	
①整装油田		6
②特殊油田(稠油、复杂小断块)		10
(2) 气田开发建设	6	6

(3) 折旧年限

油气田和管道类项目固定资产折旧年限见表6-3。

表6-3 油气田和管道类项目固定资产折旧年限

序号	资产类别	年限	备注
(1)	油气资产		
①	油气井	10	
②	油田内部输油气管道	10	
③	油气集输设施	14	
(2)	长输油气管道	20	
(3)	储油设施		
①	原油罐	14	
②	成品油罐	12	

(4) 税率

①增值税

油气田开发项目油气产品的增值税税率见表6-4。

表6-4 油气田开发项目油气产品的增值税税率

项目	税率/%	备注
原油	17	
天然气、液化石油气	13	
海洋天然气开采	5	

计算公式：

增值税额 = 当期销项税额 – 当期进项税额

= 销售收入 × 增值税税率 – 抵扣部分的费用 × 抵扣比例 × 增值税税率

根据油田企业实际，油气开发项目成本部分增值税进项税的抵扣比例见表6–5。

表6–5 油气开发项目成本部分增值税进项税抵扣比例

项目	比例/%
直接材料费、燃料费、动力费、注入药剂费、其他直接费	100
维护及修理费、稠油热采费、轻烃回收费、制造费	50
注水费、注气费、井下作业费、测井试井费、油气处理费、污水处理费、运输费	30

②城市维护建设税

市维护建设税税率见表6–6。

表6–6 城市维护建设税税率

地区类别	税率(按增值税计)/%	备注
市区	7	
县、镇	5	
市区、县镇以外	3	

计算公式：

城市维护建设税 = 增值税额 × 城市维护建设税税率

③教育附加费

按实际缴纳的增值税为计税依据，税率为3%。

计算公式：

教育费附加 = 增值税额 × 教育费附加税税率

④企业所得税

企业所得税税率一般为33%。对外合作、西部大开发地区和经济技术开发区等可享受税收优惠。

参 考 文 献

［1］ 王雪青主编. 国际工程管理教学丛书：国际工程项目管理［M］. 北京：中国建筑工业出版社，2000.
［2］ 崔军，钱武云编著. 国际工程管理系列丛书：国际工程承包总论［M］. 2版. 北京：中国建筑工业出版社，2012.
［3］ 鹿丽宁主编. 国际工程管理系列丛书：国际工程项目货物采购［M］. 北京：中国建筑工业出版社，2010.
［4］ 冯叔初，郭揆常等编著. 普通高等教育"十五"国家级规划教材：油气集输与矿场加工［M］. 2版. 东营：中国石油大学出版社，2006.
［5］ 杨筱蘅主编. 普通高等教育"十五"国家级规划教材：输油管道设计与管理［M］. 东营：中国石油大学出版社，2006.
［6］ 黄春芳等编著. 油气管道工程技术丛书：油气管道设计与施工［M］. 北京：中国石化出版社，2008.
［7］ 郭光臣，董文兰，张志廉编. 油库设计与管理［M］. 东营：中国石油大学出版社，1994.
［8］ 《石油和化工工程设计工作手册》编委会编. 石油和化工工程设计工作手册（第一至十二册）［M］. 东营：中国石油大学出版社，2010.
［9］ 肖祖骐，罗建勋编著. 海上油田油气集输工程［M］. 北京：石油工业出版社，1994.
［10］ 张立新，王宏主编. 高职院校建设规划教材：传质分离技术［M］. 北京：化学工业出版社，2009.
［11］ 姬忠礼，邓志安，赵会军主编. 泵和压缩机［M］. 北京：石油工业出版社，2008.
［12］ 宋岢岢主编. 压力管道设计及工程实例［M］. 2版. 北京：化学工业出版社，2013.
［13］ 陆培文主编. 实用阀门设计手册［M］. 3版. 北京：机械工业出版社，2012.
［14］ 孟凡芹，赵鹏程主编. 油库仪表与自动化［M］. 北京：中国石化出版社，2008.